海洋油气管道工程

主编 李英 朱海明

图书在版编目(CIP)数据

海洋油气管道工程 / 李英, 朱海明主编. -- 天津 : 天津大学出版社, 2024.4

ISBN 978-7-5618-7693-0

Ⅰ. ①海… Ⅱ. ①李… ②朱… Ⅲ. ①海上输油系统－石油管道－管道工程 Ⅳ. ①TE973

中国国家版本馆CIP数据核字(2024)第059311号

出版发行 天津大学出版社
地　　址 天津市卫津路92号天津大学内（邮编：300072）
电　　话 发行部：022-27403647
网　　址 www.tjupress.com.cn
印　　刷 廊坊市瑞德印刷有限公司
经　　销 全国各地新华书店
开　　本 787mm×1092mm　1/16
印　　张 17.75
字　　数 421千
版　　次 2024年4月第1版
印　　次 2024年4月第1次
定　　价 56.00元

序

海洋油气管道在海洋油气开发中起着不可替代的作用，是重要的海洋工程结构物。建设海洋强国是实现中华民族伟大复兴的重大战略任务，近年来国内越来越多的大学开设了海洋工程专业。“海洋油气管道工程”作为海洋工程专业的核心课程之一，其主要任务是培养学生的海洋油气管道设计能力。合适的教材有助于学生深入、系统地理解海洋油气管道工程。本教材涉及内容全面，知识点介绍由浅入深，基础理论与最新版的设计规范相结合，非常适合船舶与海洋工程专业的本科生学习使用。同时，本教材也可作为海洋工程领域管道设计人员的参考书。

由于海洋油气管道在役期间所处的海洋环境复杂及为满足输送高温高压介质的需要，海洋油气管道工程设计涉及材料力学、流体力学、结构力学和波浪力学等的很多专业知识，因此在本教材使用过程中需注意先修课程对学习效果的影响。本教材融入了海洋管道领域最新的科研成果，有助于读者了解海洋油气管道设计中关键技术问题的发展方向。本教材还引入了我国海洋油气管道设计安装的工程案例，故很适合开展项目式教学。

本教材内容涉及海洋油气管道工程的设计、安装、腐蚀、在位稳定性及全寿命周期的完整性管理等，共分为 8 章。第 1 章作为本教材的引言部分，主要介绍海洋油气管道工程的发展历史及最新科技发展动态和趋势，明确海洋油气管道中的一些基本概念，说明教材的内容安排。第 2 章介绍海洋管道的工艺设计与计算，海底管道工艺设计和分析的一个重要部分是水利工程，因此本章重点对油、油气、气和水管进行水力和热力分析。第 3 章介绍海底管道的设计载荷，定义适用于海洋管道系统的所有部分的极限状态设计的载荷，重点介绍海洋环境载荷的计算。第 4 章介绍海洋管道结构强度设计，重点针对管道在建设期和运行期所承受的内压、外压、纵向应力、弯曲以及拖网撞击进行强度设计。第 5 章介绍管道在海洋环境载荷作用及功能载荷作用下的稳定性设计。第 6 章介绍海底管道的安装技术与设计分析，重点介绍管道路由的选择及各种铺设方法的特点，以及管道安装设计的相关理论基础及设计方法。第 7 章介绍海洋管道防腐设计，包括海洋管道腐蚀的主要影响因素，并基于管道腐蚀的机理介绍海底管道完整性管理，包括海洋管道的防腐设计。第 8 章主要介绍海底管道完整性管理，包括海底管道智能化检测技术与海底管道结构安全的完整性评价体系，以及海底管道安全维护的工程措施。

本教材的第 1 章至第 7 章由李英执笔，第 8 章由朱海明执笔，全书由李英统稿和定稿。

《海洋油气管道工程》是天津大学“十四五”规划教材，由衷地感谢学校对专业教材建设的支持。作者在编写过程中借鉴了一些专业教材、期刊及网络资料，这些已在参考文献中注明。在本教材编写过程中得到了天津大学冯士伦副教授的大力支持，课题组的研究生黄潇薇和陈娅凡完成了部分文字录入和绘图工作，在此表示衷心的感谢。

由于作者水平有限，本教材中错谬之处在所难免，敬请读者和有关专家批评指正。

李英

2024 年 2 月

目录

第1章　引言

1.1　海洋管道工程发展

1.1.1　海洋油气发展的背景

海洋工业通常被认为诞生于1947年，这一年克尔-麦吉（Kerr-McGee）公司在墨西哥湾成功地完成了第一口海上油井，此井位于距路易斯安那海岸4.6 km的水中，钻井塔架和绞车支承在长21.6 m、宽11.6 m的木制甲板平台上，此平台建在16根直径24 in（1 in=2.54 cm）的桩柱上，桩柱打入海底31.7 m。

自在墨西哥湾建造并安装第一座平台以来，已经建成许多创新型的固定式或者浮式结构，这些结构建造在不断加深的水域以及更具挑战性和恶劣的环境中。

1975年，海洋工业结构建造水深达到144 m；1978年，水深达到312 m。20世纪90年代，在水深超过328 m的区域建造了五座固定式结构，其中最深的一座是1991年在412 m水深中安装的Bullwinkle平台。1998年，在墨西哥湾502 m的水深中安装了Baldpate塔，在535 m的水深中安装了Petronius塔，Petronius塔是当时世界上最高的自由直立式结构。

自1947年以来，至2020年全世界已经建造并安装10 000座以上各种类型和尺寸的海洋平台。其中，绝大多数平台采用钢结构，但在北海等非常恶劣的海域，也安装有少量大型混凝土结构，例如Troll A天然气平台是现存最高的混凝土结构。

我国海洋油气相关的工程装备制造业从20世纪60年代发展至今，主要经历了以下4个阶段。

1966—1989年为起步阶段，相继建成钢结构导管架、自升式钻井平台、双浮体钻井船等。1966年，渤海湾建成我国第一座固定式海洋钻井平台；20世纪70年代，由上海海运局两艘3 000吨级旧货船拼装改建成我国第一艘双体钻井浮船“勘探一号”，这些海工平台拉开了我国海洋石油开发的序幕。1984年，我国自主设计和建造的第一座半潜式钻井平台“勘探三号”开始服役；1989年7月，我国自主研制的第一艘浮式生产储油轮（FPSO）“渤海友谊号”正式投产。

1990—1999年为初步发展阶段。20世纪80年代末，一批欧美大型石油公司相继进入我国海洋石油开发领域，它们带来了新的理念与先进的海洋工程装备（简称海工装备）。与之相比，我国自主设计和建造的装备在技术性能上明显落后，而且当时世界能源价格偏低，国内外海工装备需求不旺，在双重冲击下，我国海工装备领域在20世纪90年代发展缓慢，这段时间的产品类型相对单一，主要为浅水油气开发设备。

2000—2015年为快速发展期。21世纪以来，世界经济发展迅速，能源需求持续增加，海油价格上涨，国内外对海工装备的需求加大。我国的政策支持海工装备国产化，造船、石化、航运等企业纷纷加大了海工装备的投资研发力度，环渤海地区、长三角地区、珠三角地区逐渐形成海工装备产业集聚区，涉足海工装备建造的企业超过 100 家，我国海工装备产业迈过低谷、大踏步前进，部分高端产品的设计和制造能力达到国际一流水平。

2016 年至今，我国海工装备制造业进入智能化、绿色化发展阶段。2022 年，FPSO 市场快速扩大，全球近 10 艘 FPSO 订单落地，主要的建造和改装集中在我国。

海洋及海底大陆架中蕴藏着丰富的渔业和油气资源，在发展海洋经济、保护海洋生态环境、推动海洋强国建设的背景下，利用海工装备开发海洋资源的总体趋势方兴未艾。以油气开采类海工装备技术为基础，新型的海工装备已被逐步拓展应用于海上风电开发、深远海渔业养殖、海上休闲旅游、海底矿产开发等领域。

1.1.2 国外海洋油气管道发展

1936 年，美国布朗路特（Brown & Root）公司在加尔维斯顿铺设了世界上第一条海洋管道（也称海底管道）。1947 年，Brown & Root 公司设计、建造和安装了第一座海上石油平台。该平台位于墨西哥湾，离路易斯安那海岸 16 km，离摩根市 69 km，水深 6.1 m。1966 年，Brown & Root 公司建设了北海第一条海底管道。从此，Brown & Root 公司成为世界上海底管道工程的主要承包商。

国外已经建成投产的主要跨区域长距离天然气海底输送管道工程见表 1-1。铺设管径最大、路由最长的海底管道是 2012 年建成投产的北溪管道（Nord Stream），该管道是俄罗斯向德国输送天然气的管道，路由全长为 1 225 km，最大设计压力为 22 MPa，最大水深为 210 m，年输送天然气 550 亿立方米，海底管道管材采用 SAWL X70；铺设水深最深的海底管道是 2017 年开始建设的 Turk Stream 管道，该管道是俄罗斯向土耳其输送天然气的管道，路由最大水深为 2 200 m，由两条并行的直径 32 in 的海底管道组成，路由全长为 925 km，最大设计压力为 30 MPa，年输送天然气 315 亿立方米。

表 1-1　国外主要跨区域长距离天然气海底输送管道工程情况

项目	位置	时间 / 年	水深 /m	长度 /km	管径 /in	主要施工船
Europipe2	北海	1999	350	658	42	Castoro Sei（S-lay）
Asgard	北海	2000	300	707	42	—
Green Stream	地中海	2004	1 150	516	32	Castoro Sei（S-lay）
Blue Stream	黑海地区	2005	2 150	396	24	Saipem 7000（J-lay）
Langeled	北海	2007	385	1 166	42/44	Solitaire（S-lay）/Saipem 7000（J-lay）
Medgaz	地中海	2008	2 155	210	24	Saipem 7000（J-lay）
Nord Stream	波罗的海	2012	210	1 225	48	Solitaire（S-lay）
Turk Stream	黑海地区	2017	2 200	925	32	Pioneering Spirit（S-lay）

国外主要深水油气田开发建设的海底管道工程见表 1-2，主要集中在墨西哥湾和巴西

海域。伴随着深水油气田的开发，海底管道的铺设水深不断增加，Perdido Norte 油气田海底管道安装水深达到 2 961 m，而且管道输送压力和安装水深的增加，对管材和铺管船都提出了更高的要求。

表 1-2 国外主要深水油气田开发建设的海底管道工程情况

项目	位置	时间 / 年	水深 /m	长度 /km	管径 /in	主要施工船
Canyon Express	墨西哥湾	2002	2 230	180	12	SaiBOS FDS（J-lay）
Mandu Gras	墨西哥湾	2006	1 950	512	16~28	Heerema Balder（J-lay）
Atlantis Oil	墨西哥湾	2007	2 110	3.2	16/10.75（PIP）	Heerema Balder（J-lay）
Independence Trail	墨西哥湾	2007	2 423	217	24	Solitaire（S-lay）
Williams Perdido	墨西哥湾	2008	2 530	288	18	Solitaire（S-lay）
Cascade & Chinook	墨西哥湾	2009	2 680	19	9	Deep Blue（Reel-lay）
Perdido Norte	墨西哥湾	2009	2 961	10	10	Deep Blue（Reel-lay）
Lula-NE Cernambi	巴西海域	2011	2 232	19	18	Saipem FDS2（J-lay）
Jack St. Malo	墨西哥湾	2013	2 200	220	24	Castorone（J-lay）
Cabiúnas	巴西海域	2014	2 230	380	24	Saipem FDS2（J-lay）
Polarled	挪威北海	2015	1 265	480	36	Solitaire（S-lay）
Stones	墨西哥湾	2016	2 895	32	8	Deep Blue（Reel-lay）

目前，世界上总共铺设了超 10 万千米的海底管道，世界范围内铺设的海底管道水深已经迈向 2 000 多米的深海，并正在向 3 000 多米的超深海发展。海底管道普遍采用的管材等级为 X65，Nord Stream 和 Langeled 等大管径海底管道，已采用 X70 钢级钢管，为减小钢管壁厚，我国南海荔湾深水管道项目部分采用 X70 钢级钢管。海底管道采用 X70 高等级钢材，能够减小壁厚，进而降低钢管制作难度和成本，同时管道质量的减小可以有效降低铺设张力。新近建设的海底管道，设计水深已达 3 500 m，多采用 X70 钢级、大直径、大壁厚钢管，最大管径已达到 1 219 mm，最大壁厚达到 44 mm。

1.1.3 国内海洋油气管道发展

我国的海洋石油事业发端于南海，早在 1957 年有关部门即开始在海南南面的莺歌海岸外组织相关作业，追索海面油苗显示，后由于越南战争终止。

1957—1979 年是我国海上油气开发的探索阶段，海洋石油开发困难重重。1958 年，在渤海湾荣城至大沽口一段沿海地带调查油气苗。1959 年，开展并完成了渤海海域及其邻近陆地的小比例尺航空磁测，初步揭示渤海是华北拗陷区的一个组成部分。1960 年 5 月，开展海上地震、重力、电法的物探试验，随后完成了渤海全海区的地震概查，并安排了远景较好的辽东湾海域的普查和重力调查。后来进一步证实，渤海是陆地各拗陷区向海域延伸的部分。这期间，还在渤海进行了地质观测、海底地形测量、底质取样以及部分海底重力工作。1961 年和 1964 年分别对黄海海域进行了地震初查，以了解南黄海与苏北盆地的地质构造关系，并着手对其含油前景进行摸底工作。海上油气勘查的逐步开展在渤海取得了突破，发现了海上油田。1967 年 6 月，我国在南海北部湾的油气勘查实现突破，“海 1 井”试获日产 30 t 的原油，成为我国海域第一口出油井。

从 20 世纪 60 年代安排区域性调查，直到 1973 年初美、越签订《巴黎协定》结束越南战争，南海海域恢复平静后，我国燃料工业部才再一次成立了南海石油勘探筹备处，恢复南海石油勘探。到 1973 年，基本完成了综合地质、地球物理调查，调查显示北部湾是一个有良好前景的含油气拗陷区。此后几年，由于其他原因，南海海域的石油勘探开发一直处于停滞状态。1977 年 8 月，我国石油、地质两部的技术人员共同分析地震成果资料，选定涠西南一号构造带“湾 1 井”，该井 1977 年 9 月试获日产原油 20 t、天然气 9 490 m^3。

1979 年 11 月 25 日凌晨 3 时 30 分左右，石油部海洋石油勘探局的渤海二号钻井船在渤海湾迁往新井位的拖航中翻沉。此次事故损失惨重，是我国油气发展转折的重要诱因。

1979—1999 年是我国海上油气开发的高速发展阶段，我国的油气业在对外合作中得到了高速、高效的发展。我国自改革开放起与多个国家开展了广泛的合作，以谋求海洋石油技术的突破，最终达到自行开发的目的，最鲜明的例子就是流花 11-1 油田。流花 11-1 油田是由美国阿莫科东方石油公司和中国海洋石油南海东部公司联合开发的中国南海的最大油田，它位于香港东南 200 km，水深 310 m。其总体开发方案于 1993 年 3 月获批准，预算为 6.53 亿美元，计划 1996 年 4 月投产；油田于 1996 年 3 月提前投产，建造费用控制在 6.22 亿美元。该油田的开发使我国第一次接触到了深海油田开发技术，具备了独立开发深水油藏的潜力。

1985 年，我国在渤海埕北油田铺设了第一条海底管道。1996 年投产的从海南岛近海某气田至香港崖城 13-1 气田工程的一条直径 711 mm 的海底输气管道，长达 778 km，是我国当时（合资）最长的海底输气管道。从 2000 年开始，我国的海洋石油工业实行自营勘探开发与对外合作相结合，并以自营为主的方式，取得了高速发展。2009 年，陆丰 13-1 油田合作到期，中海油收归自营，这是中海油第一个因石油合同到期而回归自营的油田。

2010 年，我国海洋油气产量超过 5 000 万吨，海洋石油生产进入高速发展时期。我国现已累计铺设海底管道数百条，总长度超过 6 000 km，其中渤海海域超过 200 km，南海海域超过 2 000 km。

埋在地下的油气管网与公路、铁路、水运、航空并称为五大交通系统。我国的天然气、原油、成品油三种管道分别承载着目前全国 95% 的天然气、85% 的原油、30% 的成品油运输，管道总长达到 9.8 万千米。

为了将埋藏在海底的油气资源远距离、大容量地运输到沿海地区，中国海洋石油集团在南海北部莺歌海盆地内开展了长达 195 km 的海底天然气管道铺设工程，与此工程配套的还有长达 2.9 km 的油气混输管道铺设工程，并于 2020 年进行了长达 21.5 km 的凝析油输送管道的铺设。

位于南海东方 13-2 气田（我国海上最大的高温高压气田）海域的天然气管道长达 195 km。2018 年，东方 13-2 钻井平台的输送管道由我国深水铺管起重船“海洋石油 201”完成铺设，填补了我国长距离海底管道作业空白，刷新了我国海底管道铺设纪录，是我国到目前为止自行铺设的最长海底管道。我国海油东方 13-2 气田(图 1-1)设计有 34 口开发井，2020 年开始陆续投产，如今日产气近 1 000 万立方米，截至 2022 年 9 月累计为港琼输气 61 亿立方米。全部井投产后，高峰年产气可超 30 亿立方米，与“深海一号”超深水大气田相当。该管道铺设采用了直径为 80 cm、单根重达 12 t 的大管径管道，这种管道的最大铺设张力可达 1 600 kN，铺设的最大深度可达 1 409 m。

图 1-1 我国海油东方 13-2 气田生产平台

“深海一号”是我国自主研发建造的全球首座 10 万吨级深水半潜式生产储油平台(图 1-2)。“深海一号”大气田位于海南东南海域，总质量超过 5 万吨，总高度达 120 m，最大排水量达 11 万吨，相当于 3 艘中型航母，最大作业水深超过 1 500 m。“深海一号”平台将用于开发我国首个 1 500 m 深水自营大气田——陵水 17-2 气田。该气田投产后，所产天然气通过海底管道接入全国天然气管网，每年可为粤港琼等地供应 30 亿立方米深海天然气，可以满足大湾区四分之一的民生用气需求。“深海一号”大气田采用“水下生产系统 + 半潜式生产平台 + 海底管道”的全海式开发模式，年产气可达 30 亿立方米，该气田自 2021 年 6 月 25 日投产至今累计产气超 45 亿立方米，外输凝析油超 45 万立方米。同时，“深海一号”大气田具备在台风期间保持连续、安全、稳定生产的能力，是世界首个具备遥控生产能力的超大型深水半潜式生产储油平台，这标志着我国向全面建成超深水智能化气田迈出关键一步。

图 1-2 “深海一号”超深水大气田

1.1.4 海洋管道的特点

管道运输是目前世界上第四种重要的运输方式。石油工业中的油气输送绝大部分采用管道，其中海洋油田的油、气、水的集输、储运多是通过海底管道完成的。海洋油气管道运输的优缺点如下。

1. 海洋管道运输的优点

（1）连续性好。一旦投入运转，运输可连续不断地进行，减少中间装卸、转运的时间，其运输能力远远大于陆运和水运。

（2）减少运输过程中的损失。管道一旦建成，几乎可以不受水深、地形、海况等条件限制，高效、安全地完成油（气）的输送。

（3）成本低。据资料统计，管道输送石油的成本为海运的二分之一，为铁路运输的四分之一；其能源消耗为海运的四分之一，为铁路运输的三分之一。

（4）事故率低。公路运输事故率最高，铁路、水运次之，管道运输最低，只有 2%。

（5）运输量大。

（6）受环境制约小。

（7）铺设工期短、投产快、管理方便。

2. 海洋管道运输的缺点

（1）工程风险性较大。

（2）一次性投资较多。

（3）管道通常处于海底，检查维护、日常管理不方便。

（4）一旦发生事故，修复极为困难，故对施工质量要求较高。

（5）受潮流的影响较大，对于处于潮差和波浪破碎带的管段（立管），可能遭受海中漂浮物和船舶撞击或抛锚而破坏。

海洋管道的铺管作业主要有 3 种方法：铺管船铺设、牵引法铺设和卷筒船铺设。具体选择何种方法，要根据管径大小、海水深浅、海况和距岸远近等条件确定。21 世纪海洋油气田勘探向深海海域发展，海洋管道施工技术也在向适应几千米水深的建设方向发展。

1.2 海洋管道工程规划

海洋管道工程规划的主要内容是线路规划，线路规划的主要目的是合理地确定管道线路的走向和具体位置。

1. 海洋管道工程规划的概念

海洋管道工程规划指在海上油气区对海区的地质构造、地球物理、水文气象、油气资源以及实际生产能力等情况进行大致了解，在研究设计各种油气田开发方案时，将其作为油气集输方案的一部分而进行的规划。海洋油气集输的方法很多，是否选用海洋管道方式，要在对各种方案进行技术经济评估后才能确定。

2. 海洋管道工程规划的主要内容

根据油气田开发方案所拟定的生产系统，即井的布置和平台、海底井口、陆上设施的位置，以及被输送介质的种类（油、气、水）、特性和日输送量，再加上海区的工程地质、水文气象、登陆点位置等，初步选择所要铺设的海洋管道的类型、轴线的位置以及各类管道的长度、管径、结构形式、施工方法和工程进度计划，估算每年的投资额和作业费以及整个工程造价。

3. 海洋管道线路选择的考虑因素

海洋管道线路选择的考虑因素包括：政治因素；环境因素；到现有平台和立管的通道；存在锚损害的区域；存在落物损害的区域；现有管道的穿越处；电缆；海床非常硬的区域；海床非常软的区域；砾石区域；凹坑区域；冰山犁痕；潜艇训练区域；渔业区；雷区；垃圾倾泄区；疏浚区；失事船只残骸等。

4. 海洋管道线路选择的一般原则

海洋管道工程规划中最重要的一个环节就是管道线路的选择，它是一个工程中所有问题的综合抉择，体现了工程主体的优劣态势，决定了整个工程的成功与失败，所以必须慎重对待。确定海洋管道线路的一般原则如下：

（1）要满足生产工艺和总体规划的要求；

（2）使线路的起点至终点的距离最短、最合理；

（3）线路力求平直，避免跨越深沟或有较大起伏的礁石区，且所选海底力求平坦，不得有活动断层、软弱活动土层和严重冲刷或淤积；

（4）尽量避免繁忙航道、水产捕捞和船舶抛锚区；

（5）海底管道的干管与海底障碍物的水平距离一般不小于 500 m，与原有管道或海底电缆的距离不小于 30 m，交叉时垂直距离不小于 30 cm；

（6）登陆管道的上岸地点极为重要，它与地质地貌、风浪袭击方位等因素有关。

5. 海洋管道的类型

按照使用范围，海洋管道可分为以下四类。

（1）出流管：连接井口或井口管汇与平台的管道或管束，依靠地下油气层的压力输送介质，通常是直径为 100~254 mm（4~10 in）的油气混输管道，也可以是一组管束。

（2）集油管：连接平台与平台的管道或管束，管内介质（油或油气）依靠泵或压缩机加压流动，工作压力一般为 699.7 MPa，管径通常为 203~406 mm（8~16 in）。

（3）长输管道：又称干管，其作用是将海上油气输送到岸上，管径一般为 406~1 016 mm（16~40 in）。

（4）装卸管道：连接平台或海底管汇与装油设施的管道，管径有大有小，大的为 762~1 422 mm（30~56 in），小的与出流管相当，通常只输送液态油类；该类管道也可以从岸上敷设到海上装卸终端，长度一般为 1~5 km，也有的长达 35 km。

按照管道横截面的结构，海洋管道可分为单壁管、管中管和集束管；按照管道运输介质，海洋管道可分为海底输油管道、海底输气管道、海底输水管道和油气混输管道。

1.3 海洋管道工程术语

海洋管道工程中常用的重要术语释义如下。

海底管道系统：指用于输送石油、天然气或其他流体介质的海底管道工程设施的所有组成部分，包括海底管道、陆上部分管道、立管、支撑构件、管道部件、防腐系统、混凝土涂层、泄漏监测系统、报警系统、应急关断系统等。

海底管道（或称“海底管线”）：指海底管道系统中在最大高潮时处于水面以下的管道（立管除外），该管道可能全部或部分地悬跨于海床上或放置于海底或埋设于海底。与陆上管道相连的登陆段亦应作为海底管道的一部分。

陆上部分管道：指海底管道系统从登陆点（如绝缘接头处）至陆上第一个阀门的陆地部分。

立管：指连接海底管道与海上设施的钢管或挠性管。立管延伸至海底管道与海上设施之间的海上应急隔离点处（如紧急关断阀），其底部的膨胀弯亦属于立管的一部分。立管作为海底管道系统的一部分，特指连接海底管道与海上固定平台的立管。

管道附件：指与管道或立管组装成一个整体系统的零部件，包括构成管道系统所需的任何部件，如弯管、管件、法兰、阀门、机械连接器、阴极保护绝缘接头、锚固法兰、止屈器、止裂器、收发球筒、维修卡子和维修管箍等。

一区：距生产平台或建筑物超过 500 m 的海床地段。

二区：距生产平台或建筑物在 500 m 及以内的海床地段。

设计高 / 低水位：当有潮位历时累计频率资料时，设计高 / 低水位可采用历时累计频率 1%/ 历时累计频率 98% 的潮位，也可采用高潮累计频率 10%/ 低潮累计频率 90% 的潮位。

校核高 / 低水位：指重现期为 50 年一遇的高 / 低潮位。

飞溅区：以高天文潮位加上 100 年一遇波高的 65% 为上限，以低天文潮位减去 100 年一遇波高的 35% 为下限的海平面区间。

淹没区：海洋飞溅区以下的区间。

大气区：海洋飞溅区以上的区间。

管道运行期（在位状态）：指管道安装完成后的状态，包括运行与维护状态，但不包括检修状态。

管道安装期（施工状态）：指管道安装完成前的各种状态，如铺设、拖曳、埋置、吊装、运输和运行中的检查状态。

约束管道：指受固定支座或管道与土壤之间摩擦力的约束，而在轴向不能膨胀或收缩的管道。

非约束管道：指最多有一个固定支座，没有相应轴向约束，没有显著摩擦力的管道。

1.4 海洋管道工程设计

1. 海底管道设计所需资料及数据

海底管道设计所遵循的标准是《海底管道系统》(SY/T 10037—2018)。为了设计出安全、可靠的海底管道,需要取得以下的资料和数据。

(1) 输送流体:包括油气类别、流量、组分、密度、黏度、露点、温度、压力、比热容以及导热性。

(2) 工程地质:包括海床土壤类别和力学特性、海床的垂直和水平摩阻特性、海床表层土壤结构组成、海床地貌、海底管道路径纵断面图以及地震烈度。

(3) 海洋学资料:包括水深图、海流、波浪、潮汐、冰、水温、海水盐度、海域内的动植物分布以及海水可见度。

(4) 气象资料:包括风向与风速、气温、气压以及可见度。

(5) 其他资料:包括所在海域的海图、需要穿越的海底电缆或管道、水下障碍物、航道、捕鱼区以及政府的有关法规。

2. 海底管道设计流程

海洋管道工程设计流程如下。

(1) 论证并确定管道设计的基础数据和线路选择。主要内容包括确定环境条件数据和工艺条件数据(如沿管道的设计水深、潮位、风、波、海流、冰凌、地基土壤、地震、气温和海生物以及该区域的人文、地貌、交通、材料和材质情况),并合理确定设计标准,同时对介质的特性(如油的密度、动力黏度、凝固点、比重、出口压力和温度以及开发年数)做出选择,综合优化管道线路。

(2) 管道工艺设计。其目的是选择合理的管径及附属材料,使管道既满足输送量的要求,又减少能量损耗,也就是流速和压降的损失都满足要求。

(3) 管道稳定性设计。其目的是尽量使管道在使用期间基本保持在原来的位置。假若管道发生较大的上升、下沉或侧向移动,会影响管道系统的安全运转,即破坏了管道的稳定性。管道稳定性的丧失源于外力使管道与环境之间的平衡破坏,所以一开始就要从长期运转的角度出发,进行满足管道与环境平衡的管道稳定性设计,采取各种工程措施防止管道的稳定性丧失,设计和计算措施的具体环节,核算由此引起的管道额外应力。

(4) 立管设计。其主要包括立管和膨胀弯管等系统的结构形式、布置、保护结构和连接方式的设计,立管系统整体强度和局部强度的分析计算,以及立管系统的施工安装方法和施工中的强度分析计算。

(5) 管道施工设计。其主要包括根据施工现场和管道的具体情况,选定管道施工方法,设计管道的加工、焊接、开沟、铺设的方法,确定管段的连接和就位、埋置等施工步骤,计算完成这些步骤所需的设备、材料和劳力,分析管道在施工中的受力情况和稳定情况,同时根据工期安排施工进度,并做出工程预算。

(6) 管道的防腐设计。其目的是控制管道的腐蚀,设计防止内、外腐蚀的具体方法。

1.5 海洋管道全寿命周期的管理

海洋管道基本位于水面以下，加之其运行年限一般都大于 20 年，这就造成海洋油气管道在运行期间的管理面临巨大的挑战。随着海洋管道工程的迅速发展及大量管道的逐渐老化，管道安全管理的重要性日益突出，建立一套海底管道完整性管理体系，保障海底管道的安全运行，已成为当下一个重要的研究课题。

目前，管道完整性管理已经成为国际上确保管道安全性的通用管理模式，它通过对所有影响管道完整性的因素实施动态、全过程、一体化的管理，确保管道始终处于安全可靠的服役状态。管道安全、可靠的内涵包括以下三个方面：一是海底管道在物理性能和设计功能上是完整的；二是管道本身处于受控状态，管道运营商了解管道的运行状况；三是管道运营商已经并仍将不断采取措施防止海底管道失效事故的发生。管道完整性管理作为一种科学管理理念，区别于隐患整治、事故改进等传统被动式管道管理，其以防范外部风险和提高本体安全为核心，可以作为管道管理者加强油气管道保护的重要抓手和切入点，对于减少事故发生、经济合理地保障管道安全运行具有重要意义。

海底管道完整性管理运用于海洋管道全寿命周期，涉及海底管道数字化管理技术、海底管道检测与监测技术、海底管道完整性评估技术和海底管道修复技术等。

海底管道数字化管理是管道工业发展的必然趋势。对于一项庞大的海底管道工程，其设计、施工与运营等阶段都会产生大量的数据，采用传统纸质记录的管道管理方式远远满足不了当今海底管道管理的需要，因此必须借助现代信息技术将计算机管理信息系统、地理信息系统、数据收集系统深度整合，构建海底管道完整性管理所需的数字化基础设施。

海底管道的状态检测和监测是收集系统运行数据和其他状态参数的主要途径，为海底管道安全管理决策提供基础资料，是海底管道完整性管理中的重要部分。通常海底管道的检测是指定期对结构系统的物理状态进行巡检，而监测是指长期观测、记录管道的实时状态，可以与管道的生产运行、监控管理结合起来。由于技术性和经济性的原因，各种检测与监测技术都不能全面了解结构系统的物理状态，必须将多种方法、手段相结合，才能更全面地感知结构的真实状态。

海底管道完整性评价应用统计、数学、经济等方法，是结构损伤程度评估、剩余寿命预测、可靠性和失效风险评价等技术的有机结合。在海底管道完整性评价中，应利用采集到的数据，对管道运行的失效概率及其后果的严重性进行量化评估，筛选出高风险管段，确定海底管道能否继续使用、是否需要修复以及如何修复等。通过海底管道完整性评价可以找到为减小管道安全风险需要投入资金和改进运行管理的方向，从而将有限的资金最有效地用于降低由于管道失效对生命、环境和财产造成的风险。

对于已经失效或有较大失效风险的海底管道，应利用现有的成熟技术进行修复和治理。海底管道的修复和治理技术主要包括海底管道混凝土外套修复技术、海底管道悬跨治理技术、海底管道破裂或泄漏修复技术等。

第 2 章 海洋管道工艺设计与计算

2.1 概述

海底管道工艺设计和分析的一个重要部分是水利工程，水利工程是流体力学的一个分支，它研究流体（如油、气和水）的流动和输送，涉及流体的收集、存储、控制、运输、调节和管理等。工程设计时确定正确的管道尺寸非常重要，可确保系统具有将油气流体从管道一点输送到另一点的能力。在管道运行时，准确了解管道沿程的压力和温度分布是管道安全运行和解决问题的关键。对于海底工程而言，将流体从储媒输送到上部平台，或从上部平台输送到岸上设施的驱动力，由储罐压力、人工升举、泵及压缩机提供。要解决涉及传热和相变的水利工程问题，必须对流体力学、传热学、热力学、气 / 液平衡以及流体物理特性等进行深入研究。一般而言，单相流比多相流相对容易分析，而多相流是一个非常活跃的研究领域，每年都有大量相关文献发表。

本章主要对油、气和水输送管道进行水力和热力分析。

输油管水力和热力分析，包括管道沿程的稳态温降和压降、管道停输后的温降和压降以及水击现象。

输气管水力分析，包括水平管道、起伏管道、水力摩擦系数以及管道沿程的平均温降和末端储气能力。

输水管水力分析，包括管道尺寸、压降以及水锤问题。

建设管道的目的是输送流体，管道设计的主要目标是确保有足够的压力输送流体，保证设计方案在建设投资（通常随着管道直径的增加而增加）和运营投资（随着管道直径的增加，压降和泵压损失减少，因而投资也会减少）之间达到最优平衡。水力设计与温度场的计算有关，如果温度太低，会出现结蜡和水合物问题，并且管道的再启动会很难。如果流速太快，会产生管内侵蚀和噪声。如果管内是多相流，还会造成不稳定流动振动。管道的工艺设计是一个很复杂的课题，本章仅做简要介绍。多相流是一个研究热点，但是不在本课程介绍范围内。

海洋管道工艺设计的目的主要是确定合理的管径和管断面形式，确定最大输送量、输送温度和压力、沿线温降等，并为选择泵机组和加热设备等提供必要的技术参数，也为管道结构设计与计算提供基础数据。

1. 海底管道工艺设计原则

海底管道工艺设计应根据油气田开发规模、油气物性、产品方案、自然条件等具体情况，结合油气处理、储运工艺流程，通过技术经济比较进行管径、操作参数等的选择，并应符合以下工艺设计原则。

（1）满足油气田开发规模的需要，以近期为主，必要时考虑周边油气田进入的可能性。

（2）根据工程特点，积极采用国内外先进可靠的新工艺、新材料，提高经济效益。

（3）平台间管道应根据油气田特点，优先考虑采用混输工艺，减少工程投资。应用混输工艺时，需进行多模型组合计算，同时了解参数相近的混输管道运行情况。经分析比较后，选择合适的流型预测方法、压降模型和滞液量模型组合。条件具备时，应进行不同软件的校核计算。

（4）机械采油和高压自喷井、气田群、油田群联合开发项目，应进行井口压力、温度和管道直径、增压（加热）设施关系的方案研究，合理利用油气井流体的天然能量，减少增压（加热）设施建设或推迟增压设施的建设时间，以提高项目经济效益。

（5）长距离外输管道需经多方案技术经济论证，以确定输送工艺和输送参数。

（6）根据流体性质、管道长度、环境条件，选择高效保温材料，合理确定管道总传热系数 K 值和保温层厚度，降低工程造价。

（7）高凝、高黏原油输送管道应特别重视原油性质及低温流变性参数。在方案设计中，应进行预热方案、安全输量、安全停输时间、停输再启动方案研究，确保安全输送。

（8）管道设计时应根据配产特点，考虑 1.1~1.2 的流量波动系数。未考虑流量波动系数的管道，应在设计方案中标明最大输送能力参数。

（9）平台短距离管道应在水力计算时考虑 1.1 的管长设计系数，外输管道可根据路由资料及设计阶段考虑管长设计系数。

（10）液体输送管道应进行水击压力计算和分析，并将计算结果提交相关专业人员。

海洋管道工艺设计的内容主要包括根据油田总体规划中确定的工艺流程和分流规划，对管道系统进行一系列的工艺计算与分析，如压降、温降计算，段塞流分析，允许停输时间计算，再启动分析，注水注剂计算等，其中最主要的是确定压降、温降所必需的水力计算和热力计算。其目的是选择合理的管道直径和断面形式，确定最大输送量、输送温度和压力及沿线温降等，并为选择泵机组和加热设备等提供必要的技术参数，也为管道结构设计与计算奠定基础。

2. 海底管道直径确定准则

确定合适的管道直径具有重要的工程实用意义。海洋管道直径的确定主要考虑流量，也要考虑输送时的流速和压降，它们和输送的介质有关，如黏度、天然气含量等。确定管道直径的准则如下。

（1）按使用期的最大流量计算。一般最大流量为正常流量的 1.2~1.5 倍，如能预计流量波动幅度的精准值，如类似生产系统的测量结果，将更可靠。

（2）管道内的压降应包括各种管件（如阀、弯头、三通等）引起的压降，计算时通常用一段当量压降的管道代替。有时在管路系统初步选择时会因各类管件类型、数目不齐全，而在初步计算中将管道计算长度增大 5%~15%，对长管道可取较小值。

（3）计算得到的管径要依据工程实际情况做必要的调整，进而使管径规范化。

管道内径取得小，将会降低管道本身的费用，但管内的摩擦损失增大，因而要增加输送压力和泵容量，进而使输送的营运费用增加。相反，管道内径取得大，管道本身的费用虽然增加，但可使输送的营运费用减少。因此，应在强度条件许可的情况下，选取管道的最佳内径，使管道本身的费用与输送的营运费用的总和最小。一般在长距离输油中，若采用高压油泵则可选小的管道内径，若采用低压油泵则应选大的管道内径。选取管道内径时，应根据管道内原油的流动状态（是层流还是紊流）考虑管路的摩阻损失。对卫星井引出的出油管道，由于原油内含有天然气，当原油在管道内流经一定距离后而油压不足时，或是管道内径大而油井喷出的油量不够多时，天然气就会从原油中释出，形成油气两相流动，甚至在管道内汇集成一大段天然气团把管道内的原油流动隔断，使管道中的压头损失增大，原油从管道出口端断断续续流出，时而喷气，时而出油，形成所谓的“涌流”现象。因此，在长距离输油的海底管道设计中，应注意不要选比设计流量所要求的内径大得多的管径，以避免出现“涌流”现象。

2.2　海底管道分类

管路是连接油气田各种设施的纽带，从油井到矿场原油库、长距离输油管和输气管首站之间的所有输送原油和天然气的管路统称为集输管路。

按管路内流动介质的相数，集输管路可分为单相、两相和多相管路。输油管和输气管都属于单相管路，而油气或油气水混输管路分属两相或多相管路，简称混输管路。

管道按所输送流体可分为输油管道、输气管道、油气混输管道、油水混输管道、油气水混输管道和输水管道。输油管道是用于输送原油及石油产品的管道，是石油储运行业的主要设备之一，也是原油和石油产品最主要的输送设备，管道输油具有运量大、密闭性好、成本低和安全系数高等特点。输气管道在海洋工程中主要指输送天然气的管道。油气混输管道是指一条管路输送一口或多口油井所产原油及伴生气的管道。油气混输管道主要分为两种：一种是在管道入口处流体就为气、液两相，也就是重烃（凝析油）在管道入口以液相形式存在，因此全线均为气、液两相流动；另一种是在管道起点进入管道的流体为单相气体，距起点一段距离后，由于温度降低幅度较大，天然气中的重烃析出从而形成气、液两相流动。当用一条管道输送油气混合物在经济上优于用两条管道分别输送油、气时，可采用油气混输管道。油水混输管道是指油和水或油、油水乳状液和水两相共存的管道。此类管道多存在于油田群联合开发或半海半陆式开发的海上油田。为了避免油、气、水三相混输压降大的问题，也为了减少海上平台面积及利用伴生气为平台设备发电，可在平台上脱除伴生气和部分游离水，将油、油水乳状液和剩余的水通过管道输送至目标平台或陆上终端。一般情况下，油井或气井所产的井流物为油、气、水三相混合物。井口平台到中心平台的集输管道、井口平台到 FPSO 的集输管道，甚至一些海上油田到陆上终端的管道都是典型的油、气、水三相混输管道。在油、气、水三相混输管道中，油、气、水在输送条件下以连续相存在于管道内。混输方式相比于分输方式，不仅可大幅缩减管道工程建设量，而且可节省大量海上平台空间，节约投资成本，并大幅缩短工期，使油田尽快投入生产。应根据油田与海岸线的距离、水深、海洋环境条件情况等，采取不同的管道输送方式。

管道按结构可分为单层管 + 配重层结构（图 2-1）、双层保温管结构（图 2-2）、单层保温管 + 配重层结构（图 2-3）。单层管 + 配重层结构由混凝土配重层和钢管组成，混凝土配重层为海底管道提供负浮力，以保证其在海底的稳定性。同时，在钢管运输、吊装、铺设和服役期间，混凝土配重层对钢管起机械保护作用，尤其是对于较浅海域，可减少渔船、大型货船等船舶对海底管道的外力破坏，以及海底复杂环境对管道的破坏。单层管常用于输送常温的单一液体、气体或固体。双层保温管能够保持输送介质温度，且结构为两层钢管，内层为输送管，外层为钢套管，内外管之间的环隙放置保温绝缘材料。双层保温管常用于输送两种材料或在输送过程中需保温的液体或气体。单层保温管 + 配重层结构是在双层保温管基础上用混凝土配重层代替钢管套的结构。

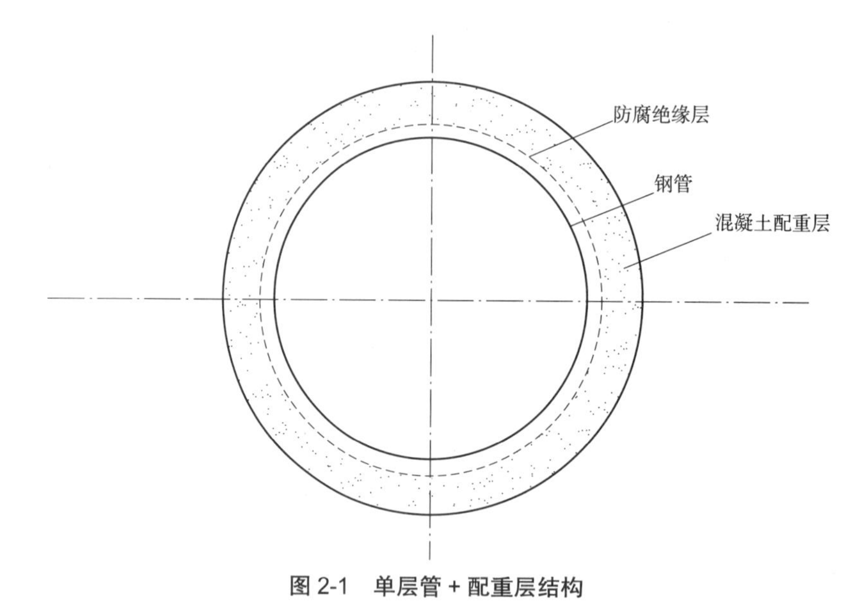

图 2-1　单层管 + 配重层结构

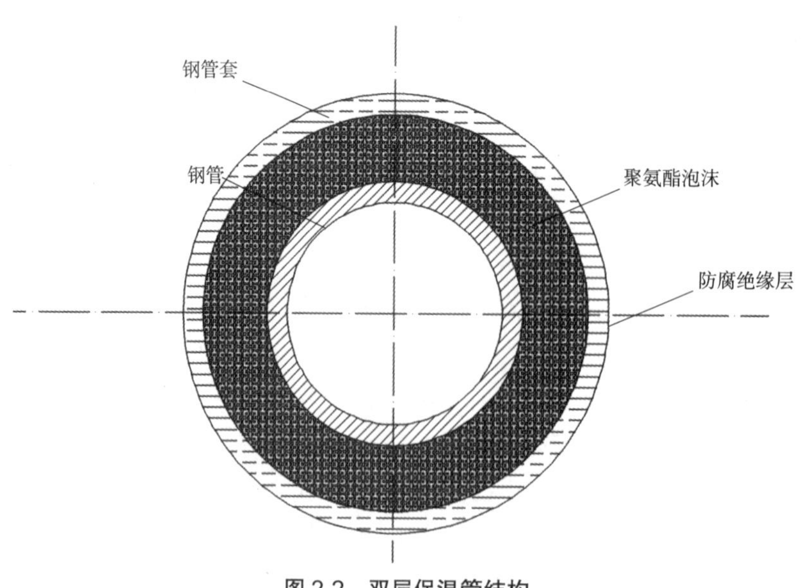

图 2-2　双层保温管结构

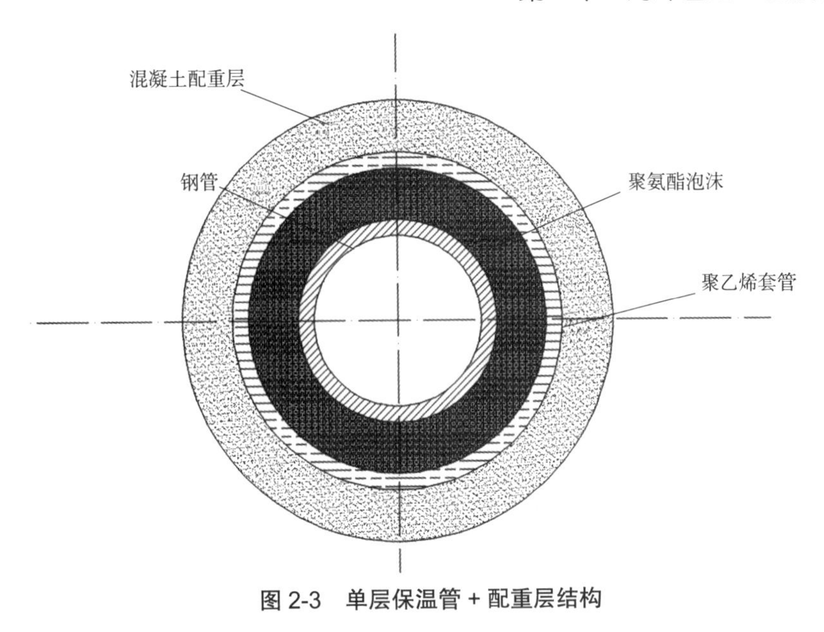

图 2-3　单层保温管 + 配重层结构

其中，海洋管道工艺设计主要按照管道流体划分设计的内容，介绍输油管道的水力计算和热力计算，以及输气管道的水力计算和热力计算两个部分。

2.3　牛顿流体的单相流动

单相流是指在整个管道横截面内只有一种流体（液体或气体）通过，而不是由部分气体和部分液体通过。管道内既有液体又有气体的流动称为两相流，管道内由两种不同且彼此独立的液体（如原油和水）组成的流动也称为两相流，三相流则包含一种气体和两种液体。

流体的流变特性是指在温度一定并且没有湍流的情况下，对流体施加的剪切应力和垂直于剪切面的剪切速率之间的关系，以及流体的变形和阻力之间的关系。剪切应力与剪切速率呈线性关系的流体是牛顿流体，否则为非牛顿流体，黏性系数即表示剪切应力与剪切速率之间的关系。

对于海底输油管道，设计时通常考虑使管道终端油温高于原油凝固点 3~5 ℃。气体、水以及大多数原油都属于牛顿流体，部分重油属于非牛顿流体，下面对牛顿流体的单向流动进行详细介绍。

图 2-4 所示为内径为 d 的水平管道中一段长度为 $\mathrm{d}s$ 的微元流体。其中，流体在管道横截面上以平均速度 v 流动，s 表示沿管道方向的距离，沿着流体流动方向 s 不断增加，微元体左端所受的压力是 p，右端所受的压力是 $p+\mathrm{d}p$，微元体两端的压力差与管壁上的剪切应力 τ 平衡，流体的黏度及管壁上的速度梯度共同产生剪切应力。

微元体所受的压力是其左右两端的压力差 $\mathrm{d}p$ 与管道横截面面积 $\pi d^2/4$ 的乘积，且压力的方向与流体流动方向相同。管壁对流体产生的剪切应力 τ 作用在微元体外柱面上，作用面积为 $\pi d\mathrm{d}s$，作用方向与流体流动方向相反。由于流体以恒定的速度运动，因此作用在微元体上的合力为零，即

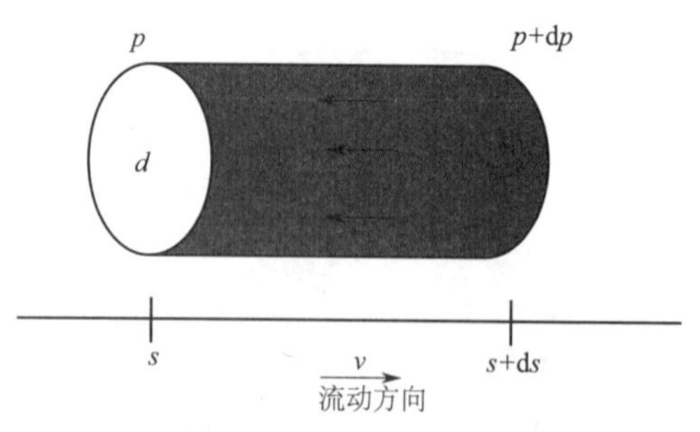

图 2-4　水平管道中的微元流体

$$0=\frac{\pi d^2}{4}\mathrm{d}p+\tau(\pi d\mathrm{d}s) \tag{2-1}$$

整理式(2-1),可得

$$\frac{\mathrm{d}p}{\mathrm{d}s}=-\frac{4\tau}{d} \tag{2-2}$$

假设 τ 是正的,则沿着流体流动的方向压力减小。压力梯度 $\mathrm{d}p/\mathrm{d}s$ 取决于管壁处的剪切应力以及管道直径。剪切应力与平均流速的关系式为

$$\tau=\frac{1}{2}f\rho v^2 \tag{2-3}$$

式中　f——表面摩擦系数;

ρ——流体密度;

v——平均流速,等于流体的体积流量 q 与管道横截面面积 $\pi d^2/4$ 之比,即 $v=\frac{q}{\pi d^2/4}$。

将式(2-3)代入式(2-2)中,可得

$$\frac{\mathrm{d}p}{\mathrm{d}s}=-\frac{2\rho f v^2}{d} \tag{2-4}$$

这就是压降的基本方程。

在管道水力学中,f 被称为范宁(Fanning)摩擦系数。但是,水力学中常采用另一个摩擦系数,即穆迪(Moody)摩擦系数,一般用 m 表示,也可用其他符号表示。m 与 f 的关系式为

$$m=4f \tag{2-5}$$

注意:不要混淆这两个摩擦系数。

在牛顿流体的单相流动中,摩擦系数 f 是关于雷诺数 Re 的函数,雷诺数的定义为

$$Re=\frac{\rho v d}{\upsilon} \tag{2-6}$$

式中　υ——流体黏度。

摩擦系数还与管壁的相对粗糙度有关,相对粗糙度用 e/d 表示,其中 e 为管道内壁的粗糙度。对于新的钢管,e 约为 0.05 mm,但随着管道被腐蚀、磨蚀以及蜡和沥青质在管道内沉

积，e 会增大。基于大量的管内压降测量试验，f，Re 和 e/d 之间的关系可用图 2-5 描述，其中纵坐标为范宁摩擦系数，横坐标为雷诺数。摩擦系数 f 也可由理论推导获得，在层流区（哈根 - 泊肃叶流动，Hagen-Poiseuille flow）为

$$f=\frac{16}{Re} \tag{2-7}$$

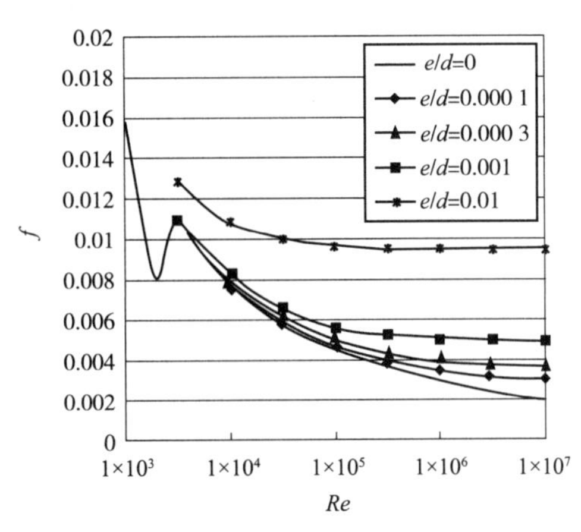

图 2-5　雷诺数（Re）、范宁摩擦系数（f）和相对粗糙度（e/d）之间的关系

但式（2-7）仅适用于雷诺数小于 2 000 的情况。实际上，大多数管流的雷诺数远远超过 2 000。层流逐渐过渡到湍流（又叫紊流），湍流的特点是在管壁处存在湍流边界层。除管道流速非常慢或者流体黏度非常大的情况外，大多数管流都处于湍流状态。对于非常光滑的管道，在湍流区中 f 和 Re 的关系可由黏性隐式（Karman-Nikuradse）表示，即

$$\frac{1}{\sqrt{f}}=4\lg\left(Re\sqrt{f}\right)-0.4 \tag{2-8}$$

在上述论述中均假设管道是水平的。式（2-1）可以推广到非水平管道的流动，并取图 2-4 所示的微元流体。

同样，在管道轴线方向上微元体的合力必须为零，即

$$0=\frac{\pi d^2}{4}\mathrm{d}p+\tau(\pi d\mathrm{d}s)+\rho g\frac{\pi d^2}{4}\mathrm{d}s\frac{\mathrm{d}z}{\mathrm{d}s} \tag{2-9}$$

其中最后一项是微元体所受重力在与管道轴线平行方向上的分量。

式（2-9）可整理为

$$\frac{\mathrm{d}p}{\mathrm{d}s}=-\frac{4\tau}{d}-\rho g\frac{\mathrm{d}z}{\mathrm{d}s} \tag{2-10}$$

再将式（2-3）代入，可得

$$\frac{\mathrm{d}p}{\mathrm{d}s}=-\frac{2\rho f v^2}{d}-\rho g\frac{\mathrm{d}z}{\mathrm{d}s} \tag{2-11}$$

由式（2-11）可知，压力梯度与管径、平均流速、重力加速度、流体密度以及摩擦系数（是关于流体黏度的函数）有关。当且仅当在整个管道上所有这些量都为常数时，才可以沿管道长度对式（2-11）进行积分，得到上游起点 1 和下游终点 2 之间的压力差，即

$$p_2 - p_1 = -\frac{2\rho f v^2 (s_2 - s_1)}{d} - \rho g(z_2 - z_1) \quad (2\text{-}12)$$

式中　$s_2 - s_1$——管道的长度；

$z_2 - z_1$——起点和终点之间的高差。

式(2-12)可用于以下两种情况的压力差计算：一种是在温度变化很小以至于不影响液体黏度时液体管道的压降计算；另一种是压力改变足够小以至于对气体密度几乎不产生影响时气体管道的压降计算。

式(2-11)能用于多种流体流动的计算，但积分之后的式(2-12)却不能，因为参数f，p和v会沿管道长度发生很大变化，尤其是在下述情况中。

(1) 在许多原油和天然气的流动中，由于管道与周围环境之间的热交换，管道沿线会有大幅度的温度变化。不论是埋地铺设还是挖沟铺设，管道的传热速率都取决于热传导系数、管道的保温方法以及周围环境的温度。由于原油黏度μ受温度影响很大，因此温度会影响到f和Re。

(2) 在所有的气体流动中，密度是压力的函数，流量和高程的变化都会导致压力改变，进而导致管道沿线各点的密度不同。

(3) 当气体在直径不变的管道内稳定流动时，沿线的气体质量流量不变，但由于气体密度随压力变化，因此管道沿线的流速也会变化。

(4) 第(2)条适用于所有的气体流动，但大多数烃类气体的流动更复杂，由于管道实际运行温度达不到临界温度，因此不能将气体看作理想气体。实际气体与理想气体的偏差是通过引入压缩因子Z来解决的。Z是气体性质的函数，对于临界温度与管道实际运行温度非常接近的气体，如丙烷和乙烯，压缩因子Z尤为重要。

(5) 实际气体(对应于理想气体)流动的另一个难题是，气体的焓既是压力的函数也是温度的函数，因此温度会随着压力的降低而降低，甚至对一条完全隔热的管道也是如此。这一现象(焦耳 - 汤姆逊冷却效应)使管道温度低于周围环境温度，进而导致结冰或形成永久冻土。焦耳 - 汤姆逊效应系数(T/p)表示在焓不变的情况下温度随压力的变化率，该系数取决于压缩因子Z、压力和温度间的热力学关系。

由于上述原因，简单积分式(2-12)并不适用于所有的流体流动。正确的做法是在上游起点到下游终点的范围内对基础式(2-11)进行分段积分，并考虑以下因素：

(1) 传递到周围介质中的热量(通过一个热量传递模型)；

(2) 流体物理性质的变化，可以通过特性模型得到(如密度和黏度)，其中流体物理性质是与温度和压力有关的函数；

(3) 整个管道的高程变化。

这种积分的手动计算是非常烦琐的，但是通过一个简单的程序就可以快速完成。这个程序将流量和上游的参数作为输入量，输出下游压力，从而求出全线的压力和温度分布。在求解流量的反问题中，给定上下游的参数，系统地进行多次试算可求出流量。

同时，管道与周围环境之间存在热传递。热传递对不同环境中流体的流态以及周围环境有较大影响。例如，通常情况下原油从油层中流出，并沿着油管上升至海底的井口处，然后由海底集油管道流至平台的立管。油层的温度很高，通常在100~200 ℃之间，由于油管与周围环境间存在热传导，油管内温度逐渐降低，但相对来说这部分热传递很少，因此当原油到达海底时其温度仍然较高。然后通过热传导以及自然对流和强制对流，热量会传入海中，在原油从井口到平台的输送过程中，其温度不断降低。由于黏度会随着温度的降低而增加，因此在原油输送到平台的过程中，其黏度逐渐增加，黏度的增加会影响压力梯度（通过 Re 对其产生影响）。

关闭油井期间流动会停止，原油冷却至海水温度，再启动时的计算黏度即原油在海水温度下的黏度。如果原油充分冷却，蜡会开始析出并在管壁上沉积。当管道内有水存在且温度较低、压力较高时，还会生成固体水合物。当到达平台的原油温度过高或过低时，分离器等设备可能出现工艺问题。如果平台附近的管道温度较高，则会出现较大的热膨胀位移。如果管道温度较高，热膨胀被管道与海床或锚之间的摩擦限制，则会产生较大的轴向压力，管道可能发生屈曲，而且温度还会影响腐蚀过程中的化学反应速率。

为了避免上述问题，需要了解管道沿线的温度分布。大多数水力计算都包含一个并行的温度计算。由于温度会影响水力计算，而水力计算也会影响温度（通过流速对热传导系数的影响来作用），所以水力计算和温度计算是耦合的。

2.4　海底输油管道工艺设计——水力计算

2.4.1　水力计算概述

由于管道中的原油与周围环境的温差很小，对于输送低黏度、低凝固点原油的海洋输油管道，不需加热，沿线温降很小，热交换可以忽略不计，工程上称这类管道为等温输油管道。原油沿管道流动时，所消耗的能量主要是压力能，这类管道的工艺计算主要是水力计算。等温输油管道的水力计算是输油管道工艺设计的重要组成部分，也是一般输油管道水力计算的基础。

等温输油管道的能量消耗主要包括两部分：一部分是克服地形高差所需的能量，主要由当地地形变化的高差决定，对于某一条输油管道，该能量是不随输油过程中其他环节而变化的一个定值；另一部分是油流在管路内流动所消耗的能量，这部分能量通常称为摩阻损失，与管路特性、油流特性和输送条件等有关。在等温输送条件下，油流在管路内流动的各种摩阻损失，可以直接利用管道水力学的基本方程式计算。

在许多情况下，作为管道工程工艺设计的一部分，需对输油管道进行热力分析，尤其是对于黏度和凝固点较高的流体或气候寒冷需要加热的情况。

输油管道是由许多直管段、各种阀和配件构成的管道系统，因而长管道的摩阻损失包括：流体与管壁的剪切应力导致的摩擦损失（h_f），称为管道摩阻或者沿程摩阻；管道中的局部阻碍（如阀、弯头及其他配件）导致的摩擦损失（h_j），称为局部摩阻。

局部摩阻损失是指油流经过管路中的弯头、三通、阀门、过滤器、管径扩大或缩小处等引起的能量损失。对于一般管道而言，沿程摩阻损失是主要的，通常占总损失的 90% 以上，而局部摩阻损失仅占不到 10%，尤其是对于海底长输管道，局部摩阻损失只占 1%~2%。一般管道的管件、阀门较少，它们所引起的能量损失已经包括在管长系数中，故可忽略不计。

2.4.2 管道沿程摩阻损失

1. 流态划分

管道中的流体可根据雷诺数分为三种不同的流态：层流状态、紊流状态及临界状态。流体在管道内流动时产生的沿程摩阻损失与流体在管道内的流动状态直接相关，其原因是流体本身具有惯性和黏性。惯性力和黏性力之比可以用雷诺数 Re 表示，即

$$Re = \frac{vd}{\upsilon} = \frac{4Q}{\pi d\upsilon} \tag{2-13}$$

式中 v——流体平均流速，m/s；

υ——流体运动黏度，m^2/s；

d——管道内径，m；

Q——流体在管路中的体积流量，m^3/s。

通常根据雷诺数将流态划分为以下三类。

（1）$Re < 2\,000$，层流区：流体分层流动，相邻两层流体只做相对滑动，流层间没有横向混杂。或者说，流体流动时，如果流体质点的轨迹是有规则的光滑曲线（最简单的情形是直线），这种流动称为层流。

（2）$Re = 2\,000 \sim 3\,000$，层流与紊流的过渡区：介于层流与湍流间的流动状态，很不稳定，称为过渡区。

（3）$Re \geqslant 3\,000$，紊流区：当流体流速超过某一数值时，流体不再保持分层流动，而可能向各个方向流动，有垂直于管轴方向的分速度，各流层混淆起来，并有可能出现涡旋。或者说，流体流动时，如果流体质点的轨迹不是有规则的光滑曲线，这种流动称为湍流（紊流）。

2. 沿程水力摩阻损失的计算

达西公式：

$$h_{\mathrm{f}} = \lambda \frac{Lv^2}{d^2 g} \tag{2-14}$$

式中 L——管路长度，m；

v——流体平均流速，m/s；

d——管道内径，m；

g——重力加速度，m/s^2；

λ——水力摩阻系数。

水力摩阻系数 λ 是雷诺数和管壁相对粗糙度的函数，即 $\lambda = f(Re, \varepsilon)$，其中管壁相对粗糙度为

$$\varepsilon = 2e/d \tag{2-15}$$

式中　e——绝对粗糙度，新的、清洁的管壁绝对粗糙度仅取决于管材及制管方法，与管径无关；

d——管道内径。

表 2-1 给出了国产各种主要管路的绝对粗糙度。

表 2-1　国产各种主要管路的绝对粗糙度

管路种类	直缝钢管	无缝钢管	螺旋缝钢管	
			DN250~DN350	DN400 以上
绝对粗糙度 /mm	0.054	0.06	0.125	0.1

3. 不同流态区水力摩阻系数的计算

不同流态区水力摩阻系数值见表 2-2。

表 2-2　不同流态区水力摩阻系数值

流态		划分范围	$\lambda = f(Re,\varepsilon)$
层流区		$Re < 2\,000$	$\lambda = \dfrac{64}{Re}$
紊流区	水力光滑区	$3\,000 < Re < Re_1 = \dfrac{59.5}{\varepsilon^{8/7}}$	$\dfrac{1}{\sqrt{\lambda}} = 1.8\lg Re - 1.53$；当 $Re < 10^5$ 时，$\lambda = \dfrac{0.316\,4}{Re^{0.25}}$
	混合摩擦区	$Re_1 = \dfrac{59.5}{\varepsilon^{8/7}} < Re < Re_2 = \dfrac{665 - 765\lg\varepsilon}{\varepsilon}$	$\dfrac{1}{\sqrt{\lambda}} = -1.8\lg\left[\dfrac{6.8}{Re} + \left(\dfrac{\varepsilon}{7.4}\right)^{1.11}\right]$
	粗糙区	$Re > Re_2 = \dfrac{665 - 765\lg\varepsilon}{\varepsilon}$	$\lambda = \dfrac{1}{(1.74 - 2\lg\varepsilon)^2}$

1）水力光滑区

层流边层的厚度能覆盖管内壁全部的粗糙凸起，λ 仅与 Re 有关，在该区域内常用布拉休斯公式和米勒公式计算水力摩阻系数。

布拉休斯公式：

$$\lambda = 0.316\,4Re^{-0.25} \tag{2-16}$$

米勒公式：

$$\frac{1}{\sqrt{\lambda}} = 1.8\lg Re - 1.53 \tag{2-17}$$

一般在 $Re>10^5$ 范围内采用布拉休斯公式，若超出此范围建议采用米勒公式。

2）粗糙区

随着 Re 增大，管壁粗糙凸起几乎全部露在层流边层外，惯性损失占主导地位，λ 只取决于相对粗糙度 ε，在该区域内常用尼古拉兹公式计算水力摩阻系数，即

$$\lambda = \frac{1}{(1.74 - 2\lg\varepsilon)^2} \tag{2-18}$$

3）混合摩擦区

当雷诺数 Re 介于光滑区与粗糙区之间时，λ 与 Re、ε 两者有关，在该区域常用伊萨耶夫公式计算水力摩阻系数，即

$$\frac{1}{\sqrt{\lambda}}=-1.8\lg\left[\frac{6.8}{Re}+\left(\frac{\varepsilon}{7.4}\right)^{1.11}\right] \tag{2-19}$$

表 2-2 中各流态区的 λ 可综合为

$$\lambda=\frac{A}{Re^{m}} \tag{2-20}$$

将式（2-20）代入达西公式可得到另一个流量 - 压降公式，即列宾宗公式：

$$h_{1}=\beta\frac{Q^{2-m}\upsilon^{m}}{d^{5-m}}L \tag{2-21}$$

式中　h_1——管路的沿程摩阻，m（液柱）；

L——管路长度，m；

υ——流体运动黏度，m^2/s；

d——管道内径，m；

Q——流体在管路中的体积流量，m^3/s。

其中，A,m,β 是流态决定的系数，各流态区的 A,m,β 值及沿程摩阻计算见表 2-3。

表 2-3　不同流态区的 A,m,β 值及沿程摩阻计算

流态		A	m	$\beta/(s^2/m)$	h_1/m(液柱)
层流区		64	1	$\frac{128}{\pi g}=4.15$	$h_1=4.15\frac{Q\upsilon}{d^4}L$
紊流区	水力光滑区	0.316 4	0.25	$\frac{8A}{4^m\pi^{2-m}g}=0.024\,6$	$h_1=0.024\,6\frac{Q^{1.75}\upsilon^{0.25}}{d^{4.75}}L$
	混合摩擦区	$10^{0.127\lg\frac{\varepsilon}{d}-0.627}$	0.123	$\frac{8A}{4^m\pi^{2-m}g}=0.080\,2A$	$h_1=0.080\,2A\frac{Q^{1.877}\upsilon^{0.123}}{d^{4.877}}L$
	粗糙区	λ	0	$\frac{8\lambda}{\pi^2 g}=0.082\,6\lambda$	$h_1=0.082\,6\lambda\frac{Q^2}{d^5}L$ $\lambda=0.11\left(\frac{\varepsilon}{d}\right)^{0.25}$

4. 水力坡降

管路的水力坡降是指单位长度管道的压力水头线或重力水头线的降低值。在进行管道计算时（假定管道中的流体为均匀流），就是单位长度管路的摩阻损失，可表示为

$$i=\frac{h_1}{L}=\beta\frac{Q^{2-m}\upsilon^{m}}{d^{5-m}} \tag{2-22}$$

式中　L——管路长度，m；

υ——流体运动黏度，m^2/s；

d——管道内径，m；

Q——流体在管路中的体积流量，m^3/s。

由式（2-22）可知，管路的水力坡降因流量、黏度、管径和流态不同而异。

例 2-1　某外径为 323.9 mm、壁厚为 14.3 mm 的海底长距离输油无缝管道，将平台脱水后的原油输送到陆上终端。20 ℃时原油的密度为 810 kg/m^3，凝固点为 30 ℃，黏度为 4.2 mm^2/s；该条管道的输送量为 8 000 m^3/d，输送距离为 33.8 km，管道的起输温度为 50 ℃，要求终点压力不大于 800 kPa，试：

（1）判别流态；

（2）计算管道的沿程摩阻损失；

（3）计算管道的起输压力。

解　（1）判别流态：

$$Re=\frac{vd}{\upsilon}=\frac{4Q}{\pi d\upsilon}=\frac{4\times\dfrac{8\,000}{24\times 3\,600}}{\pi\times\left(\dfrac{323.9-14.3\times 2}{1\,000}\right)\times 4.2\times 10^{-6}}=95\,103(>3\,000)$$

故管内流体的流态属于紊流区。

该管道采用无缝钢管，查表 2-1 得绝对粗糙度 $e=0.06$ mm，则

$$\varepsilon=\frac{2e}{d}=\frac{2\times 0.06}{323.9-14.3\times 2}=0.000\,406$$

由于 $3\,000<Re<\dfrac{59.5}{\varepsilon^{8/7}}=449\,189$，查表 2-2 得管内流体的流态属于水力光滑区。

（2）计算管道的沿程摩阻损失。

根据列宾宗公式计算：

$$h_1=\beta\frac{Q^{2-m}\upsilon^m}{d^{5-m}}L$$

其中

$$\beta=\frac{8A}{4^m\pi^{2-m}g}$$

查表 2-2 得水力光滑区的 $A=0.316\,4, m=0.25, \beta=0.024\,6$，代入 h_1 计算公式，可得

$$h_1=0.024\,6\frac{Q^{1.75}\upsilon^{0.25}}{d^{4.75}}L=0.024\,6\times\frac{\left(\dfrac{8\,000}{24\times 3\,600}\right)^{1.75}\times\left(4.2\times 10^{-6}\right)^{0.25}}{\left(\dfrac{323.9-14.3\times 2}{1\,000}\right)^{4.75}}\times 33\,800=192.1\text{ m}$$

（3）计算管道的起输压力：

$$p_1=p_2+h_1\rho g=800\times 10^3+192.1\times 810\times 9.8=2\,324\,890\text{ Pa}=2\,325\text{ kPa}$$

2.4.3　管道水击计算

单相流体管道设计中要考虑的一个重要问题是压力激增，也称为水锤。输油管道中各个位置的流速和压力在不同时间通常存在差异，但其平均值一般保持不变或变化较小，因而可认为输油管道处于稳定状态。在诸如启动、停输、加压或降压等短时作业过程中，流体流

动变得不稳定。压力发生瞬变时，称为管道发生水击，其特征是流速和压力发生急剧变化。如果不进行适当处理，可能会对系统造成严重损伤。

对于短管路的水击压力（瞬时中断液流引起的压头增值），计算公式如下：

$$\Delta H=\frac{a}{g}\Delta v=\frac{a}{g}\left(v_0-v\right) \tag{2-23}$$

$$a=\sqrt{\frac{G}{\rho\left(1+\frac{Gd}{E\delta}\right)}} \tag{2-24}$$

式中 ΔH——瞬时中断液流引起的压头增值，m；

a——水击波传播速度，m/s；

g——重力加速度，m/s^2；

v_0——水击前的流速，m/s；

v——瞬时变化后的流速，m/s；

ρ——液体密度，kg/m^3；

G——液体的体积弹性系数，Pa；

E——管材的弹性模量，Pa；

d——管道内径，m；

δ——管壁厚度，m。

对于长输管道，水击的基本原理与短管相同，但由于具体情况不同，存在以下显著差别。

1. 水击波反射的间隔时间比较长

长输管道由于长度较长，因此管道瞬时关闭时，水击波反射的间隔时间比较长，故管道发生水击后，其沿线的压力变化比较平缓，这给管道调节提供了有利条件，而且会使通过调节而达到新的稳态的时间延长。

2. 摩阻的影响

长输管道与短管不同，其用于克服摩阻的压力很大，在管道沿线初始水击波经过处，管道内流动并不停止，只是受到部分阻滞，因而将发生管道的充装和水击波的衰减。

（1）管道的充装使阀门处压力逐渐上升。当长输管道下游阀门突然关闭时，会产生势涌水击，该水击波向上游推进过程中会出现一个高于原先稳态坡降的压降，使水击波后的液体继续向下游流动，但流速比稳态时减小。同时，末端管段由于压力升高，使其管壁不断胀大，而液体又不断被压缩，进而不断提供由两者共同形成的“剩余容积”，以容纳水击波后继续流来的液体，这种现象即为管道充装。管道充装使水击波后的压力继续升高，管道越长，充装压头越大。

（2）水击波波峰的衰减。水击波在向上游推进过程中，峰面上仍有液体流动，而且随着波峰向上游推进，水击波后出现的剩余容积增大，波峰面上的速度变化将进一步减小，因而水击波的幅值不断减小，这种现象即为波峰衰减。

3. 瞬变压力的叠加

对于密闭输送系统，水击影响将波及全线，管道终端阀门关闭后，将使其上游泵站的输送量急剧减少，于是进站压力迅速增高并叠加在泵压上，使出站压力进一步提高，泵进一步向下游充装，管道内液压进一步提高，从而出现压力叠加现象。压力叠加现象对管道是十分危险的，必须采取可靠的保护措施予以控制。

密闭输送系统中通常设置压力自动调节装置和超压自动保护装置。压力自动调节装置由管道、压力变送器、调节器、调节阀等组成，可协同调节水击时系统的排出压力。同时，在管道的下游通常设置压力泄放装置，如安全阀、橡胶套式泄压阀、气体缓冲室等，当上游来液的压力超过设定值时，压力保护装置开启泄压，以保护管道及下游工艺设备不至于因超压而破坏。

2.5　海底输油管道工艺设计——热力计算

2.5.1　热力计算概述

当油品的凝固点高于管路周围的环境温度，或在环境温度下油品的黏度很高时，油品的输送必须采取一定措施。如果常温输送，则管路的压降很大，显然是不经济的，而且在工程中也难以实现。加热输送是目前高凝、高黏原油最常用的输送方法，将油品加热后输入管道，通过提高输送温度降低其黏度，减少摩阻损失。

热油输送管道不同于等温输送管道，其输送过程中存在两方面的能量损失，即摩阻损失和热量损失，设计中要充分考虑两种能量损失的相互关系及影响。对于热油输送管道而言，散热损失往往是起决定作用的因素。由于摩擦损失与油品的黏度有直接关系，而油品的黏度又是由其输送温度决定的，因此热油输送管道一般都采取外加保温层以减少沿程热量损失的方法。只有正确地确定热油输送管道的总传热系数，才能准确地计算管道的沿程温降，减少热油管道的能耗和建设投资。

2.5.2　总传热系数 K 值的选取

总传热系数 K 是指当油流和周围介质的温差为 1 ℃时，单位时间内单位传热表面所传递的热量，用于表示油流对周围介质的散热强弱。K 值的确定是计算热油管道沿线温降的关键。

热油管道的传热过程由三部分组成：油流至管内壁的放热；石蜡沉积层、钢管壁与防腐保温层的导热；管道最外壁与周围介质的传热。

海底热油管道的总传热系数 K 的确定可分为两种情况：埋地不保温管道的总传热系数 K_1；埋地保温管道的总传热系数 K_2。

1. 埋地不保温管道的总传热系数 K_1 的确定

$$K_1=\frac{1}{D\left(\dfrac{1}{\alpha_1 d}+\dfrac{1}{2\lambda_s}\ln\dfrac{D_1}{d}+\dfrac{1}{2\lambda_b}\ln\dfrac{D_b}{D_1}+\dfrac{1}{\alpha_2 D_b}\right)} \tag{2-25}$$

式中　K_1——埋地不保温管道的总传热系数，W/(m²•℃)；

D——计算直径，对埋地不保温管道取防腐层外径，m；

d——管道内径，m；

D_1——管道外径，m；

D_b——钢管外防腐层外径，m；

λ_s——钢管管壁的导热系数，W/（m•℃）；

λ_b——钢管外防腐层的导热系数，W/（m•℃）；

α_1——油流至管内壁的内部放热系数，W/（m²•℃）；

α_2——管道最外壁至土壤的外部放热系数，W/（m²•℃）。

对于大直径管路，忽略内外径的差值，式（2-25）可近似为

$$K_1 = \frac{1}{\dfrac{1}{\alpha_1} + \sum \dfrac{\delta_i}{\lambda_i} + \dfrac{1}{\alpha_2}} \tag{2-26}$$

式中　δ_i——某一层的厚度，m；

λ_i——某一层的导热系数，W/（m•℃ ）。

1）油流至管内壁的放热系数 α_1 的计算

油流在管内流动时，与管壁的对流换热可用准则数方程表示，其放热系数为

$$\alpha_1 = \frac{Nu\lambda_y}{d} \tag{2-27}$$

式中　Nu——放热系数，即努赛尔准数，无量纲；

脚注“y”——各参数取自油流的平均温度。

层流时：

$$\begin{cases} Nu = 1.86(RePr)^{1/3}\left(\dfrac{d}{L}\right)^{1/3}, Re < 2\ 200, 0.48 < Pr < 16\ 700, RePr\dfrac{d}{L} \geqslant 10 \\ Pr_y = \dfrac{\upsilon C\rho}{\lambda_y} \end{cases} \tag{2-28}$$

式中　Nu——放热准数，即努赛尔准数，无量纲；

Pr——油的物理性质准数，即普朗特准数，无量纲；

λ_y——油的导热系数，W/（m•℃）；

υ——油的运动黏度，m²/s；

ρ——油的密度，kg/m³；

L——管道长度，m；

C——油的比热容（当一个系统由于加一微小的热量 δQ 而导致温度升高 $\mathrm{d}T$ 时，$\delta Q/\mathrm{d}T$ 即该系统的比热容），J/（kg•℃）。

过渡状态：

$$Nu = K_0 Pr_y^{0.43}\left(\frac{Pr_y}{Pr_{bi}}\right)^{0.25}, 2\ 000 < Re < 10^4 \tag{2-29}$$

式中　K_0——系数，Re 的函数，见表 2-4；

脚注“bi”——各参数取自管壁的平均温度。

表 2-4 系数 K_0 与 Re 之间的关系

Re	2 200	2 300	2 500	3 000	3 500	4 000	5 000	6 000	7 000	8 000	9 000	10 000
K_0	1.9	3.2	4.0	6.8	9.5	11	16	19	24	27	30	33

紊流时：

$$\alpha_1 = 0.02\frac{\lambda}{d}Re_y^{0.8}Pr_y^{0.44}\left(\frac{Pr_y}{Pr_{bi}}\right)^{0.25}, Re > 10^4, Pr < 2\,500 \tag{2-30}$$

紊流状态下的 α_1 比层流状态大得多，两者可能相差数十倍。因此，紊流状态下的 α_1 对总传热系数 K 的影响很小，可以忽略不计。

2）管壁的导热系数

钢管的导热系数为 45~50 W/（m • ℃），管壁的结蜡和凝油的导热系数都比较小，随着管路运行中凝油层的增厚，其热阻的影响越来越大。由于管内壁上的凝油和结蜡层的厚度因管路的运行条件不同而异，在设计时很难确定，因此设计时通常不考虑其对热阻的影响。

3）管外壁至周围环境的放热系数 α_2 的计算

对于地下管道，有

$$\alpha_2 = \frac{2\lambda_t}{D_w \ln\left[\frac{2h_c}{D_w} + \sqrt{\left(\frac{2h_c}{D_w}\right)^2 - 1}\right]} \tag{2-31}$$

$$\alpha_2 = \frac{2\lambda_t}{D_w \ln\frac{4h_c}{D_w}}, \frac{h_c}{D_w} > 2 \tag{2-32}$$

式中 λ_t——土壤的导热系数，W/（m•℃）；

h_c——管道中心的埋深，m；

D_w——与土壤接触的管道外围直径，m。

λ_t 取决于组成土壤的固体物质的导热系数、土壤中的颗粒大小和含水量，其中含水量的变化对土壤的导热系数的影响最大。随着含水量增加，土壤的导热系数增大，但当接近饱和时，导热系数增加就很少了。

2. 埋地保温管道的总传热系数 K_2 的确定

对于埋置在海底面 1.5 m 以下的双层保温管道，通过该管道的传热过程主要包括：

（1）管内壁与流体的对流换热；

（2）管壁的热传导；

（3）保温层的热传导；

（4）保温层和外管内壁之间的空气层热传导；

（5）外管壁的热传导；

（6）防腐层的热传导；

（7）与周围环境的换热。

$$\frac{1}{KD}=\frac{1}{\alpha_1 d_1}+\frac{1}{2\lambda_1}\ln\frac{D_2}{d_1}+\frac{1}{2\lambda_2}\ln\frac{D_3}{D_2}+\frac{1}{2\lambda_3}\ln\frac{d_4}{D_3}+\frac{1}{2\lambda_4}\ln\frac{D_5}{d_4}+\frac{1}{2\lambda_5}\ln\frac{D_6}{D_5}+\frac{1}{\alpha_2 D_w}$$
$$=R_1+R_2+R_3+R_4+R_5+R_6+R_7 \tag{2-33}$$

式中 K——管道的总传热系数，W/（m²•℃）；

D——管道内径和外径的平均值，m；

d_1——管道内径，m；

D_2——内层钢管外径，m；

D_3——保温层外径，m；

d_4——外层钢管内径，m；

D_5——外层钢管外径，m；

D_6——外层钢管防腐层外径，m；

D_w——管道保温层外径，m；

λ_1——内层钢管的导热系数，W/（m•℃）；

λ_2——保温层的导热系数，W/（m•℃）；

λ_3——空气夹层的当量导热系数，W/（m•℃）；

λ_4——外层钢管的导热系数，W/（m•℃）；

λ_5——外层钢管防腐层的导热系数，W/（m•℃）；

α_1——油流至管内壁的放热系数，W/（m²•℃）；

α_2——套管外壁与海泥的放热系数，W/（m²•℃）；

$R_1,\cdots,R_7$——管道由内到外各层的热阻，（m•℃）/W。

在工艺设计中，当管内流体的流态处于紊流区时，油流的对流放热系数对总传热系数的影响很小，可以忽略。由于内层钢管、外层钢管及外层钢管防腐层的导热系数很大，其值对总传热系数的影响微小，也可以忽略。如果保温层与外管壁的空隙很小，通常忽略空气层的热阻。简化后的总传热系数 K 的计算公式为

$$\frac{1}{KD}=\frac{1}{2\lambda_2}\ln\frac{D_3}{D_2}+\frac{1}{\alpha_2 D_w} \tag{2-34}$$

对于埋设在海底面 1.5 m 以下的双层保温管道，粗略估算时，根据经验 K 值通常取 1~2 W/（m²•℃）。

3. 不保温管道 K 值的影响

K 值是温降计算的关键因素，通过温降影响压降的计算结果。相对于保温管道而言，不保温管道的 K 值在热油管道稳态运行方案的工艺计算中受到的影响更多，主要体现在以下几个方面：

（1）管径越大，则 K 值越小；

（2）管道埋深处的土壤含水量越大，K 值就越大；

（3）管道埋置深度越深，K 值就越小，但对于直径大于 12 in 的管道，埋深大于 3~4 倍管

道直径时，对 K 值的影响明显减小；

（4）气候条件影响 K 值，冻土的导热系数比不冻土大 10%~30%；

（5）管内结蜡会使 K 值变小；

（6）K 值与沿线土壤的成分、相对密度、孔隙度有关。

埋地不保温管道的 K 值选用参考数据见表 2-5。

表 2-5　埋地不保温管道的 K 值选用参考数据

周围土壤条件	干沙	略湿的黏土	极湿的黏土	水中或海底
K /（W/（m²·℃））	1.2	1.4~1.8	3.5	12~15

例 2-2　某油田一条外径为 508 mm、壁厚为 15.88 mm 的长距离输油管道，全长 60 km，为海底双层保温管道，外管外径为 660.4 mm、壁厚为 12.7 mm，且内、外管间填充硬质聚氨酯泡沫塑料，保温层厚度为 50 mm。该管道的设计埋设深度为外管顶部距离海底 1.5 m，且原油密度为 967.7 kg/m³（20 ℃）、949.5 kg/m³（50 ℃），凝固点为 −5 ℃，动力黏度为 370 mPa·s（60 ℃），该条管道的输送量为 15 000 m³/d，管道的起输温度为 60 ℃，求该管道的总传热系数 K 和粗略估算的总传热系数 K。

基础数据：硬质聚氨酯泡沫塑料的密度为 40~60 kg/m³，导热系数为 0.022 5 W/（m·℃）；空气的导热系数为 0.023 26 W/（m·℃），空气夹层厚度为 13.5 mm；水的导热系数为 0.581 8 W/（m·℃），水的比热容为 4 175 J/（kg·℃）；原油的导热系数为 0.14 W/（m·℃），原油的比热容为 1 780 J/（kg·℃）；湿黏土的导热系数为 1.86 W/（m·℃）；钢的导热系数为 46 W/（m·℃）；防腐层的导热系数为 6.246 1 W/（m·℃），防腐层厚度为 3.2 mm。

解　由题可知

内管外径 $D_2 = 508$ mm

外管外径 $D_5 = 660.4$ mm

管道内径 $d_1 = D_2 - 15.88 \times 2 = 476.24$ mm

保温层外径 $D_3 = D_2 + 2 \times 50 = 608$ mm

外层管内径 $d_4 = D_5 - 2 \times 12.7 = 635$ mm

外层管防腐层外径 $D_6 = D_5 + 2 \times 3.2 = 666.8$ mm（接触土壤的管道外围直径 D_w）

管道内径和外径平均值 $D = (D_6 + D_2)/2 = 587.4$ mm

（1）计算该管道各部分的换热热阻（运动黏度（m²/s）即流体的动力黏度（N·s/m²）与同温度下该流体的密度 ρ 之比）。

①管内流体的对流换热热阻：

$$Re = \frac{vd}{\upsilon} = \frac{4Q\rho}{\pi d_1 \upsilon} = \frac{4 \times \dfrac{15\,000}{24 \times 3\,600} \times 949.5}{\pi \times 0.476\,24 \times \dfrac{370}{1\,000}} = 1\,191 < 2\,000$$

即管内流体为层流，且

$$Pr_y=\frac{\upsilon_y C_y \rho_y}{\lambda_y}=\frac{0.37\times 1\,780\times 949.5}{0.14\times 949.5}=4\,704$$

$$Nu=1.86\times(RePr)^{1/3}\left(\frac{d_1}{L}\right)^{1/3}=1.86\times(1\,191\times 4\,704)^{1/3}\times\left(\frac{0.476\,24}{60\,000}\right)^{1/3}=6.59$$

$$\alpha_1=\frac{Nu\lambda_y}{d_1}=\frac{6.59\times 0.14}{0.476\,24}=1.94\ \mathrm{W/(m^2\cdot ℃)}$$

$$R_1=\frac{1}{\alpha_1 d_1}=\frac{1}{1.94\times 0.476\,24}=1.08\ \mathrm{m\cdot ℃/W}$$

②内管壁的导热热阻：

$$R_2=\frac{\ln(D_2/d_1)}{2\lambda_1}=\frac{\ln\dfrac{508}{476.24}}{2\times 46}=7.02\times 10^{-4}\ \mathrm{m\cdot ℃/W}$$

③保温层的导热热阻：

$$R_3=\frac{\ln(D_3/D_2)}{2\lambda_2}=\frac{\ln\dfrac{608}{508}}{2\times 0.022\,5}=3.993\,2\ \mathrm{m\cdot ℃/W}$$

④空气夹层的导热热阻：

$$R_4=\frac{\ln(d_4/D_3)}{2\lambda_3}=\frac{\ln\dfrac{635}{608}}{2\times 0.023\,26}=0.934\ \mathrm{m\cdot ℃/W}$$

⑤外层钢管的导热热阻：

$$R_5=\frac{\ln(D_5/d_4)}{2\lambda_4}=\frac{\ln\dfrac{660.4}{635}}{2\times 46}=4.263\times 10^{-4}\ \mathrm{m\cdot ℃/W}$$

⑥防腐层的导热热阻：

$$R_6=\frac{\ln(D_6/D_5)}{2\lambda_5}=\frac{\ln\dfrac{666.8}{660.4}}{2\times 6.246\,1}=7.72\times 10^{-4}\ \mathrm{m\cdot ℃/W}$$

⑦海底土壤的导热热阻：

$$\alpha_2=\frac{2\lambda_6}{D_w\ln\dfrac{4h_c}{D_w}}=\frac{2\times 1.86}{0.666\,8\times\ln\dfrac{4\times 1.833\,4}{0.666\,8}}=2.33\ \mathrm{W/(m^2\cdot ℃)}$$

$$R_7=\frac{1}{\alpha_2 D_w}=\frac{1}{2.33\times 0.666\,8}=0.643\,6\ \mathrm{m\cdot ℃/W}$$

（2）计算总换热热阻，并由此计算该管道的总传热系数 K：

$$\begin{aligned}R&=R_1+R_2+R_3+R_4+R_5+R_6+R_7\\&=1.08+7.02\times 10^{-4}+3.993\,2+0.934+4.263\times 10^{-4}+7.72\times 10^{-4}+0.643\,6\\&=6.652\,9\ \mathrm{m\cdot ℃/W}\end{aligned}$$

$$K=\frac{1}{RD}=\frac{1}{6.652\,9\times 0.587\,4}=0.256\ \mathrm{W/(m^2\cdot ℃)}$$

（3）粗略估算的总传热系数：

$$R=\frac{1}{K'D}=\frac{\ln\left(D_3/D_2\right)}{2\lambda_2}+\frac{1}{\alpha_2 D_w}=\frac{\ln(608/508)}{2\times0.022\,5}+\frac{1}{2.33\times0.666\,8}=3.993\,2+0.643\,6$$

$$=4.636\,8$$

$$K'=\frac{1}{RD}=\frac{1}{4.636\,8\times0.587\,4}=0.367\ \mathrm{W/(m^2\cdot ℃)}$$

2.5.3 管道的温降计算

不考虑管道中油流的摩擦热，热油输送管道的沿程轴向温降可按苏霍夫温降公式计算，即

$$\ln\frac{T_1-T_0}{T_2-T_0}=\frac{K\pi DL}{G_m C} \tag{2-35}$$

可表示为

$$T_2=T_0+\left(T_1-T_0\right)\exp\left(\frac{-K\pi DL}{G_m C}\right) \tag{2-36}$$

式中 T_1，T_2——管道起点、终点温度，℃；

T_0——管外环境温度（埋设管道取管道中心埋深温度），℃；

D——管道外径，m；

L——管道长度，m；

G_m——原油质量流量，kg/s；

C——原油比热容，J/（kg•℃）；

K——管道总传热系数，W /（m²•℃）。

考虑管道在输送过程中由于沿程摩阻损失产生的热量，热油输送管道的沿程轴向温降计算公式为

$$\frac{T_1-T_0-b}{T_2-T_0-b}=e^{aL} \tag{2-37}$$

$$b=\frac{ig}{Ca}\qquad a=\frac{K\pi D}{G_m C} \tag{2-38}$$

式中 T_1，T_2——管道起点、终点温度，℃；

T_0——管外环境温度（埋设管道取管道中心埋深温度），℃；

D——管道外径，m；

L——管道长度，m；

G_m——原油质量流量，kg/s；

C——原油比热容，J/（kg•℃）；

K——管道总传热系数，W/（m²•℃）；

i——管道的水力坡降，m/m；

g——重力加速度，m/s²。

2.5.4 热油管道的摩阻计算

热油管道由于沿途散热而使油温逐渐降低，油流黏度处处不同。根据实测资料，热油管路的流态多数是在紊流光滑区，黏度的变化对摩阻影响不大，工程上常采用以下两种方法进行近似计算。

1. 平均油温法

计算热油管道的平均油温，并以此为依据进行水力计算，具体步骤如下。

（1）根据苏霍夫公式，计算出油流的起点温度 T_1 和终点温度 T_2。

（2）按下式计算出管道的加权平均温度 T_p：

$$T_p = \frac{1}{3}T_1 + \frac{2}{3}T_2 \tag{2-39}$$

（3）由实测的黏温曲线查出在加权平均温度 T_p 时的油流黏度 υ_p。

（4）按等温输油管道公式，计算出摩阻损失 h：

$$h = \beta \frac{Q^{2-m}\upsilon^m}{D^{5-m}} L \tag{2-40}$$

2. 分段计算法

为提高管道的计算精度，工程上常采用分段计算法，即将管道分为若干段，设每段长度为 l_i，按平均油温法计算每段的摩阻损失，然后再将各段摩阻损失相加，即得到管路总的摩阻损失。其计算步骤同平均油温法。

2.5.5 热油管道的安全起输量

热油管道的压降计算不同于等温输送管道，其主要特点在于：

（1）热油管道沿线单位长度上的压降是随沿线温度变化的一个不定值；

（2）热油管道的压降应按照每个加热点间的管段计算，然后累加成为管道全线的总压降；

（3）当管道内油流出现层流情况时，应考虑管道径向温差引起的附加压降。

由于热油管道输送的介质为高凝、高黏原油，在管道输送过程中，油流不断向外散热，油品的温度不断降低，油品的黏度不断上升，沿程摩阻损失逐渐增大。根据苏霍夫温降公式：

$$T_2 = T_0 + (T_1 - T_0)e^{\frac{-K\pi DL}{GC}} \tag{2-41}$$

其中的各项参数对温降影响较大的是总传热系数 K 和输量 G。当其他参数一定时，管道的终点油温随输量的变化情况如图 2-6 所示。可以看出，在大输量下沿线的温降分布要比小输量时平缓得多，随着输量的减少，终点油温将急剧下降。当油温下降到一定数值时，管道将无法正常输送，即热油管道存在最小输量。

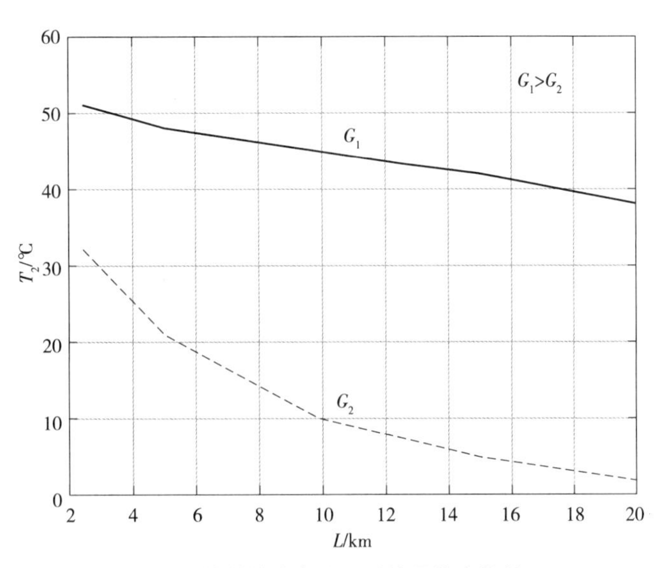

图 2-6　管道的终点油温随输量的变化情况

所谓安全起输量，是指在管道的总传热系数、管径以及允许的起输温度一定的条件下，在管道所允许的最大操作压力范围以及最低允许终点温度确定的情况下，热油管路所能输送的最小输量，可按下式计算：

$$G_{\min}=\frac{K\pi DL}{C\ln\dfrac{T_{1\max}-T_0}{T_{2\min}-T_0}} \tag{2-42}$$

式中　$T_{1\max}$——出站油温的允许最高值，℃；

$T_{2\min}$——进站油温的允许最低值，℃。

对于输送高凝原油的管道，其允许的最低终点温度是指原油的凝固点以上 3~5 ℃；对于高黏原油，其允许的最低终点温度是指原油在该温度下输送时，因低温使原油的黏度剧增，管道输送需要的输送压力超过管道所允许的最大操作压力的临界温度。

2.5.6　热油管道的安全停输时间

海底热油管道在操作运行过程中，由于事故或其他原因不可避免地会出现停输的情况。停输后，管道中心流体的温度从起点到终点会持续降低，由于管内油温不断下降，油品黏度增大，含蜡原油管壁上的结蜡层增厚，会使管道再启动的阻力增大。因此，为确保安全经济地输油，首先要了解管路停输后的温降规律，以便确定再启动时所需的压力以及安全停输时间。

1. 热油管道的停输温降规律

热油管道停输后的温降过程可分为以下 3 个阶段。

第一阶段：管道刚停输时，管内油温高于或接近析蜡温度，管壁上的结蜡层很薄，管内存油至管外大气的传热主要是对流放热，放热强度较大，而存油、钢管及保温层的比热容量都较小，所以温降速度很快。

第二阶段：随着管壁温度及油温的下降，一方面蜡不断结晶析出，管壁上的结蜡层不断加厚，使热阻增大；另一方面由于油流黏度增加，对流放热系数减小，使散热量减少。对于含蜡原油，蜡的结晶析出又放出潜热，因而这一阶段油温降落最慢，直至整个管路横截面都布满网络结构。这个阶段是管道停输的关键阶段。

第三阶段：管内油流已全部形成网络结构，传热方式主要是凝油的热传导，热阻较大，与外界温差较小，故其温降速度要比第一阶段慢得多。但由于在此阶段单位时间内继续析出的蜡结晶比第二阶段少，放出的凝结潜热少，因而其温降速度比第二阶段略快。

2. 热油管道的安全停输时间

热油管道的安全停输时间是指原油停输后停输温降的第一阶段，即油品温度降到凝固点所需的时间。假设管内存油温度均匀，管道的热阻主要是保温层热阻，取总传热系数 K 为常数，忽略油品随温度的变化，且在短暂的停输过程中外界温度不变，则停输时间计算公式为

$$t=\frac{C_{\mathrm{y}}\rho_{\mathrm{y}}d_{\mathrm{n}}}{4K}\ln\frac{T_{\mathrm{y}0}-T_0}{T_{\mathrm{y}1}-T_0} \tag{2-43}$$

式中 ρ_{y}——原油密度，kg/m³；

C_{y}——原油比热容，kJ/（kg·℃）；

d_{n}——管道内径，m。

一般取油流的末端温度为高于原油的凝固点 3~5 ℃。

3. 管道保温层厚度的确定

在苏霍夫公式中，影响热油管道温降的主要因素是总传热系数 K。对于海底双层保温管道，其热阻主要由油流至管内壁的放热热阻、钢管及保温层的热阻、外管外壁至土壤的热阻组成，其中保温层的热阻占很大比重。对于某一材料的保温层来说，保温层的厚度取值对 K 值的大小有直接影响。对于相同管径的管道，能够满足所需的总传热系数 K 值的要求的最小保温层厚度为该管道的经济保温层厚度。

目前，海底双层保温管道保温层的厚度一般取 25~50 mm，在满足保温效果的前提下，还要考虑结构施工的需求。

4. 高凝原油、高黏原油的输送方式

在原油的管道输送中，有两类油品不能采用常温直接输送的方式，一类是高凝原油，另一类是高黏原油。所谓高凝、高黏原油，是根据原油的流动性质而划分的，针对这两种原油的特性，在管道输送时通常采用加热或加剂输送的方式。

高凝原油即高含蜡原油，是指原油含蜡量高，一般高于 10%，原油的凝固点高，此类原油在温度高于析蜡温度时，黏度较低，且随温度变化不大，属于牛顿流体；当温度降至凝固点时，黏度剧增，具有非牛顿流体的特征。

含蜡原油的表观黏度、凝固点和屈服值都因油样的热处理和剪切历史不同而显著不同。因此，进行外部因素（热处理温度、冷却速度、冷却方式或剪切历史等）对含蜡原油的流变性影响的分析研究，有利于选用更经济、安全的方式输送含蜡原油。

1）高凝原油输送方式

高凝原油常用的输送方式有以下几种。

（1）原油加热输送：在管道工艺计算中，要求海底管道中原油输送到终点的温度高于该原油的凝固点 3~5 ℃，以此确定管道的起输温度。

（2）稀释输送：在海底管道输送中，有时将易凝原油与同向输送的低凝原油、凝析油等混合后同时输送，可降低高凝原油的凝固点，改善原油的流动特性。

（3）添加降凝剂等流动改良剂：通过添加降凝剂等蜡晶改良剂来改善高凝原油在析蜡温度以下的低温流动性，从而改善原油的流动特性。蜡晶改良剂的处理效果受原油组成影响，同时还与加入量、加入温度和冷却条件等密切相关，对于不同的原油需要经过试验分别筛选其合适的添加剂，找出最佳加入量及添加条件。

2）高黏原油输送方式

高黏原油也称为稠油，是指胶质、沥青质含量较高的原油，胶质含量通常高于 15%，油品的黏度大，黏度与温度的变化关系接近对数曲线，油品凝固点较低，而且在高于凝固点温度时大都具有牛顿流体的特征。

高黏原油常采用的输送方式有以下几种。

（1）掺烃类物质稀释输送：将高黏油品与低凝、低黏原油或凝析油、轻馏分油混合后输送。

（2）掺活性剂水溶液降黏输送：主要用于高黏原油的油田集输系统中，即在一定温度下，将一定量的碱性化合物或表面活性剂水溶液加入稠油中，在机械剪力作用下，使油以很小的滴状物分散在水中，被油水界面间的薄膜所包围，形成水包油型乳状液。这可使输送过程中，稠油与管壁间的摩擦及稠油相互间的摩擦转变为水与管壁间及水与水间的摩擦，可大大降低管路输送的摩阻损失。乳状液到达管路终点后，再改变温度并加入适量的破乳剂，以脱出输送时掺入的水分。

（3）黏弹性液环降阻输送：将少量黏弹性物质（水或稀的高聚物黏弹水溶液）添加到水中，再利用机械方法在管路中形成较薄的黏弹性液环，使稠油在其中通过，以大幅度地降低输送时的摩阻损失。稠油输送时的摩阻损失甚至可以降到与输水时相近，且温度越低，液环越稳定。

2.6　海洋输气管道工艺设计——水力计算

2.6.1　输气管分类及水力摩阻系数

1. 输气管分类

1）水平输气管

沿管道地形起伏高差 $\Delta h \leqslant 200$ m 的输气管可看作水平输气管，其管道输气量的基本计算公式为

$$q_{\mathrm{v}} = 1\,051\left[\frac{(p_{\mathrm{H}}^2 - p_{\mathrm{K}}^2)d^5}{\lambda Z \gamma T L}\right]^{0.5} \tag{2-44}$$

式中　q_{v}——气体的流量（按工程标准状况，p=0.101 325 MPa，T=293 K），m³/d；

p_{H}——输气管计算段的起点压力（绝对），MPa；

p_{K}——输气管计算段的终点压力（绝对），MPa；

d——输气管内径，cm；

λ——水力摩阻系数；

Z——气体的压缩系数；

γ——气体的相对密度；

T——气体的平均温度，K；

L——输气管的计算长度，应为输气管实长和局部摩阻损失当量长度之和，km。

由式（2-44）可导出管径、起点压力及终点压力的计算公式：

$$d = 6.19 \times 10^{-2} q_{\mathrm{v}}^{0.4} \left(\frac{\lambda Z \gamma T L}{p_{\mathrm{H}}^2 - p_{\mathrm{K}}^2} \right)^{0.2} \tag{2-45}$$

$$p_{\mathrm{H}} = \sqrt{p_{\mathrm{K}}^2 + \frac{q_{\mathrm{v}}^2 \lambda Z \gamma T L}{1\,051^2 d^5}} \tag{2-46}$$

$$p_{\mathrm{K}} = \sqrt{p_{\mathrm{H}}^2 + \frac{q_{\mathrm{v}}^2 \lambda Z \gamma T L}{1\,051^2 d^5}} \tag{2-47}$$

2）地形起伏地区输气管

当沿管道地形起伏高差超过 200 m 时，应考虑该高差对管道输气量的影响，并按下式计算：

$$q_{\mathrm{v}} = 1\,051 \left\{ \frac{[p_{\mathrm{H}}^2 - p_{\mathrm{K}}^2(1 + a\Delta h)]d^5}{\lambda Z \gamma T L \left[1 + \frac{a}{2L} \sum_{i=1}^{n} (h_i + h_{i-1})\ L_i \right]} \right\}^{0.5} \tag{2-48}$$

式中　p_{H}——输气管起点压力（绝对），MPa；

p_{K}——输气管终点压力（绝对），MPa；

a——系数，$a=0.068\,3\,\frac{\gamma}{ZT}$，$\mathrm{m}^{-1}$；

Δh——输气管终点和起点的标高差，m；

n——输气管沿线高差变化所划分的计算管段数；

h_i，h_{i-1}——各计算管段终点和起点的标高，m；

L_i——各计算管段长度，km。

2. 水力摩阻系数

1）雷诺数的计算

雷诺数 Re 可按下式计算：

$$Re = 1.777 \times 10^{-3} \frac{q_{\mathrm{v}} \gamma}{d \mu} \tag{2-49}$$

式中　q_{v}——气体的流量，$\mathrm{m^3/d}$；

γ——气体的相对密度；

d——输气管内径，cm；

μ——气体的动力黏度，N•s/m^2。

流体在管路中的流态可划分为层流和紊流，紊流又可分为水力光滑区、混合摩擦区、粗糙区。其中，Re<2 000，为层流；Re>3 000，为紊流。输气管雷诺数高达 10^6~10^7，长距离输气干线一般都在粗糙区，不满负荷时在混合摩擦区。

工作区可用下列两个临界雷诺数判断：

$$Re_1 = \frac{59.7}{(2e/d)^{\frac{8}{7}}} \tag{2-50}$$

$$Re_2 = \frac{11}{(2e/d)^{1.5}} \tag{2-51}$$

式中　e——管内壁的当量粗糙度（当量粗糙度考虑了管道形状损失的影响，一般比绝对粗糙度大 2%~11%），mm。

当 $Re<Re_1$ 时，为水力光滑区；当 $Re_1<Re<Re_2$ 时，为混合摩擦区；当 $Re>Re_2$ 时，为粗糙区。

如已知管径 d 和流量 q_v，也可通过查阅资料确定输气管中气体的流态。

美国气体协会测定的输气管在各种状况下的绝对粗糙度见表 2-6。

表 2-6　输气管在各种状况下的绝对粗糙度

表面状态	绝对粗糙度 /mm
新钢管	0.013
室外暴露 6 个月的钢管	0.025~0.032
室外暴露 12 个月的钢管	0.033
清管器清扫过的钢管	0.019
喷砂处理过的钢管	0.006
内壁有涂层的钢管	0.006

2）水力摩阻系数的计算

（1）层流区水力摩阻系数按下式计算：

$$\lambda = \frac{64}{Re} \tag{2-52}$$

（2）临界区（又称临界过渡区）水力摩阻系数按下式计算：

$$\lambda = 0.002\,5\sqrt[3]{Re} \tag{2-53}$$

（3）紊流区（水力光滑区、混合摩擦区、粗糙区）水力摩阻系数按下式计算：

$$\frac{1}{\sqrt{\lambda}} = -2.01\lg\left(\frac{k}{3.706\,5d} + \frac{2.52}{Re\sqrt{\lambda}}\right) \tag{2-54}$$

3）为防止在输送管道中形成水化物，应采取的措施

（1）降低输气管道的压力，在可能形成水化物的地段设置支管，暂时将部分气体放空，

降低输气管道压力，破坏水化物的形成条件。

（2）加热输气管道，即提高气体温度，破坏水化物的形成条件。但由于加热会使管道绝缘层破坏，所以一般不常采用。

（3）向输气管道中加入反应剂，最常用的反应剂是甲醇。

2.6.2 输气管末端储气能力

对海底管道而言，当无中间增压平台时，可将起点平台至终端的管段作为输气管末端的储气能力。

输气管末端的储气能力计算：

$$V = V_0 \frac{p_m}{Zp_0}\frac{T_0}{T_m} = V_0 \frac{p_m}{0.101\,325Z}\frac{293}{T_m} = 2\,891.69\frac{V_0 p_m}{ZT_m} \tag{2-55}$$

式中 V——输气管末端储存的气体体积，m^3；

V_0——输气管的几何容积，m^3；

p_0——标准状态下的压力，取 101 325 Pa；

T_0——标准状态下的温度，取 293.15 K；

p_m——输气管的平均压力，MPa；

T_m——输气管气体的平均温度，K；

Z——气体压缩系数。

输气管的储气量按平均压力计算。

储气开始时，起、终点的压力都为最低值，平均压力为

$$p_{m-min} = \frac{2}{3}\left(p_{H-min} + \frac{p_{K-min}^2}{p_{H-min} + p_{K-min}}\right) \tag{2-56}$$

储气结束时，起、终点的压力都为最高值，平均压力为

$$p_{m-max} = \frac{2}{3}\left(p_{H-max} + \frac{p_{K-max}^2}{p_{H-max} + p_{K-max}}\right) \tag{2-57}$$

式中 p_{H-min}，p_{H-max}——储气开始、结束时的起点压力；

p_{K-min}，p_{K-max}——储气开始、结束时的终点压力。

近似认为储气开始和结束时是稳定流动，根据流量公式 $p_H^2 - p_K^2 = KLq_v^2$，有

$$K = \frac{\lambda Z \Delta T}{C^2 d^5} \tag{2-58}$$

储气开始时，终点压力为已知，则

$$p_{H-min} = \sqrt{p_{K-min}^2 + KL_z q_v^2} \tag{2-59}$$

储气结束时，起点压力为已知，则

$$p_{K-max} = \sqrt{p_{H-max}^2 - KL_z q_v^2} \tag{2-60}$$

式中 L_z——末端管道的长度。

根据输气段末端储气开始和结束时的平均压力求得储气开始和结束时末端管道中的存

气量为

$$V_{\min}=\frac{p_{\text{m-min}}VZ_0T_0}{p_0Z_1T_1} \tag{2-61}$$

$$V_{\max}=\frac{p_{\text{m-max}}VZ_0T_0}{p_0Z_2T_2} \tag{2-62}$$

式中　$V_{\min}$，$V_{\max}$——储气开始、结束时末端管道中的存气量，m^3；

V——末端管道的几何容积，m^3；

Z_1，Z_2——对应 p_{m1} 和 p_{m2} 的压缩系数；

T_1，T_2——对应储气开始和结束时末端管道的平均温度，K；

Z_0——标准状态下的压缩系数，$Z_0=1$。

输气管末端的储气能力是储气结束与开始时管中存气量之差，近似认为 $Z_1\approx Z_2\approx Z$，$T_1\approx T_2\approx T$，则末端管道的储气能力按下式计算：

$$V_{\text{s}}=V_{\max}-V_{\min}=\frac{\pi d^2}{4}\cdot\frac{p_{\text{m-max}}-p_{\text{m-min}}}{p_0}\cdot\frac{T_0}{TZ}L_{\text{z}} \tag{2-63}$$

所需末端管道长度按下式计算：

$$L_{\text{z}}=\frac{p_{\text{H-max}}^2-p_{\text{K-min}}^2}{2Kq_{\text{v}}^2} \tag{2-64}$$

所需管径按下式计算：

$$d=\left\{\frac{V_{\text{s-max}}q_{\text{v}}^2}{A\left[p_{\text{H-max}}^3+p_{\text{K-min}}^3-\frac{\sqrt{2}}{2}\left(p_{\text{H-max}}^2+p_{\text{K-min}}^2\right)^{1.5}\right]}\right\}^{1/7} \tag{2-65}$$

式中

$$A=\frac{\pi C^2}{6}\frac{T_0}{p_0T^2Z^2\lambda\gamma} \tag{2-66}$$

例 2-3　某海底管道依靠起点压缩机输气，中间没有压气站，管道外径为 508 mm、壁厚为 14.3 mm，全长 370 km，起点最高工作压力 $p_{\text{H-max}}=13.0$ MPa，终点最高压力 $p_{\text{K-max}}=9.0$ MPa，储气开始时终点压力 $p_{\text{K-min}}=4.0$ MPa，求该管道的最大储气量。（近认似为 $T_0=T,\ Z=1,\ p_0=101\,325$ Pa）

解　（1）起点最低压力：

$$p_{\text{H-min}}^2=p_{\text{K-min}}^2+p_{\text{H-max}}^2-p_{\text{K-max}}^2$$

$$p_{\text{H-min}}=\sqrt{4.0^2+13.0^2-9.0^2}=10.20\ \text{MPa}$$

（2）管道几何容积：

$$V=\frac{\pi}{4}(D-2t)^2\times L=\frac{\pi}{4}\left(\frac{508-2\times14.3}{1\,000}\right)^2\times370\times10^3=66\ 786.34\ \text{m}^3$$

（3）储气开始时的平均压力：

$$p_{\text{m-min}} = \frac{2}{3}\left(p_{\text{H-min}} + \frac{p_{\text{K-min}}^2}{p_{\text{H-min}} + p_{\text{K-min}}}\right) = \frac{2}{3}\left(10.20 + \frac{4.0^2}{10.20 + 4.0}\right) = 7.55\ \text{MPa}$$

（4）储气结束时的平均压力：

$$p_{\text{m-max}} = \frac{2}{3}\left(p_{\text{H-max}} + \frac{p_{\text{K-max}}^2}{p_{\text{H-max}} + p_{\text{K-max}}}\right) = \frac{2}{3}\left(13.0 + \frac{9.0^2}{13.0 + 9.0}\right) = 11.12\ \text{MPa}$$

（5）管道内最大储气量：

$$V_{\text{s}} = V \cdot \frac{p_{\text{m-max}} - p_{\text{m-min}}}{p_0} \cdot \frac{T_0}{TZ}$$

取 $T_0 = T, Z = 1$，则

$$V_{\max} = 66\ 786.34 \times \frac{11.12 - 7.55}{101\ 325 \times 10^{-6}} = 2\ 353\ 094\ \text{m}^3$$

2.7 海洋输气管道工艺设计——热力计算

2.7.1 不考虑气体的节流效应时管道沿程温度计算

输气管沿管长任意点的温度可按苏霍夫公式计算，即

$$T_x = T_0 + (T_1 - T_0)\ \text{e}^{-ax} \tag{2-67}$$

$$a = \frac{225.256 \times 10^6 KD}{q_{\text{v}} \gamma C_p} \tag{2-68}$$

式中 T_x——距输气管起点 x 处的气体温度，℃；

T_0——输气管平均埋设深度的土壤温度，℃；

T_1——输气管计算段起点处的气体温度，℃；

x——输气管计算段起点至沿管道任意点的长度，km；

e——自然对数的底，e=2.718；

K——输气管中气体至土壤的总传热系数（应根据有关实测数据计算 K 值），W/（m²•K）；

D——输气管外径，m；

q_{v}——输气管气体流量（按工程标准状况 p=0.101 325 MPa，T=293.15 K），m³/d；

γ——气体的相对密度；

C_p——气体的定压比热容，J/（kg•K）。

当管长为 L 时，输气管中气体的平均温度按下式计算：

$$T_{\text{m}} = T_0 + \frac{T_1 - T_0}{aL}(1 - \text{e}^{-aL}) \tag{2-69}$$

此时终点温度为

$$T_2 = T_0 + \frac{T_1 - T_0}{\text{e}^{aL}} \tag{2-70}$$

式中　T_m——输气管中气体的平均温度，℃；

T_2——输气管计算段终点处的气体温度，℃；

L——输气管长度，km。

2.7.2　考虑气体的节流效应时管道沿程温度计算

由于真实气体的节流效应，输气管中气体的实际温度比上述公式的计算结果略低，某些地段输气管中气体的温度甚至会低于周围介质温度。当考虑气体的节流效应时，沿管长任意点的温度可按下式计算：

$$T_x = T_0 + (T_1 - T_0)\ \mathrm{e}^{-ax} - \frac{\Delta p_x}{x}(1 - \mathrm{e}^{-ax}) \tag{2-71}$$

式中　a——焦耳 - 汤姆逊效应系数（以甲烷为主的天然气，可查表得，纯甲烷、纯乙烷也可查表得），℃ /MPa；

Δp_x——x 长度管段的压降，MPa。

当管长为 L 时，输气管中气体的平均温度按以下公式计算。

当 $aL \geqslant 10$ 时

$$T_m = T_0 + \frac{T_1 - T_0}{aL} - \frac{\Delta p_x}{L}\left(1 - \frac{1}{aL}\right) \tag{2-72}$$

当 $aL<10$ 时

$$T_m = T_0 + \left(\frac{1 - \mathrm{e}^{-aL}}{aL}\right)\left[(T_1 - T_0) - \frac{\Delta p_x}{L}\right] - \frac{\Delta p_x}{L} \tag{2-73}$$

2.7.3　埋地输气管道总传热系数 K 值的计算

管道内气体与周围介质间的总传热系数 K 值可按下式计算：

$$\frac{1}{Kd} = \frac{1}{\alpha_1 d} + \sum_{i=1}^{n} \frac{\ln \frac{d_{i+1}}{d_i}}{2\lambda_i} + \frac{1}{\alpha_2 D} \tag{2-74}$$

式中　K——总传热系数，W/（m²•K）；

α_1——管内气流至管内壁的放热系数，W/（m²•K）；

d——管道内径，m；

D——管道的最外直径，m；

d_i——管子、绝缘层等的内径，m；

d_{i+1}——管子、绝缘层等的外径，m；

λ_i——管材、绝缘层等的导热系数，W/（m•K）；

α_2——管道外表面至周围介质的放热系数，W/（m²•K）。

对于直径较大的管道，式（2-74）可简化为

$$\frac{1}{K} = \frac{1}{\alpha_1} + \sum_{i=1}^{n} \frac{\delta_i}{\lambda_i} + \frac{1}{\alpha_2} \tag{2-75}$$

当 $Re>10^4$ 时，可按下列准则方程计算：

$$\alpha_1=\frac{Nu\lambda}{d} \tag{2-76}$$

$$Nu=0.021Re^{0.8}Pr^{0.43} \tag{2-77}$$

$$Pr=\frac{\mu C_p}{\lambda_s} \tag{2-78}$$

式中　δ_i——管壁、绝缘层等的厚度，m；

λ——平均温度下气体的导热系数，W/（m•K）[即 J/（m•s•K）]；

α_1——内部放热系数，W/（m²•K）；

α_2——外部放热系数，W/（m²•K）；

Nu——努赛尔准数；

Re——雷诺数，$Re=1.777\times10^{-3}\dfrac{q_v\gamma}{d\mu}$；

Pr——普朗特准数；

C_p——平均温度下气体的定压比热容，J/（kg•K）；

μ——平均温度下气体的动力黏度，Pa•s[1 Pa•s=1 kg/（m•s）]；

λ_s——土壤的导热系数，W/（m•K），应按实测数据计算。

天然气在管道中的流态几乎处于紊流状态，气体至管壁的内部放热系数比层流大得多，热阻甚小，在工程设计中可忽略不计，故常用下式计算 K 值：

$$\frac{1}{K}=\frac{\delta_j}{\lambda_j}+\frac{1}{\alpha_2} \tag{2-79}$$

式中　δ_j——绝缘层的厚度，m；

λ_j——绝缘层的导热系数，W/（m•K）。

2.8　海洋油气混输管道

油气混输技术是对原油产出物进行混合增压后直接输送到联合站的新技术，与传统的采油工艺相比，油气混输技术的应用可以减少油、气分离设备及部分输气管道的投资，还能减少在生产运营时井下维修的工作量。随着油气开采要求不断提高、开发难度不断加大，投资较少、经济效益显著的油气多相混输技术越来越受到青睐。

自 20 世纪 70 年代以来，英国、法国、德国、挪威、美国等欧美发达国家，先后对石油工业油气多相混输技术开展了大量研究，其主要目的是建立一整套长距离油气混输管路的设计与运行技术。要设计和建设一条长距离油气混输管路，首先要解决混输管路压降的准确预测问题。油气多相流动是流体输送领域中最为复杂的流动之一，其管输压降的预测难度很大。早期的研究采用以小规模环道试验装置为基础的经验和半经验公式法，该类方法的适用条件有很大的局限性。自 20 世纪 80 年代以来，国际多相流动领域的研究进入鼎盛时期。欧美发达国家先后建造了多套大型多相流动试验环道，这些环道大都以开展多相混输管道压降计算方法的研究为主，兼顾其他技术的研究。到目前为止，国际上还没有一种普遍适用的多相混输管路计算方法和计算软件。国际上一般采用两种方法来解决混输管路的压降预测问题：一种是采用软件计算；另一种是采用混输管道数据库。

我国油气混输技术研究主要集中在油气混输泵、油气混输管路流动规律以及附加设备的研究和运用等方面。

油气混输泵用于集输过程，主要输送含气、水、沙等的原油，实现对原油的集中净化、分离、储备，还可减小井口压力，提高单井或区域产量。

油气混输管道是指输送一口或多口油（或凝析气）井所产原油及天然气的管道。当用一条管道输送油气混合物在经济上优于用两条管道分别输送油、气时，可采用两相混输管道。除陆上油（气）田外，混输管道在海洋石油开采和输送中也占有重要地位。

油气混输管道具有以下特点：

（1）流型变化多；

（2）油气两相的流速常不相同，相间产生能量交换和能量损失，使混输管道的压降较大；

（3）随管道沿线压力和温度的变化，天然气在原油中的溶解度不断变化，即相间有传质现象，气液两相的输量沿管长不断变化；

（4）管道沿线高程变化对混输管道的压能损失有显著影响；

（5）常处于不稳定流动状态。

从国内油田的勘探开发形势来看，滩海、沙漠、边远油气田的勘探开发仍然是提高储能与产能的重点区域，如冀东滩海油田、塔里木凝析气田、大庆外围与海塔油田。这些区域最适合采用长距离油气多相混输技术来简化设施、降低费用，并提高油气田开发的经济效益。油气多相混输技术越来越受到人们的重视，其主要原因如下。

（1）对已开发的油气田采用油气多相混输方式，既可充分利用现有生产设施，减少工程投资，又可降低井口回压，增加油气产量，从而有效提高油气田开发的经济效益，也可以使在油气分输工艺技术条件下不具备开采价值的一些边际油田获得经济有效的开发，如陆上荒漠和滩涂油田的开发。

（2）对新油田的开发，可节省油气分离设施，减少铺管作业和钢材消耗，采用较长距离的单管多相混输工艺可以在更大范围内收集众多油井的产物，减少处理站或处理平台的建设数量，降低工程投资。

（3）对于海上油田，多相混输意味着可用海底装置代替平台，可以比采用气液分输方式减少一条管道的建设工程量，大幅度地节省一次性工程投资，缩短工期，使油田尽快投入生产。

第3章　海底管道设计载荷

3.1　概述

本章定义了海底管道设计载荷，该部分内容适用于海底管道系统的所有部分，其中包括加载方案、载荷分类、设计载荷效应、载荷效应系数的组合和载荷效应的计算，应基于载荷的不确定性和不同极限状态的重要性对载荷进行检查。

管道系统设计应考虑可能影响管道的所有载荷和位移。对于要考虑的系统的每一个截面或部分，以及要分析的每种可能失效模式，应考虑所有可能同时作用的相关载荷组合。管道系统设计应考虑所有相关阶段和条件下最不利的载荷情况，其涉及的阶段和典型的载荷工况有：

（1）建造阶段，包括运输、安装、敷设、充水和系统压力试验；

（2）运行阶段，包括调试、运行和停产等。

载荷分类的目的是将载荷效应与相关的不确定性联系起来。在管道系统设计中，通常将载荷划分为功能载荷、环境载荷、偶然载荷和干涉载荷，并分别在3.2节、3.3节、3.4节和3.5节进行介绍；建造载荷应归入上述载荷，在3.6节进行介绍。海底管道运输现状如图3-1所示。

图3-1　海底管道运输现状

3.2　功能载荷

3.2.1　总体概述

功能载荷是指由管道系统存在和预期使用所引起的载荷，包括：

（1）重力，包括钢管、介质、涂层、阳极、海生物、附件的自重和浮力；

(2) 安装船舶产生的反作用(张紧器、矫直器、托管架、支撑滚轮等的作用力);
(3) 压力载荷;
(4) 安装阶段的静态水动力载荷;
(5) 下弯段由土体产生的反作用;
(6) 介质温度;
(7) 预应力;
(8) 由部件(法兰、卡子等)产生的反作用;
(9) 支撑结构的永久变形;
(10) 覆盖(如土体、抛石、垫块、涵洞)载荷;
(11) 海床的反作用(摩擦力及扭转刚度等);
(12) 由于地面下沉所导致的竖直向和水平向永久变形;
(13) 由于冻胀导致的永久变形;
(14) 管道轴向摩擦的改变引起的载荷;
(15) 冰干涉引起的载荷;
(16) 钢管堆放引起的载荷;
(17) 钢管的运输载荷;
(18) 钢管和管段的搬运载荷,如钢管、管节、管段和膨胀弯的吊装以及管段的卷绕产生的载荷;
(19) 登岸处拖拉、对接、挖沟等引起的载荷;
(20) 预调试的动态载荷,如使用清管器的充水和排水载荷。

3.2.2　压力载荷

管道的压力载荷包括:
(1) 内部输送介质压力;
(2) 外部静水压力;
(3) 埋设管道的土体压力;
(4) 为保持管道稳定性设置的压块的重量等。

其中,内部输送介质压力与参考点的高程有关,包括系统试验压力、偶然压力、设计压力等,见表 3-1。偶然压力是根据一年内的超标概率定义的。管道安全系统的精度和速度决定了偶然压力与设计压力的比值。当给定压力源(如井口关井压力)时,可以先确定偶然压力,然后根据管道安全系统确定设计压力。当运输能力要求构成设计前提时,可以先给出设计压力,然后根据管道安全系统确定偶然压力。管道控制及安全系统如图 3-2 所示。

表 3-1　内部输送介质压力项

压力	符号	描述
系统测试压力	p_t	整个海底管道系统在试运行前的试验压力

续表

压力	符号	描述
偶然压力	p_{inc}	海底管道系统承受的最大压力（100 年期）
最大允许偶然压力（MAIP）	—	最大允许偶然压力等于偶然压力减去管道安全系统（PSS）的操作公差
设计压力	p_d	管道控制系统（PCS）正常运行时允许的最大压力
最大允许运行压力（MAOP）	—	最大允许运行压力等于设计压力减去管道控制系统（PCS）的公差，即管道控制系统的上限

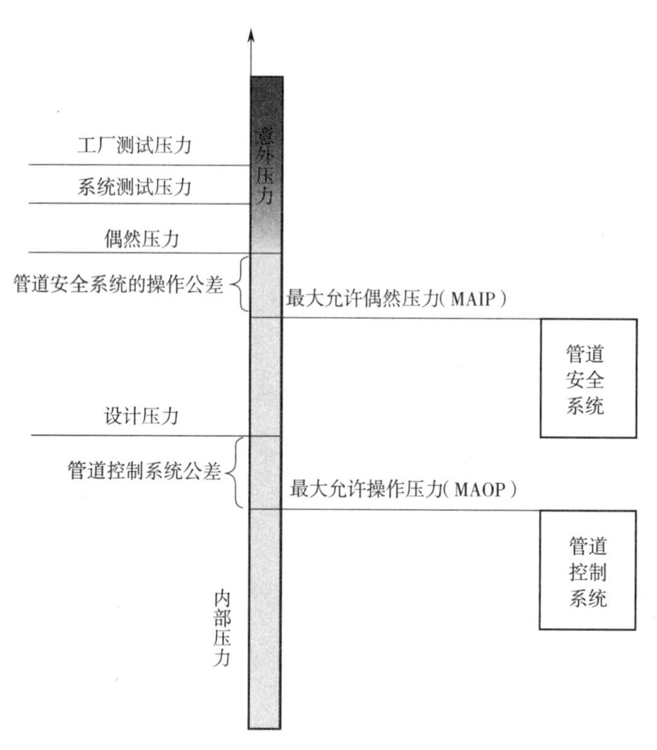

图 3-2 管道控制及安全系统

局部压力是特定点的内部压力，指由于高度差而根据液柱重量调整的参考压力，可以表示为

$$p_t = 1.25 p_d \tag{3-1}$$

$$p_{inc} = p_d \cdot \gamma_{inc} \tag{3-2}$$

$$p_{lt} = p_t + p_t \cdot g \cdot (h_{ref} - h_l) \tag{3-3}$$

$$p_{ld} = p_d + \rho_{cont} \cdot g \cdot (h_{ref} - h_l) \tag{3-4}$$

$$p_{li} = p_{inc} + \rho_{cont} \cdot g \cdot (h_{ref} - h_l) \tag{3-5}$$

式中 p_d——参考高程处的设计压力；

p_t——参考高程处的系统试验压力；

p_{inc}——参考高程处的偶然压力；

p_{lt}——局部系统试验压力；

p_{ld}——局部设计压力；

p_{li}——局部偶然压力；

γ_{inc}——参考高程处偶然压力与设计压力的比值，一般不超过 1.10；

h_{ref}——参考点的高程（向上为正）（选取水面高程为宜）；

h_l——局部压力点的高程（向上为正）；

g——重力加速度；

ρ_t——试压介质密度；

ρ_{cont}——输送介质密度。

在外部压力增大的情况下，外部压力不应高于所考虑位置对应的低天文潮（包括可能出现的负风暴潮）的水压。在外部压力降低的情况下，外部压力不应小于所考虑位置对应的高天文潮（包括风暴潮）的水压。

3.3　环境载荷

环境条件包括损坏结构、干扰作业或者阻碍航行的自然现象。环境载荷是指由于直接和间接的自然环境作用发生而作用在结构物上的载荷。由直接的自然环境作用而产生的载荷有风载荷、波浪载荷、海流载荷、地震载荷、冰载荷、温度变化引起的载荷等。由间接的自然环境作用而产生的载荷有惯性力、系泊力等。

环境载荷是指由风、波浪、海流或其他环境现象产生的，不属于功能载荷或偶然载荷的管道系统载荷。环境载荷属于随机载荷，原则上以概率统计方法进行计算。对于有可能同时发生的各种不同的自然环境现象，要考虑它们同时发生的概率，以将其单独作用的效果正确地叠加。

3.3.1　风载荷

风载荷是指海上结构物在流动的风场中，在迎风面受到的压力，在背风面形成一定的旋涡而产生的吸力，此外还有结构物表面与空气流动的摩擦力，但是数值一般很小。这些压力和吸力在整个结构物表面并不是均匀分布的，它们会随着体型、面积、高度以及风速、风向及湍流结构的变化而不停地改变。

风载荷的确定应使用公认的理论和原理，也可以直接使用来自充分试验的数据。由风诱导循环载荷引起振动和不稳定的可能性（如旋涡脱落）也要考虑。

海底管道系统设计主要考虑风力的两种作用：一种是对水面以上立管所产生的影响（静、动载荷）；另一种是风力诱发海面海水的流动而对水下管道产生的影响。

1. 风速和设计风速标准

风速和风向是风的重要特征，而风速有大有小，在设计时要考虑设计风速的重现期和风速取值。

关于重现期，我国《海底管道系统》（SY/T 10037—2018）规定，正常运转状态下应考虑不小于 50 年的重现期，也有考虑 100 年重现期的。对于短期作业，如检修、安装，尤其是可以在 48 h 内中断的，在 5 天或少于 5 天内可以完成的作业，可根据天气预报确定设计环境参数。

由于风速是变化的，所以设计风速应取某观测时距的平均值，在一次大风过程中，所取时距不同，风速值也不同。目前，世界各国对海上风速时距的取值不一，有 3 s、10 s、1 min、2 min、10 min 和 1 h 等。根据时距长短，可以定义阵风风速、持续风速、稳定风速等不同概念，一般以秒计的为阵风风速，以分计的为持续风速，以小时计的为稳定风速。我国固定平台相关规范规定用 1 min 时距的平均最大风速设计局部构件，用 10 min 时距的平均最大风速设计总体结构。作为局部构件的立管，应以 1 min 时距的设计风速计算其受到的基本风压。当考虑风载荷与波浪载荷组合时，一般用 1 min 时距的持续风速；但当阵风风速比持续风速更为不利时，就要采用 3 s 时距的设计风速与波浪载荷的组合。

平均风速与高度的关系可表示为

$$U(z,t)=U(z_r,t_r)\left(1+0.137\ln\frac{z}{z_r}-0.047\ln\frac{t}{t_r}\right) \tag{3-6}$$

式中 z——平均海平面高度，m；

z_r——参考高度，取 10 m；

t——风时距，min；

t_r——参考时间，取 1 min；

$U(z,t)$——指定 z 和 t 的平均风速；

$U(z_r,t_r)$——参考风速。

指定高度和时距的平均风速 $U(z, t)$ 的统计特征可以采用威布尔（Weibull）分布来描述，即

$$Pr(U)=1-\exp\left[-\left(\frac{U}{U_0}\right)^c\right] \tag{3-7}$$

式中 $Pr(U)$——平均风速 U 的累积概率；

U——$U(z,t)$，平均风速；

c——Weibull 斜率参数；

U_0——Weibull 比例参数。

暴露时间 t 内的最大可能风速可按下式计算：

$$U_{max}(z, t)=U_0\left(\ln\frac{t}{t_a}\right)^{1/c} \tag{3-8}$$

式中 t_a——恒定风速持续的平均时间，通常取 3 h。

在短时间范围内，可认为风是平均值为 0 的随机阵风分量与定常的平均风分量的叠加。对于循环周期短于 1 min 的阵风，可以采用哈里斯（Harris）阵风谱来描述，即

$$f\cdot S(f)=4\kappa U^2(z, t)\frac{\tilde{f}}{(2+\tilde{f}^2)^{5/6}} \tag{3-9}$$

式中　$S(f)$——能量谱密度，m^2/Hz；

f——频率，Hz；

$\tilde{f}$——量纲为 1 的频率，$\tilde{f} = f \cdot L / U(z,t)$；

κ——表面拖曳力系数，对恶劣海况可取 0.002 0，对一般海况可取 0.001 5。

该阵风谱不适用于频率 $f < 0.01$ Hz 的情况。

阵风风速（如时距 3 s 的平均风速）通常服从 Weibull 分布。

2. 标准风压的计算

风压是结构垂直于风向的平面所受到的压力。风速与风压的基本关系可以由伯努利方程得出，即

$$w_p = \frac{1}{2}\gamma v^2 / g \tag{3-10}$$

式中　w_p——风压；

γ——空气重度；

v——风速；

g——重力加速度。

在标准状态（气压为 101 325 Pa，温度为 293 K）下，空气重度为 0.012 25 kN/m^3，纬度 45° 处的重力加速度为 9.8 m/s^2，此时风压的估算公式可表示为

$$w_p = v^2 / 1\,600 \tag{3-11}$$

式（3-10）为由风速估计风压的通用公式，应当注意的是，空气重度和重力加速度随纬度和海拔高度变化而变化。一般来说，同样的风速在相同的温度下，其产生的风压在高原地区比平原地区小。

3.3.2　海流载荷

海流是指海水水平或垂直地由一个海区向另一个海区的大规模流动，如图 3-3 所示。

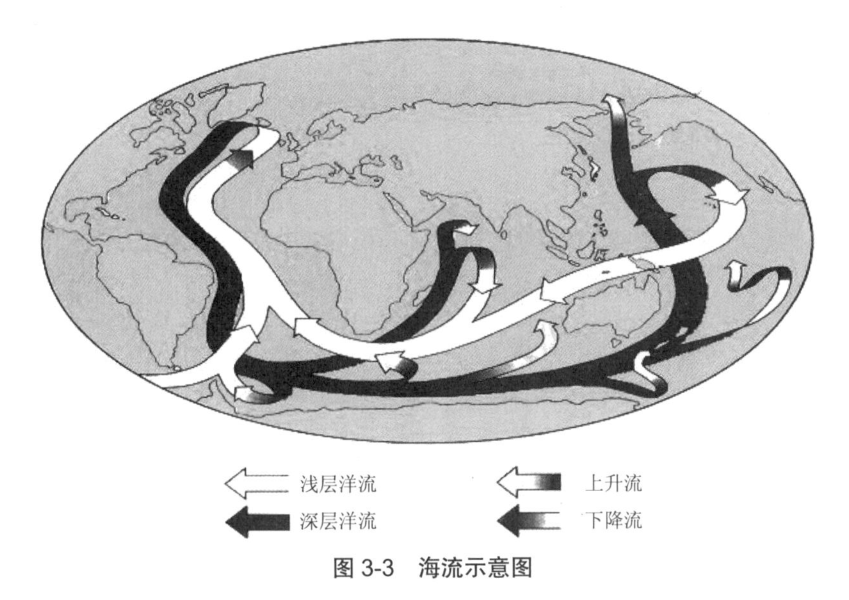

图 3-3　海流示意图

1. 海流的主要类型

（1）风生流：由风曳力和大气层压力梯度差产生的海面表层水体流动。

（2）潮流：由天体引力引起的潮汐所产生的稳定周期水体流动。

（3）大洋环流：由行星风带持续作用在各大洋产生的稳定水体流动循环。

（4）内波流：由海水密度不均匀产生的内波所带来的水体流动，可能引起分界面上形成两支流向相反的流。

（5）涡流：发生在大洋西岸，由地球自转效应引起的大洋环流西部强化现象，属于典型的暖流，厚度可达 200~500 m，流速在 2 m/s 以上，是地球上最强大的海流。

（6）沿岸流：大体与海岸线走势相平行的定向流。

2. 海流对工程结构和工程活动的影响

（1）对结构强度的影响。

（2）对基础稳定的影响（冲刷、掏空）。

（3）对工程系统性能的影响。

（4）对工程活动的影响（拖航、就位）。

（5）对腐蚀速度的影响（带走腐蚀产物和磨蚀）。

当仅考虑海流作用于管道时，由于海流可以认为是定常的，它对海底管道的作用仅为拖曳力和升力。单位长度上的拖曳力可按下式计算：

$$F_{\mathrm{DC}}=\frac{1}{2}C_{\mathrm{D}}\cdot\rho_{\mathrm{sw}}\cdot A\cdot u_{\mathrm{c}}^{2} \tag{3-12}$$

式中 F_{DC}——单位长度上的海流载荷；

C_{D}——阻力系数；

ρ_{sw}——海水密度；

A——单位长度管道垂直于海流方向的投影面积；

u_{c}——设计海流流速。

当仅考虑海流作用于管道时，单位长度上的海流升力可按下式计算：

$$F_{\mathrm{LC}}=\frac{1}{2}C_{\mathrm{L}}\cdot\rho_{\mathrm{sw}}\cdot A\cdot u_{\mathrm{c}}^{2} \tag{3-13}$$

式中 F_{LC}——单位长度上的海流升力；

C_{L}——升力系数。

作用于立管上的海流载荷亦可参照式（3-12）和式（3-13）计算。

当海流与波浪联合作用时，式（3-12）和式（3-13）中的海流速度 u_{c} 应该是波浪水质点运动速度和海流速度的矢量和。

3.3.3 水动力载荷

水动力载荷是指管道和周围水之间的相对运动引起的流动载荷。水动力载荷的来源包括波浪、流、相对管道运动以及由船舶运动引起的间接力。

流体动力载荷通常考虑以下内容：

（1）与水粒子的绝对或相对速度相一致的阻力和升力；

（2）与水粒子的绝对加速度或相对加速度相一致的惯性力；

（3）旋涡脱落（图 3-4）、振动等不稳定现象诱导的流动引起的循环载荷；

（4）波浪作用引起的浮力变化。

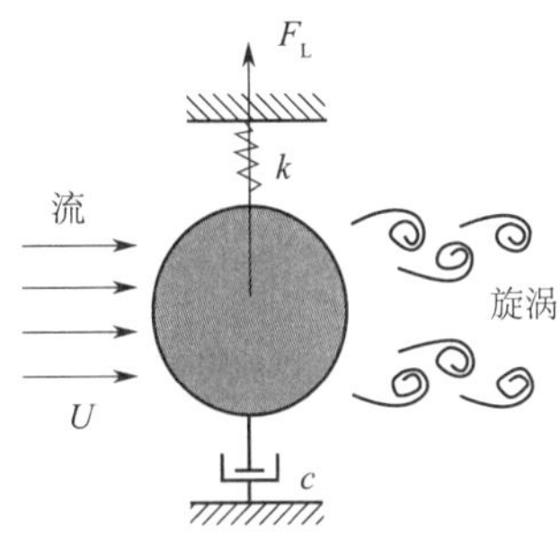

图 3-4　旋涡脱落示意图

对管束和子母管的水动力系数的研究表明，等效直径法可能是非保守的，需要系统的计算流体动力学（CFD）分析来进行稳健设计。

波浪载荷通常也称为波浪力，是波浪作用于海洋中的结构物所产生的载荷。波浪载荷是由波浪水质点与结构间的相对运动所引起的。波浪是一种随机运动，很难在数学上精确描述，常用特征波法和谱分析法确定。对于一些形状特殊或特别重要的海洋工程结构，除采用上述方法进行计算分析外，还应进行物理模型试验，以确定波浪载荷。波浪载荷一般包括：直接作用于海洋工程结构上的水动压力；海洋工程结构在风浪流中运动产生加速度导致的惯性力；海洋工程结构发生总体和局部的动态应力（应变），从而使结构内部产生所谓载荷效应的弯矩（剪力）和扭矩。

当结构构件（部件）的直径小于波长的 20% 时，波浪载荷的计算通常用半经验半理论的莫里森（Morison）方程；当大于波长的 20% 时，应考虑结构对入射波场的影响和入射波的绕射，计算时采用绕射理论求解。影响波浪载荷的因素很多，如波高、波浪周期、水深、结构尺寸和形状、群桩的相互干扰和遮蔽作用以及海生物附着等。

在海底管道计算中，波浪载荷应根据波高、波浪周期、水深、管道尺寸等采用公认方法和合适的波浪理论确定，也可采用模型试验确定。选用的波浪理论应能够描述所讨论的特定水深处的波浪运动，包括适用的破波带流体动力学。所选用波浪理论的适用性应予以证明，并形成文件。

海底管道系统所在海域的海况，可用波浪参数或波浪谱表示。

作用在海底管道单位长度上的水平波浪力，一般可按莫里森方程计算，即

$$F_{\mathrm{W}}=\frac{1}{2}C_{\mathrm{D}}\cdot\rho_{\mathrm{sw}}\cdot D_{\mathrm{o}}\cdot u\cdot|u|+C_{\mathrm{M}}\cdot\rho_{\mathrm{sw}}\cdot\left(\frac{\pi}{4}D_{\mathrm{o}}^{2}\right)\cdot\dot{u}\tag{3-14}$$

式中　F_{W}——单位长度上的水平波浪力；

ρ_{sw}——海水密度；

C_{D}——拖曳力系数；

C_M——惯性力系数；

D_o——管道外径（含防腐涂层、混凝土涂层和海生物的厚度）；

u——垂直于管道轴线的水质点相对于管道的速度分量，$|u|$ 为其绝对值；

$\dot{u}$——垂直于管道轴线的水质点相对于管道的加速度分量。

作用在管道单位长度上的升力，可按下式计算：

$$F_L = \frac{1}{2} C_L \cdot \rho_{sw} \cdot D_o \cdot u^2 \tag{3-15}$$

式中　F_L——单位长度上的升力；

C_L——升力系数。

系数 C_D、C_M、C_L 的值，应尽可能由模型试验确定。当无试验资料或资料不足时，可根据雷诺数 Re、KC（Keulegan-Carpenter 数）、管道粗糙度以及管道和固定边界之间的距离等确定。如果海底管道系统的一部分由许多紧密间隔的管道组成，那么在确定每个单独管道或整个管道的质量和阻力系数时，应考虑相互作用和凝固效应。如果没有足够的数据，可能需要大规模的模型试验。

当立管与立管或平台导管中心轴线的间距与管道外径 D_o 之比小于 4.0 时，应视其为立管群，在计算波浪载荷时，应考虑群体效应。

波浪水质点运动的水平分速度 u 的计算理论，可根据不同条件分别考虑：

（1）当 $h/L > 0.2$，$H/h \leqslant 0.2$ 时，u 一般采用线性波理论计算；

（2）当 $0.1 < h/L \leqslant 0.2$，$H/h > 0.2$ 时，u 一般采用斯托克斯（Stokes）五阶波理论计算；

（3）当 $0.04 \sim 0.05 < h/L \leqslant 0.1$ 时，u 一般采用椭圆余弦波理论计算。

其中，H 为设计波高；L 为设计波长；h 为水深。

若海底管道系统的部分位置临近其他结构部件，在确定波流作用时应考虑流场扰动可能产生的影响。这种效应可能引起速度的增加或减小，或有旋涡从相邻的结构部分脱落而引起动态激励。对于固定边界或附近的管道（如管道跨度），应考虑垂直于管道轴线和垂直于速度矢量的升力有可能引起的涡流振动。

对于涡流脱落引起的横向振动，应考虑阻力系数的潜在增加。

海底管道设计应考虑由于 T 形、Y 形或其他附属装置的存在而可能增加的波流载荷。

海底管道设计应考虑海生物生长累积变化而引起的水动力载荷，包括有效直径、表面粗糙度、惯性质量、增加重量和附加质量系数。

海底管道设计还应考虑海生物可能对防腐蚀涂层产生的影响。

3.3.4　冰载荷和冰刨现象

1. 冰载荷

冰载荷是指冰作用在海洋工程结构物上所产生的载荷。海冰的晶体结构呈现各向异性的特性，结构形式因海冰类型不同而不同；浮冰以粒状冰晶为主，几何尺度细小。海冰的强度极限是海冰研究的重点，其破坏形式主要有挤压破坏、剪切破坏、弯曲破坏、屈曲破坏、损伤、断裂扩展等。海冰的破坏形式与其自身的物理力学特性有关，同时与海洋工程结构物的结构形式与构件布置有关。常用的破冰船如图 3-5 所示。

图 3-5　常用的破冰船

常见的冰载荷破坏有以下几种。

(1) 挤压破坏。海冰垂直作用在海洋工程结构物上时，海冰所受到的挤压作用强度最大，相应的破坏称为海冰挤压破坏。其影响因素有海冰的类型、温度、盐度、密度、加载速率、加载方向等。

(2) 弯曲破坏。海冰的抗弯强度较小，一般为其抗压强度的三分之一左右，所以海冰容易在受到弯曲应力时遭到破坏。海冰弯曲破坏时对海洋工程结构物的作用载荷较小，因而在平台设计中将与海冰接触的桩腿部分设计成锥体结构形式，这样可有效减小海冰作用，达到保护海洋工程结构物的目的。

(3) 其他破坏。海冰屈曲破坏是指海冰由于稳定性的丧失而被破坏，当厚度较小、结构不均匀的薄冰与直立结构物发生相互挤压作用时，即发生海冰屈曲破坏。此外，海冰还有其他破坏形式，如剪切破坏、劈裂破坏、剥落破坏、蠕变破坏等，不同的破坏形式产生的冰载荷不同。

在可能结冰或有浮冰的海域，应考虑可能作用于管道系统的各种冰载荷。这些作用力一部分可能是由于管道系统上结冰造成的；另一部分可能是由浮冰作用造成的。对于管道接岸段的浅水地区，还应考虑浮冰的磨损作用、撞击作用和堆积作用。

当管道系统水面以上部分处于冰冻情况（如由于浪花飞溅作用等造成）时，应考虑以下载荷的作用：

(1) 冰的重量；

(2) 冰融化后冰块移动产生的撞击力；

(3) 冰膨胀产生的作用力；

(4) 暴露部分的面积或体积大而增加的风载荷或波浪载荷。

浮冰产生的力应根据公认的理论进行计算。应注意冰的力学特性、接触面积、结构形状、运动方向等。应考虑冰载荷的振荡性质（由侧向力和移动冰的破裂组成）；当由横向冰运动引起的载荷确定结构尺寸时，可能需要对冰结构相互作用进行模型测试。

在风和流的作用下，大面积冰原挤压立管所产生的冰载荷为

$$F_{ice}=0.001f_m\cdot f_{insert}\cdot f_{cont}\cdot\sigma_c\cdot D_o\cdot t_{ice} \tag{3-16}$$

式中 F_{ice}——作用于立管上的冰载荷；

f_m——形状系数，圆形截面取 0.9，对于方形截面，冰正面作用取 1.0，冰斜向作用取 0.7；

f_{insert}——嵌入系数；

f_{cont}——接触系数；

D_o——管道外径（冰挤压结构的宽度）；

σ_c——冰无侧限压缩强度；

t_{ice}——冰厚。

嵌入系数和接触系数的乘积由下面的经验公式确定：

$$f_{insert}\cdot f_{cont}=3.57t_{ice}^{0.1}/D_o^{0.5} \tag{3-17}$$

式中 t_{ice} 和 D_o 的单位为 cm。

2. 冰刨现象

由于北极冰川破裂或者季节性、常年性冰原破裂而形成浮冰，这些浮冰从北极出发，顺着北冰洋长途漂流。漂流至浅海时，浮冰在风、波浪、潮汐和浪涌作用下，也可能是它们的组合作用下，由于破碎、重叠和挤压等产生隆起而形成冰脊，冰脊包括冰面脊帆和冰底龙骨。其中，冰底龙骨冲刷海底，通过对海底产生摩擦挤压等作用，在海底发生刨出沟壑或者损伤海底结构物的现象，即冰刨现象。

在岩礁地带，由于冰层移动，在岩礁表面产生强烈的摩擦，从而对当地生态，包括岩石造成损害。另外，冰底龙骨通过摩擦挤压海底、刨开海床，也会对海底管道造成影响，包括但不限于损伤海底管道防腐层、挤压管道而导致管道变形、破裂、泄漏等危害。

在俄罗斯北极海域的大陆架上，冰刨现象普遍存在。在巴伦支海和喀拉海的西部主要由冰山移动导致冰刨现象，而在东部通常由季节性或常年性冰原破裂导致冰刨现象。在北极大陆架东部，冰刨现象不仅存在于浅水区，在深水处也有发现，从 50~60 m 的深度一直延伸到大陆边缘，甚至能突破 100 m。

3.3.5 地震载荷

地震载荷是指地震引起海洋工程结构物的基础及水质点运动所产生的载荷。当管道处于地震烈度大于或等于 7 度的地震区时，应考虑地震载荷对管道的影响。在海底管道抗震设计中应考虑以下效应：

（1）断层位移的方向、错动量及加速度；

（2）在设计条件下管道适应位移的柔性；

（3）在运行条件下的力学性能；

（4）当断层发生位移时，由于土体性质引起的对埋设管道的应力以及惯性效应引起的

对断层管段的应力，应考虑减轻上述管道应力的设计；

（5）地震引起的各种效应（土体液化、滑坡等）。

由地震产生的载荷，无论是直接的还是间接的（如由于管道碎石支撑失效），如在一年内发生概率小于 1%，可归类为偶然载荷，否则应归类为环境载荷。

3.3.6　间接的环境载荷

除以上环境载荷外，在管道运行过程中可能出现下列情况，并可能对立管产生间接的环境载荷，应予以考虑：

（1）显著的土体变形；

（2）因土体变形引起的平台位移；

（3）显著的平台变形。

3.3.7　典型的环境载荷效应

典型的环境载荷和相应的环境载荷效应取决于加载方案是天气限制作业还是非天气限制作业（暂时状态或永久状态）。图 3-6 给出了典型环境载荷的确定。

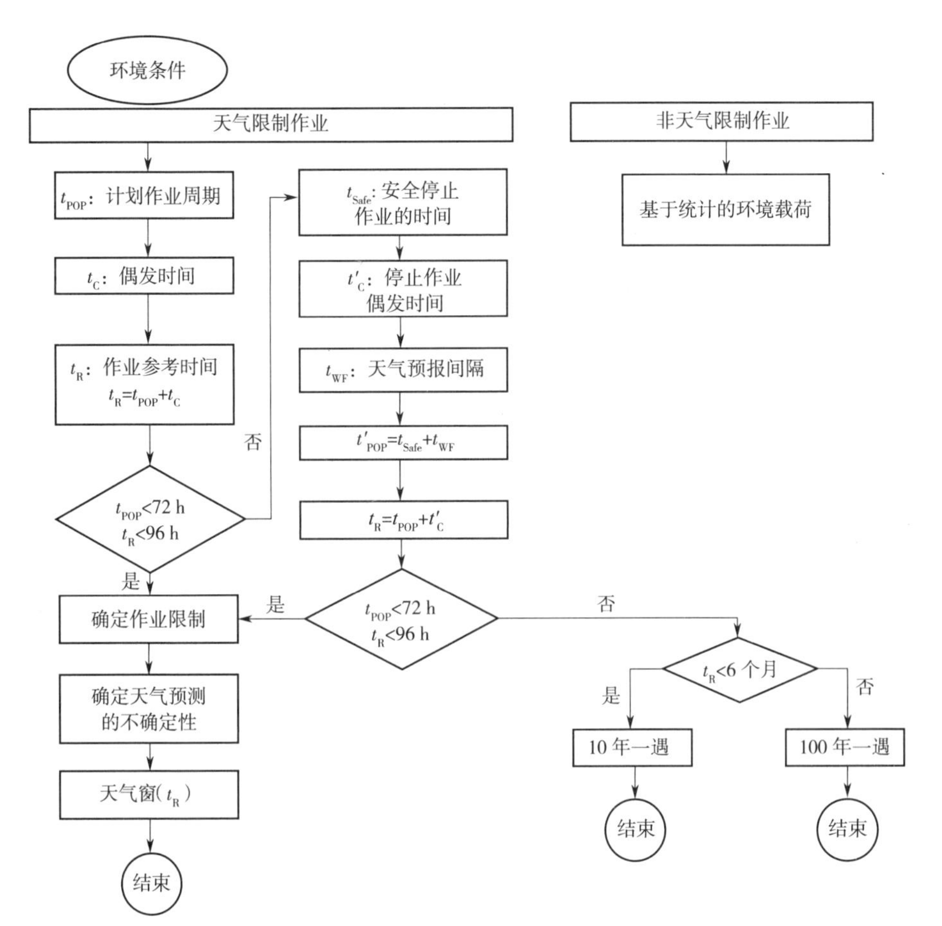

图 3-6　典型环境载荷的确定

对于天气限制作业，环境载荷是所确定的操作极限（OPLIM）的最小值。操作极限可由最大允许的结构响应（如下垂弯曲处的局部屈曲）、抛锚作业能力、甲板上的安全工作条件、辅助系统或危险与可操作性（HAZOP）中确定的任何限制条件来确定。如果停止作业的作业限制比正常铺设更严格，则应进行详细评估。作业限制取决于所使用的船只和设备。

对于非天气限制作业，环境载荷基于环境统计确定，因此作业限制不取决于船只和设备。

天气限制作业可能会基于可靠的天气预报（小于操作限制）启动，因此应考虑作业期内天气预报的不确定性。可将作业参考时间（t_R）小于 96 h 和计划作业周期（t_{POP}）小于 72 h 的作业定义为天气限制作业。作业参考时间（t_R）是包括偶发时间（t_C）在内的计划作业周期（t_{POP}），即使计划作业周期超过 72 h，只要能在天气限制作业的最大允许期限内中断作业并使其进入安全状态，也可定义为天气限制作业。此类作业的参考周期定义为包括停止作业偶发时间（t'_C）的计划作业周期（t_{POP}）。停止作业的计划作业周期定义为安全停止作业的时间（t_{Safe}）和天气预报间隔（t_{WF}）。

除非被定义为受天气限制的条件，否则持续时间少于 6 个月的操作可被定义为临时条件。临时条件下的环境载荷效应以实际时间的 10 年重现期为准。一般规定超过 6 个月但不超过 12 个月的工作条件可被定义为临时条件。不定义为天气限制条件或临时条件的条件应被定义为永久条件。永久条件下的环境载荷效应以 100 年为重现期。

在考虑环境设计载荷时，应使用最不利的相关组合。功能载荷和偶然载荷应酌情与环境载荷相结合，详见表 3-2。

对于给定的海况与适当的海流和风，安装的典型环境载荷效应 L_E 定义为由下式给出的最可能的最大载荷效应：

$$F(L_E)=1-\frac{1}{N} \tag{3-18}$$

式中 $F(L_E)$——L_E 的累积分布函数；

N——持续时间不少于 3 h 的海况下的载荷效应循环次数。

一般应使用有关重现期的最关键载荷效应组合。当不同环境载荷分量（如风、波浪、流或冰）之间的相关性未知时，可采用表 3-2 中的特征环境载荷组合。

表 3-2 基于重现期的特征环境载荷组合

风	波浪	流	冰	地震
永久条件				
100 年	100 年	10 年		
10 年	10 年	100 年		
10 年	10 年	10 年	100 年	
10 年	10 年	10 年		100 年

续表

风	波浪	流	冰	地震
临时条件				
10 年	10 年	1 年		
1 年	1 年	10 年		
1 年	1 年	1 年	10 年	
1 年	1 年	1 年		10 年

注：1. 这符合 ISO 16708—2006，但如果设计寿命少于 33 年，则与 ISO 13623—2017 相冲突。
2. 应特别注意地震引起的潜在波浪或流。

3.4　偶然载荷

偶然载荷是指在异常和意外情况下施加于管道系统上，并且在一年内发生概率小于 1% 的载荷。典型的偶然载荷包括：

（1）船舶或其他漂浮物的碰撞；

（2）拖网渔具的撞击；

（3）坠落物的撞击；

（4）地震；

（5）极端波浪和海流载荷；

（6）偶然的内部超压；

（7）湿式屈曲引起的偶然充水；

（8）海床移动和（或）泥土滑移。

在《管道保护风险评估》（DNV-RP-F107—2010）和《海底管道风险评估推荐作法》（SY/T 7063—2016）中均给出了关于偶然载荷的大小和频率的推荐计算方法。

3.5　干涉载荷

第三者对管道系统施加的载荷应归类为干涉载荷。典型的干涉载荷包括拖网作业干涉、抛锚、船只撞击及坠落物载荷。应根据干扰频率研究和潜在损害评估，确定和设计海底管道系统干涉载荷。如果载荷一年内发生的概率小于 1%，则应归类为偶然载荷。

拖网作业干涉载荷可按以下三个跨越阶段进行划分。

（1）拖网冲击，即来自拖网板或梁的初始冲击，其可能在管道上造成局部凹痕或对涂层造成损害。

（2）过度拖网捕捞，通常称为过度捕捞，由拖网板或横梁滑过管道造成，通常会导致管道全局响应。

（3）钩住，即拖网板卡在管道下面，在极端情况下，会有与拖网线断裂强度一样大的力施加到管道上。

以上三种拖网载荷应根据其频率分为ULS型或ALS型。其中,钩住通常会成为偶然载荷。推荐的拖网作业干涉载荷计算方法见《拖网装置与管道的干涉》(DNV-RP-F111—2010)。

拖网冲击能量的确定至少应考虑:

(1)拖网渔具的质量和速度;

(2)有效附加质量和速度。

冲击能量应用于确定测试涂层和管道壁厚可能凹陷所需的能量。辅助线也应具有足够的安全性能,以防止拖网冲击。

3.6 建造载荷

建造载荷是指由于海底管道系统的建造和作业而产生的载荷,其应分为功能载荷和环境载荷。建造载荷包括:

(1)管道堆叠载荷;

(2)管道运输载荷;

(3)管道和管段的处理(如吊装管道、管接头、管柱和线轴以及缠绕管柱)载荷;

(4)静态和动态安装载荷;

(5)着陆、搭接、挖沟作业等的牵引载荷;

(6)压力测试;

(7)调试活动,如真空干燥导致的压差增加;

(8)预调试活动产生的动态负载,如充水和真空试验。

应考虑突然充水、上弯和下垂处的过度变形引起的惯性载荷,以及操作失误或设备故障产生的偶然载荷,这些可能导致或加剧临界工况。这些因素的设计标准取决于加载方案的可能性。如果可能性小于100年一次,则可以将其视为意外极限状态。对于几何公差所施加的施工载荷,极限公差可采用组合公差的平均值±3个标准差。

3.7 特征载荷效应和设计载荷效应

3.7.1 特征载荷效应

载荷效应是指由施加的载荷(如重力、压力、阻力)产生的横截面载荷。在极限状态准则中使用的时变载荷效应的大小由其超过特征载荷效应的概率定义。

特征载荷效应是用于计算设计载荷效应的量化载荷效应。不变载荷的特征载荷为标称(平均)载荷。特征载荷效应由功能载荷、环境载荷和干涉载荷效应组成。对于不受天气限制的作业,特征载荷应为最关键的100年载荷效应。100年载荷效应指一年内发生概率小于1%载荷效应。

最关键的100年载荷效应通常受极端功能载荷、极端环境载荷、极端干涉载荷或偶然载荷效应控制。除非进行特殊评估以确定最关键的100年载荷效应,否则应使用表3-3中的特征载荷效应。

除上述定义的特征载荷效应外，还应检查疲劳载荷效应情况，见表 3-3。

表 3-3　特征载荷效应

载荷效应	载荷效应系数组合①	功能载荷	环境载荷	干涉载荷	偶然载荷
功能载荷效应	a，b	100 年②	1 年	相应的	—
环境载荷效应	a，b	相应的③	100 年	相应的	—
干涉载荷效应	b	相应的	相应的	UB	—
疲劳载荷效应	c	相应的	相应的	相应的	—
偶然载荷效应	d	相应的	相应的	相应的	BE
特征载荷定义： *n* 年——*n* 年中最可能的最大值； UB——上限； BE——最佳估计。 疲劳载荷情况： a. 循环功能载荷（应呈现启动和关闭、压力和温度循环）； b. 随机环境载荷（如疲劳损伤应使用波流谱、保守压力和温度）； c. 重复干涉载荷（如疲劳损伤应使用保守压力和温度）。					

注：①载荷效应系数组合见表 3-4。
②通常相当于内部压力等于局部偶然压力与其他功能载荷的预期相应值的结合。
③通常相当于内部压力和温度不低于工作压力和工作温度剖面。

3.7.2　设计载荷效应

计算时应检查每个极限状态的设计载荷效应。设计载荷效应通常可用下式表示：

$$L_{Sd}=L_F\cdot\gamma_F\cdot\gamma_C+L_E\cdot\gamma_E+L_I\cdot\gamma_I\cdot\gamma_C+L_A\cdot\gamma_A\cdot\gamma_C \tag{3-19}$$

具体来说，计算公式如下：

$$M_{Sd}=M_F\cdot\gamma_F\cdot\gamma_C+M_E\cdot\gamma_E+M_I\cdot\gamma_F\cdot\gamma_C+M_A\cdot\gamma_A\cdot\gamma_C \tag{3-20}$$

$$\varepsilon_{Sd}=\varepsilon_F\cdot\gamma_F\cdot\gamma_C+\varepsilon_E\cdot\gamma_E+\varepsilon_I\cdot\gamma_F\cdot\gamma_C+\varepsilon_A\cdot\gamma_A\cdot\gamma_C \tag{3-21}$$

$$S_{Sd}=S_F\cdot\gamma_F\cdot\gamma_C+S_E\cdot\gamma_E+S_I\cdot\gamma_F\cdot\gamma_C+S_A\cdot\gamma_A\cdot\gamma_C \tag{3-22}$$

式中　L_F,L_E,L_I,L_A——功能、环境、干涉、偶然载荷效应；

M_F,M_E,M_I,M_A——功能、环境、干涉、偶然载荷作用下的有效弯矩；

$\varepsilon_F,\varepsilon_E,\varepsilon_I,\varepsilon_A$——功能、环境、干涉、偶然载荷作用下的压应变；

S_F,S_E,S_I,S_A——功能、环境、干涉、偶然载荷作用下的有效轴力；

$\gamma_F,\gamma_E,\gamma_I,\gamma_A$——功能、环境、干涉、偶然载荷效应系数，见表 3-4；

γ_C——条件载荷效应系数，见表 3-5。

设计载荷效应针对表 3-4 中所有相关载荷效应组合和相应载荷效应系数的特征载荷进行计算。部分安全系数已通过结构可靠性方法确定为预估的失效概率。结构可靠性计算区分单个节点失效（局部校核）和整体结构失效（整体效应），这两种情况可表示为两种不同的载荷效应组合：

（1）对于仅存在系统影响情况的载荷效应，分情况考虑；

（2）对于局部加载情况的载荷效应，不论计算什么，都始终予以考虑。

当整体效应存在时，管道将在最弱的点失效，因此载荷应该与抵抗最弱处相结合。应用于管道系统时，整体效应可以表示为最薄弱环节原理。

关于安装，当最弱的管道截面位于最危险的位置时，应结合更具有代表性的环境载荷，在极端情况下，整个管道将随着时间的推移经历相同的变形，因此存在整体效应。

在表 3-4 中，载荷效应系数组合 a 的功能载荷的效应系数为 1.2，涵盖整体效应，而针对极端环境载荷的效应系数为 0.7，从而提供了更具代表性的适用于上述情况的环境载荷。

存在整体效应的另一个例子是卷管，其中整个管道都受到相同的变形（忽略卷筒直径增加的变化）。对于这种应用，条件载荷效应系数为 0.82，总载荷效应系数为 1.2×0.82，接近 1。

因此，应始终检查载荷效应系数组合 b，而载荷效应系数组合 a 通常仅在安装时检查。

表 3-4　载荷效应系数组合

极限状态 / 载荷组合		功能载荷[①]	环境载荷	干涉载荷	偶然载荷
		γ_F	γ_E	γ_I	γ_A
操作极限状态（SLS）/极端极限状态（ULS）	a（整体校核[②]）	1.2	0.7		
	b（局部校核）	1.1	1.3	1.1	
疲劳极限状态（FLS）	c	1.0	1.0	1.0	
偶然极限状态（ALS）	d	1.0	1.0	1.0	1.0

注：①如果功能载荷效应降低了综合载荷效应，则取 1/1.1。

②仅当存在整体效应时，即当管道的主要部分承受相同的功能载荷时，才应检查此载荷效应系数组合。这条通常仅适用于管道安装。

条件载荷效应系数适用于表 3-5 所给工况，条件载荷效应系数是载荷效应系数之外的一个因素。

表 3-5　条件载荷效应系数（γ_C）

工况	γ_C
不平坦海床上的管道	1.07
J 型管道牵引	0.82
系统压力试验	0.93
S-lay 安装；托管架上的局部屈曲载荷控制检查	0.80
卷管安装；位移控制检查；无缝管道	0.77
卷管安装；位移控制检查；焊接管道	0.82
其他： ①载荷组合 a 无须分析； ②对于安装工况，应始终分析载荷组合 a 和 b； ③这些因素尚未重新评估，但能反映出管道周围的材料性能较不均匀。	1.00

3.7.3　载荷效应计算

载荷效应计算应基于静力学、动力学、材料强度和土力学的公认原则。在海底管道系统的设计和安装分析中，应使用行业认可的计算工具或提供相应结果的记录工具。模型试验可与理论计算结合使用，也可替代理论计算。在理论方法不充分的情况下，可能需要模型试验或全面试验。当确定对动态载荷的响应时，应考虑动态效应。载荷效应可分为功能载荷、环境载荷、干涉载荷和偶然载荷效应。对由数据的数量和准确性造成的统计不确定性的影响应进行评估，如影响显著，应包括在特征载荷效应的评估中。通常应使用未腐蚀的标准横截面值进行载荷效应计算。这种计算对于位移控制条件可能是非保守的情况，应该进一步开展评估。对于具有内部包覆层或衬里的管道，相应抗弯刚度的贡献应包括在载荷效应计算中。应特别注意确保进行保守的载荷效应计算，即采用的横截面值是保守的。如果采用较大的正壁厚公差，需要注意较大的钢横截面面积将产生较大的膨胀力。

当载荷控制极限状态分析中需要非线性材料时，应力 - 应变曲线应基于指定的最小值，考虑工程应力值的温度降低（设计屈服强度 f_y 和设计拉伸强度 f_u），其中 f_u 处的应变通常比断裂应变小得多，通常在 6%~10%。从类似材料的试验中确定位移控制或部分位移控制的极限状态，可能需要基于平均或上限应力 - 应变曲线的附加分析，以确保一个可接受的安全水平。

应力集中系数（SCF）和应变集中系数（SNCF）可应用于计算载荷效应，以反映载荷效应计算中未直接捕捉到的不同方面（局部几何形状、涂层、特性变化）。

SCF 主要用于线性材料，SNCF 主要用于非线性材料，这些可能反映局部效应或整体效应。

SNCF 应根据相关载荷水平的非线性应力 - 应变关系进行调整。塑性应变从材料应力 - 应变曲线偏离线性关系的点计算。

局部 SCF 和 SNCF 可用于反映：

（1）管道接头与焊缝金属之间实际材料屈服应力和应变硬化性的变化；

（2）焊缝中的局部不连续性；

（3）焊接的附属装置。

整体 SCF 和 SNCF 可用于反映：

（1）涂层的加强作用和涂层厚度的变化；

（2）载荷效应计算中不包括管接头之间横截面面积的变化；

（3）这些影响中的大部分应通过载荷效应计算来获取（如管道接头之间的公称直径或公称壁厚差，以及防屈曲装置或安全区而引起的壁厚变化）。

SCF 和 SNCF 的应用取决于极限状态，应按表 3-6 选择。

表 3-6　应力集中系数和应变集中系数的应用选择

极限状态	应力集中系数(SCF)		应变集中系数(SNCF)	
	局部	整体	局部	整体
载荷控制局部屈曲				
位移控制局部屈曲		是		
疲劳	是①	是①	是①	是①
断裂	是	是	是	是

注:① SCF/SNCF 的使用应与所使用的 SN 曲线一致。

《管道安装过程中塑性循环应变的断裂控制》(DNV-RP-F108—2006)给出了建议采用的 SNCF/SCF 计算方法,以进行断裂评估。

第 4 章　海洋管道的结构强度设计

4.1　概述

4.1.1　海洋管道的受力

海底管道无论在建设期还是运行期都必须有足够的强度来承受加载在管道上的所有载荷。在建设期内，管道可能会产生弯曲、拉伸或扭转。在运行期间，管道需要承受其内部输送的流体产生的内压、海水施加的外压以及温度变化引起的应力，有时管道还要承受施工设备施加的载荷以及锚具、渔具和坠落物所产生的外部冲击。

本章所要讲述的管道的结构强度设计，即用以平衡管道所承受的内压、外压、纵向应力、弯曲以及拖网撞击。本章主要介绍基本的结构力学和简单的分析方法，以解决多数实际问题。目前，采用有限元法和 ABAQUS 等软件分析更复杂的情况。

1. 作用于海底管道的载荷

作用于海底管道的载荷有功能载荷（包括安装状态和在位状态）、环境载荷以及偶然载荷等。

1）功能载荷

功能载荷是指在理想状态（无风、无浪、无海流、无冰情、无地震等环境载荷）下，管道所承受的载荷。

Ⅰ. 在位状态的功能载荷

（1）重力，包括管道涂层、加重层和全部管子附件在内的管段重力，所输送介质重力和浮力，防腐系统的牺牲阳极块重力等。

（2）压力，包括管道内部流体压力、外部静水压力、埋设管道上的土壤压力以及稳定压块的重力等。

（3）胀缩力，包括管道内介质温度与周围温度变化引起的膨胀力或收缩力。

（4）预应力，当预应力在一定程度上影响管道承受其他载荷的能力时，应考虑在安装状态中因永久弯曲或伸长变形而产生的预应力。

Ⅱ. 安装状态的功能载荷

安装状态的功能载荷包括重力、压力和安装作用力。若“重力”项内将管段的浮力包括在内，应追加由于压力产生的轴向作用力。安装作用力包括作用在管段上的由于安装作业施加的全部力，如铺管时施加的张力、挖沟机挖沟时产生的力、管道与周围土体间的摩擦力等均为典型的安装作用力。另外，检修管道作业中管段起吊和复位以及弃管作业时的管段受力都是特殊的安装作用力。

2)环境载荷

环境载荷是指由风、波浪、潮流、冰、地震和其他环境现象产生的载荷。环境载荷实际上属于随机载荷,通常利用概率统计方法进行计算。对于有可能同时发生的各种不同的自然环境现象,应考虑它们同时发生的概率,将各种单独作用的效果正确地叠加。

正常在位状态的环境载荷应考虑重现期不小于50年所发生的最大载荷。对安装状态,应取作业期预定持续时间的3倍作为设计周期,但不得少于3个月。对连续5天或少于5天短作业期间的环境载荷的环境参数,可根据天气预报确定。

3)偶然载荷

偶然载荷一般包括船舶的碰撞、拖网渔具的撞击和坠落物的撞击等。

4)载荷的组合

由于海洋管道所处环境条件恶劣且多变,所以构件受力复杂。为保证海洋管道工作安全,其所受载荷的确定至关重要。在确定海洋管道的载荷时,除明确各种载荷外,还要研究载荷的组合。载荷组合的基本原则:针对所选定的管道系统的设计状态和载荷条件,进行可能同时作用于管道的各种载荷的最不利组合,但地震载荷不与其他环境载荷组合;对同一管道系统的不同构件或管段(管道、立管、接岸管段)及其所处不同条件(铺设、拖曳、埋设、吊装、连接、运输、运行和修理等),按实际可能同时出现的最不利载荷情况进行组合。在载荷组合时,如水深是一个重要参数,则应考虑水位变动的影响。通常有下列几种载荷组合:

(1)管道正常运行状态的功能载荷与相应的环境载荷;

(2)管道施工安装、铺设时的功能载荷与相应的环境载荷;

(3)管道正常运行状态的功能载荷与地震载荷。

2. 海底管道设计流程

海底管道结构强度设计流程如图4-1所示。其中,各流程名词解释如下。

(1)压力控制:控制运行参数在允许运行参数范围内。

(2)系统压溃:进行系统压溃检查,系统压溃将发生在管道最薄弱的地方。

(3)局部屈曲:在外部水压作用下,管道的局部区段由于自身存在几何缺陷或管段受到极端载荷、冲击载荷的作用而发生结构环向稳定失效,局部的管截面将发生变化。

(4)位移控制:不同于载荷控制的一种控制条件。

(5)屈曲扩展:管道发生局部屈曲后,若外部水压超过管道的屈曲扩展压力,这种管截面变形将迅速沿管长方向传播,引发更广区域的管道结构破坏。

(6)止屈器:沿管道长度方向间隔一定距离设置止屈器,可间断性地提升海底管道的环向刚度。其原理为允许管道发生局部屈曲,但屈曲扩展不能跨越止屈器,即局部屈曲仅发生在两个止屈器之间。

(7)椭圆化:圆形管截面的边缘产生偏差,即具有椭圆形的横截面形式。

(8)棘齿效应:循环载荷导致管道直径或椭圆度增加,引起累积塑性变形。

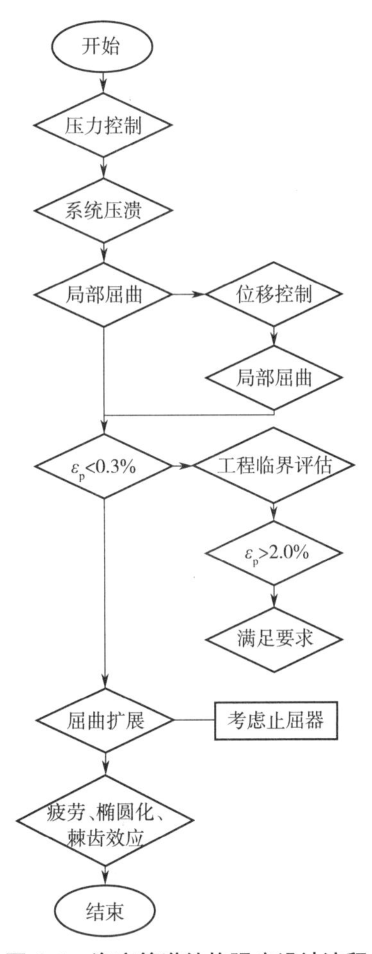

图 4-1　海底管道结构强度设计流程

ε_p——塑性应变

通过工艺计算可确定管道内径，而管道外径的确定依赖于结构的强度计算，最基本的要求是满足内压和外压作用下的强度。当内压大于外压时，管道的壁厚要承受住设计内压；当基于外压设计校核时，应考虑空管时的最大外压，利用外压校核管壁是为了不使管道被压屈。

壁厚的选择是海底管道设计中最重要的环节之一，壁厚对深水管道的成本及技术可行性有重要影响，一般外压作用下的压溃是确定壁厚的主导因素。

3. 海底管道的极限分析

海底管道的破坏形式可分为管道过度屈服、屈曲、疲劳损坏、脆性断裂、韧性断裂和失稳等。海底管道的极限分析见表 4-1。

表 4-1 海底管道的极限分析

方案与极限状态之间的典型关系										
方案	极端极限状态						正常操作极限状态			
	破裂	疲劳	断裂	压溃	屈曲扩展	组合载荷	凹陷	椭圆化	棘齿变形	位移
壁厚设计	X			X	X					
安装		X	X	X	X	X		X		X
立管	X	X	X	X	X	X	X	X		X
悬跨	(X)	X	X			X				
拖网或第三方破坏	(X)	X				X	X			
座底稳定性	(X)	(X)	(X)			(X)	(X)	(X)		X①
轴向移动		X				X				
整体屈曲	(X)	X	X			X			X	

注:①避免检查每个相关的极限状态,通常将其作为一种简化方法应用。
X 表示需要考虑的方案。

4.1.2 海洋管道强度设计目的

海洋管道强度设计的目的是合理选取管道材料,满足安全和经济的需要,其基本设计原则如下:

(1)管道的使用要求;

(2)运行条件;

(3)所处的海洋条件;

(4)铺设方法;

(5)埋设回填;

(6)最大程度的安全运行。

本章主要考虑抵抗内压的设计,以及抵抗外压、纵向应力、弯曲、凹陷和冲击的设计,聚焦于基础的结构力学和简单的分析方法,为实际生产中出现的大多数问题提供解决方案。更复杂的情况可应用 ABAQUS 等软件的有限元分析进行分析。

4.2 管道的结构类型

如前面 2.2 节中所述,管道按结构可分为单层管 + 配重层结构、双层保温管结构、单层保温管 + 配重层结构。本节详细介绍单层管 + 配重层结构和双层保温管结构(管中管结构)。

4.2.1 单钢管保温管道结构

单钢管保温管道有以下几种基本结构形式:

（1）钢管 + 防腐层 + 保温层 + 聚乙烯护管 + 混凝土配重；

（2）钢管 + 防腐层 + 保温层 + 锁扣铁皮护层 + 混凝土配重；

（3）钢管 + 防腐层 + 抗水型保温层 + 混凝土配重。

单钢管保温管道所采用的保温材料除满足保温要求外，还应具有一定的抗压强度，其抗压强度要满足所在海域的静水压要求和铺设时的抗压要求。此外，管道结构各层之间的抗剪力也应满足管道在热膨胀以及铺设期间的剪力传递要求。

4.2.2　管中管结构

在深水油气田开发中，保温性能在防止水合物形成和提高油气高温输送效率方面发挥着举足轻重的作用。在输送高凝点、需要加热的重质原油时，一般采用管中管结构，以减少热损失。由于独特的结构特点，管中管结构在内管与外管之间填充保温材料后具有优异的保温性能。管中管保温管道的结构形式是内钢管 + 保温层 + 外钢管 + 防腐层 + 配管层（如需要），并在一定距离设置刚性节点，将内外钢管连接起来。双钢管保温管道的保温层处在外钢管的保护下，因此可以选择多种保温材料。另外，双层管还具有良好的稳定性，能有效地抑制管道的振动，即具有优良的抗外载荷能力，可作为管道埋置的替代方案。与单层管相比，双层管在保温性、机械保护、抵抗外载荷及稳定性等方面均有良好的表现。

1. 管中管结构特征

1）管中管系统的结构形式分类

管中管系统的结构形式通常因项目的不同而不同，可根据内外管道之间的载荷传递方式将其分为以下三种：

（1）全连接系统，即整个环形空间均填充保温材料；

（2）滑动系统，即通过将标准尺寸的保温垫包裹在内管上以达到保温的目的；

（3）有离散的刚性节点，即锚固件连接内外管。

其中，前两种结构形式为柔性连接系统，第三种结构形式为刚性连接系统，其简化示意图如图 4-2 所示。

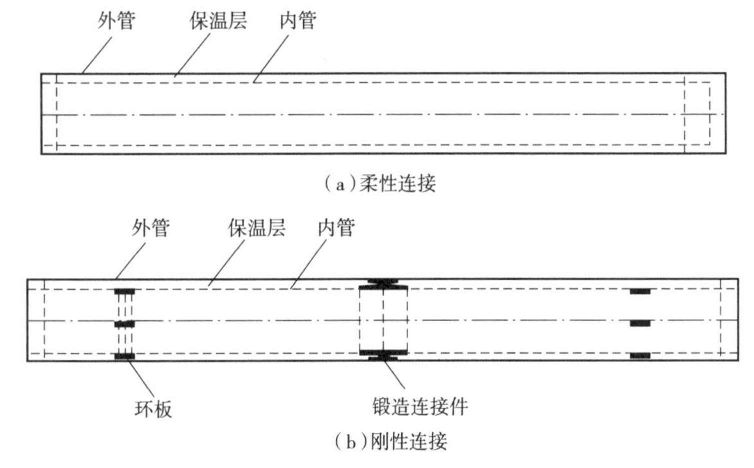

图 4-2　管中管结构形式简化示意图

2)管中管系统的典型构件及其作用

(1)保温材料,主要功能是降低整体传热系数,从而实现管中管系统最重要的保温特性,可以全部或部分填充。除此以外,保温材料还可用作垫块,以防止内外管道接触;或用作外部冲击载荷的减震器。

(2)垫块,用于保持内部管道,防止内管屈曲,确保环形空间均匀,可以通过保温层本身或特定的环板来实现。环板的主要功能是减少保温层上的负荷,阻止内管与外管发生摩擦,减少外管和内管之间的接触载荷,防止保温层损坏,保护并延长内管和外管之间保温层的使用寿命。如图 4-3 所示,环板与内管紧密相连,但与外管之间有一定的空隙,通常以数米为间隔分布在内管和外管之间。

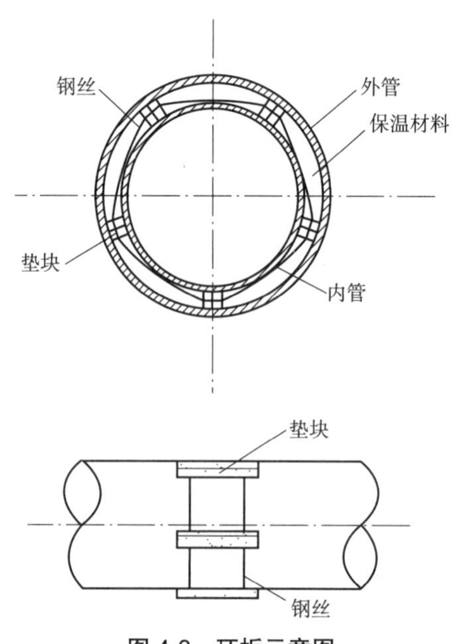

图 4-3　环板示意图

(3)止水器,旨在避免水进入管道环形空间而影响管道保温性能。止水器具有有限的轴向结构承载力,经验表明,其也可以作为管中管系统装配时的安装辅助工具。

(4)锚固件,旨在避免水进入管道环形空间,并在内外管之间传递轴向载荷,从而将内管的膨胀力传到外管,起到协调变形的作用,并能够承担部分外载荷,保护双层管整体结构。同时,锚固件可使环形空间形成水密隔壁,在外管破坏或进水的情况下,限制失效的隔热层长度,有利于减少系统的热损失。安装期间(在深水条件下)也可以使用中部锚固件,以减少锁定在内管中的挤压力。此外,根据管中管的操作安全标准规范使用锚固件,可以将操作或安装事故造成的损坏最小化。锚固件可分为端部锚固件和中部锚固件,如图 4-4 所示。

(5)管中管段的安装接合方式,接合方式会影响管中管系统中其他元件的活动方式。具体接合方式包括:

①滑动系统中的标准环焊缝;

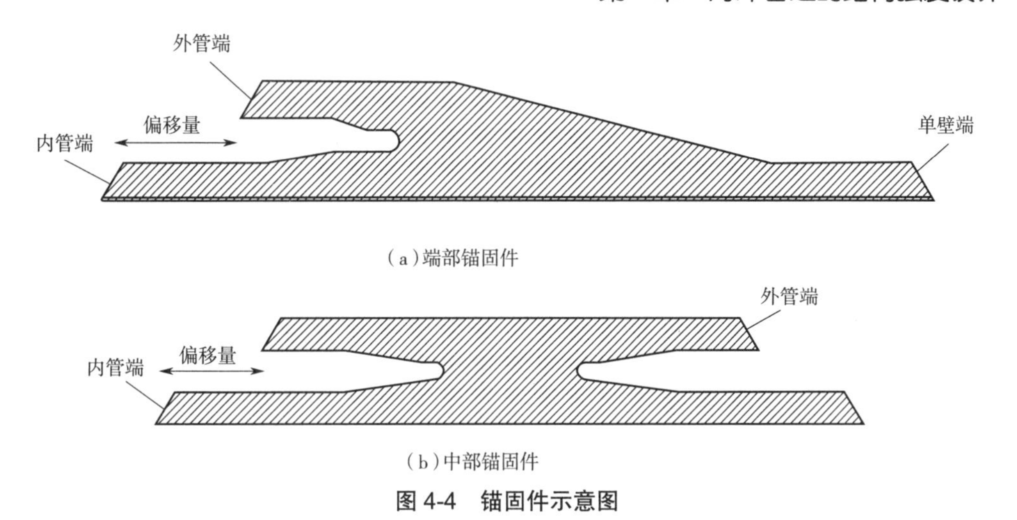

图 4-4　锚固件示意图

②焊接半壳，目的是在焊接内管后连接外管段；

③滑动套筒；

④型锻端，其中外管被型锻以接触内管，通常在型锻外管端上有树脂黏合的单套管和双套管元件。

2. 管中管系统在结构设计中的假定

基于不同的结构形式，管中管系统在结构设计中的一般假定如下。

(1) 对于全连接系统，如填充的保温材料具有足够的强度，可视为厚壁的单层管结构，这时通常的薄膜无矩理论不再适用，可近似地按复壁钢管计算，即不计入固定材料的作用。

(2) 对于滑动系统，假定外管只承受外压和造成管道弯曲的弹性弯曲应力；内管则主要承受管内压力和温度变化引起的热应力与热应变。对于立管部分，外管还遭受风、波、潮流、冰等外载荷作用。

(3) 当内外管由离散的刚性节点固定连接时，外管除承受外压、管道弹性弯曲应力外，还通过锚固件与内管一起承受间隔分段传来的温度应力与应变。

4.2.3　集束管结构

集束管结构和管中管结构相同的主要特征是具有同心的内管和外管，管内流体绝热，同时外管提供机械保护。集束管结构系统是指两根或两根以上的管道(电缆)汇集在一起，如同一根管道一样进行预制和安装。其主要由承载管、护套管、输油气管、注水管以及电缆等组成，具有优异的保温性能，能有效避免油气集输过程中结蜡和水合物的生成，可提供高效、经济的油气集输方案。

集束管结构系统可分为开放式和封闭式两类。开放式集束管(图 4-5(a))是将单独的管道用卡具或绳索固定为一体，可防止多根管道之间的相互窜动，在海上安装时，应视需要配置运送浮筒。开放式集束管制造工艺相对简单，成本较为低廉；缺点是输油、输气管直接暴露在海水中，容易遭到破坏，增加了污染环境的风险。封闭式集束管(图 4-5(b))是将诸多的出油管道、注入管道、加热管道和电缆等汇集在一根大口径的运送管内，该运送管对内置的各管道形成机械和腐蚀保护。封闭式集束管尽管制造复杂，但优点突出，故其应用技术发展较快。

(a) 开放式集束管

(b) 封闭式集束管

图 4-5 集束管分类

4.2.4 立管系统

海底管道与岸上或海上设施（如海上平台、人工岛等）的生产设备之间的连接管路或是挠性软管称为管道立管，其底部的膨胀弯管也属于立管的一部分。例如，与陆上设施连接的上岸或登陆立管，与海上平台连接的平台立管，与浮式生产系统连接的浮式系统立管，与人工岛连接的上岛立管等。通常把从海底穿出海面的各种管段统称为海洋管道的立管。

1. 立管的形式

立管按位置可分为内立管和外立管；按安装方式可分为预制时安装的立管和现场安装的立管；按连接方式可分为法兰连接、焊接和机械连接器等各种连接的立管。

1）上下平台或人工岛的立管形式

对钢质导管架平台，立管可以是固定在导管架平台上或水平弦杆上的外立管，也可以是利用 J 型套管安装的内立管。图 4-6 所示为安装在导管架平台上的外立管。所谓外立管，是指无有效掩蔽保护，可用来防风、浪、流作用的立管。图 4-7 所示为固定在导管架水平弦杆上的 J 型套管，在其内安装的内立管受到 J 型套管的保护，从而避开外界海洋环境的风、浪、流的作用和影响。

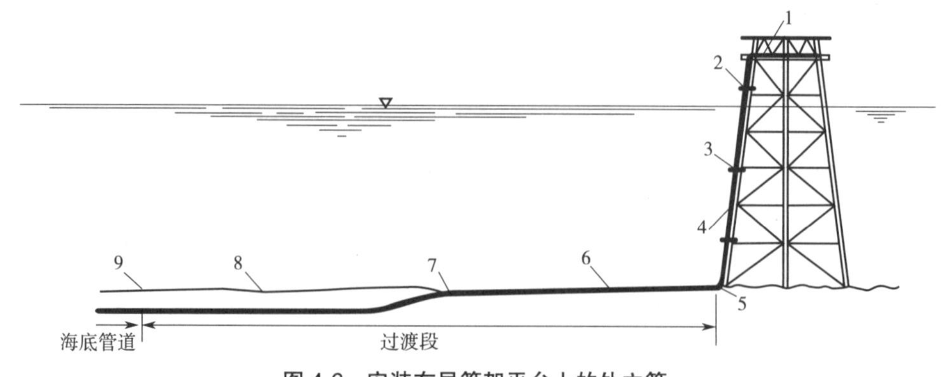

图 4-6 安装在导管架平台上的外立管

1—甲板管道；2—固定支撑管卡；3—导向支撑管卡；4—垂直立管；
5—立管弯头；6—接触点；7—始埋点；8—全埋点；9—嵌固点

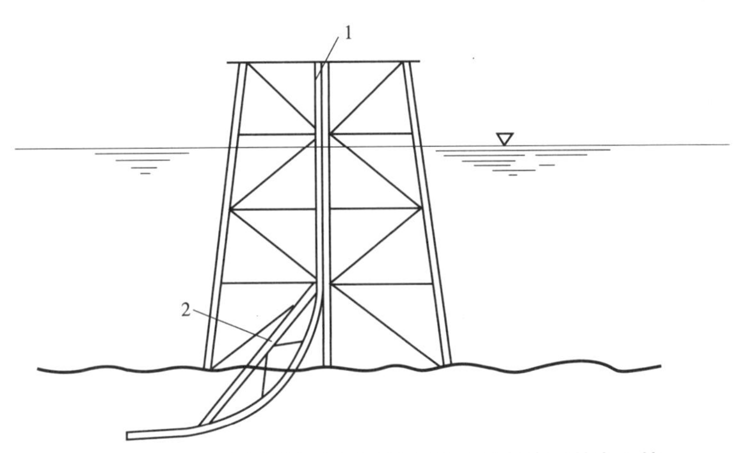

图 4-7　固定在导管架水平弦杆上的 J 型套管及其内立管

1—内立管；2—内立管加强构件

混凝土重力式结构，如重力式平台或重力式人工岛结构，通常采用内立管，如图 4-8 所示。该内立管是安装在平台腿柱内的立管，其是把海底管道拖拉进海上平台预留的腿柱内，并在常压下与海底管道焊接。

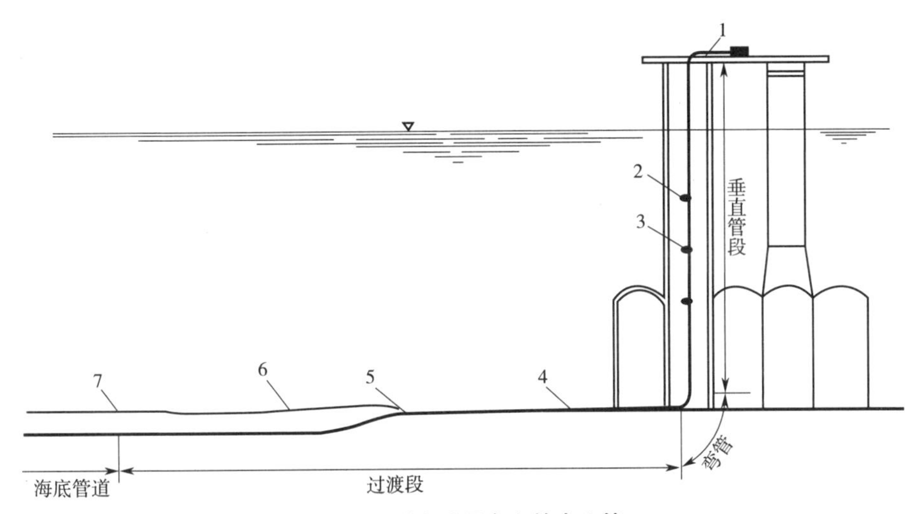

图 4-8　重力式平台上的内立管

1—甲板管道；2—固定管卡；3—滑动支座；4—接触点；5—始埋点；6—全埋点；7—嵌固点

对斜坡式堆石人工岛结构，可在建岛时预留竖井或隧道作为上岛立管的通道；也可按一定距离设置立管防护架，立管通过防护架上岛，这样可以避免破坏人工岛的完整性，如图 4-9 所示。

2）登陆立管的形式

对于海床稳定、坡度平缓的岸滩，登陆管段可直接顺岸铺设，由于管段受波、流的作用，为使管段稳定，可以埋设或用锚碇或锚杆将管段锚固。图 4-10 所示为用锚杆局部锚固的顺坡登陆立管。

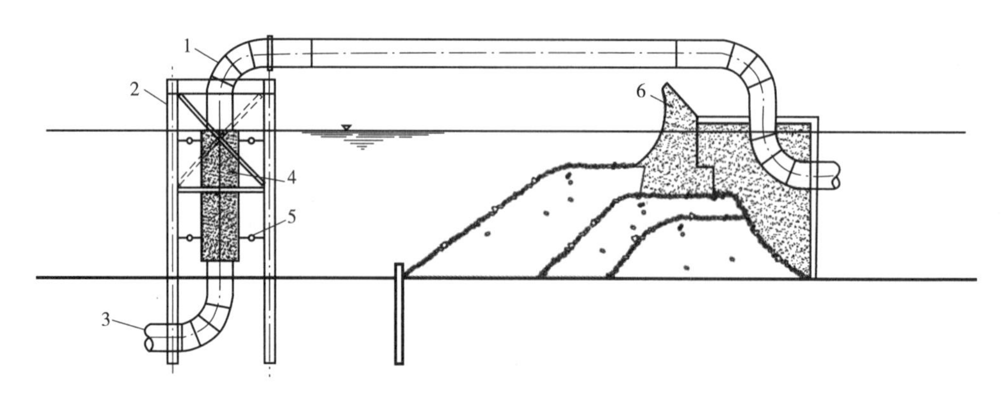

图 4-9　通过防护架上岛的立管

1—立管；2—防护架；3—海底管道；4—立管防护套；5—张紧器；6—护岸

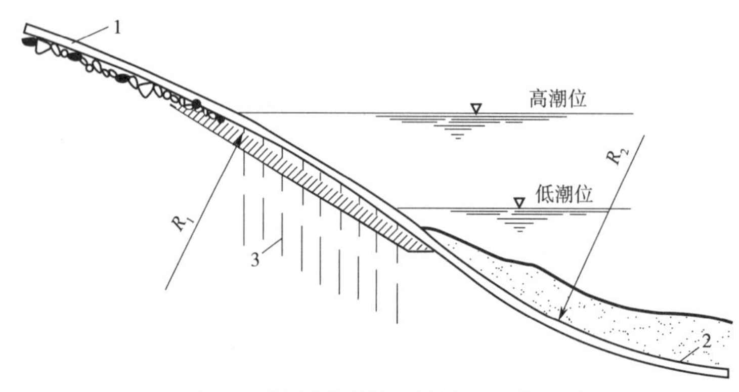

图 4-10　用锚杆局部锚固的顺坡登陆立管

1—管道；2—海底管道；3—锚杆

对于受波、流强烈冲击的不稳定岸滩，为避免管道受沿岸风浪的作用，防止管段失稳破坏，可以在与岸连接的引堤端头的钢筋混凝土沉箱内设立管，如图 4-11 所示。这种沉箱内的立管可以现场安装，也可预制后浮运安装。

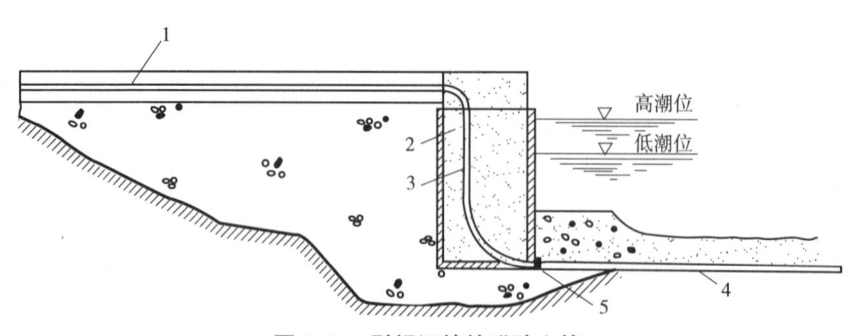

图 4-11　引堤沉箱的登陆立管

1—管沟；2—沉箱；3—立管；4—海底管道；5—水下法兰连接

在陡峭岸壁登陆的管段，可在靠岸壁处架设几跨管桥，使登陆管段免受波浪直接作用，立管段可用防护架保护，如图 4-12 所示。若架设管桥不经济，也可在岸壁礁石滩上采用爆破法为登陆管段开沟，铺设立管后砌石或堆碎石作为管沟护面。

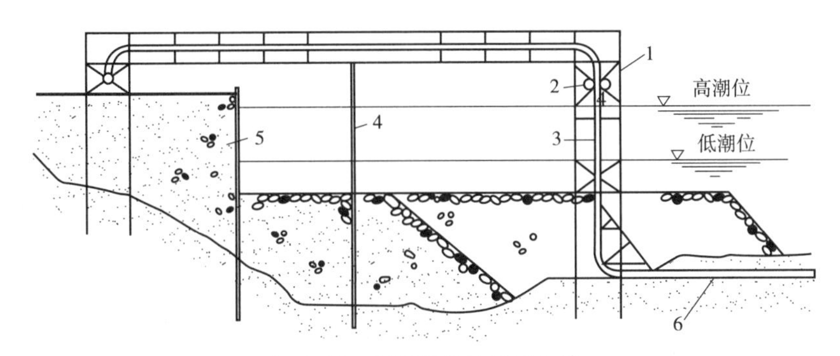

图 4-12　架设管桥的登陆立管

1—管桥；2—张紧器；3—立管；4—支柱；5—岸壁；6—海底管道

3）挠性立管的形式

挠性立管系统又称为动力立管系统，由软管、快速联轴节、水中支撑拱架和浮筒以及立管底盘等组成，如图 4-13 所示。

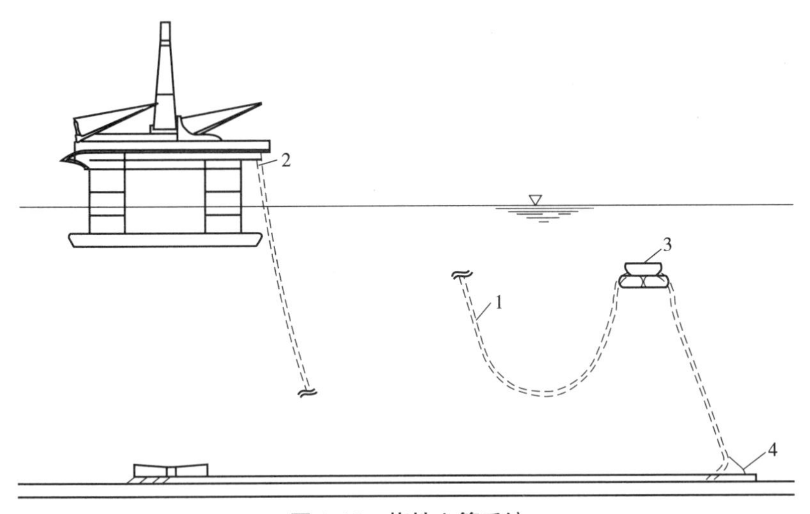

图 4-13　挠性立管系统

1—软管；2—快速联轴节；3—支撑拱架和浮筒；4—立管底盘

软管是特别的耐压橡胶管，其内层是橡胶管或有不锈钢骨架套的橡胶管，从里向外依次是尼龙纤维绕制的考弗拉压固层、两层扁平钢丝缠绕的铠装层和耐磨、耐高温、耐腐蚀的尼龙外套。联轴节是挠性立管与浮式结构上管道相接的部件，可在几秒钟内脱开。支撑拱架和浮筒是在深水中为挠性立管提供浮力的构件，它可用链条或缆索系在海底重块上。立管底盘是立管在海底的重力基座，承受立管传来的载荷，并保持在海底的稳定。

挠性立管系统的安装过程如下：

（1）将联轴节下部立管从动力定位船上牵引到浮式结构上；

（2）通过联轴节与浮式结构相连；

（3）将立管夹固在支撑拱架的管子支座上；

(4)把支撑拱架吊入海中;

(5)将支撑拱架后立管连在海底重块上,并放在立管底盘附近;

(6)对立管进行试压;

(7)试压合格后,将海底重块上的立管连接到立管底盘上,完成挠性立管的安装。

这样即可把立管与海底管道连接起来。

2. 立管的组成

1)立管管段

立管管段中的海底管段是与海底完全接触或埋入海底的部分,它是完全固定的管段,用作立管系统的边界嵌固点。过渡段是从嵌固点到平台垂直立管间的管段(包括膨胀弯管),它可以沿轴线移动。甲板管段是平台甲板上的管段,它可加强立管端部的刚度,对外立管顶端应力影响较大。而大多数内立管端部被垂直固定,不受甲板管段刚度的影响。

2)立管支撑构件

立管支撑构件是指沿立管设置的一系列约束构件,包括与海底的接触点、滑动套和设在平台上的弹性吊架或固定锚固的构件,它是立管安装的重要部件。常用的立管支撑构件有以下几种。

(1)焊接立管卡,像一个鞍座,是结构整体的一个部件,通过焊接加强板与平台弦杆或混凝土结构的固定钢板连接。在立管支撑处有氯丁橡胶垫衬,以减少管壁局部弯曲的作用,并可减少机械振动对立管卡的作用。其是最常用的立管支撑构件。

(2)螺栓连接立管卡,即支撑立管的卡子,通过螺栓与结构连接。该立管卡像一个套筒,立管可在其内滑动,且可不加橡胶垫衬,其对立管纵向移动和扭转的约束很小,相当于活动支座。

(3)十字头形立管卡,即在立管上焊一块贴合的钢板,用一个托架或十字头支撑钢板。

3. 立管与海底管道的连接

1)法兰连接

法兰连接是最简便、最常用的立管与海底管道的连接方式。它是在立管下端弯头的法兰与海底管道端头的法兰之间加一段长 30 m 以上的连接管段,连接管段的两端用法兰连接。连接管段可以是直管段、Z 形管段或万向接头管段。其作用是可调整立管与海底管道间轴线的偏差。法兰连接的优点是管道或立管损坏易于维修、更换;缺点是若管内工作压力较高,法兰垫和密封垫的可靠性差,易于泄漏而造成污染。

2)焊接连接

海上立管与海底管道的焊接有海面焊接、海底工作室焊接及水下高压焊接等方法。海面焊接是将海底管道吊出海面,先和立管的连接段焊接,再焊竖直立管段。这种焊接适用于水深较浅的海域,否则吊起海底管道会产生过大的应力。浅海立管采用这种方法连接简易而可靠。海底工作室焊接是先在工作室内焊好弯管段的立管,然后拉入海底管道与之焊接,海底工作室是密封的,在常压下进行焊接。在深水中,立管与海底管道的焊接要在高压工作室内进行,在铺管船、大型起重船或工作船的高压工作室进行对中和焊接。这种连接质量较高，但需要时间长、连接及维修费用均较高。

3）机械连接器连接

机械连接器是一种精密的连接装置，包括挠性锻制的连接系统、叠合式连接系统、夹具式及液压式连接系统等。采用机械连接器连接立管，可不用潜水员，但要求定位精确，一般适用于水深超过 120 m 的海区。

4.3　管道的结构形式设计

4.3.1　管道的壁厚

管道直径的选择以水力研究为基础，第 2 章对此进行了介绍。在某些情况下，壁厚由安装应力决定，但通常壁厚的选择取决于工作压力、设计系数、腐蚀裕量和制造偏差（壁厚的变化量）等。常见的做法是在相关的管道规范（API SPEC 5L/ISO 3183）规定的标准厚度管道中选取最接近且稍大的厚度。与 SAW 管相比，无缝钢管壁厚的负偏差越大，意味着对于给定的直径，无缝钢管比 ERW 管或 SAW 管需要更大的平均厚度，随着壁厚的增加，焊接的复杂性也会增加。但是，现在很多管道制造商都能制成偏差更小的管道，而这可能需要采用成本效益分析来评估，很多公司要求的偏差比 API SPEC 5L/ISO 3183 小，并且精确指定其所需的壁厚值。然而，对于小批量的钢管，这可能不够经济，因为标准的 API 管往往比这些非标准管要便宜。

腐蚀裕量可通过计算得到，在无腐蚀的环境下，不需要腐蚀裕量；在轻度腐蚀环境下，只需留出合理的腐蚀裕量即可，但通常还会使用一些缓蚀剂来抑制点蚀；在更恶劣的环境下，则要求必须留有腐蚀裕量，而且同时进行连续缓蚀；在强腐蚀环境下，碳钢将不再适用，可能需要用其他防腐蚀的材料代替。

管道壁厚的选择没有简单可用的标准，管道的设计使用年限中的压力和流量分布，以及预期的产品液体组成变化都需要考虑，其他相关的因素包括管道的危害性、检查的方便性、缓蚀剂的可用性、操作工人的技术水平以及环境因素等。

管道的公称直径是管道及其附件的标准化直径系列，由于管道在制作过程中产生误差而导致直径不同，因此定义测量的最大直径 $D_{\max}$ 和最小直径 $D_{\min}$。椭圆度是指钢管的圆周与圆环形状的偏差，定义为

$$\delta = \frac{D_{\max} - D_{\min}}{D} \times 100\% \tag{4-1}$$

一般情况下，管道的初始椭圆度不超过 0.25%。

另外，根据管道外径和壁厚的关系，管道可分为厚壁管（$D/t < 20$）和薄壁管（$D/t > 20$）。

对于破裂和压溃设计校核，抵制力应基于不同的壁厚，根据不同的情况分别进行计算。

对于工厂压力测试和系统压力测试：

$$t_1 = t_{\text{nom}} - t_{\text{fab}} \tag{4-2}$$

正常操作情况：

$$t_1 = t_{nom} - t_{fab} - t_{corr} \tag{4-3}$$

式中 t_{nom}——管道的公称壁厚；

t_{fab}——生产负误差；

t_{corr}——腐蚀裕量。

极端载荷下的其他极限状态的计算应基于以下标准。

安装 / 恢复和系统压力测试：

$$t_2 = t_{nom} \tag{4-4}$$

其他情况：

$$t_2 = t_{nom} - t_{corr} \tag{4-5}$$

上述壁厚应该考虑运行期开始前的腐蚀。

制造偏差通常为无缝钢管名义壁厚的百分比，并用作焊接管的绝对度量。相关压力容器准则给出了要求的最小壁厚 t_1。根据制造偏差格式的不同，腐蚀裕量的含义也会不同。对于给定的制造偏差百分比 % t_{fab}，有

$$t = \frac{t_1 + t_{corr}}{1 - \%t_{fab}} \tag{4-6}$$

相应地，基于绝对制造偏差 t_{fab}，有

$$t = t_1 + t_{corr} - t_{fab} \tag{4-7}$$

而对于壁厚的使用，不同管道规范不尽相同，见表 4-2。

表 4-2 不同管道规范中使用的壁厚和直径

规范	壁厚	直径
ABS	最小壁厚	平均直径
ASME	名义壁厚	外径
BS 8010	最小壁厚	外径
CEN	最小壁厚	外径
CSA	最小壁厚	外径
DNV	最小壁厚	平均直径
NEN	最小壁厚	平均直径
NPD	最小壁厚	外径

4.3.2 单根钢管长度

在陆地管道的建设中，焊工沿着管道移动，将单根钢管焊接到不断增长的管道末端，这使得单根管段的长度具有相当大的灵活性。在铺管船上，焊接位置是固定的。当铺设管道和铺管船沿线路前进时，管道需要通过一系列焊接站，焊接站的位置是相对固定的，因此对于海底管道，规定一个固定的单根钢管长度是很重要的，标准长度是 40 ft（12.19 m），故海

底管道的单根钢管长度通常规定为 12.2 m，随着焊接工艺复杂性的增大，要求的单根钢管长度偏差也会减小。目前，手工焊接仍然是最灵活的焊接工艺，应避免过度设定规格，铺管船承包商应给出一个允许的偏差范围。

4.3.3　弯管

海底管道很少需要弯管（图 4-14），因此可以选择将一般的钢管做成弯管，通常可以采用一些超厚壁钢管。但是，很重要的一点是需要确定这些管材热成型时可以保持其强度。热弯曲制造工艺有可能过度降低含碳量极低的钢的强度，这种情况下就需要利用专门的钢管来制作弯管。

图 4-14　弯管

如果所建造的管道需要采用漏磁清管器进行检测，那么对弯管的弯曲半径就有一定的限制。弯管的弯曲半径随着管道直径的增加而减小。对于口径为 6 in 和 8 in 的管道，为满足清管器的需要，可能需要安装弯曲半径为 $5D$ 的弯管；对于口径为 24 in 的管道，为使用弯曲半径为 $1.5D$ 或 $2D$ 的弯管，需要设计更高级的清管器，其中 D 为管道口径。

4.4　管道的材料特性

根据 DNV 规范，选择管道系统的材料时，应充分考虑待输送的流体、负荷、温度以及安装和运行期间可能的故障模式。管道系统材料的选择应确保所有管道组件的兼容性，应考虑材料的力学性能、硬度、断裂韧性、抗疲劳性、可焊性和耐腐蚀性等。

管道钢材必须具有高强度，同时应具备足够的延展性、断裂韧性和可焊性，这些特性会相互冲突。强度体现管材以及焊缝在使用和安装过程中承受纵向和横向拉伸的能力。延展性是指管道通过变形承受超限应力的能力。韧性是指管材承受冲击和振动载荷的能力，可以允许管材自身存在缺陷，如缝隙、凹坑等。金属工程材料通常具有韧性但缺乏延展性，因此它们在破坏前会发生屈服，而脆性材料像玻璃一样，以突然断裂的形式失效。可焊性是指材料形成优质焊缝、具有足够强度和韧性的热影响区的能力和难度。大部分金属可以焊接，但并不都具有良好的可焊性，如飞机的铝合金组件是用螺丝、铆钉和黏合剂组装在一起，而不是采用焊接方式。对于海底管道而言，经济效益是要求管材具有良好可焊性的本质原因。由于铺管船的运行费用很高，所以一条海底管道造价最高的部分即管道安装，焊接速度越快，管道安装速度就越快，使用铺管船的时间就越短，则相关费用越低。

不同性能（强度、延展性、韧性以及可焊性）间的权衡，必须根据预定的管道用途确定。以北极地区的一条服役条件极为恶劣的管道为例，管内介质为高压酸性天然气 / 凝析油，则该管道需要有很厚的管壁，在低温环境中有较高的韧性和较好的可焊性，且能抵抗硫化物应力腐蚀开裂，而厚管壁会增加焊接难度。生产高强度、高韧性且具有良好可焊性的钢材需要一定的合金化处理，并结合微合金化进行复杂的热处理。

屈服强度是海底管道设计需要考虑的首要参数。屈服强度越高，需要的管壁厚度就越小。较薄的管壁可以减少管材费用、运输费用、铺管船托管架的载荷以及焊接费用。20 世纪 50 年代以前，油气管道的管径和工作压力比较小，很多管道都采用无缝钢管焊接而成。由于油田不产出难处理的气体或产出的气体被点燃，故产品相对比较干净。20 世纪 60 年代中期，石油和天然气的消耗增加，因此需要大幅增加长距离输气管道的管径，并高压运行以减少运输成本。增加管径、提高工作压力，必然需要增加管壁厚度。传统的焊条焊接可能导致厚壁管道的焊缝处出现氢致开裂现象，这一现象称为低温开裂。应通过改变焊接工艺，包括使用低氢焊接丝以及对焊接区域进行预热和焊后热处理的方法克服低温开裂。有人尝试改变管材成分，但没有取得显著效果。人们意识到，最经济的途径是增加管材的强度，从而允许通过热处理技术使用壁厚更小的管道，并减少合金含量，从而保持管材的可焊性。

通常海底管道的设计强度等级不高于 X65，采用这个强度等级而不用最高可用强度等级的原因与管道设计的一些其他要求有关，这些要求规定的管道壁厚可能超过承受内压所需要的壁厚。这些要求包括在海床上的稳定性、对安装中的屈曲和矫直中施加应力的承受能力。对弯曲和屈曲的承受能力主要取决于管道的直径和壁厚之比（D/t），也受管材性质（如屈服强度和弹性模量等）的影响，但影响要小得多。因此，如果屈曲是管道壁厚设计的主导因素，那么增加钢材强度等级不如使用低造价、低强度等级的钢材经济性好。高强度钢材的焊接过程需要精密控制，这在某些情况下可能成为限制强度的一个因素。但是，一般来说，使用高强度等级钢材更经济，因为减少钢材用量而节约的成本可以弥补因单价提高而增加的成本。

在过去的十年中，很多陆上管道都是采用强度等级为 X70 和 X80 的钢材建造而成的，人们使用和焊接这类钢材的信心大增，现在已经开始考虑使用强度等级为 X100 的管道。人们希望高强度等级钢材（如 X70 和 X80 钢）未来能够更广泛地应用到海底管道的建设中。例如，在深水中采用 S 型铺管法安装较大口径的管道时，悬挂重量成为施工安装的制约因素，可以采用部分充装海水的方式安装管道，以降低管道屈曲的风险。使用强度等级为 X80 的钢材可以减小悬挂力，同时又能降低 D/t 值。管束中的管道是在陆上组装好的，不需要焊接站，且管束有浸没重量最小化要求，因此管束最好能使用高强度等级钢材，这样可以达到最小壁厚，从而降低浸没重量。

X42 至 X80 强度等级钢材的 API 要求列于表 4-3 中，详细信息可参阅管道 API 规范

（API-5L）。表 4-3 中以 MPa 表示的 SMYS（Specified Minimum Yield Stress，规定的最小屈服应力）和 SMTS（Specified Minimum Tensile Strength，规定的最小抗拉强度）值是从 API 规范（以 ksi 表示）中转换而来的。

表 4-3　API 材料等级

API 规范	SMYS		SMTS	
	ksi	MPa	ksi	MPa
X42	42	289	60	413
X46	46	317	63	434
X52	52	358	66	455
X56	56	386	71	489
X60	60	413	75	517
X65	65	448	77	530
X70	70	482	82	565
X80	80	551	90	620
1 ksi=6.895 MPa；1 MPa = 0.145 ksi；1 ksi = 1 000 psi				

在兰贝格 - 奥斯古德（Ramberg-Osgood）材料模型中，其应力 - 应变的关系为

$$\varepsilon=\frac{\sigma}{E}+\alpha\left(\frac{\sigma}{\sigma_{\mathrm{y}}}\right)^{\beta}\frac{\sigma}{E} \tag{4-8}$$

式中　ε——应变；

σ——应力；

E——材料的弹性模量；

σ_{y}——材料的屈服应力；

α，β——材料常数，对于 X65 钢，$\alpha=1.29$，$\beta=25.58$。

各向同性硬化模型与 Ramberg-Osgood 材料模型的应力 - 应变关系如图 4-15 所示。

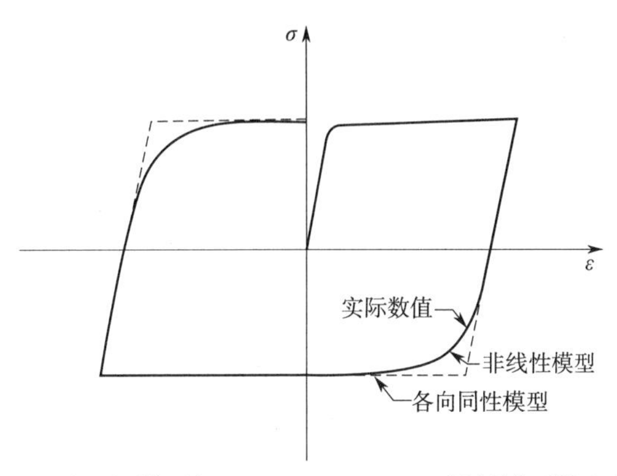

图 4-15　各向同性硬化模型与 Ramberg-Osgood 材料模型的应力 - 应变关系

4.5 抗内压设计

4.5.1 压力定义

在前面 3.2.2 节中，已对管道所受的压力进行了介绍，下面再进行简单叙述。

海洋油气管道上的各压力随箭头方向逐渐增大（图 3-2）所示，其各自的定义如下。

（1）最大允许操作压力（Maximum Allowable Operating Pressure，MAOP）：指正常运行期间管道系统运行的最大内压，等于设计压力减去管道控制系统（PCS）的运行容差。

（2）设计压力（design pressure，p_d）：指正常运行期间的最大内压，等于管道控制系统（PCS）正常运行时允许的最大压力。该压力的参考高度为指定高度。

（3）最大允许偶然压力（Maximum Allowable Incidental Pressure，MAIP）：指管道系统在偶然（瞬时）运行期间的最大压力，等于最大的偶然压力减去管道安全系统（PSS）的操作公差。

（4）偶然压力（incidental pressure，p_{inc}）：指在任何偶然运行的情况下，管道或管道段可以承受的最大内压。该压力的参考高度为某一指定参考高度。

（5）系统试验压力（system test pressure，p_t）：指系统压力试验所施加的内压（一般与静水压试验相同）。

（6）工厂试验压力（mill test pressure，p_h）：指钢管制造完成后，对钢管进行试验的压力。

4.5.2 静力设计

管道内输送介质所产生的压力是管道的主要载荷，内压产生的环向应力是管道设计的基础。内压产生的环向应力是静定的，因此不会出现大的应力重新分布，而且应力不会因塑性屈服而改变或减小。如果内压产生的环向应力过大，在管道圆周上会产生屈服，而持续的屈服会使管壁变薄并最终断裂。

对于外径为 D_o、内径为 D_i、壁厚为 t、内压为 p_i、外压为 p_o 的管道（图 4-16），考虑图 4-16（b）所示的矩形中所有力的平衡。该矩形由以下 4 条线限定范围：直径，两条在直径两端点处与圆相切的切线，以及一条与直径平行的切线。图 4-16 中还给出了作用在矩形不同部分的边界上的应力分量，σ_y 为环向应力（周向应力）。

在竖直方向上的合力为零，而对于垂直于纸面方向上的单位长度的管段，有

$$0 = 2\sigma_y t - p_i D_i + p_o D_o \tag{4-9}$$

整理可得

$$\sigma_y = \frac{p_i D_i - p_o D_o}{2t} \tag{4-10}$$

不论直径 / 壁厚的值是多少，通过式（4-10）均可计算出精确的环向应力。

而对于薄壁管（$D/t > 20$），最简单且使用最广泛的是巴洛（Barlow）公式（静力学）：

$$\sigma_y = \frac{p_i D}{2t} \tag{4-11}$$

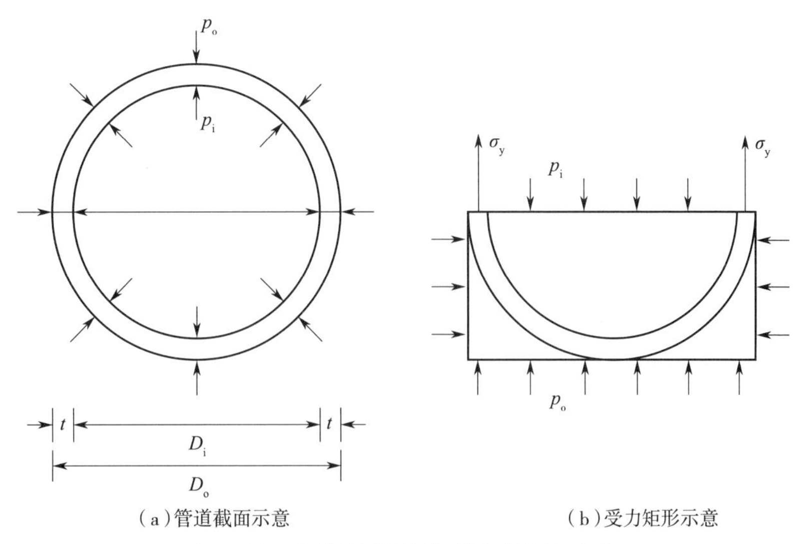

（a）管道截面示意　　（b）受力矩形示意

图 4-16　内外均受压的管道上的环向应力

由式（4-10）忽略外压项 p_oD_o，即可得到式（4-11），其中 D 通常指外径。该方法考虑到壁厚对环向应力的影响较小，是一种近似的处理方法。比较式（4-10）与式（4-11）可知，在相同的内压下，通过式（4-11）得到的环向应力较大，因此式（4-11）是较为保守的。

挪威船级社（DNV）要求设计使用下式：

$$\sigma_y=(p_i-p_o)\frac{(D_o-t)}{2t} \tag{4-12}$$

式中　t——考虑制造偏差和运行腐蚀情况下的最小管道壁厚。

上述公式是在静态情况下推导出的，还可以使用弹性理论，应用全应力 - 应变关系，施加应变相容性要求，并假设周向应力不均匀，进行全面分析，从而得到计算发生在内表面的最大环向应力的拉梅方程：

$$\sigma_y=(p_i-p_o)\frac{D_o^2+D_i^2}{D_o^2-D_i^2}-p_o \tag{4-13}$$

式中　p_i——管道内压；

p_o——管道外压；

D_o——管道外径；

D_i——管道内径。

式（4-15）可以准确计算出管道保持弹性时的最大应力。

上述公式均可以改写为设计公式，设计的公称壁厚要保证环向应力小于或等于某个特定数值，该数值为屈服应力 σ 乘以设计系数 f_1，即

$$\sigma_y\leqslant f_1\sigma \tag{4-14}$$

根据 Barlow 公式，最小壁厚应满足

$$t\geqslant\frac{p_iD}{2f_1\sigma} \tag{4-15}$$

进一步考虑制造公差，加入制造公差系数f_2，可以允许实际最小壁厚略小于公称壁厚，则式（4-15）可改写为

$$t \geqslant \frac{p_i D}{2 f_1 f_2 \sigma} \tag{4-16}$$

在相关规范中对环向应力强加了一个固定的界限，并指定了一个设计系数最大值。在DNV规范中，一种情况是将环向应力限定为η_s和规定的最小屈服应力σ的乘积，即用η_s代替f_1。结合DNV规范，整理式（4-16）可得

$$t \geqslant \frac{D}{\dfrac{2\eta_s \sigma}{p_i - p_o} + 1} \tag{4-17}$$

式中　η_s——设计系数，其取值取决于安全等级，对低安全等级取0.83，而对正常和较高的安全等级取0.77。

由式（4-17）求得的壁厚与由式（4-15）求得的壁厚之差通常较小。对于较高的内压，D_o / t较小时两者的差会增大。

例4-1　直径为30 in的钢质管道，内压$p_i = 20$ MPa，外压$p_o = 2$ MPa，设计系数$\eta_s = 0.83$，钢材屈服应力$\sigma = 413$ MPa。根据DNV规范，求满足环向应力的最小壁厚。

解　由式（4-17）可得

$$t = \frac{D}{\dfrac{2\eta_s \sigma}{p_i - p_o} + 1} = \frac{30 \times 0.025\ 4}{\dfrac{2 \times 0.83 \times 413}{20 - 2} + 1} = 0.019\ 49\ \text{m} = 19.49\ \text{mm}$$

4.5.3　内压破裂设计

在DNV规范中，采用以分项系数为基础的极限状态方法进行压力安全壳设计。确定壁厚时的特征压力是局部偶然压力，一般设计压力低于偶然压力的10%。海底管道系统应具有管道控制和安全系统，以确保系统在一年内任何时刻超过局部偶然压力的概率小于1%。如果可以降低偶然压力和设计压力之间的比率γ_{inc}，也可以相应地降低壁厚，或者可以使用更高的设计压力。对于液压软系统，如天然气干线，γ_{inc}通常可以达到1.05。DNV-ST-F101中对压力安全壳（爆裂），要求局部偶然压力p_{li}和外压p_e之间满足

$$p_{li} - p_e \leqslant \min\left(\frac{p_b(t)}{\gamma_m \gamma_{SC,PC}}, \frac{p_{lt}}{\alpha_{spt}} - p_e, \frac{p_{mpt} \cdot \alpha_U}{\alpha_{mpt}}\right) \tag{4-18}$$

$$p_{lt} - p_e \leqslant \min\left(\frac{p_b(t)}{\gamma_m \gamma_{SC,PC}}, p_{mpt}\right) \tag{4-19}$$

$$p_b(t) = \frac{2t}{D-t} f_{cb} \frac{2}{\sqrt{3}} \tag{4-20}$$

$$f_{cb} = \min\left(f_y, \frac{f_u}{1.15}\right) \tag{4-21}$$

$$f_y = \left(SMYS - f_{y,temp}\right)\alpha_U \tag{4-22}$$

$$f_u = \left(SMTS - f_{u,temp}\right)\alpha_U \tag{4-23}$$

式中　p_{li}——局部偶然压力；

p_e——外压；

p_{lt}——局部测试压力；

p_{mpt}——工厂测试压力；

γ_m——材料阻力系数，极限和偶然极限状态取 1.15，疲劳极限状态取 1.00；

$\gamma_{SC,PC}$——压力容器极限状态下的安全等级递减系数，对低安全等级压力安全壳取 1.046，对正常安全等级取 1.138，对高安全等级取 1.308；

α_{mpt}——工厂压力测试系数，对低安全等级取 1.000，对正常安全等级取 1.088，对高安全等级取 1.251，可由 $\alpha_{mpt} = \dfrac{0.96\gamma_m\gamma_{SC,PC}}{2/\sqrt{3}}$ 确定；

α_{spt}——系统压力试验系数，对低安全等级取 1.03，对正常安全等级取 1.05，对高安全等级取 1.05；

α_U——材料强度系数，在系统压力测试时取 1.00，其他情况取 0.96；

$p_b(t)$——压力安全壳强度；

f_{cb}——特征材料爆裂强度；

f_y——特征屈服强度，指定的最小屈服应力，必要时会低于最小屈服应力，以允许由于温度升高而造成的减少，也会在必要时乘以考虑性能变化的材料强度系数；

f_u——特征抗拉强度，指定的最小拉伸应力；

$f_{y,temp}$——由温度导致的屈服应力的降级值；

$f_{u,temp}$——由温度导致的抗拉强度的降级值；

$SMYS$——规定的最小屈服应力；

$SMTS$——规定的最小抗拉强度。

另外，通过以下修改，可包括内衬或包层对压力安全壳阻力的强度贡献：

$$p_{b,com}(t) = \frac{2\left(tf_{cb} + t_{CRA}f_{y,CRA}\right)}{D - t - t_{CRA}} \cdot \frac{2}{\sqrt{3}} \tag{4-24}$$

式中　t_{CRA}——内衬或包层的厚度；

$f_{y,CRA}$——设计中使用的防腐合金内衬或包层的最小屈服应力。

式(4-18)中的压差是局部偶然压力的函数，引入反映偶然压力与设计压力之比的载荷系数 γ_{inc}，即可对水面以上参考点进行重新安排，即

$$p_d \frac{D - t}{2t} \leqslant \frac{2\alpha_U}{\sqrt{3}\gamma_m\gamma_{SC,PC}\gamma_{inc}}\left(SMYS - f_{y,temp}\right) \tag{4-25}$$

式中　p_d——设计压力。

引入下式给出的设计系数：

$$\eta = \frac{2\alpha_U}{\sqrt{3}\gamma_m \gamma_{SC,PC} \gamma_{inc}} \tag{4-26}$$

则有

$$p_d \frac{D-t}{2t} \leqslant \eta \left(SMYS - f_{y,temp} \right) \tag{4-27}$$

$$p_d \frac{D-t}{2t} \leqslant \frac{\eta}{1.15} \left(SMTS - f_{u,temp} \right) \tag{4-28}$$

式中：γ_{inc} 取 1.10，η 的具体取值见表 4-4。

表 4-4　η 的具体取值

α_U	安全等级			压力测试
	低	正常	高	
1.00	0.847① (0.843)	0.802	0.698②	0.96
0.96	0.813① (0.838)	0.77	0.67③	0.96

注：①在位置等级 1 中，可使用 0.802。
②在位置等级 1 中，可使用 0.77。
③由于压力测试是控制因素，因此该系数有效。

因此，按照极限设计，满足强度设计的最小壁厚为

$$t = \frac{D}{1 + \frac{2}{\gamma_{SC,PC}\gamma_m (p_{li} - p_e)} \frac{2}{\sqrt{3}} \min\left(f_y, \frac{f_u}{1.15} \right)} \tag{4-29}$$

例 4-2　直径为 30 in 的钢质管道，局部偶然压力 $p_{li} = 20$ MPa，外压 $p_e = 2$ MPa，安全等级递减系数 $\gamma_{SC,PC} = 1.138$；材料阻力系数 $\gamma_m = 1.15$，钢材特征屈服强度 $f_y = 413.7$ MPa，钢材特征抗拉强度 f_u 取特征屈服强度的 1.15 倍。利用 DNV 规范的极限状态法求最小壁厚。

解　由式(4-29)可得

$$t = \frac{D}{1 + \frac{2}{\gamma_{SC,PC}\gamma_m (p_{li} - p_e)} \frac{2}{\sqrt{3}} \min\left(f_y, \frac{f_u}{1.15} \right)}$$

$$= \frac{30 \times 0.025\ 4}{1 + \frac{2}{1.138 \times 1.15 \times (20-2)} \times \frac{2}{\sqrt{3}} \min\left(413.7, \frac{413.7 \times 1.15}{1.15} \right)} = 0.018\ 34\ \text{m} = 18.34\ \text{mm}$$

4.6　外压压溃设计

4.6.1　系统压溃

较大的外压会使管道横截面呈椭圆形，然后被压溃。在一个横截面非常圆的管道上施加稳定增加的外压，直到压力达到临界弹性压力 $p_{el}(t)$ 之前管道横截面仍能保持圆形，可得

$$p_{el}(t)=\frac{2E\left(\frac{t}{D}\right)^3}{1-\nu^2} \tag{4-30}$$

式中　D——管道平均直径；

t——壁厚；

E——弹性模量；

ν——泊松比。

外压压溃设计的目的是校核局部屈曲，对于大多数海洋管道，临界弹性压力非常大。直径为 30 in、壁厚为 22.2 mm 的管道的临界弹性压力为 12.5 MPa，相当于水深为 1 250 m，可产 208 MPa 的环向应力。周向压力屈服是可能的，但除非常厚的管道外，其余管道会首先发生弹性压溃。

实际中的管道横截面并不是完美的圆形，生产误差会导致横截面不圆。当某条横截面不圆的管道承受外压时，其椭圆度逐渐增加，当压力达到式（4-30）给出的值时，椭圆度会变得非常大。在达到临界弹性压力之前，环向弯曲应力和周向弯曲应力的合力达到屈服值，而在超临界弹性压力后只需略微增加压力管道就会压溃。

迄今为止，已经有许多关于管道屈曲和压溃的研究，外压的抵制力为

$$\left[p_c(t)-p_{el}(t)\right]\left[p_c(t)^2-p_p(t)^2\right]=p_c(t)p_{el}(t)p_p(t)O_0\frac{D}{t} \tag{4-31}$$

式中　p_c——压溃压力，它是弹性压溃压力、塑性压溃压力和椭圆度的函数；

p_p——压缩时周向弯曲应力达到屈服值时的压力，即塑性压溃压力，定义为

$$p_p(t)=f_y\alpha_{fab}\frac{2t}{D} \tag{4-32}$$

上述残次多项式的解析解为

$$p_c=y-\frac{1}{3}b \tag{4-33}$$

其中

$$y=-2\sqrt{-u}\cos\left(\frac{\varphi}{3}+\frac{60\pi}{180}\right)$$

$$\varphi=\arccos\frac{-v}{\sqrt{-u^3}}$$

$$u=\frac{1}{3}\left(-\frac{1}{3}b^2+c\right)$$

$$v=\frac{1}{2}\left(\frac{2}{27}b^3-\frac{1}{3}bc+d\right)$$

$$b=-p_{\mathrm{el}}(t)$$

$$c=-\left[p_{\mathrm{p}}(t)^2+p_{\mathrm{p}}(t)p_{\mathrm{el}}(t)O_0\frac{D}{t}\right]$$

$$d=p_{\mathrm{el}}(t)p_{\mathrm{p}}(t)^2$$

管道的原始椭圆度与沿着管道周线从不同方向测试的最大和最小直径（$D_{\max}$和$D_{\min}$）相关，定义为

$$\delta=\frac{D_{\max}-D_{\min}}{D}\times 100\% \tag{4-34}$$

在管道预制过程中产生的椭圆度不能大于0.5%。压溃公式明确地包括椭圆度，为了使较大的椭圆度提供较小的阻力，规定最小椭圆度。在压溃分析中，椭圆度不能小于0.5%；在安装分析中，最大允许椭圆度是3%。

式(4-31)反映了圆周屈服、弹性失稳以及由椭圆度导致的圆周压溃三种效应之间的相互作用。另外，该公式的一个显著特征是它没有考虑制造过程留下的残余应力，但该应力非常大，达到了在管道达到其最终形式的温度下屈服应力的量级。残余应力仅能通过水压试验和液压或机械膨胀部分消除，其对管道对外压的弯曲响应以及后来的不稳定性具有显著影响。

式(4-30)可改写为设计公式，目的是求解壁厚，要求壁厚t能满足最小压溃压力p_{c}：

$$A_5t^5+A_3t^3+A_2t^2+A_0=0 \tag{4-35}$$

其中

$$A_5=\frac{8Ef_{\mathrm{y}}^2\alpha_{\mathrm{fab}}^2}{(1-\nu^2)D^5} \tag{4-36}$$

$$A_3=-\frac{2Ep_{\mathrm{c}}}{(1-\nu^2)D^3}\left(p_{\mathrm{c}}+2f_{\mathrm{y}}\alpha_{\mathrm{fab}}f_0\right) \tag{4-37}$$

$$A_2=-4p_{\mathrm{c}}\left(\frac{f_{\mathrm{y}}\alpha_{\mathrm{fab}}}{D}\right)^2 \tag{4-38}$$

$$A_0=p_{\mathrm{c}}^3 \tag{4-39}$$

采用迭代法求解，有

$$t_{n+1}=t_n-\frac{A_5t_n^5+A_3t_n^3+A_2t_n^2+A_0}{5A_5t_n^4+3A_3t_n^2+2A_2t_n} \tag{4-40}$$

式中　t_n——第n次迭代值，初始值t_0可取为

$$t_0=1.2D\max\left\{\frac{p_{\mathrm{c}}}{2f_{\mathrm{y}}\alpha_{\mathrm{fab}}},\left[\frac{p_{\mathrm{c}}(1-\nu^2)}{2E}\right]^{1/3}\right\} \tag{4-41}$$

一般情况下，收敛非常迅速，只需两次迭代即可。

虽然对外压下管道屈曲的总体情况很清楚，但仍然需要更多的研究。壁厚的选择是

深水管道设计工程师最重要的设计决策之一，壁厚对深水管道的成本以及技术可行性有重要影响。在深水管道设计中，在外压下产生的压溃常常是壁厚决策的主导因素，在深海中需要使用厚壁管道。如阿曼到印度的某海底管道项目，其最大深度约为 3 000 m，在对其进行设计研究的过程中，试验和分析研究都表明即使是 20~26 in 的中等直径管道，要求的最小壁厚也应超过 30 mm。这一壁厚方面的要求削弱了工程的经济可行性，也增大了焊接的难度。

上述分析适用于半径 / 壁厚在 10~40 的圆柱形钢管，不适用于非常厚或非常薄的管道，因为非常厚的管道在屈服和椭圆化复杂的相互作用下会发生压溃，而非常薄的管道很容易发生弹性压溃，且在外压作用下薄壁管对几何缺陷非常敏感。

在 DNV 规范中，除非通过其他方式提供了针对意外载荷、其他外部载荷和过度腐蚀的等效保护，否则在高安全等级下要求公称壁厚最小为 12 mm。对于直径小于 219 mm 的情况，最小壁厚可以更小，但也应考虑上述因素。

4.6.2　屈曲扩展

对于已经发生局部屈曲的管道，屈曲可能发生进一步扩展。止屈标准如下：

$$p_{e} - p_{min} \leqslant \frac{p_{pr}(t_2)}{\gamma_m \gamma_{SC,LB}} \tag{4-42}$$

$$p_{pr}(t) = 35 f_y \alpha_{fab} \left(\frac{t_2}{D}\right)^{2.5} \quad 15 < D/t_2 < 45 \tag{4-43}$$

式中　$\gamma_{SC,LB}$——局部屈曲、压溃和载荷控制极限状态下的安全等级递减系数，对低安全等级取 1.04，对正常安全等级取 1.14，对高安全等级取 1.26；

p_{min}——可维持的最小内压，对于铺设的管道，通常取零；

$p_{pr}(t)$——扩展屈曲压力；

α_{fab}——制造系数。

压溃压力 p_c 是使一个管道发生屈曲所要求的压力。起始压力 p_{init} 是使已有的局部屈曲或凹陷开始扩展屈曲所需的外部过压力，这个压力依赖于起始屈曲的大小。扩展压力 p_{pr} 是继续一个屈曲传播的压力，当压力小于传播压力时，一个传播屈曲将会停止。不同压力之间的关系如下：

$$p_c > p_{init} > p_{pr} \tag{4-44}$$

在 $D/t < 15$ 的情况下，通常认为在 $D/t = 15$ 的较大壁厚下考虑上述标准，则不会发生屈曲扩展。

如果外压超出了相关标准，就应该安装止屈器。一个管道止屈器的能力依赖于：

（1）相邻管道的屈曲扩展抵抗力；

（2）一个无限止屈器的屈曲传播抵抗力；

（3）止屈器的长度。

一个完整的止屈器可以根据下式设计：

$$p_e \leqslant \frac{p_x}{1.1\gamma_m \gamma_{SC,LB}} \tag{4-45}$$

$$p_x = p_{pr} + \left(p_{pr,BA} - p_{pr}\right)\left[1 - \exp\left(-20\frac{t_2 L_{BA}}{D^2}\right)\right] \tag{4-46}$$

式中 p_x——止屈器穿越压力；

$p_{pr,BA}$——一个止屈器抑制屈曲的能力，可根据止屈器的特性由式(4-42)计算；

L_{BA}——止屈器的长度。

止屈器是一种能提高管道局部环向刚度的厚壁圆环，能够通过加强管道局部的环向强度阻碍屈曲沿管道传播，使屈曲传播不能跨越止屈器，从而将局部屈曲限制在两个止屈器之间。

有效的止屈器应该能够在最大设计水深内成功阻止屈曲传播，其形式一般是一个厚壁圆环，按照安装方式的不同，一般可分为以下四种(图4-17)：

(1)扣入式止屈器；

(2)普通焊接式止屈器；

(3)整体式止屈器；

(4)缠绕式止屈器。

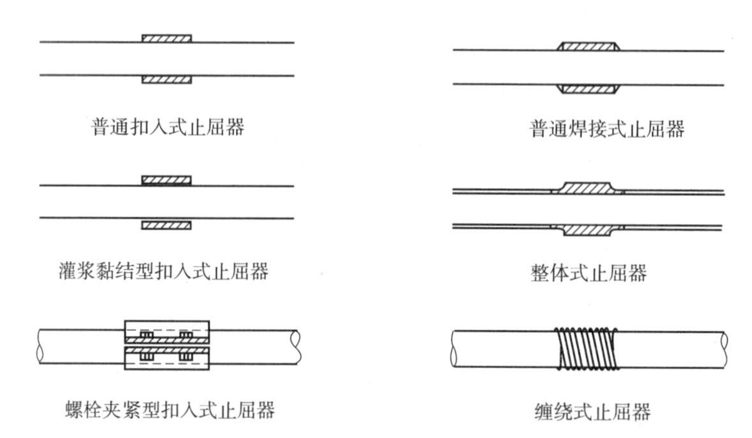

图4-17 各种形式的止屈器

扣入式止屈器在浅水管道铺设过程中得到广泛应用，而整体式止屈器在中水深和大水深管道铺设过程中更受青睐。为了适应卷管法的连续铺管过程，相关专家提出了缠绕式止屈器。

扣入式止屈器直接扣入管道指定位置、比管道外径稍大的钢套管(套筒)内，通常止屈器长度与管道外径之比为0.2~0.5。其结构比较简单，安装时先将其滑过管道接头，然后将止屈器固定到指定位置即可。扣入式止屈器应该是成本最低的止屈器，而且没有焊缝，避免了焊接引起的缺陷和残余应力；但由于其本身强度的限制，不适用于较大水深，因此主要适用于浅水管道。

普通焊接式止屈器与扣入式止屈器相似，只是止屈器本身与管道之间的连接增加了两道焊缝，其比较适用于深水管道。

整体式止屈器是一种在管道铺设之前，按一定布置间距焊接在管道指定位置处的厚壁圆环，圆环内径和管道内径相同，而圆环壁厚比管道壁厚大，两者同轴排好之后在连接处进行焊接。使用整体式止屈器要采取一定措施防止应力集中。整体式止屈器的止屈效果良好，但由于在安装过程中需要进行比较复杂的焊接，因此其成本高于扣入式止屈器。

缠绕式止屈器是用一根棒条沿着管道的圆周方向紧紧盘绕几圈，从而提高管道环箍方向的刚度。缠绕式止屈器构造简单，安装费用低，弯曲刚度较小，因此在管道的长度方向上不会产生由止屈器导致的弯曲应力集中点。

4.6.3　组合载荷标准

组合载荷标准可以划分为载荷控制屈曲和位移控制屈曲两种工况。这两种情况适用于不同的极限状态。载荷控制屈曲情况是结构响应主要由施加的载荷控制，而位移控制屈曲情况是结构响应主要由施加的几何位移控制。一般来说，应用位移控制的管道的拉伸应变超过 0.4%。另外，如果管道的拉伸应变超过 0.4%，则要进行断裂评估。

通常情况下，载荷控制的设计标准都可以应用在位移控制的设计标准中。一个纯粹的位移控制的例子是管道弯曲成一个连续的曲线结构，如 J 形管。在这种情况下，施加了管道轴线的曲率，但是导致椭圆化的周边弯矩是由轴线曲率和曲率引起内力的相互作用确定的。一个不太明显的例子是与铺管船托管架滚轮接触的管道，在整体尺度上，管道的构型必须与滚轮一致，由此可见其是位移控制的屈曲；然而在局部尺度上，管道的弯曲是由重力和张力的相互作用确定的，因此是载荷控制的屈曲，托管架末梢始终是载荷控制的屈曲。另一种中间情况是和海底接触的膨胀弯管，由于温度和压力引起的管道膨胀造成在弯管底部的位移，但是弯管自身的结构响应对于膨胀位移没有影响，所以响应主要是位移控制的屈曲；然而移动弯管在海底横向运动的侧向反力起到重要的作用，因此在某种程度上形成载荷控制的屈曲。

对于一种情况到底是载荷控制还是位移控制，其答案是不存在的，因为这个问题本身就是错误的。应该考虑的是“如何从一个部分位移控制的情况受益？”一般情况是需要开展敏感性分析。然而，载荷控制的屈曲标准永远适用。

1. 载荷控制

（1）管道受到弯矩、轴向力和过度内压时，所有的横截面都应该按照以下标准设计：

$$\left\{\gamma_{m}\gamma_{SC,LB}\frac{|M_{Sd}|}{M_{c}(t_{2})}+\left[\gamma_{m}\gamma_{SC,LB}\frac{S_{Sd}(p_{i})}{S_{c}(t_{2})}\right]^{2}\right\}^{2}+\left[\gamma_{p}\frac{p_{i}-p_{e}}{\alpha_{c}\cdot p_{b}(t_{2})}\right]^{2}\leqslant 1 \tag{4-47}$$

式中　$M_{c}(t_{2})$——特征弯矩，定义为

$$M_{c}(t_{2})=\alpha_{c}M_{p}=\alpha_{c}f_{y}(D-t)^{2}t_{2} \tag{4-48}$$

M_{Sd}——设计弯矩；

$S_{c}(t_{2})$——特征有效轴向力，定义为

$$S_{c}(t_{2})=\alpha_{c}S_{p}=\alpha_{c}f_{y}\pi(D-t)t_{2} \tag{4-49}$$

S_{Sd}——设计有效轴向力；

p_i——内压；

p_e——外压；

p_b——破裂压力；

S_p, M_p——管道的塑性能力；

α_c——特征流动应力比，定义为

$$\alpha_c = 1 + \beta\left(\frac{f_u}{f_y} - 1\right) \tag{4-50}$$

$$\beta = \frac{60 - D/t}{90} \tag{4-51}$$

γ_p——压力系数，反映 D/t 的影响，定义为

$$\gamma_p = \begin{cases} 1 - \beta \dfrac{p_i - p_e}{p_b} < \dfrac{2}{3} \\ 1 - 3\beta\left(1 - \dfrac{p_i - p_e}{p_b}\right)\dfrac{p_i - p_e}{p_b} \geqslant \dfrac{2}{3} \end{cases} \tag{4-52}$$

式(4-47)适用于 $D/t \leqslant 45$，$p_i > p_e$ 且 $|S_{Sd}|/S_p < 0.4$ 的情况。

相应地，管道受到弯矩、轴向力和过度内压时，其管道包覆层的强度贡献可在所有横截面上通过以下标准计算：

$$\left\{\gamma_m \gamma_{SC,LB} \frac{|M_{Sd}|}{M_{c,BS}(t) + M_{c,CRA}(t_{CRA})} + \left[\gamma_m \gamma_{SC,LB} \frac{|S_{Sd}(p_i)|}{S_{c,BS}(t) + S_{c,CRA}(t_{CRA})}\right]^2\right\}^2 + \left[\gamma_{p,com} \frac{p_i - p_e}{\alpha_{c,com} \cdot p_{b,com}(t)}\right]^2 \leqslant 1 \tag{4-53}$$

式中 $M_{c,BS}(t)$——背衬钢的特征弯矩，定义为

$$M_{c,BS}(t) = \alpha_{c,BS} M_p = \alpha_{c,BS} f_y (D - t)^2 t \tag{4-54}$$

$S_{c,BS}(t)$——背衬钢的特征有效轴向力，定义为

$$S_{c,BS}(t) = \alpha_{c,BS} S_p = \alpha_{c,BS} f_y \pi (D - t) t \tag{4-55}$$

$M_{c,CRA}(t_{CRA})$——防腐合金包层的特征弯矩，定义为

$$M_{c,CRA}(t_{CRA}) = \alpha_{c,CRA} M_{p,CRA} = \alpha_{c,CRA} f_{y,CRA} (D - 2t - t_{CRA})^2 t_{CRA} \tag{4-56}$$

$S_{c,CRA}(t_{CRA})$——防腐合金包层的特征有效轴向力，定义为

$$S_{c,CRA}(t_{CRA}) = \alpha_{c,CRA} S_{p,CRA} = \alpha_{c,CRA} f_{y,CRA} \pi (D - 2t - t_{CRA}) t_{CRA} \tag{4-57}$$

$\alpha_{c,BS}$——背衬钢的特征流动应力比，定义为

$$\alpha_{c,BS} = 1 + \beta_{com} \cdot \left(\frac{f_u}{f_y} - 1\right) \tag{4-58}$$

$\alpha_{c,CRA}$——防腐合金包层的特征流动应力比，定义为

$$\alpha_{c,CRA} = 1 + \beta_{com} \cdot \left(\frac{f_{u,CRA}}{f_{y,CRA}} - 1 \right) \tag{4-59}$$

$\gamma_{p,com}$——与 $p_{b,com}$ 相对应的分项系数，定义为

$$\gamma_{p,com} = \begin{cases} 1 - \beta_{com} \dfrac{p_i - p_e}{p_{b,com}} < \dfrac{2}{3} \\ 1 - 3\beta_{com} \left(1 - \dfrac{p_i - p_e}{p_{b,com}} \right) \dfrac{p_i - p_e}{p_{b,com}} \geqslant \dfrac{2}{3} \end{cases} \tag{4-60}$$

$$\beta_{com} = \frac{60 - D/(t_2 + t_{CRA})}{90} \tag{4-61}$$

$$\alpha_{c,com} = 1 + \beta_{com} \left(\frac{t \dfrac{f_u}{f_y} + t_{CRA} \dfrac{f_{u,CRA}}{f_{y,CRA}}}{t + t_{CRA}} - 1 \right) \tag{4-62}$$

式(4-53)适用于 $D/t \leqslant 45$，$p_i > p_e$ 且 $|S_{Sd}|/S_p < 0.4$ 的情况。

如果管道除受到轴向载荷、压力和力矩外，还受到侧向点载荷，则为了将侧向点载荷包括在内，应对塑性弯矩承载力加以修改，即

$$M_{p,pointload} = M_p \alpha_{pm} \tag{4-63}$$

式中　α_{pm}——考虑点载荷的塑性弯矩缩减系数，定义为

$$\alpha_{pm} = 1 - \frac{D/t}{130} \frac{R}{R_y} \tag{4-64}$$

R——来自点载荷的响应力，定义为

$$R_y = 3.9 f_y t_2^2 \tag{4-65}$$

另外，对于内衬或包层，防腐合金对其点载荷的影响可忽略。

（2）管道受到弯矩、轴向力和过度外压时，所有的横截面都应该满足以下标准设计：

$$\left\{ \gamma_m \gamma_{SC,LB} \frac{|M_{Sd}|}{M_c(t)} + \left[\gamma_m \gamma_{SC,LB} \frac{S_{Sd}(p_i)}{S_c(t)} \right]^2 \right\}^2 + \left(\gamma_m \gamma_{SC,LB} \cdot \frac{p_e - p_{min}}{p_c(t)} \right)^2 \leqslant 1 \tag{4-66}$$

式中　p_{min}——可维持的最小内压，在安装状态下，除非管道充满水，否则通常取 0；

p_c——压溃压力。

式(4-66)适用于 $D/t \leqslant 45$，$p_{min} < p_e$，$|S_{Sd}|/S_p < 0.4$ 的情况。

相应地，管道受到弯矩、轴向力和过度外压时，其管道包覆层的强度贡献可在所有横截面上通过以下标准计算：

$$\left\{ \gamma_m \gamma_{SC,LB} \frac{|M_{Sd}|}{M_{c,BS}(t) + M_{c,CRA}(t_{CRA})} + \left[\gamma_m \gamma_{SC,LB} \frac{|S_{Sd}(p_i)|}{S_{c,BS}(t) + S_{c,CRA}(t_{CRA})} \right]^2 \right\}^2 +$$

$$\left[\gamma_{p,com} \frac{p_e - p_{min}}{p_c(t)} \right]^2 \leqslant 1 \tag{4-67}$$

2. 位移控制

(1)管道受到纵向挤压应变(弯矩轴向力)和过度内压时,所有的横截面都应该满足以下标准设计:

$$\varepsilon_{Sd} \leqslant \frac{\varepsilon_c(t,p_{min}-p_e)}{\gamma_{SC,DC}} \tag{4-68}$$

式中 ε_{Sd}——设计压缩应变;

$\varepsilon_c(t,p_{min}-p_e)$——抗弯曲应变特性,定义为

$$\varepsilon_c(t,p_{min}-p_e)=\tilde{\varepsilon}\alpha_p\alpha_{mat} \tag{4-69}$$

p_{min}——伴随相关应变可持续承受的最小内压;

$\tilde{\varepsilon}$——应力,定义为

$$\tilde{\varepsilon}=\left(\frac{t}{D}-0.01\right)\left(\frac{0.85}{\alpha_h}\right)^{1.5}\alpha_{gw} \tag{4-70}$$

α_h——应变硬化,定义为

$$\alpha_h=\left(\frac{R_{t0.5}}{R_m}\right)_{max} \tag{4-71}$$

α_{gw}——环焊缝系数;

α_p——压力系数,定义为

$$\alpha_p=1+\frac{20}{3}\left[\frac{p_{min}-p_e}{p_b(t)}\right]^2 \tag{4-72}$$

$\gamma_{SC,DC}$——应变阻力系数,对低安全等级取 2.0,对正常安全等级取 2.5,对高安全等级取 3.3;

α_{mat}——对于没有 Lüder 平台的材料,取 α_{mat}=1.0,而对于有 Lüder 平台的材料,取

$$\alpha_{mat}=\begin{cases}1 & \tilde{\varepsilon}\alpha_p \geqslant 0.025\\ 0.6 & \tilde{\varepsilon}\alpha_p < 0.025\end{cases} \tag{4-73}$$

式(4-68)适用于 $D/t \leqslant 45$,$p_{min} > p_e$ 的情况。

如果管道除受到轴向载荷、压力和曲率外,还受到侧向点载荷,则为了将侧向点载荷包括在内,应对曲率承载力加以修改,如下所示:

$$\varepsilon_{c,point}=\varepsilon_c(t,p_{min}-p_e)\left(1-\sqrt{\frac{D/t_2}{80}\cdot\frac{R}{R_y}}\right) \tag{4-74}$$

(2)管道受到纵向挤压应变(弯矩轴向力)和过度外压时,在所有的横截面都应该满足以下标准设计:

$$\left[\frac{\varepsilon_{Sd}}{\frac{\varepsilon_c(t,0)}{\gamma_{SC,DC}}}\right]^{0.8}+\frac{p_e-p_{min}}{\frac{p_c(t)}{\gamma_m\gamma_{SC,LB}}} \leqslant 1 \tag{4-75}$$

式（4-75）适用于 $D/t<45$，$p_{\min}<p_e$ 的情况。对于 $D/t\leqslant 23$ 的情况，如果实际尺度的测试、观测或者以前的经验表明有充分的安全裕度应该增加利用率。

4.7　纵向应力

运行中的管道受到纵向应力和环向应力。纵向应力主要来自泊松效应和温度效应。泊松效应为加载张力的金属条在拉伸方向上延伸并横向收缩。如果要防止横向收缩，就会出现横向拉伸应力。4.5 节的分析表明，内压会引起周向拉伸应力。如果只有周向应力而没有纵向应力，则管道将在周向延伸（使其直径增大）但在纵向收缩（使其变短）。如果与海床的摩擦或与诸如平台之类的固定物体的连接阻止纵向收缩，则会引起纵向拉伸应力。

对于温度效应，如果管道的温度升高，并且管道在所有方向上都能自由膨胀，则管道在环向和轴向上都会膨胀。其中，环向膨胀通常完全不受约束，但纵向膨胀受海底摩擦和附着物的限制。因此，如果膨胀被抑制了，将在管道中引起纵向压缩应力。

膨胀应力可能非常大。在温差 Δt 下，完全抑制单轴膨胀所需的应力是 $\alpha E\Delta t$，其中 E 是弹性模量，α 是线性热膨胀系数。对于钢，αE 为 2.4 $\mathrm{N/(mm^2 \cdot ℃)}$，因此在约束条件下温度升高 100 ℃会产生 240 $\mathrm{N/mm^2}$ 的纵向应力，这几乎是 X60 钢屈服强度的 60%。

如果没有系统的处理，纵向应力的计算很容易出错，最好使用理想化薄壁管进行分析；尽管进行壁厚分析并不是特别困难，但并不值得。

管道受到的纵向应力（轴向应力）包括温差作用产生的温度应力、内压作用产生的轴向应力、弯曲应力、地震产生的轴向应力。

1. 温差作用产生的温度应力

对于完全被约束的管道，温度应力为

$$\sigma_{\mathrm{T}}=-\alpha E\Delta t \tag{4-76}$$

式中　α——管材的线性热膨胀系数，一般为 1.2×10^{-5} /℃；

E——管材弹性模量；

Δt——温度差，$\Delta t=T_2-T_1$；

T_2——最高或最低运行温度；

T_1——安装温度。

2. 内压作用产生的轴向应力

轴向应力是静定的，可通过 Barlow 公式求得，即

$$\sigma_{\mathrm{y}}=\frac{p_{\mathrm{i}}R}{t} \tag{4-77}$$

如果要求的是应力的绝对值，则 p_{i} 应为内外压差。如果从安装状态到在位状态的应力存在变化，则 p_{i} 应为运行压力。

对线弹性各向同性材料，可通过应力 - 应变关系求内压作用下的纵向应力，即

$$\sigma_{\mathrm{p}}=\nu\frac{p_{\mathrm{i}}R}{t} \tag{4-78}$$

式中　ν——泊松比，取 0.3。

3. 弯曲应力

弯曲应力按下式计算：

$$\sigma_b = \pm\frac{M}{Z} \tag{4-79}$$

式中 M——水平向和垂直向所受弯矩的矢量和；

Z——钢管截面抗弯模数。

当管道弯曲时，处在圆弧最外缘的管壁的伸长量最大，产生的轴向应力也最大，而处在内侧的管壁产生的轴向应力最小。管道允许的最小曲率半径为

$$[\rho]_{min} = \frac{ED}{2[\sigma]} \tag{4-80}$$

式中 $[\sigma]$——管道金属材料的允许弯曲应力，Pa；

D——管道外径，m；

E——管道金属材料的弹性模量，Pa。

4. 地震产生的轴向应力

基于 JIS 规范，埋设管道在地震的作用下，由于随地表面产生波动而引起管道轴向产生拉压应力 σ_A、纵向应力 σ_L 和弯曲应力 σ_B，可按下式计算：

$$\sigma_A = \sqrt{3.12\sigma_L^2 + \sigma_B^2} \tag{4-81}$$

$$\sigma_L = \frac{3.14U_hE}{L}\frac{1}{1+\left(\frac{4.44}{\lambda_1 L}\right)^2} \tag{4-82}$$

$$\sigma_B = \frac{19.72DU_hE}{L^2}\frac{1}{1+\left(\frac{6.28}{\lambda_2 L}\right)^4} \tag{4-83}$$

式中 U_h——表层土水平变位幅值，定义为

$$U_h = 0.203Tv_{sb}K_{oh} \tag{4-84}$$

T——表层土的自振周期；

v_{sb}——响应速度的标准值，$t \geqslant 0.5$ s时取80 cm/s,$t < 0.5$ s时取40 cm/s；

K_{oh}——在设计基础层土顶部处的水平向地震系数，定义为

$$K_{oh} = \frac{K_h}{\gamma_3} \tag{4-85}$$

K_h——设计水平向地震系数，即地震加速度与重力加速度的比值；

γ_3——土壤分类系数，一般取 1.6；

D——管道外径；

L——表层土顶面地震波波长，定义为

$$L = \frac{2L_1L_2}{L_1+L_2} \tag{4-86}$$

$$L_1 = TV_s$$

$$L_2 = TV_{os}$$

V_s、V_{os}——表面层横波波速和基础层横波波速，定义为

$$V_s = 20\sqrt{N} \tag{4-87}$$

$$V_{os} = 40\sqrt{N_0} \tag{4-88}$$

N——海管处表面层穿透试验的锤击数，取 10；

N_0——海管处基础层穿透试验的锤击数，取 50；

λ_1、λ_2——相关系数，定义为

$$\lambda_1 = \sqrt{\frac{K_1}{EA_p}} \tag{4-89}$$

$$\lambda_2 = \sqrt[4]{\frac{K_2}{EI_p}} \tag{4-90}$$

A_p——管道刚体部分截面面积；

I_p——管道刚体部分截面惯性矩；

K_1、K_2——地基对轴向位移和侧向位移的刚度系数，定义为

$$K_1 = K_2 = 3\frac{\gamma_s}{g}V_s^2 \tag{4-91}$$

γ_s——土壤的容重；

g——重力加速度。

例 4-3　处于地震区的海底管道外径 D=16.83 cm，壁厚 t=0.87 cm，钢材弹性模量 $E=2.1\times10^5$ MPa。表层土的厚度为 30 m，表层土的振动周期为 1.897 s，土壤的容重 γ_s = 0.002 kg/cm³，土壤分类系数 γ_3 =1.6，地震设计系数为 0.061，求地震引起的轴向应力。

解　(1)管道性质：

$$A_p = \frac{\pi}{4}[0.168\,3^2 - (0.168\,3 - 2\times0.008\,7)^2] = 0.004\,36\ \text{m}^2$$

$$I_p = \frac{\pi}{64}[0.168\,3^4 - (0.168\,3 - 2\times0.008\,7)^4] = 1.393\times10^{-5}\ \text{m}^4$$

(2)表层土和基层土波速：

$$V_s = 20\sqrt{N} = 20\sqrt{10} = 63.25\ \text{m/s}$$

$$V_{os} = 40\sqrt{N_0} = 40\sqrt{50} = 282.84\ \text{m/s}$$

(3)表层土顶面地震波长：

$$L = \frac{2L_1L_2}{L_1 + L_2} = \frac{2\times TV_s\times TV_{os}}{TV_s + TV_{os}} = \frac{2\times1.897\times63.25\times1.897\times282.84}{1.897\times63.25 + 1.897\times282.84} = 196.14\ \text{m}$$

(4)刚度系数：

$$K_1 = K_2 = 3\gamma_s\frac{V_s^2}{g} = 3\times0.002\times10^6\times\frac{63.25^2}{9.8} = 23\,975\,535.17\ \text{N/m}^2$$

（5）表面层水平向位移幅值：

$$U_h = 0.203Tv_{sb}K_{oh} = 0.203 \times 1.897 \times 0.8 \times \frac{0.061}{0.002 \times 10^6} = 0.011\ 75\ \text{m}$$

（6）轴向应力：

$$\lambda_1 = \sqrt{\frac{K_1}{EA_p}} = 0.162\ 951/\text{m}$$

$$\lambda_2 = \sqrt[4]{\frac{K_2}{EI_p}} = 0.006\ 431/\text{m}$$

$$\sigma_L = \frac{3.14U_hE}{L}\frac{1}{1+\left(\frac{4.44}{\lambda_1 L}\right)^2} = 38\ 192\ 339.21\ \text{Pa} = 38.19\ \text{MPa}$$

$$\sigma_B = \frac{19.72DU_hE}{L^2}\frac{1}{1+\left(\frac{6.28}{\lambda_2 L}\right)^4} = 321.58\ \text{Pa}$$

$$\sigma_A = \sqrt{3.12\sigma_L^2 + \sigma_B^2} = 67\ 461\ 121\ \text{Pa} = 67.46\ \text{MPa}$$

显然，轴向应力远大于弯曲应力。

5. 等效应力

忽略扭转力和第三主应力，则等效应力为

$$\sigma_e = \sqrt{\sigma_x^2 + \sigma_y^2 - \sigma_x\sigma_y} \tag{4-92}$$

$$\sigma_x = \sigma_T + \sigma_p + \sigma_b + \sigma_A \tag{4-93}$$

式中 σ_x——环向应力；

σ_y——纵向应力；

σ_T——温差作用产生的温度应力；

σ_p——内压作用产生的轴向应力；

σ_b——弯曲应力；

σ_A——地震产生的轴向应力。

例 4-4 某海底管道外径为 30 in，钢材泊松比 $\nu = 0.3$，壁厚为 20.8 mm，内压为 18 MPa，且温度增加了 90 ℃，钢材的 $E\alpha = 2.4\ \text{N}/(\text{mm}^2 \cdot ℃)$，求管道受到的纵向应力合力，并求等效应力。

解 （1）纵向应力：

$$\sigma_T = -\alpha E \Delta t = -90 \times 2.4 = -216\ \text{N/mm}^2$$

$$\sigma_p = \nu\frac{p_iR}{t} = 0.3 \times \frac{18 \times \frac{30 \times 0.025\ 4}{2}}{0.020\ 8} = 98.8\ \text{N/mm}^2$$

$$\sigma_L = \sigma_p + \sigma_T = 98.8 - 216 = -117.2\ \text{N/mm}^2$$

（2）轴向应力：

$$\sigma_y = \frac{p_i R}{t} = \frac{18 \times \dfrac{30 \times 0.025\,4}{2}}{0.020\,8} = 329.71\ \text{N/mm}^2$$

（3）等效应力：

$$\sigma_e = \sqrt{\sigma_x^2 + \sigma_y^2 - \sigma_x \sigma_y} = \sqrt{(-117.2)^2 + 329.71^2 - (-117.2) \times 329.71} = 401.28\ \text{N/mm}^2$$

4.8　弯曲

在建设期内管道常常发生弯曲，在铺管船铺管过程中，管道先沿一个方向弯曲进入拱弯区，然后管道反向弯曲进入垂弯区。在卷筒铺管过程中，管道先在弹性范围内被弯曲并缠绕在卷筒上，再经过反向塑性弯曲矫直，然后在垂弯区再次弯曲。如果所要铺设管道的海底不平，则管道会产生弯曲，从而与海底形貌一致，而在挖沟铺设管道时它可能再次被弯曲。

图 4-18 给出了管道被弯曲至塑性范围后管道弯曲力矩和曲率间的关系。当曲率较小时，管道弹性弯曲，且力矩与曲率之比为弯曲刚度 F。当曲率增加到超过屈服曲率时，管道最远离中间轴的点开始产生塑性屈服，力矩与曲率之间开始呈曲线关系。随着曲率的进一步增加，弯曲力矩也继续增加，但弯曲力矩的增加幅度变小，其增加的比率是由应变硬化和椭圆化之间的相互作用控制的。在曲率减小的阶段，弯曲力矩会线性递减，而当弯曲力矩为零时仍存在一个残余曲率。如果曲率继续增加，弯曲过程最终会变得不稳定，并且在管道被压缩的一边开始起褶，屈曲继续发展，而弯曲力矩减小，曲率不再是单一的，会在管道屈曲处形成扭折。

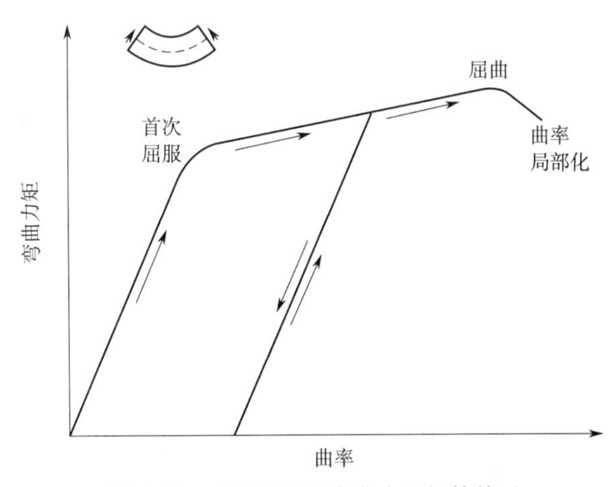

图 4-18　管道曲率与弯曲力矩间的关系

下面将管道看作由弹性或完全塑性材料制成的薄圆柱壳。该方法较简单，且能解决管道的大变形产生的许多问题，包括屈曲传播、弯曲、屈曲以及凹陷。附加因素如应变硬化和更复杂的厚壁圆柱理论，会使计算难度增加，尽管从整体上来说增加的幅度很小。在对常规涂层厚度的分析中忽略了混凝土加重层的加强作用，其作用大体上占 10%，对集中载荷可能会更大一些。

在曲率较小时，管道会发生弹性变形，弯曲刚度 F 为

$$F = \pi R^3 tE \tag{4-94}$$

式中 R——管道平均半径；

t——管道壁厚；

E——管道杨氏模量。

当弯曲力矩为 $\pi R^2 t\sigma$ 时开始产生屈服，其中 σ 是屈服应力，而曲率是 σ / ER。在大曲率时，弯曲力矩是整个塑性力矩 $4R^2 t\sigma$。

弯曲屈曲开始发生的曲率主要取决于 R/t 值，与应变硬化关系不大。屈曲曲率定义为弯曲力矩最大时的曲率，κR 是管道发生屈曲并忽略椭圆化时的弯曲应变。

管道弯曲时会出现轻微的椭圆化。在弹性范围内椭圆化是可以忽略的，但在塑性范围内椭圆化的影响很大，在一些情况下椭圆化的影响非常大甚至足以降低管道抵抗外压的能力，而当要求管道横截面非常圆时，椭圆化就会造成一些麻烦。

外压会降低屈曲曲率，对于管道受到径向弯曲应变和外部静水压的情况，DNV 规范指出如果外压大于内压，设计压缩应变应满足式(4-75)。

对包括环焊缝在内的管道屈曲的研究表明，环焊缝对压缩应变能力有显著影响。当 D / t=60 时，压缩应变能力大约降低 40%。假设有害影响是由于受压侧焊缝处的缺陷导致的屈曲引起的，则 D / t 越大，这种效应就越明显。环焊缝系数应通过试验或有限元计算确定。如果没有其他信息，并且考虑到压缩侧的错位导致了减小，当 D / t=20 时，减小量可以忽略不计。所以，提出了 D / t=60 的线性插值，若没有其他信息，建议采用图 4-19 所示的环焊缝系数。

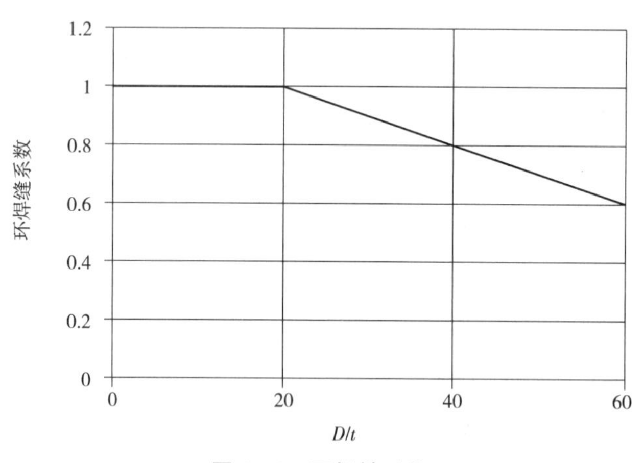

图 4-19 环焊缝系数

暴露于弯曲应变下的管道的椭圆度可由下式估计，其是一个没有任何安全系数的特征公式：

$$\delta = \frac{\delta + 0.030\left(1+\frac{D}{120t}\right)\left(2\varepsilon_{\mathrm{c}}\frac{D}{t}\right)^2}{1-\frac{p_{\mathrm{e}}}{p_{\mathrm{c}}}} \tag{4-95}$$

外压会产生作用是因为初始屈曲向内弯而不是向外，并且还会促进管道向内移动。而且内压削弱了管道在弯曲时椭圆化的趋势，因此允许应变增加。施加载荷的顺序很重要，与先弯曲后加压相比，先加压后弯曲的外压和曲率较低，就会产生塑性屈曲。当径向加载时，压力和曲率会一起增加，从而更低的压力和曲率的组合就会导致屈曲。

正如外压会使屈曲曲率减小，内压会使屈曲曲率增加，较高的内压也可以使弯曲中管道屈服的弯曲力矩减小。有人建议将内压增至较高水平，允许管道在自身重力下伸缩，使管道适应不平的海底，以此来防止形成管道较长的悬跨。压力和轴向力与抗弯作用力相互作用，调整纵向应力和环向应力的分布，使发生屈服的名义弯曲应力比其他情况要小，这一影响对存在悬跨和垂向屈曲的管道分析十分重要。

在弯曲曲率 κ 下发生的椭圆化可按下式预测：

$$z=\left(1-\nu^2\right)\left(\frac{\kappa R^2}{t}\right)^2 \tag{4-96}$$

式中 z——直径变化量 / 初始直径；

ν——泊松比。

这一关系式是从布拉齐尔对弹性管的经典研究中得出来的，但雷迪的测量结果表明其在塑性范围内也适用。墨菲和兰纳的不太保守的经验公式如下：

$$z=0.24\left(1+\frac{1}{60}\frac{R}{t}\right)\left(\frac{\kappa R^2}{t}\right)^2 \tag{4-97}$$

有时管道被弯至塑性范围然后矫直。在用卷筒铺管船铺设管道时，管道先被缠绕在卷筒上，再被松弛矫直，然后在滑道顶部的校准器中再次弯曲，最后在矫直器内反向弯曲。周期性载荷测试表明，当管道弯曲又被矫直后，大约 3 / 4 的最大椭圆度可以得到恢复。然而，弯曲、矫直、反向弯曲、矫直、正向弯曲等循环过程会导致椭圆度累加并最终造成管道被压溃，因此应避免循环塑性弯曲的多次重复，尽管实际管道可能并不是这样。

4.9 拖网撞击

海底管道不仅要承受波浪、潮流、地震、腐蚀等的作用，也会面临落锚、拖锚、落物、渔网拖曳等第三方风险。第三方破坏源于海上落物冲击、近海工程施工、船舶起抛锚作业、拖网捕鱼和海洋开发等。

海底管道的碰撞频率是海底管道设计的一个重要标准，随着海底管道的铺设数量逐渐增加，近海航运和渔业快速发展，由船舶抛锚和渔船拖网作业等第三方因素引起的管道损伤事故频发。当船舶起抛锚作业时，可能会碰撞、刮蹭海底管道，从而引起管道凹陷、刺穿等，而渔船的拖网板、渔网、桁杆等会对海底管道造成缠绕、碰撞和拖曳，引起海底管道设备的破坏。

根据 DNV 规范对拖网进行分析，对于拖网分析的基本数据要求，在计算载荷以及管道的影响之前，要确定关于预期的沿着管道线路的拖网作业的基本参数，这些参数包括：

（1）拖网作业种类（如使用网板拖网或桁拖网的工业或消耗式作业，或者是使用配重块的双拖网作业)；

(2) 拖网作业使用的设备(如设备种类、形状、尺寸、质量、拖网速度)；

(3) 预期的拖网设备跨过管道的频率；

(4) 拖网设备或频率可能出现发展或变化(如新的设备、更大的拖船、增加的频率等)，航线需要按照上述因素进行合理的分段。

拖网设备撞击频率f_{imp}按下式计算：

$$f_{imp} = n_g I V \alpha_e \cos\varphi \tag{4-98}$$

式中　n_g——拖网板质量，kg；

I——预期的拖网渔船密度，条/m²；

V——拖网速度，m/s；

α_e——受拖网载荷影响的管道长度的比例；

φ——主流拖网方向相对于管道垂线的角度，若有足够信息，可用拖网方向的分布函数代替 $\cos\varphi$。

对于不同的碰撞频率，海底管道安全使用的永久凹陷变形有不同要求，根据 DNV 规范，管道损伤分析标准要求海底管道安全使用的永久凹陷变形需满足

$$\frac{H_p}{D} \leqslant 0.05\mu \tag{4-99}$$

式中　H_p——管道塑性变形的永久凹陷深度，m；

D——管道外径，m；

μ——基于海底管道受拖网板撞击频率的比例系数，取值见表 4-5：

表 4-5　比例系数 μ

海底管道受拖网板撞击频率 /(次 /(年·km))	比例系数 μ
>100	0
1~100	0.3
10^{-4}~1	0.7

对于撞击能量，拖网装置的动能在撞击的过程中会以拖网设备的变形、电缆保护层的变形、涂层的变形、管壁的弹性形变和塑性凹陷、管道的整体偏移、管道与土的摩擦、土的变形等形式部分或全部耗散。

拖网板吸收的撞击能量为

$$E_s = \frac{1}{2} R_{fs} m_t \left(C_h V\right)^2 \tag{4-100}$$

式中　C_h——拖网撞击速度系数；

R_{fs}——管道外径引起的折减系数；

m_t——拖网板质量。

附加质量主要作用于垂直于板的方向，造成板的横向弯曲。板的附加质量引起的撞击

载荷可表示为

$$F_b = C_h V \sqrt{m_a k_b} \tag{4-101}$$

式中　m_a——拖网板附加质量；

k_b——拖网板的横向弯曲刚度。

拖网板的附加质量引起的撞击能量为

$$E_a = R_{fa} \frac{2F_b^3}{75 f_y^2 t^3} \leqslant \frac{1}{2} m_a \left(C_h V\right)^2 \tag{4-102}$$

式中　R_{fa}——管道直径和土壤类型确定的折减系数；

t——钢板厚度（壁厚减去腐蚀裕量）。

第5章　海底管道的整体稳定性

5.1　概述

海底管道的安全铺设与运行是海洋油气开发的关键环节之一。深水中管道的铺设受到复杂的不良地质条件等环境因素的影响，管道与土体间的相互作用也更加复杂，管道表现出强烈的非线性特性，在高温、高压的联合作用下，海底管道还会发生竖向和侧向的整体热屈曲。管道的屈曲有整体屈曲和局部屈曲两种形式。整体屈曲并不是失效模式，但是可能引起其他的失效模式，如局部屈曲、断裂和疲劳。因此，对整体屈曲校核后，应该对管道进行不同失效模式的校核，这一过程称为管道的完整性校核。

而海底管道通过淤泥质软黏土层或起伏海底区时，会由于波浪等载荷造成软黏土层强度降低或地形地区造成管道悬跨而发生弯曲，在发生弯曲的同时，海底波浪会使管道发生涡激振动。当悬跨长度超过一定值时，弯曲管道中的应力会超过许用值，从而发生破坏。

因此，为尽可能避免上述情况发生，应对海底管道进行稳定性设计。海底管道稳定性设计是海底管道设计的重要部分，对海底管道稳定性分析的合理性直接影响管道在整个运营周期内的安全效益和经济效益。

5.2　管道的在位稳定性

5.2.1　概论

稳定性设计是海底管道工程中的一个重要部分。稳定性是指管道位置（包括轴向、垂向和侧向的位移）不超出允许的范围。

管道位置完全不变是不可能的，一般都会存在热膨胀、安装后有限的沉降等。超出允许范围的标准包括：造成管壁屈服、屈曲和疲劳破坏；引起管道防腐层磨损和混凝土加重层严重脱落；超过支撑结构允许的范围，使管道受损或支撑结构破坏；影响相邻海上设施的正常运转等。

影响海底管道稳定性的环境因素包括风载荷，波浪载荷，流载荷，冰载荷，地震载荷，海床基础变形，锚、渔具和船舶作用载荷等。

海底管道与海底的接触关系可分为三类：管道埋入海底土壤；管道裸置在海底表面；海底表面的凹凸不平或因海底管道周围的地基土壤的局部冲刷作用，使管道与海底表面之间有一定的间隙。

海底管道的极限状态一般划分为以下四种极限状态：

（1）操作极限状态（SLS）；

（2）极端极限状态（ULS）；

（3）疲劳极限状态（FLS）；

（4）偶然极限状态（ALS）。

关于海底管道的极限分析，见表 4-1。

海底管道稳定性设计的条件包括但不限于以下五个方面。

（1）环境设计条件：应在沿管道长度的若干位置上调查确定各种环境条件参数，如重现期、波高和波周期等。

（2）工程地质条件：根据管道长度和地质变化条件，沿管道轴线间隔适当间距布点，以进行工程地质现场勘探，取得土壤分类、密度、强度等物理力学指标，提供浅层与深层钻孔柱状图、地质断面图、地基承载力评价、土壤颗粒分析、地下水及流砂层情况、海床冲淤及稳定性分析、海床地震及砂土液化效应等资料。

（3）地貌及水深条件：沿管道轴线两侧各 20 m 宽走廊带，进行地形地貌勘测，绘制 1∶500~1∶1 000 的地形图，严格控制导线及高程的测量，对管道的起点、转折点，重要闸阀或管件，建筑物，沉船进行埋石布标。

（4）管道数据条件：管道的外径和壁厚，防腐涂层的密度，混凝土加重层的厚度，正常工况下作业介质的密度，管道材料及力学性能等。

（5）载荷及工况条件：除按有关规定进行一般的环境载荷、工艺载荷等的设计计算外，还应考虑与管道稳定性设计有关的载荷和工况的设计，一般归纳为作业状态和安装状态。

海底管道的在位稳定性分析包括水平向稳定性分析和竖直向稳定性分析。水平向稳定性分析的目的是确认管道的水下重量能否保证海底管道在波流作用下保持静止，或只发生许用范围内的位移。竖直向稳定性分析的目的是确认管道的水下重量能否保证管道不发生严重的上浮和沉降。广义的水平向稳定性分析方法即允许管道在海浪和海流等水动力以及土压力的作用下有小的水平向位移，只要最大位移不超过半个管径，就认为管道在海底满足水平向稳定。

从发展过程来看，海底管道竖直向稳定性分析方法已被认可并且唯一，而水平向稳定性分析方法经历了一个发展过程，大致可分为 2 个阶段：第 1 阶段指 1988 年以前，为静态分析阶段；第 2 阶段指 1988 年以后，为半动态分析和动态分析阶段。20 世纪 80 年代初，美国天然气协会（AGA）和挪威船级社（DNV）均开展了海底管道水平向稳定性设计方法的研究。1988 年，美国天然气协会推出了设计计算机软件（PRCI Pipeline Stability Analysis Software Suite 计算程序，简称 AGA，包括静态 LEVEL 1、半动态 LEVEL 2 和动态 LEVEL 3）及相应的用户指南，挪威船级社推出了设计指南（DNV- RP-F109）。设计者可以直接使用 AGA 软件；DNV- RP-F109 的动态分析方法只提供了分析计算的基本原则和稳定性判定准则，设计者无法直接应用，其半动态分析方法是一种建立在对动力分析结果进行总结归纳得到的一组无量纲参数关系图表基础上的分析方法，设计者可以直接使用。

海底管道的水平向稳定性设计方法主要有以下三种：

（1）动态稳定性分析方法；

（2）基于动态分析数据的广义水平向稳定性分析方法；

（3）基于动态分析数据的绝对静态稳定性分析方法。

5.2.2 管土作用和管道沉降

在海底管道的安装和作业期间，海床土与管道相互作用，对海底管道和立管的不同方面产生影响，具体包括：安装和作业期间受水动力作用的管道的座底水平向稳定性；管道热膨胀和整体屈曲；管道铺设、底部拖曳与拉入法安装；SCR 设计的触地点；管道悬跨。

在计算上述有关设计的不同方面时，管道与海床之间接触点的相互作用模型通常简称为管土相互作用模型。管土相互作用模型由海床刚度和从土壤到管道纵向或水平向移动的等效摩擦阻力构成。等效摩擦阻力主要是基于非黏性土（砂）、黏性土（黏土）或两种土组合（泥沙土和砂土）的库仑摩擦，与土体强度和土与管之间的接触压力有关。

下面将阐明管土相互作用对管道的在位稳定性、膨胀和结构完整性的不同含义，具体包括：预测海洋管道安装期间及运行寿命期内的管道沉降；对在环境和运行载荷作用下计算海洋管道在位稳定性的轴向和水平向阻力进行界定；对侧向屈曲和轴向移动分析所需的土壤参数进行定义。

1. 管土作用

管道与海床之间的相互作用是管道热力学分析中的最重要因素之一，其通常被纳入有限元分析中，以呈现土壤作用于管道时所产生的轴向和侧向阻力载荷。最基本的管土单元是弹簧滑件，其可在轴向和侧向给出双线性的理想弹塑性响应。有关轴向和侧向摩擦系数的合适的基本管土模型可应用于某些出油管的设计功能（诸如座底稳定性计算或热膨胀分析），并可在侧向屈曲的概念性评估中予以应用。如图 5-1 所示，库仑摩擦模型并不适用于侧向屈曲的详细设计，尤其是针对因侧向屈曲而在隆起之间产生较大幅度侧向移动的情形。如图 5-2 所示，需对轴向和侧向的非线性力 - 位移分别给出响应。有必要介绍 ABAQUS 软件一个新的子程序，其中对非线性载荷、位移响应进行了修订，以考虑脆性破裂性能、吸力释放、大位移时的残余阻力和周期性隆起加大等。

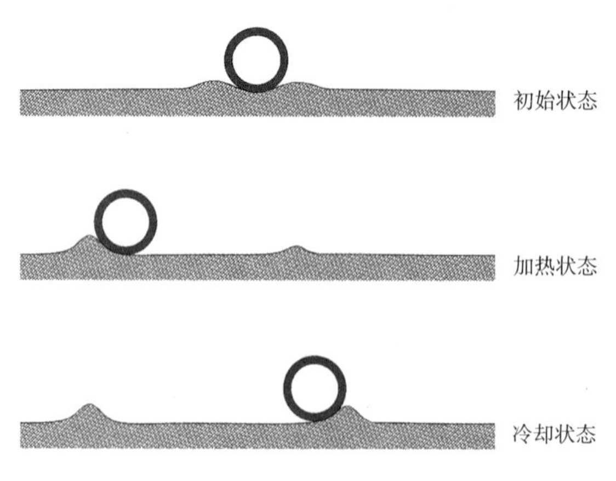

图 5-1　土壤隆起之间的管道侧向移动

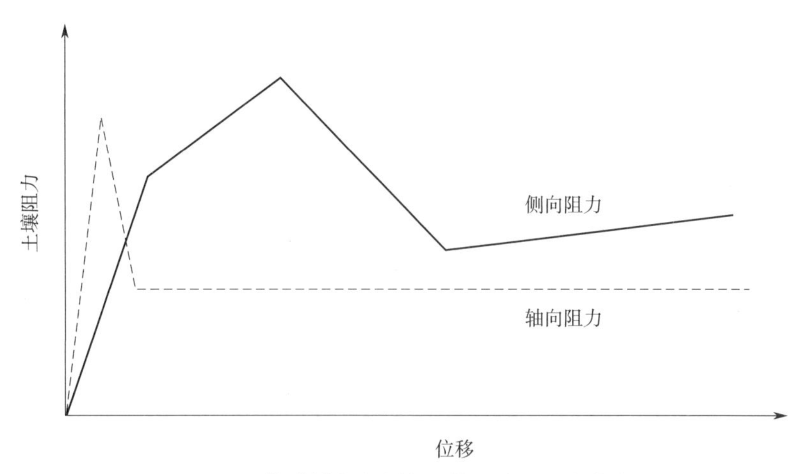

图 5-2　管道轴向和侧向土壤阻力 - 位移曲线

在库仑摩擦模型中，假定弹性滑动对轴向和侧向均是相同的。然而，侧向的弹性滑动次数一般是轴向的几倍。在周期性热载荷作用下轴向的弹性滑动是管道轴向移动的控制因素之一。一种解耦式摩擦模型结合了侧向屈曲的热力分析需要，用以精确仿真非线性管土作用。

海底管道相互作用是影响海底管道侧向屈曲的一个重要因素。作为海底管道的承载基础，海床在其屈曲时为其提供额外的阻力，该阻力由两个基本组成部分构成：摩擦力和被动阻力。本书采用刚性基础来模拟海床，管土相互作用模型由库仑摩擦模型来表示，则其土壤阻力为

$$F = \mu q \tag{5-1}$$

式中　μ——摩擦系数；

q——单位长度的接触力。

然而，施加在海底管道上的土壤阻力与很多因素有关，如土壤强度剖面、管道埋置深度和土壤护堤效应等。管土相互作用的三个具体阶段分别为破裂阶段、不稳定运动阶段和残余阶段。单一的库仑摩擦模型并不能精确地反映其真实的管土相互作用，其所解释的管道侧向屈曲现象是将自身仅限于摩擦力的影响，并不包括被动阻力。考虑土壤破裂的摩擦分量和被动阻力，有人提出了双线性土壤阻力模型，该模型将土壤阻力和管道位移通过双线性“弹性 - 完全塑性”本构关系表示，如图 5-3 所示。其中，横轴代表管道位移，纵轴代表土壤阻力，u_b 代表管道发生屈曲时的临界位移，在管道移动距离没有达到 u_b 时，土壤阻力与管道位移之间呈正线性相关，达到 u_b 后，管土相互作用就可归类于库仑摩擦。在进行管土侧向分析时，u_b 取 $0.1D$；进行轴向分析时，u_b 取 $0.01D$ 或 0.005 m 。

为了更好地表现管土相互作用特征，提出了三线性管土相互作用模型，在该模型中突破力和残余阻力都发挥了作用，如图 5-4 所示。根据土壤性质和特征以及铺设条件的差别，三线性管土相互作用可分为两种，即过度嵌入和一般嵌入。管道屈曲后可能会出现两种不同的反应，过度嵌入的管道可能出现硬化反应，一般嵌入的管道可能出现软化反应。当初始嵌

入深度接近 0.5D 时，在管道的大位移运动期间（超过 4D），随着埋置深度的增加，可能会出现硬化反应。

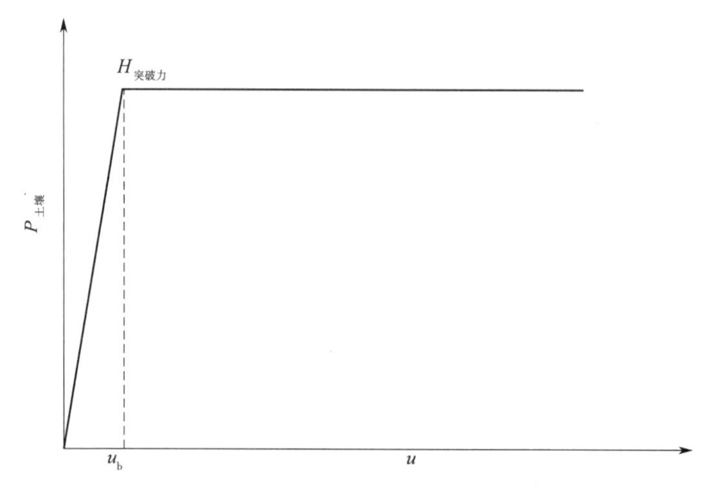

图 5-3　双线性管土相互作用模型

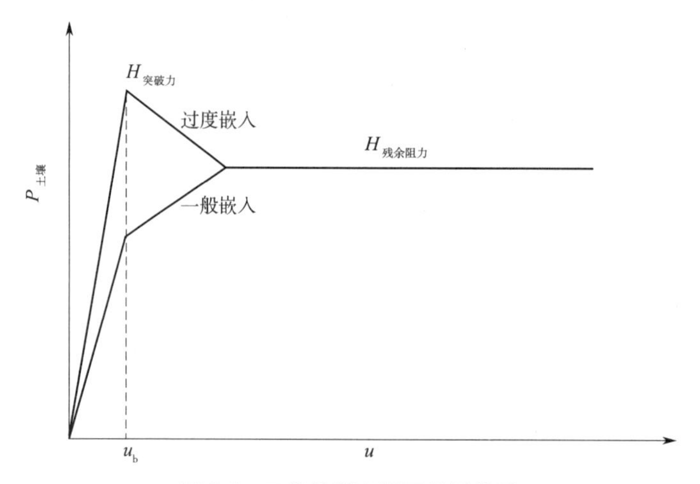

图 5-4　三线性管土相互作用模型

基于试验测试，提出了一种特定的三线性管土相互作用公式，以表示软黏土海床上一般嵌入管道的土壤阻力：

$$\frac{H_{突破力}}{V}=0.2+\frac{3}{\sqrt{S_u/\gamma_s'D}}\frac{u_{埋置深度}}{D}\frac{1}{\vartheta} \tag{5-2}$$

$$\frac{H_{残余阻力}}{V}=1-0.65\left(1-e^{-\frac{1}{2}\frac{S_u}{\gamma_s'D}}\right) \tag{5-3}$$

式中　ϑ——标准化垂直载荷，$\vartheta=V/DS_u$；

S_u——土壤的不排水抗剪强度；

γ_s'——土的浮容重；

V——管道的水下有效重度；

$u_{埋置深度}$——管道初始埋置深度；

$H_{残余阻力}$——残余阻力，试验表明，当管道移动距离达到 0.1D 时，$H_{残余阻力}$ 仅取决于护堤重量。

2. 管道沉降

土壤的抗力一般由两部分组成，即纯粹的库仑摩擦力和由于管道侧向移动而使土壤陷入导致的被动土压力。库仑摩擦模型是经典的描述海床管土相互作用的最简化方法。在库仑摩擦模型中，摩擦力与管道深入土壤中的正常压力成正比。摩擦力与接触压力之比为材料的一个常数，与土壤性能和管道的沉降有关，为摩擦系数。侧向摩擦系数可用于计算海床上非埋设管道的侧向移动，而轴向摩擦系数则可用于计算海床上非埋设管道的轴向移动。管道埋置或埋地对轴向摩擦系数的影响作用不大，然而管道埋置入海床将明显影响侧向移动管道所需的力。

海床上的管道沉降受到下述基本因素的影响：与土壤最大承载力相关的埋置；因 SCR 和 / 或管道铺设作业而产生的作用，其中需考虑动力学和外加载荷的影响；因波浪和海流或土壤液化现象所导致的冲刷的影响。

对管道初始沉降进入海床的评估是海底工程其他后续评估工作的重要一步，它将影响侧向和轴向的管土相互作用。管道初始沉降决定了管土接触面积和土壤破裂的界面抗剪强度。图 5-5 所示为管道沉降模型中所使用的参数定义，其中管道埋置被定义为相对于非扰动海床而言的倒置物（管道底部）出现沉降的深度，以 z 表示。

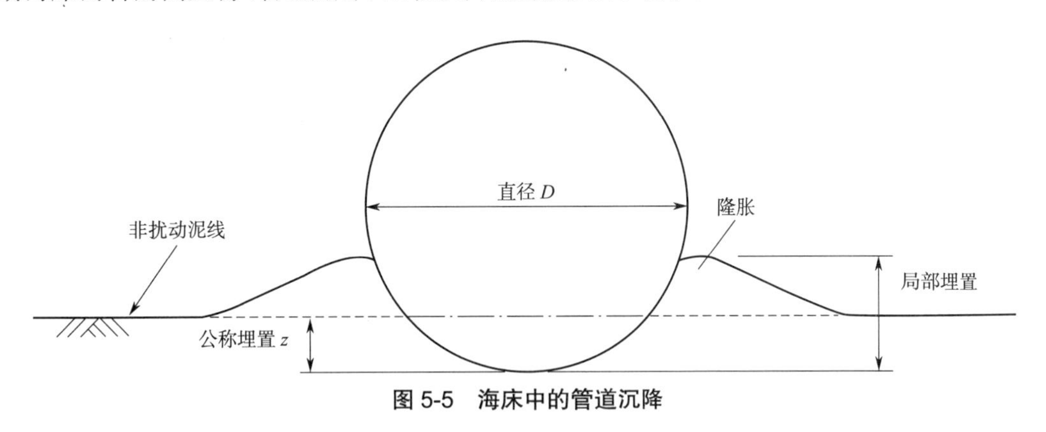

图 5-5　海床中的管道沉降

通过提高相对于管道肩部的土壤表面高度，土壤在沉降期间的隆胀会增强管道的“局部”埋置效果。管土接触的弧长是管土相互作用的关联参数，其与局部埋置有关。单调垂直埋置期间所产生的典型隆胀高度约为公称埋置的 50%。

管道初始沉降的机制为管道发生沉降直至最大土壤承载力有相应增加并支撑起管道载荷为止。管道一旦与海床发生接触，则会因其环状截面而产生线载荷，有效的承载压力在一开始的管土接触中是无限大的。随着管道进一步沉降，承载面积逐渐加大，有效的承载压力则减小，直至沉降达到管径的一半为止。

管道初始沉降的计算基于各种方法将管道沉降定义为源自管道的静态地面压力的函数。这些方法均为近似计算，因为周期性土壤影响被忽略不计。

一种典型的被动土压力的模型有以下四种明显的区域：

（1）侧向位移小于 2% 管径的弹性区域；

（2）对于沙子和黏土的区域，发生较大的位移直到位移达到半个管径，管道和土壤的相互作用导致沉降和被动土压力的增加；

（3）管道突围后，土壤抗力和管子沉降递减；

（4）当管道位移超出一个典型的管径后，被动土压力和管道沉降可认为是常量。

管道侧向位移与被动土压力的关系如图 5-6 所示。

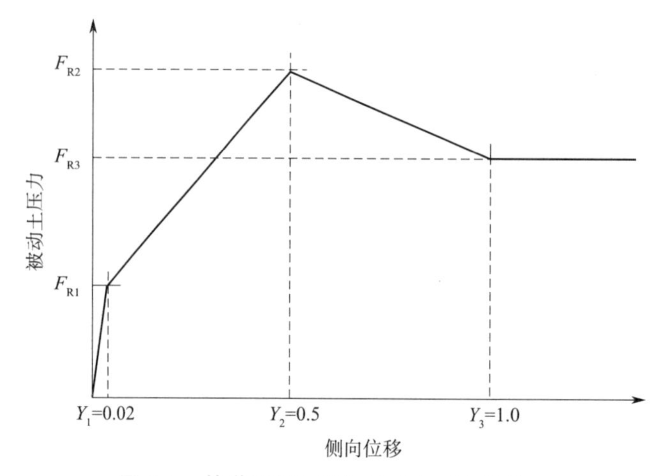

图 5-6 管道侧向位移与被动土压力的关系

土壤抗力：管道在海底的稳定性应考虑埋置深度和土壤提供的额外阻力的因素影响。

砂土提供的土抗力：

$$\frac{F_R}{F_C}=\begin{cases}\left(5.0k_s-0.15k_s^2\right)\left(\dfrac{z_p}{D}\right)^{1.25} & k_s\leqslant 26.7\\ k_s\left(\dfrac{z_p}{D}\right)^{1.25} & k_s>26.7\end{cases} \tag{5-4}$$

$$\begin{cases}k_s=\dfrac{\gamma_s' D^2}{w_s-F_Z}=\dfrac{\gamma_s' D^2}{F_C}\\ F_C=w_s-F_Z\end{cases} \tag{5-5}$$

式中 w_s——单位长度上管道的水下重量；

z_p——管道的沉降量；

F_Z——单位长度上管道的（上浮力）升力；

γ_s'——土的浮容重；

F_C——管土之间的垂向接触力。

由管道沉降产生的黏性土壤阻力（土抗力）的经验模型是 Verly 和 Lund（1995）提出

的，即

$$\frac{F_R}{F_C}=\frac{4.1k_c}{G_C^{0.39}}\left(\frac{z_p}{D}\right)^{1.31} \tag{5-6}$$

$$G_C=\frac{S_u}{D\gamma_s}, k_c=\frac{S_uD}{w_s-F_Z}=\frac{S_uD}{F_C} \tag{5-7}$$

式中　S_u——土壤的不排水抗剪强度。

管道的沉降量可看作初始沉降和由于管道运动导致的沉降的总和，即

$$z_p=z_{pi}+z_{pm} \tag{5-8}$$

砂土初始沉降：

$$\frac{z_{pi}}{D}=0.037k_s^{-0.67} \tag{5-9}$$

黏土初始沉降：

$$\frac{z_{pi}}{D}=0.0071\left(\frac{G_c^{0.3}}{k_c}\right)^{-0.67}+0.062\left(\frac{G_c^{0.3}}{k_c}\right)^{0.7} \tag{5-10}$$

5.2.3　埋设管道

为保护海底管道不受海底波浪冲击、海水腐蚀等的影响，管道安装采用挖沟埋设方式。海底埋设管道周围土壤提供的竖向土抗力是预测和判断管道是否发生隆起屈曲的一个重要因素。埋设管道的上部覆土一般分为砂土、黏土和碎石。国内外很多学者分别进行了不同埋深比（管道埋深与管道直径之比）下管道竖向隆起试验，推导了竖向土抗力的最大值。对于埋设管道竖向隆起所受的上拔阻力，根据 Schaminee 给出的非黏性土壤最大上拔阻力 R_{max} 公式计算：

$$R_{max}=\gamma H_cD+H_c^{\ 2}\gamma K\tan\varphi \tag{5-11}$$

式中　H_c——管道埋深；

γ——土壤浮容重；

K——土壤侧向压力系数；

φ——土壤内摩擦角。

抬升阻力系数定义为 $f=K\tan\varphi$，则式（5-11）可改写为

$$R_{max}=\gamma H_c\left(fH_c+D\right) \tag{5-12}$$

在 DNV-RP-110 中，建议砂土中埋设管道的最大竖向抬升土抗力计算公式如下：

$$R_{max}=\left(1+f\frac{H_c}{D}\right)\gamma H_cD \tag{5-13}$$

DNV-RP-110 推荐以均匀分布来表示 f 可能的分布，其下界为

$$f_{LB}=\begin{cases}0.1 & \varphi\leqslant 30^\circ\\ 0.1+\dfrac{\varphi-30^\circ}{30^\circ} & 30^\circ<\varphi\leqslant 45^\circ\\ 0.6 & \varphi>45^\circ\end{cases} \tag{5-14}$$

而f上界为$f_{UB}=f_{LB}+0.38$，对于疏松、中等致密、致密的砂土，上拔阻力系数f分别取0.45、0.53和0.61。

埋设管道的非线性力 - 位移响应可用三线性力 - 位移模型来表示，如图5-7所示。其中，α、β分别为三线性模型中第1个拐点所对应的归一化竖向土抗力（R/R_{max}，R为竖向土抗力）和归一化竖向抬升位移（U/U_M，U为管道竖向抬升位移，U_M为最大竖向土抗力所对应的管道竖向抬升位移）。试验数据表明，选择$\beta=0.2$作为第1个拐点的位置符合非黏性土壤性质，且土抗力达到最大时的管道竖向位移U_M是H_c的0.5%~1.5%。DNV-RP-110推荐疏松砂土α的取值区间为[0.75,0.85]，中等致密和致密砂土α的取值区间为[0.65,0.75]。

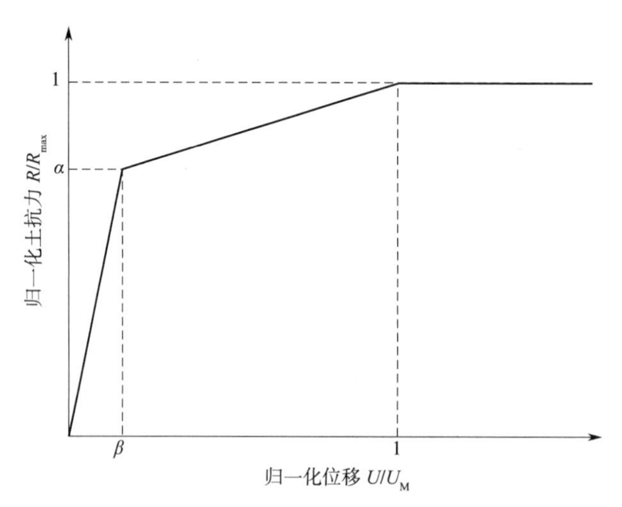

图5-7　埋设管道竖向抬升土抗力的三线性力 - 位移曲线

5.2.4　管道竖直向稳定性

埋设管道不应该产生起浮现象。在空管条件下，管道比重小于覆盖土体比重时，覆盖土体应有足够的剪切强度和吸附力克服管道的起浮。当覆盖土体有液化可能时，应考虑土体液化状态对管道抗起浮能力的影响。需要校核运行期间管道下沉或上浮的可能性：对于沉降，只有当$\gamma_{se}\geqslant\gamma_p-R_v$时才满足稳定性要求，管道不会因为过重而下沉；对于上浮，只有当$\gamma_{se}\leqslant\gamma_p+R_v$时才满足稳定性要求，管道不会因为过轻而上浮。其中，γ_{se}为单位管体所受的浮力，γ_p为管子的容重（kN/m³），R_v为管子单位体积沉浮时的土壤阻力，有

$$\gamma_{se}=\gamma_s=\frac{G\gamma_w(1+w)}{1+Gw} \tag{5-15}$$

$$R_v=\frac{2C}{D_t} \tag{5-16}$$

式中　γ_s——土壤的饱和容重，kN/m³；

G——固体土壤颗粒的相对密度；

γ_w——水的相对密度，kN/m³；

w——土壤的含水量；

C——重塑土的剪切强度，kN/m^3；

D_t——管道总外径，m。

在检验埋设管道下沉或上浮的可能性时，不管是输液管道还是输气管道，一律规定考虑管道下沉时管内充满水，而考虑上浮时管内充满空气。

所有海底管道都应进行沉降校核，应考虑管内充水条件下，管道在松软海床上或有液化倾向的海床土体上的沉降量。对软黏土海底，管道在安装期的可能沉降量估算如下：

$$W_s = 5.14CB \tag{5-17}$$

$$B = 2\delta\sqrt{\frac{D_t}{\delta} - 1} \tag{5-18}$$

$$W_s = 10.28\delta C\sqrt{\frac{D_t}{\delta} - 1} \tag{5-19}$$

式中　C——土壤设计剪切强度，kN/m^3；

B——与土壤接触的管道宽度；

δ——管道沉入泥面下深度，即沉降量，m；

D_t——管道总外径，m。

5.2.5　管道水平向稳定性

1. 动态水平向稳定性分析方法

动态水平向稳定性分析的目标是计算管道在设计海况期间在给定的波浪和海流的水动力载荷下的水平向位移。表面的波浪谱必须转换成海底管道所在位置的波浪引起的关于质点速度的时间序列。一般来说，将流速加在波速上，而水动力载荷是基于相对速度和管道总的质点速度的加速度。来自土壤的抵制力通常由两部分组成，即纯粹的摩擦力和依赖于管道嵌入土壤深度的被动抵制力。

动态模拟应该基于一个完整的海况进行。在较大的流速比和较大的波浪周期作用下，海底管道的稳定性呈现高度非线性。海浪的发展可以通过线性递增来模拟波浪引起的质点速度和加速度，这样的载荷在大约 20% 的分析期间会从零增加到充分载荷。但是，或许需要小的时间增加来准确地捕捉关于稳定性问题的高度非线性的陷入 - 滑移行为。

对于大位移稳定性的计算，不同的相位移动的应用是非常重要的，因此应进行至少 7 个任意随机数的分析。当计算出位移的标准偏差后，应以平均值与标准偏差值的和作为设计值。应该利用部分或者整个长度的管道来建立有限梁单元模型。在这种情况下，应该考虑边界条件。如果边界影响可以忽略，如长管道的中间部分，管道可以通过一个质量点来模拟。同时，应考虑到内压和 / 或温度的增加引起的被动轴向力会加大水平向位移。

较大的管道将会抵制来自设计海况的最大波浪，而较轻的管道在最大波浪期间将会经历一些位移，但是管道不会有大的位移，而是形成沉降，进而发展被动土压力，但位移不会随时间发展，这种位移一般小于管的半径。同时，更轻的管道将会有规律地被移出沉降，此时可以假定位移和时间是成比例的，例如设计海况下的波浪数量。

考虑到边界层和方向性的影响，流速减小为

$$V(z)=V(z_r)\cdot\frac{\ln(z+z_0)-\ln z_0}{\ln(z_r+z_0)-\ln z_0}\cdot\sin\theta_c \tag{5-20}$$

式中 z_0——海床粗糙度系数，取值见表 5-1；

θ_c——来流与管道轴向的夹角。

表 5-1 海床粗糙度系数 z_0

海底土壤	粗糙度系数 z_0
黏土	$\approx 5\times10^{-6}$
细砂	$\approx 1\times10^{-5}$
中性砂	$\approx 4\times10^{-5}$
粗砂	$\approx 1\times10^{-4}$
砾石	$\approx 3\times10^{-4}$
小鹅卵石	$\approx 2\times10^{-3}$
大卵石	$\approx 1\times10^{-2}$
巨砾石	$\approx 4\times10^{-2}$

作用于管直径的平均垂直流速为

$$V_c=V_c(z_r)\cdot\frac{\left(1+\frac{z_0}{D}\right)\cdot\ln\left(\frac{D}{z_0}+1\right)-1}{\ln\left(\frac{z_r}{z_0}+1\right)}\cdot\sin\theta_c \tag{5-21}$$

如果没有方向性的信息，则假设来流垂直于管道。应在平均流速水平方向上变化较小的深度处测量流速。在一个相对平坦的海床，依赖于海床的粗糙度的参考高度应该大于 1 m 。

2. 广义水平向稳定性分析方法

广义水平向稳定性分析是建立在对动力分析结果进行归纳的基础上，根据动力响应做一系列的分析，通过一组无量纲参数和特定边端条件（载荷参数、重量参数、时间参数、流速与波速比、土壤相对密度、土壤抗剪强度等），给出一组无量纲的稳定曲线，导出管道在给定海况条件下的综合响应。对于详细设计阶段，要考虑管道嵌入和附加的横向阻力，需要土壤信息。波谱转移到海底以及在风暴期间引起的额外嵌入都要考虑。

3. 绝对稳定性分析方法

由于可以对嵌入引起的波浪力的减小进行设定，因此可用简化的稳定性计算方法快速获得管道稳定性初步设计的结果。根据管道上作用的外力，建立一个简化的准静态平衡物理模型，把需要的水下管道重力作为唯一需要计算的参数，其中包含的矫正系数是根据横向位移达 20 m 时的设计管道状态推导得到的，包含一般的安全系数 1.1 。

绝对侧向静态稳定法是一种设计波浪法，它确保对于设计（极端）波浪引起的振动绝对的静态稳定。设计谱的特性包括振动速度 U^*、周期 T^* 和相关的稳流速度 V^*。通常情况下，$V^*=V$，然而在波浪引起的振动中，一些水动力模型考虑局部平均速度 V^*，这种情况不同于使用综合平均速度 V 的情况。

如果无法得到详细的资料，则管道运行状态下允许的最大横向位移可按以下规定采用：1 区 20 m；2 区 0 m，即一般情况下 2 区的管道不允许发生横向位移。但是，如果位移产生的影响能够被管道本身及其支撑结构所接受，则 2 区管道也可以有一定的横向位移。

海底管道受力分析如图 5-8 所示。

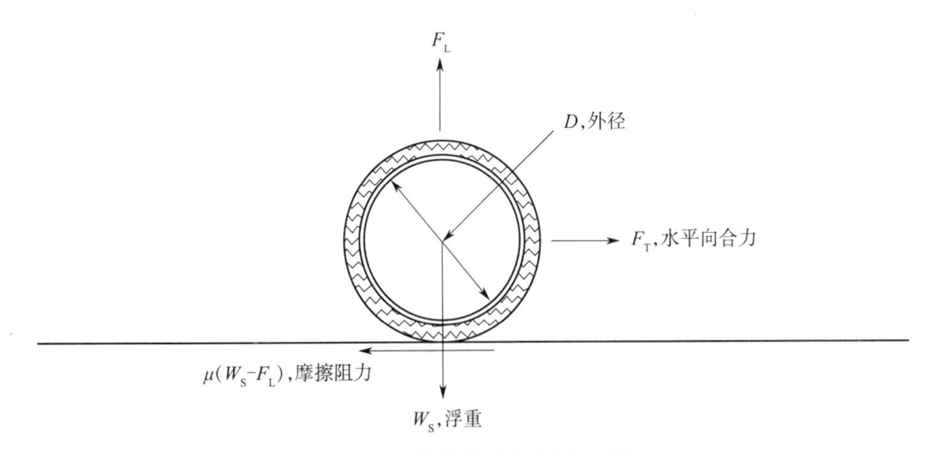

图 5-8　海底管道受力分析示意图

海底管道水平向稳定性设计的说明：水平向稳定性设计组合载荷，应取管道上垂直和水平方向力同时作用的最不利组合；管道与海床的摩擦系数，因土壤性质和管道外表涂装情况不同而不同；水平向稳定安全系数，一般取 1.1~1.5。

1）海底裸置管道水平向稳定性的简化分析

海底管道裸放在岩性基础或较硬基础的海床上，波浪和海流作用力的水平分量导致管道侧向移动。管道一般要依靠管道自身的重力保持其稳定性。

浮重满足以下关系，管道则保持稳定：

$$\mu\left(W_{\mathrm{S}}-F_{\mathrm{L}}\right) \geqslant \zeta\left(F_{\mathrm{D}}+F_{\mathrm{I}}\right)_{\max} \tag{5-22}$$

单位长度上管道受到的水动力阻力为

$$F_{\mathrm{D}}=\frac{1}{2} C_{\mathrm{D}} \rho_{\mathrm{w}} D\left(U_{\mathrm{s}} \cos \theta+U_{\mathrm{c}}\right)\left|U_{\mathrm{s}} \cos \theta+U_{\mathrm{c}}\right| \tag{5-23}$$

单位长度上管道受到的水动力升力为

$$F_{\mathrm{L}}=\frac{1}{2} C_{\mathrm{L}} \rho_{\mathrm{w}} D\left(U_{\mathrm{s}} \cos \theta+U_{\mathrm{c}}\right)^{2} \tag{5-24}$$

单位长度上管道受到的水动力惯性力为

$$F_{\mathrm{I}}=\frac{\pi D^{2}}{4} C_{\mathrm{M}} \rho_{\mathrm{w}} A_{\mathrm{s}} \sin \theta \tag{5-25}$$

式中　ζ——安全系数，安装时取 1.05，运行时取 1.1；

ρ_w——水的密度；

D——管子的总外径；

C_L——升力系数，一般取 0.9；

C_D——阻力系数，一般取 0.7；

C_M——惯性力系数，一般取 3.29；

U_s——靠近海底垂直于管道的有效速度幅值；

U_c——垂直于管道的平均流速；

A_s——垂直于管道的有效加速度，$A_s = 2\pi U_s / T_u$；

θ——波浪周期中的水动力相位角；

μ——海底为黏土时，通常取 $\mu = 0.3$，海底为砂土时，通常取 $\mu = 0.5$。

考虑折减系数的有效速度为

$$U_s = U_s^* R \tag{5-26}$$

式中 U_s^*——有效水质点（波）速。

平均流速 U_c 与已知的海底以上某一高度 z_r 处的稳态流速 U_r 之间的比值关系为

$$\frac{U_c}{U_r} = \frac{1}{\ln(z_r / z_0 + 1)}\left[(1 + z_0 / D)\ln(D / z_0 + 1) - 1\right] \tag{5-27}$$

有效水质点（波）速 U_s^* 和管道处的上跨零周期 T_u 分别按照图 5-9 所示曲线来确定。其中，T_p 为谱峰周期，T_n 为参考周期，且有

$$T_n = \sqrt{d_1 / g} \tag{5-28}$$

式中 d_1——水深；

g——重力加速度。

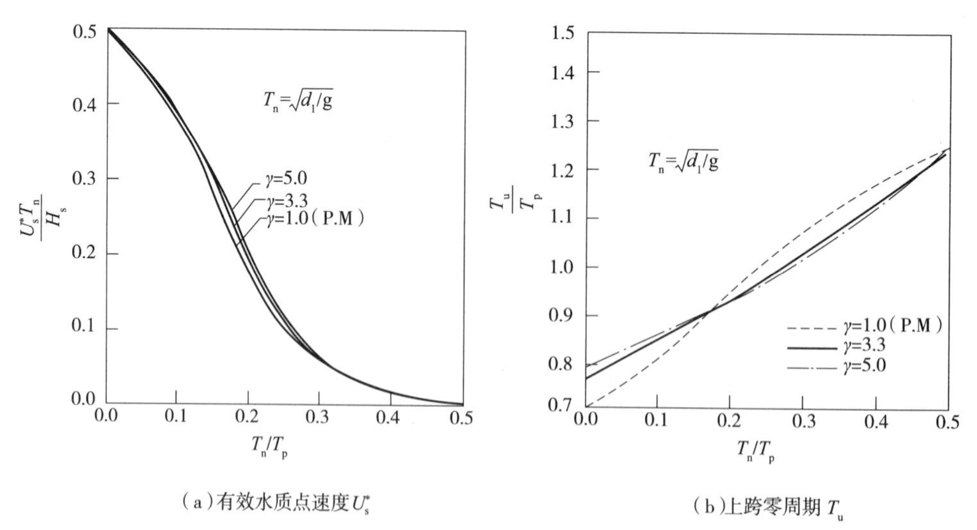

（a）有效水质点速度 U_s^*　　（b）上跨零周期 T_u

图 5-9　有效水质点速度 U_s^* 和管道处的上跨零周期 T_u

例 5-1　某平铺在砂土上的海底管道总外径为 530 mm，单位长度重量为 923 N/m，管道

与海底的摩擦系数为 0.5，垂直于管道的平均流速为 0.5 m/s，靠近海底垂直于管道的有效速度为 0.6 m/s，垂直于管道的有效加速度为 0.12 m/s²。其中，惯性力系数为 3.29，升力系数为 0.9，阻力系数为 0.7，海水的密度为 1 025 kg/m³。安全系数取 1.1，试用简化稳定分析法确定在相位角为 0° 时管道的稳定性。

解　(1)单位长度上管道受到的水动力阻力为

$$
\begin{aligned}
F_{\mathrm{D}} &= \frac{1}{2}C_{\mathrm{D}}\rho_{\mathrm{w}}D\left(U_{\mathrm{s}}\cos\theta+U_{\mathrm{c}}\right)\left|U_{\mathrm{s}}\cos\theta+U_{\mathrm{c}}\right| \\
&= \frac{1}{2}\times 0.7\times 1\,025\times 0.53\times\left(0.6\times\cos 0^{\circ}+0.5\right)\left|0.6\times\cos 0^{\circ}+0.5\right| \\
&= 230.066\ \mathrm{N/m}
\end{aligned}
$$

(2)单位长度上管道受到的水动力升力为

$$
\begin{aligned}
F_{\mathrm{L}} &= \frac{1}{2}C_{\mathrm{L}}\rho_{\mathrm{w}}D\left(U_{\mathrm{s}}\cos\theta+U_{\mathrm{c}}\right)^{2} \\
&= \frac{1}{2}\times 0.9\times 1\,025\times 0.53\times\left(0.6\times\cos 0^{\circ}+0.5\right)^{2} \\
&= 295.8\ \mathrm{N/m}
\end{aligned}
$$

(3)单位长度上管道受到的水动力惯性力为

$$
\begin{aligned}
F_{\mathrm{I}} &= \frac{\pi D^{2}}{4}C_{\mathrm{M}}\rho_{\mathrm{w}}A_{\mathrm{s}}\sin\theta \\
&= \frac{\pi}{4}\times 0.53^{2}\times 3.29\times 1\,025\times 0.12\times\sin 0^{\circ} \\
&= 0
\end{aligned}
$$

(4)稳定性判断：

$$\zeta\left(F_{\mathrm{D}}+F_{\mathrm{I}}\right)_{\max} = 1.1\times\left(230.066+0\right) = 253.073\ \mathrm{N/m}$$

$$\mu\left(W_{\mathrm{S}}-F_{\mathrm{L}}\right) = 0.5\times\left(923-295.8\right) = 313.6\ \mathrm{N/m}$$

$$\mu\left(W_{\mathrm{S}}-F_{\mathrm{L}}\right) \geqslant \zeta\left(F_{\mathrm{D}}+F_{\mathrm{I}}\right)_{\max}$$

所以，在位状态下管道能保持侧向稳定性。

2)局部埋设管道水平向稳定性的简化分析

在某些条件下，开挖很浅的沟槽，利用土壤的侧向阻力，就可使管道与波浪、海流外力平衡。局部埋设的方式常与基础土质的软硬程度有关。

基础较硬的岩石或砂土海床上可简单地挖一“V”形沟槽，将管道放在沟槽内，依靠自然回填或不用回填管道就可自行保持稳定，如图 5-10 所示。

这种方式除有管道和海床基础之间的摩擦力外，还利用沟槽与管道运动方向相反来附加形状阻力。

由图 5-10 可知，管道受到波浪的作用，水平分力和垂直升力与管道重力作用保持平衡，方程如下：

$$W_{\mathrm{p}}\sin\alpha+\mu\left[W_{\mathrm{p}}\cos\alpha+\left(F_{\mathrm{D}}+F_{\mathrm{I}}\right)\sin\alpha-F_{\mathrm{L}}\cos\alpha\right] = \left(F_{\mathrm{D}}+F_{\mathrm{I}}\right)\cos\alpha+F_{\mathrm{L}}\sin\alpha \quad (5\text{-}29)$$

式中　W_{p}——单位长度管道水下设计重力；

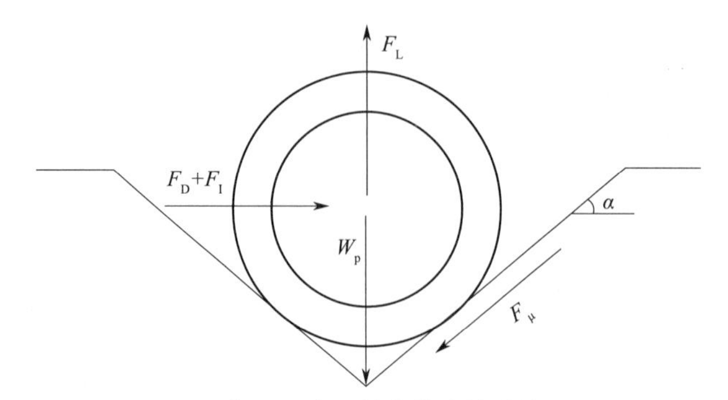

图 5-10　局部埋设在硬基沟槽中管道的受力稳定

F_D——单位长度管道上的波浪的拖曳力；

F_I——单位长度管道上的波浪的惯性力；

F_L——单位长度管道上的波浪的升力；

α——沟槽斜边与水平线夹角；

μ——管道与海床土壤间的摩擦系数。

由式(5-29)整理可得沟槽内管道稳定所需的水下设计重力：

$$W_p=(F_D+F_I)\frac{1}{\mu_e}+F_L \tag{5-30}$$

式中　μ_e——有效摩擦系数，$\mu_e=\dfrac{\sin\alpha+\mu\cos\alpha}{\cos\alpha+\mu\sin\alpha}$。

5.2.6　管道轴向移动

管道轴向移动通常发生于高温短管。所谓"短"管，指管道的热膨胀只能达到管道中间位置的虚拟固定点而不是中间的约束管段。对于高温高压管道，"短"管长度可为几千米。发生侧向屈曲的长管也会出现轴向移动现象。

管道轴向移动的原因是在操作启动和关闭循环期间，管道膨胀和收缩是不相等的。在管道设计中，应考虑管道轴向移动的影响。如果管道未锚定，有差别的膨胀和收缩运动可导致管道整体屈曲。

管道轴向移动发生在未被海床轴向土壤阻力锚定的管道部分，如：

(1)沿管道方向的海床倾斜；

(2)在加热和冷却循环期间的管道的瞬态热梯度；

(3)连接到钢悬链线立管(SCR)的管道张力。

如果海床与管道之间的轴向摩擦阻力较小或者管道长度不足，管道不能达到完全约束状态，即管道轴向土壤摩擦阻力不大于全约束摩擦力，这样的管道称为"短直管道"。下面介绍短直管道的轴向移动理论。

对于短直管道，其轴向土壤摩擦阻力和全约束摩擦力的计算公式为

$$f=\mu w_s \tag{5-31}$$

$$f^* = \frac{|P|}{L} \tag{5-32}$$

$$P = -p_i A_i (1-2\nu) - EA_s \alpha (T - T_0) \tag{5-33}$$

式中　f——管道轴向土壤摩擦阻力，N/m；

f^*——全约束摩擦力，N/m；

P——管道的全约束轴向力，N；

p_i——管道内压，Pa；

A_i——管道内径横截面面积，m^2；

ν——泊松比，无量纲；

E——弹性模量，N/m^2；

A_s——管道净截面面积，m^2；

α——热膨胀系数，1/℃；

T——管道运行温度，℃；

T_0——环境温度，℃；

L——管道长度，m；

μ——管道和土壤的轴向摩擦系数，无量纲；

w_s——管道单位长度湿重，N/ m。

通常情况下，管道的运行包括 2 个过程：启动，伴随着升温加压，称为加载过程；关停，伴随着降温降压，称为卸载过程。管道加载和卸载时，有效轴向力分布如图 5-11 所示，其中管道有效轴向力的极值点是管道的虚拟锚固点，过渡点处的管道有效轴向力为 SCR 的张力 T_{SCR}，管道末端的有效轴向力为管道末端所提供的反力。短直管道的最大有效轴向力远小于全约束轴向力，因而在升温、降温过程中，除虚拟锚固点外的其他位置均可自由移动。

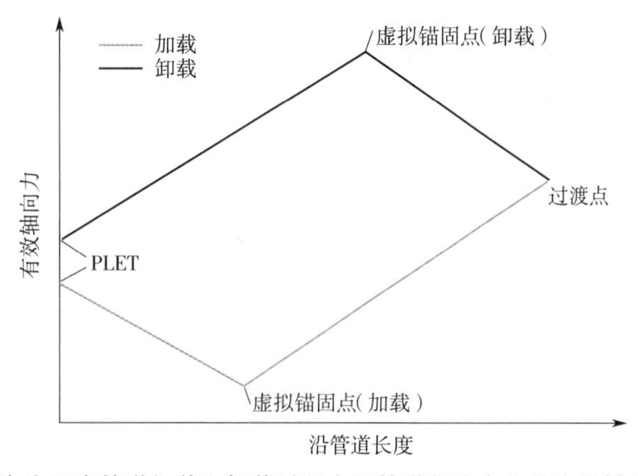

图 5-11　海底短直管道加载和卸载过程中沿管道长度方向的有效轴向力示意图

短直管道有效轴向力受海底摩擦力的影响。在不考虑海床倾角影响的条件下，加载和卸载过程中管道的有效轴向力 F、F_u 分别为

$$F=\begin{cases}-R_1-fx & x\leqslant Y\\ T_{SCR}-f(L-x) & x>Y\end{cases} \tag{5-34}$$

$$F_u=\begin{cases}R_2+fx & x\leqslant Y_u\\ T_{SCR}+f(L-x) & x>Y_u\end{cases} \tag{5-35}$$

其中

$$Y=\frac{L}{2}-\frac{T_{SCR}+R_2}{2f} \tag{5-36}$$

$$Y_u=\frac{L}{2}+\frac{T_{SCR}-R_2}{2f} \tag{5-37}$$

式中　F——加载期间管道的有效轴向力，N；

F_u——卸载期间管道的有效轴向力，N；

R_1——加载期间端部所提供的支承反力，N；

R_2——卸载期间端部所提供的支承反力，N；

Y——加载期间虚拟锚固点与管道末端的距离，m；

Y_u——卸载期间虚拟锚固点与管道末端的距离，m；

T_{SCR}——过渡点处的 SCR 张力，N；

x——沿管道的长度，m。

Carr 等通过分析 SCR 张力、沿管道长度方向的海床倾角、管道加载和卸载过程中的瞬态热梯度等，给出了不同因素导致的管道轴向移动距离公式。

（1）SCR 张力：

$$\Delta_{SCR}=\frac{|P|+T_{SCR}-fL}{EA_s f} \tag{5-38}$$

式中　Δ_{SCR}——由 SCR 张力引起的每次循环管道轴向移动距离，m。

（2）海床倾角：

$$\Delta_{\varphi}=\frac{\left(|P|+WL|\sin\varphi|-WL\mu\cos\varphi\right)L\tan\varphi}{EA_s\mu} \tag{5-39}$$

式中　Δ_{φ}——由海床倾角引起的每次循环管道轴向移动距离，m；

φ——海床倾角，（°）。

（3）瞬态热梯度：

$$\Delta_t\cong\begin{cases}\dfrac{fL^2}{16EA_s}\left(\sqrt{24\dfrac{f_\theta}{f}}-\dfrac{f_\theta}{f}-4\right) & f>\dfrac{f_\theta}{6}\\ \dfrac{fL^2}{8EA_s} & f\leqslant\dfrac{f_\theta}{6}\end{cases} \tag{5-40}$$

其中

$$f_\theta=A_s E\alpha q_\theta \tag{5-41}$$

式中　Δ_t——由瞬态热梯度引起的每次循环管道轴向移动距离，m；

q_θ——管道升温时的瞬态热梯度，℃/m；

f_θ——管道升温时由瞬态热梯度产生的力，N/m。

5.2.7　保持海底管道稳定的工程措施

当海底管道依靠自身重力不能保持稳定时，必须采取适当的人工措施保持管道的稳定性，具体方法如下。

1. 增重法

增重法就是增加管道的重力，也就是增大管道的负浮力。增加管道结构的质量通常有两种途径：增大钢管管材质量和管外设加重层。增大钢管管材质量主要是增大管材的壁厚，由于管道的直径（内径）已由管道输送的工艺设计规定，双层管往往是增加外管壁厚，这样增重的效果较好，而且在施工中给管道带来的应力增量最小。

采用增重法最省事，无须其他工程措施，只需在设计中考虑尺寸即可。同时，此法排水体积增加不大，负浮力的净增率较高。其最大缺点是不经济。由于钢材价格较高，为混凝土价格的 3~5 倍，所以只在个别情况下使用。例如，在某些地形狭窄、附近有建筑物等铺设困难或操作不方便的局部管段使用；对某些短管道，采用其他稳定方法需要有各种附加工程，从整体来看不如采用增重法经济；管道急需增重时，也可采用此法。

管外设加重层是把较经济的密度较大的物质涂敷在钢质管道的外表以增加管道的重力，涂层成为管道结构的一部分，一同装运、沉放。加重层的材料目前多数采用钢筋混凝土，其中钢筋做成钢筋笼或钢丝网。该层也作为管道的保护层，它在施工过程中有保护防腐绝缘层不受机械损伤以及海生物侵蚀的作用，所以又称为防护加重层。

采用加重层保持海洋管道稳定性的特点如下。

（1）既能保持管道稳定、较经济，又能保护防腐绝缘层。对于长管道系统，效益更显著。

（2）海洋管道混凝土加重层与一般混凝土结构不同，特别强调混凝土的质量，它的变化对管道的水下重力影响很大。而加重层的质量与其厚度、混凝土的重度（密实性）及混凝土的吸水率有关，与加重层的施工质量也密切相关。

（3）混凝土加重层对管道负浮力起调节作用，管段从钢管焊制到涂敷绝缘防腐层，重力往往会与原设计有出入。通过实测负浮力可知应涂混凝土加重层质量，并按这个质量来设计。

（4）混凝土加重层除使管道能在位稳定外，还对管道铺设施工方法有影响。例如，在深水用底拖或在浅水用牵引法铺管时，可能需要对管重进行调节。如何调节，还取决于牵引绞车的能力和管道所承受的轴向应力。随着负浮力的增大，绞车所需牵引力迅速增大。

2. 压块法

由于混凝土加重层施工不方便，故将管道在位稳定需要的质量改在铺设后再加到管道上，这部分质量往往是一些特制块状物体的质量，故该方法称为压块法。

1）压块的材料与形式

压块采用普通混凝土或重质矿石、铁砂混凝土制成，一般制成下列形式。

(1)铰链式:两片弧形预制块,中间以铰相连,能依靠自身重力保持在位稳定,可自由张开,所以水下安装比较方便,但配筋、装配、预制加工较烦繁,成本高。

(2)马鞍式:根据断面形状可分为矩形、梯形、拱形和多用途梯形,这种压块用素混凝土或少筋混凝土制成,只要装上吊点即可使用。

(3)现场浇筑的柔性压块:由潜水员把含氯丁橡胶的尼龙编织袋放在管道上,然后通过供料管注入水泥浆,直到重力满足设计要求,混凝土在此位置上固化的同时可将海底管道固定。这种压块的最大优点是混凝土固化时能和下面管道牢牢地固结在一起,当受水流力尤其受升力时,管道和压块不会脱开。

2)压块的布置方式

压块可以连续沿管道压盖,也可以间断布置,或者在同一条管道的不同部位有的连续、有的间断,也可分别用铰链式或马鞍式压块,具体布置方式取决于各处水流条件、海底地形地质条件以及施工安装方法和施工进度要求等。

3. 锚杆锚固稳定法

对于岩性基础海床,尤其是管道上岸段,由于基槽开挖困难,而常采用锚杆锚固法锚定裸放在海床上的管道。锚杆结构如图 5-12 所示,这种方法在国内某输水管道工程中已得到成功应用。在锚杆锚固法整体受力中,主要外力为浪流对管道的作用力,它们最终形成一个弯矩和一对剪力(图 5-13),这些力将由锚杆传递给海床岩石,在传递中锚杆承受拉力、压力和剪力,当波、流环境力与锚杆锚固力平衡时,才能保持管道稳定。

锚杆锚固力的大小主要取决于锚杆的材料强度、锚杆直径、锚孔深度、胶结材料性质以及岩石本身的解理和性质等。一般采用钢质锚杆,其粗细、结构取决于外力大小、施工机械、海上作业条件和岩石强度。锚孔直径一般为锚杆直径的 1.5~2 倍,锚孔深度以穿入新鲜岩石至少达到锚杆直径的 30 倍为宜,一般为 2~3 m,要根据岩石性质确定。胶结材料通常采用高强速凝水泥沙浆,也可以采用某种化学胶结材料,其抗剪强度必须满足设计要求。

管道位置确定后,根据当地环境条件计算出作用在管道上的最大波、流力。从图 5-13 看到,锚固段上的总波、流力由两根锚杆承担。

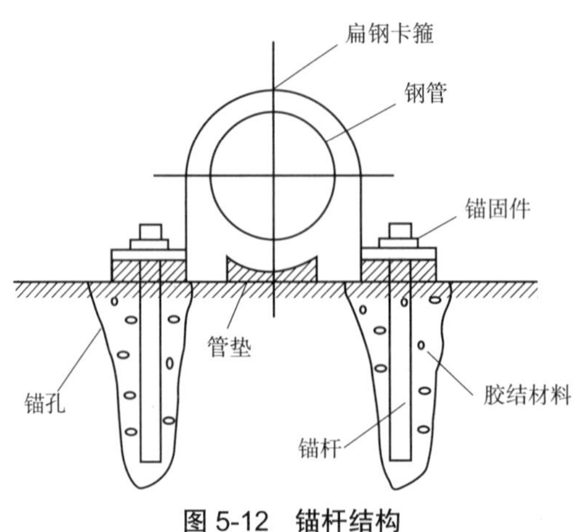

图 5-12 锚杆结构

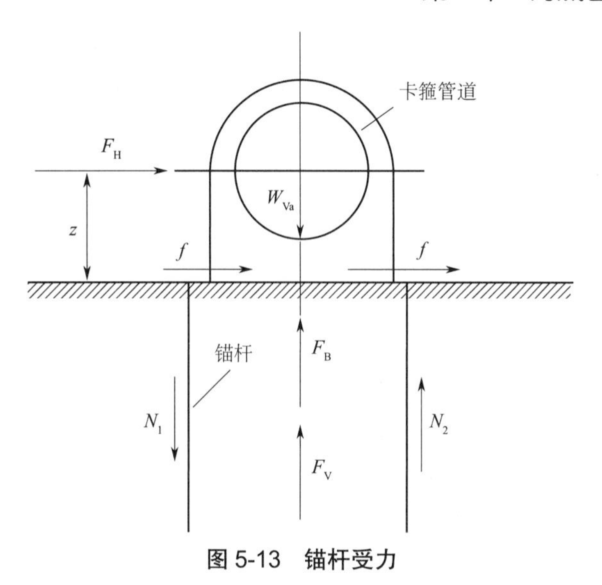

图 5-13　锚杆受力

4. 螺旋锚杆定位法

对于非岩类的软性土或硬性土海床，如地貌较稳定，管道裸放时可采用螺旋锚杆的定位方法。它由两根端部带有一个或几个螺旋圆盘的金属锚杆组成，当插入海床时，由旋转机构转动锚杆顶端的方钻杆，带动圆盘转动，在上部压重作用下，边转边压入海床，最终由卡箍将管道稳定。螺旋锚杆一般插入海床 35 m 。波、流对每个锚杆产生拉或压作用，如图 5-14 所示。

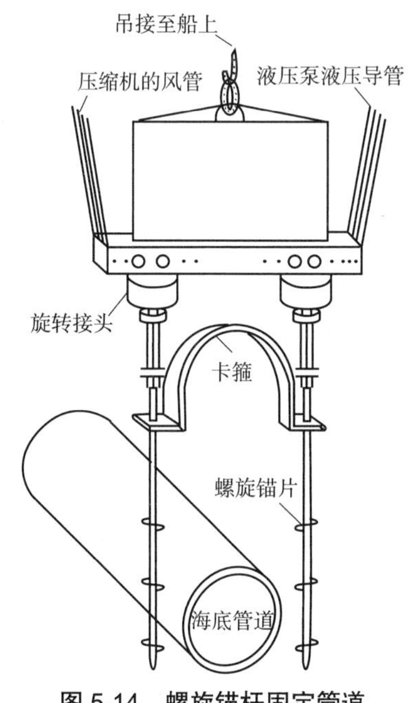

图 5-14　螺旋锚杆固定管道

5. 锚桩锚固定位法

前述锚杆定位适用于比较稳定的海床，对于易产生较大塌陷、滑坡或冲蚀的海床，尤其是土质较差、表层淤泥较厚而又需裸置的管道，可以采用锚桩来定位。它是依靠桩基支撑在深层土壤，管道避开表层不稳定海床，以承受波、流作用，保持管道稳定。

锚桩的形式有两种：一种是用来固定一根管道的“丁”字形锚桩；另一种是用来固定多根管道的“门”字形锚桩。不管哪种形式，它们都由锚桩体、上横梁、下横梁、铸钢紧固件组成，如图 5-15 所示。

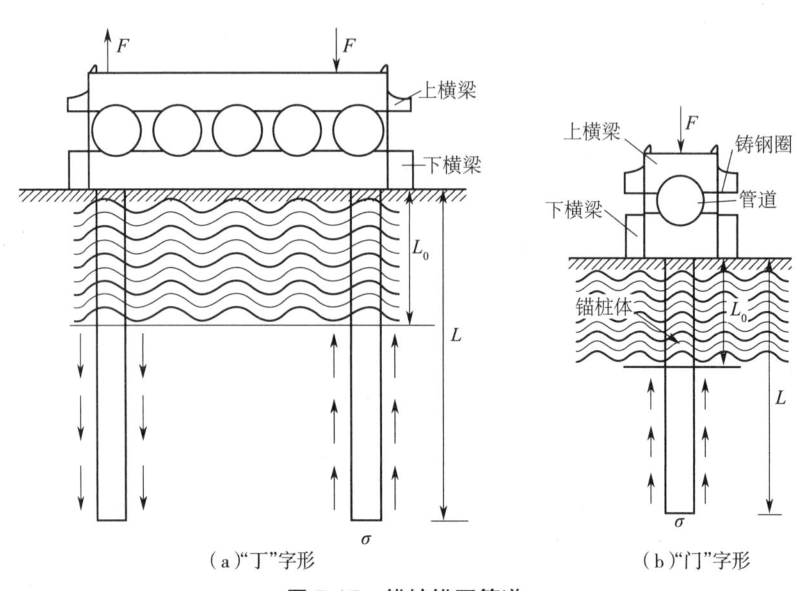

图 5-15 锚桩锚固管道

5.3 海底管道整体屈曲

5.3.1 概论

在深水中，海底管道的内压可以达到 10 MPa，温度可以高于 100 ℃。此外，超深水管道的内压可能达到 44.8 MPa，而工作温度可能达到 177 ℃。在高温高压的极端条件下，海床上的管道往往会移动，以消散累积的应变能。高温和高压变化会在边界受到约束或部分约束的管道中产生轴向压缩载荷，由于这种轴向压缩，海底管道可能发生整体屈曲，如图 5-16 和图 5-17 所示。

对于管道的整体屈曲，管道可能发生向下屈曲、水平屈曲或者竖直方向屈曲。通常情况下，向下屈曲一般发生在悬跨管道上；而水平屈曲就是屈曲时管道发生水平方向的移动，在海底的管道像蛇一样；竖直方向屈曲一般是屈曲时管道向上隆起，或者发生在悬跨肩上的裸置管道。

管道发生整体屈曲后，管道的结构完整性将受到影响。引起海底管道整体屈曲的初始因素包括海底环境、管道缺陷和外部载荷。海底环境对管道铺设形态的影响包括不平坦海床，或滑坡、冲刷、底流等导致土抗力的变化。管道缺陷包括管道自身缺陷和人工设置缺陷，如铺设安装运行期间产生的管道不直度，人工设置的枕木、蛇形铺管和分布浮力块等。而拖网板碰撞、拖曳与钩住等诱因属于外部载荷。

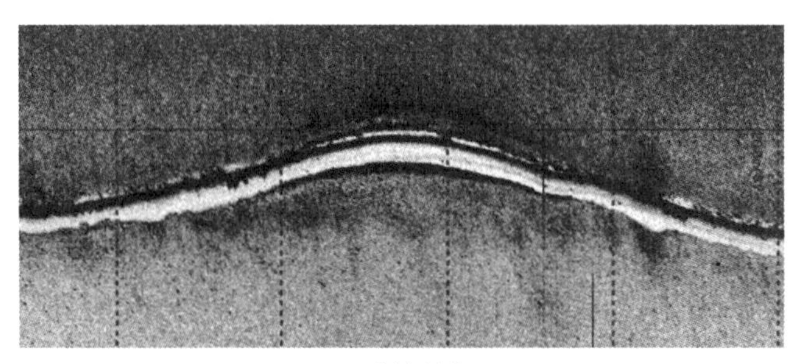

(a)侧向屈曲

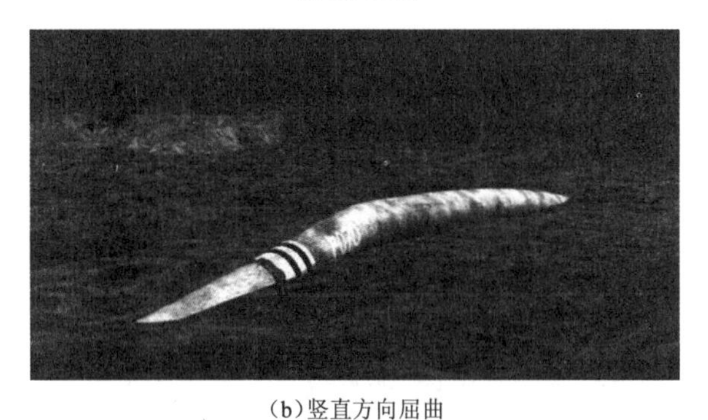

(b)竖直方向屈曲

图 5-16　海底管道整体屈曲类型

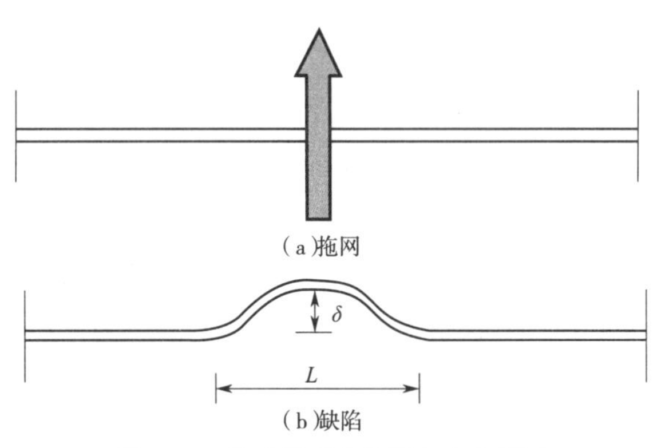

(a)拖网

(b)缺陷

图 5-17　海底管道整体屈曲产生原因

整体屈曲是对压缩力的响应,同时会降低轴向承载能力。因此,可能发生整体屈曲的管道一般有较大的轴向压缩力,或者有很小的屈曲抵抗力,如质量较轻的管道受到小的侧向土反力。管道在温度和压力联合作用以及泊松比效应下会发生轴向膨胀,而由于地基土体的约束,轴向膨胀不能自由释放,从而产生轴向力,轴向力沿着管道的方向逐渐累积,当管道临界屈曲载荷低于累积的轴向力时,管道就会发生整体屈曲。整体屈曲被认为是对高压压缩轴向力的结构响应,分析时应用有效轴向力的概念,同时考虑内压和外压的影响。整体屈曲就意味着管道像压杆一样屈曲,符合经典欧拉屈曲方程。随着管道不直度的增加,引发屈曲的轴向力的水平随之减小,这种效应如图 5-18 所示。管道的不直度可能由海底局部缺陷

（如管道敷设在岩石上）或崎岖海底造成的整体缺陷导致，也可能源于水平面内人工设置的弯曲或安装导致的随机弯曲。

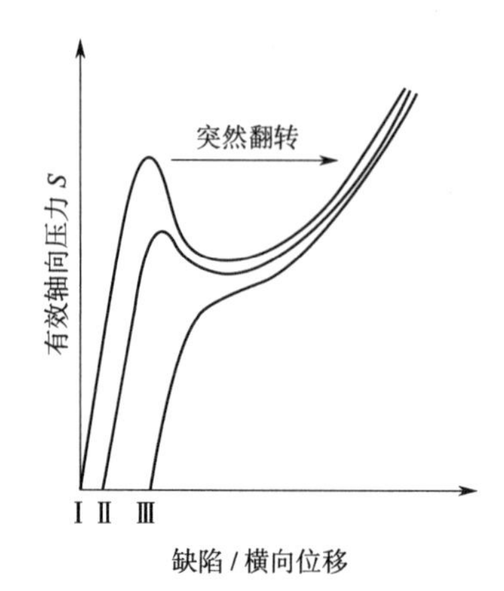

图 5-18　管道整体屈曲的载荷响应

海底管道的整体屈曲在以下条件下是允许发生的：

（1）整体屈曲发生后，仍保持管道结构的完整性；

（2）管道位移发生在可接受的范围内，即管道不发生过大的变形。

表 5-2 给出了管道的屈曲过程，其中 B 点之前的后屈曲载荷不是直接达到的，而是一个连续的过程，这意味着 B 点之前的屈曲轴向力更大，可能触发其他的屈曲。

表 5-2　整体屈曲的一般表现

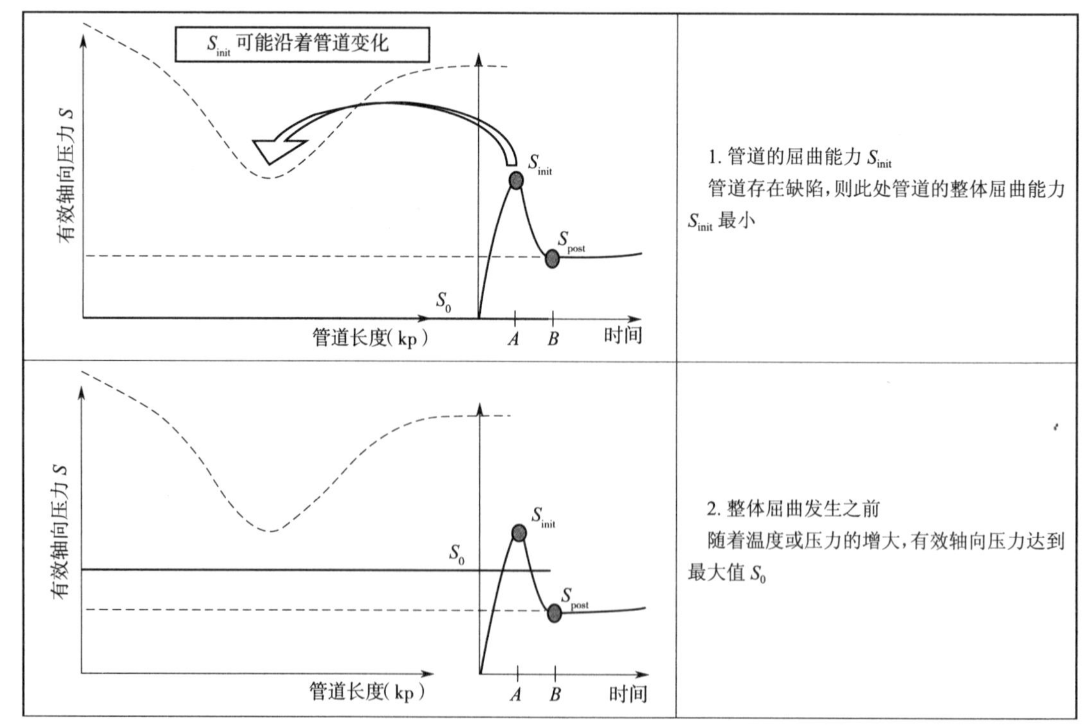

	1. 管道的屈曲能力 S_{init} 管道存在缺陷，则此处管道的整体屈曲能力 S_{init} 最小
	2. 整体屈曲发生之前 随着温度或压力的增大，有效轴向压力达到最大值 S_0

续表

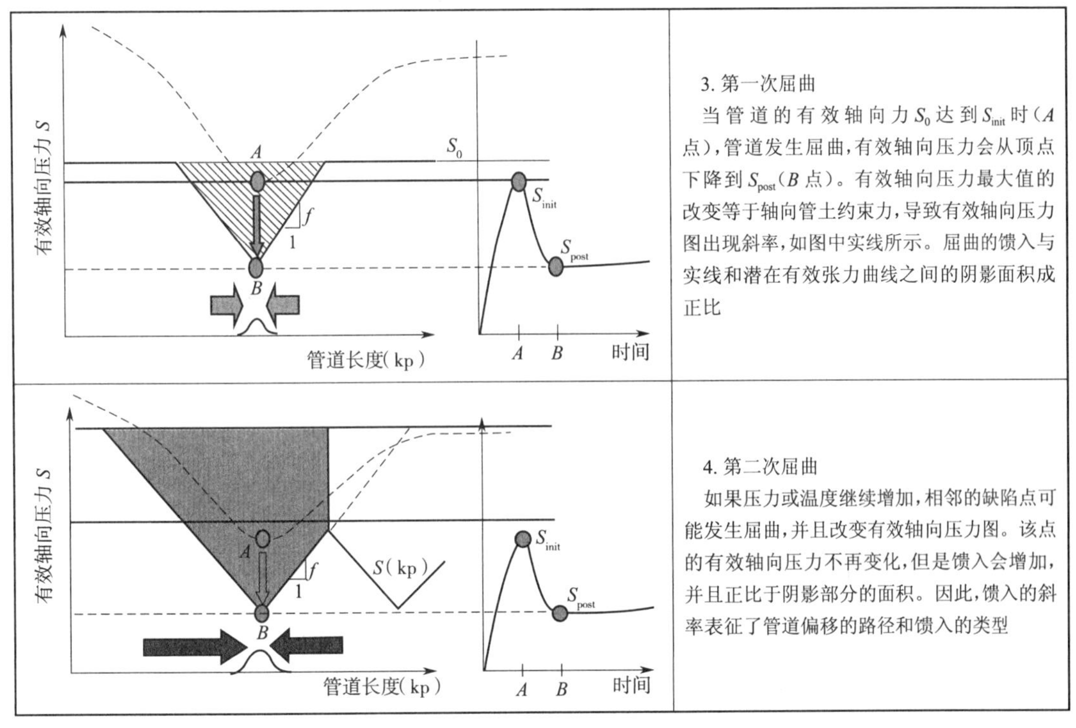

3. 第一次屈曲

当管道的有效轴向力 S_0 达到 S_{init} 时（A 点），管道发生屈曲，有效轴向压力会从顶点下降到 S_{post}（B 点）。有效轴向压力最大值的改变等于轴向管土约束力，导致有效轴向压力图出现斜率，如图中实线所示。屈曲的馈入与实线和潜在有效张力曲线之间的阴影面积成正比

4. 第二次屈曲

如果压力或温度继续增加，相邻的缺陷点可能发生屈曲，并且改变有效轴向压力图。该点的有效轴向压力不再变化，但是馈入会增加，并且正比于阴影部分的面积。因此，馈入的斜率表征了管道偏移的路径和馈入的类型

注：f 为轴向摩擦力（N/m）；
S_0 为有效轴向力，即在特定压力和温度下沿着管道的最大潜在轴力；
S_{init} 为导致管道整体屈曲的有效轴向压力；
S_{post} 为管道屈曲后靠近屈曲顶点的有效轴向压力；
S(kp) 为沿着管道的有效轴向压力（kp：kilometre post，千米标杆）。

整体屈曲设计通常被称作膨胀设计，作为运行设计前的环节。需要注意的是，自由悬跨设计与膨胀设计之间可能存在紧密联系，因为自由悬跨段的轴向压力的释放可能会明显改变管道的特征频率。海底管道的整体屈曲包括以下三种情况。

1. 情况Ⅰ：管道裸露在平坦海底

这种情况适用于控制变形发生在海床平面内，该变形的发生可能源于管道的自然不直度或人为的不直度，如图 5-19 所示。暴露在海床上管道的设计目标是保证管道不会发生侧向屈曲或发生了侧向屈曲但是后屈曲构型是可接受的。

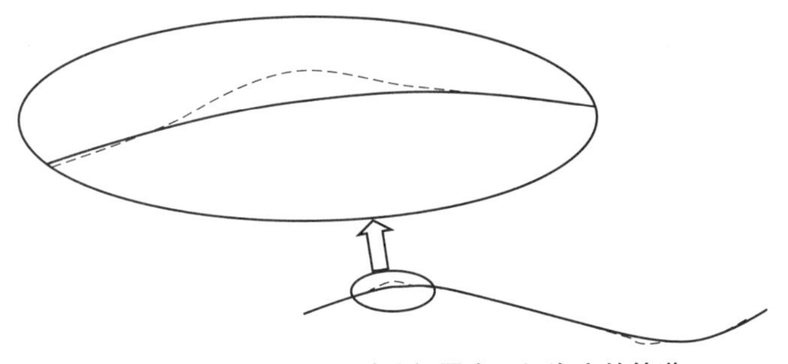

图 5-19　有特制侧向缺陷裸露在平坦海底的管道

裸露在平坦海底的管道设计包括以下步骤。

(1)整体屈曲评估:确定管道发生侧向屈曲、隆起或隆起并伴有侧向屈曲对温度和压力的敏感性。

(2)管道完整性检验:后屈曲构型的弯矩、纵向应变必须可接受,另外要考虑相关的拖网作业。

(3)缓解措施检验:如果由缺陷或者外部载荷引发的屈曲导致的局部弯矩、纵向应变太大而不能满足要求,则应考虑采用缓解措施。

2. 情况Ⅱ:管道裸露在崎岖海底

这种情况适用于初始变形发生在垂直面内,随后在水平面内发生变形,如图 5-20 所示;亦适用于崎岖海底和情况Ⅰ的组合,如曲线海底。暴露在崎岖海底的管道设计通常需要考虑以下三点:

(1)膨胀为自由悬跨;

(2)在顶部离地,包括有限离地和最大离地;

(3)侧向不稳定性,导致管道侧向膨胀。

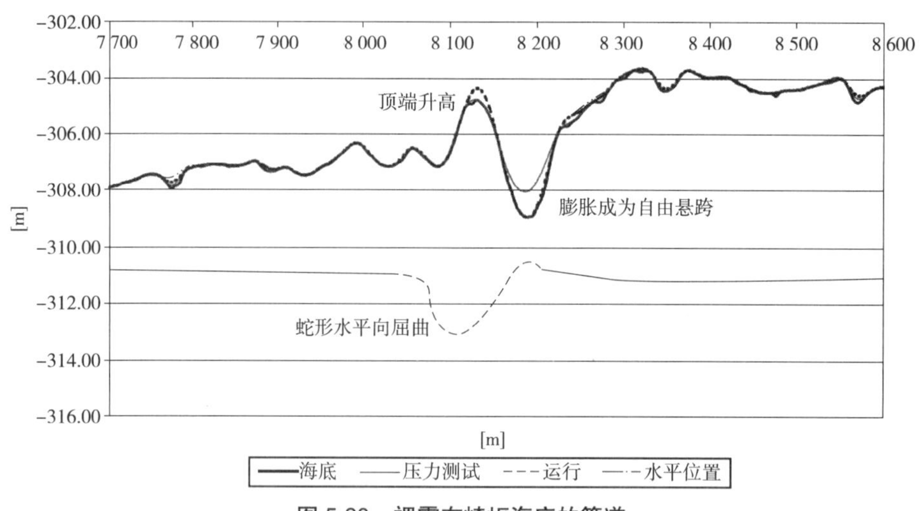

图 5-20 裸露在崎岖海底的管道

另一种情况是在现有管道上铺设特定的横向穿越管道时,可能导致新铺设的管道在垂直面内出现一个相当大的初始弯曲作为初始缺陷,如图 5-21 所示。其设计有与情况Ⅰ相似的步骤,主要的不同是崎岖海底管道整体屈曲的触发机理是垂直缺陷。

3. 情况Ⅲ:埋设管道

对于承受有效轴向压力的埋设管道,如果覆盖层没有足够的阻力,管道可能不稳定,并且发生垂直运动而离开海底。非直线管道构型会使覆盖层受到垂直于管道的力。如果垂向力大于覆盖层的阻力,管道会发生隆起屈曲。如果管道必须覆盖,则覆盖、侧向约束应设计成能够阻止管道的整体屈曲。

埋设管道的设计通常分为两个阶段:

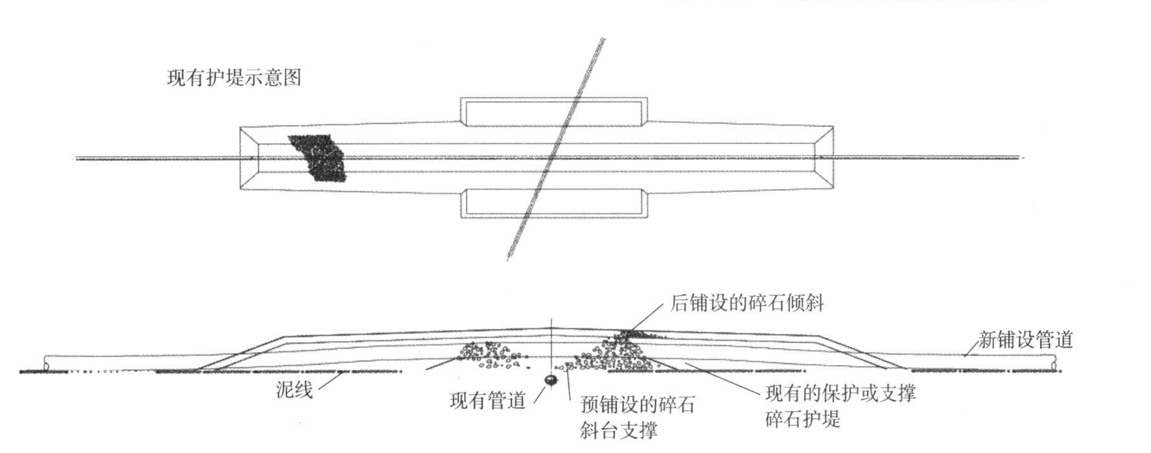

图 5-21 已铺设管道在垂直面内出现较大的初始弯曲时专门建造的管道穿越

(1)预安装阶段,目的是预测费用和用石量;

(2)安装阶段,目的是保证管道的完整性。

5.3.2 管道整体屈曲分析

1. 海底管道整体屈曲理论

1)细长杆屈曲理论

细长杆屈曲分析是指一个理想受压杆件在两端铰支约束下,受到轴向压力的作用,杆件由直线状态变为不稳定的弯曲状态的分析,如图 5-22 所示。这里的理想受压杆件是指初始状态是完全平直且中心受压的均匀密度等截面杆件,该杆件只沿主轴弯曲,不产生扭转。

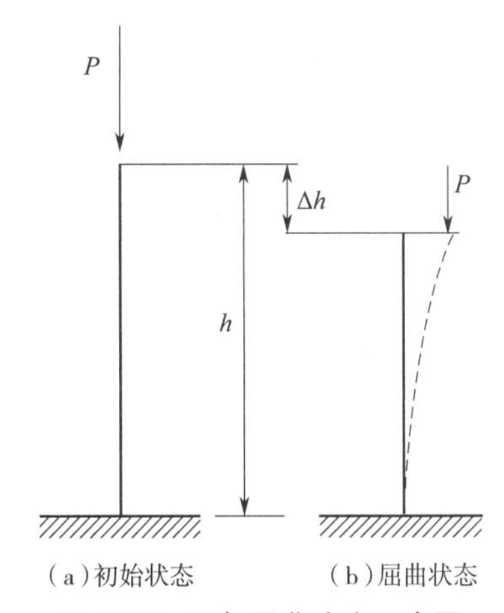

图 5-22 压杆屈曲稳定示意图

当轴向压力小于杆件的临界失稳载荷(F_{cr})时,杆件将始终保持稳定的直线状态,此时若给予杆件一个微小的扰动力,杆件会产生一个侧向的弯曲挠度(ω),从而发生弯曲变形,此时若撤去扰动力,杆件会重新恢复到稳定的直线状态。

当轴向压力大于杆件的临界失稳载荷(F_{cr})时,杆件会发生瞬态失稳,丧失原有的承载能力，并且在撤去扰动力后，杆件也不能恢复到原有的直线状态，而是处于弯曲状态，随着挠度的增加，直至达到新的平衡状态。

针对微小的弯曲变形，挠曲线的变形微分方程为

$$\frac{\mathrm{d}^2\omega}{\mathrm{d}x^2}=\frac{M}{EI} \tag{5-42}$$

式中 ω——挠度；

x——任意截面与定点的距离；

M——弯矩；

E——弹性模量；

I——截面惯性矩。

求解式(5-42)，可得压杆失稳的挠曲线方程为

$$y=A\sin kx+B\cos kx \tag{5-43}$$

其中，$k^2=\frac{F}{EI}$，代入边界条件 $x=0$ 和 $x=h$，$w=0$，可得 $B=0, A\sin kh=0$，进一步推导可得 $A=0$ 或 $\sin kh=0$，而 $A=0$ 则代表杆件在任意位置的挠度均为 0，这与前面的微小变形假设相矛盾，于是只能是

$$\sin kh=0 \tag{5-44}$$

求解式(5-44)可得

$$k=\frac{n\pi}{h}(n=1,2,3,\cdots) \tag{5-45}$$

进一步得到

$$F=\frac{n^2\pi^2EI}{h^2}(n=1,2,3,\cdots) \tag{5-46}$$

由于需要求解的是临界屈曲载荷，因此取 $n=1$，可得

$$F_{\mathrm{cr}}=\frac{\pi^2EI}{h^2} \tag{5-47}$$

海底管道在一定意义上可视为一个细长的压缩杆件。在高温高压的运行条件下，海底管道会发生轴向膨胀，因此与海床土壤之间势必会有相互作用，土壤约束会限制管道的轴向移动，并且轴向力沿着管道的长度方向逐渐累积，当管道的临界屈曲载荷低于累积的轴向力时，管道发生侧向屈曲。其侧向最大位移受管道自身、管道截面几何尺寸、材料属性、初始几何缺陷以及管土相互作用等因素的影响。

2）Hobbs 的整体屈曲理论

1984 年，Hobbs 针对海底管道侧向屈曲展开了系统研究，其研究成果表明，理想直管道发生侧向屈曲时，屈曲模态可分为四种，具体如图 5-23 所示。理想直管道的侧向屈曲模态振型与三角函数类似，屈曲段中间变形最大，逐渐向两侧递减直至恢复到直线状态，其中屈曲模态 1 和屈曲模态 3 均为对称屈曲，屈曲模态 2 和屈曲模态 4 为反对称屈曲。此后，其又提出了第五种屈曲模态——无穷模态，这是一个完整的三角函数形状的模态沿管道无限延

伸后的屈曲模态。屈曲模态 1 一般出现在侧向屈曲最初形成时，随着管道温度的增加，轴向力增大，逐渐过渡到屈曲模态 3 的屈曲形式。屈曲模态 1 一般发生在隆起屈曲中，不可能发生在侧向屈曲中，这是因为要形成屈曲模态 1，需要在屈曲段过渡到直线段的过渡处形成侧向集中阻力，而侧向土壤无法提供该侧向集中阻力，因此裸置于海床上的管道发生屈曲时的屈曲模态多为模态 3。但是，在实际工程中，管道的屈曲受很多因素的共同作用，如管土相互作用、管道初始不平直度、管道截面几何属性等，因此实际屈曲模态并不容易直接预测。

基于小坡角变形假设，Hobbs 得到了隆起屈曲的控制方程，并基于此推导得出了有关隆起屈曲的解析解。而针对侧向屈曲，只需将隆起屈曲中的管道水下有效重度替换成侧向土壤阻力，就可推导得出关于海底管道侧向屈曲的解析解。

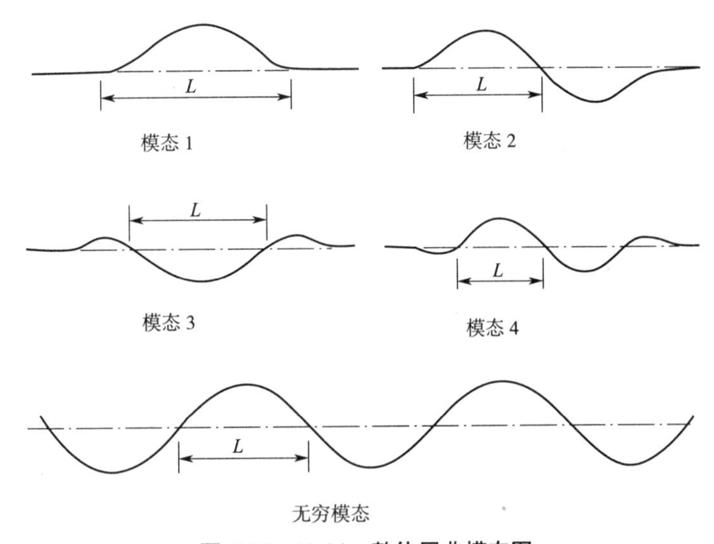

图 5-23　Hobbs 整体屈曲模态图

管道发生屈曲前的轴向力为

$$P_0=\frac{k_1EI}{L^2}+k_3\mu_\alpha W_sL\left\{\left[1+\frac{k_2EA\mu_L^2W_sL^5}{\mu_\alpha(EI)^2}\right]^{0.5}-1\right\} \tag{5-48}$$

屈曲段的轴向力为

$$P=\frac{k_1EI}{L^2} \tag{5-49}$$

侧向位移的幅值为

$$y=\frac{k_4\mu_LW_sL^4}{EI} \tag{5-50}$$

屈曲最大弯矩为

$$M=k_5\mu_LW_sL^2 \tag{5-51}$$

式中　L——屈曲段长度；

E——管道材料的弹性模量；

I——管道的截面惯性矩；

μ_α——轴向管土摩擦系数；

W_s——单位长度管道的水下有效重量；

A——管道横截面面积；

μ_L——侧向管土摩擦系数；

k_i——屈曲模态系数，i=1，2，3，4，5，可由表 5-3 查得。

表 5-3　各阶屈曲模态系数

屈曲模态	系数				
	k_1	k_2	k_3	k_4	k_5
1	80.76	6.39E-05	0.500	2.47E-03	0.069 38
2	$4\pi^2$	1.74E-04	1.000	5.53E-03	0.108 80
3	34.06	1.67E-04	1.294	1.03E-02	0.143 40
4	28.20	2.14E-04	1.608	1.05E-02	0.148 30
∞	$2\pi^2$	4.71E-05	4.71E-05	4.45E-03	0.050 66

由 Hobbs 推导得到的关于海底管道侧向屈曲的前四阶屈曲模态对之后的海底管道屈曲研究有很强的指导意义，关于其屈曲成因、屈曲位移变化、屈曲临界力以及轴向力的变化等都是之后研究人员的研究基础。但是，Hobbs 对整体屈曲的研究也有很大的局限性，其基于小坡角变形假设推导得出的关于理想直管道的解析解，与实际工程相比有很大的不同：一是海底管道在发生屈曲后，变形很大，小坡角变形假设已经不再适用，因此其对屈曲后特性的预测就会产生较大的误差；二是实际铺设的管道总会由于加工或者海床不平整等因素产生初始缺陷。针对上述问题的研究将是实际海底管道设计和应用的研究重点。

3）弹性稳定性理论

Ⅰ. 整体屈曲失稳类型

结构的平衡状态可分为三种：不稳定平衡状态、随机平衡状态和稳定平衡状态。若在结构平衡位置施加一个非常小的位移扰动，结构能恢复到原有的平衡位置，则称这种状态为稳定平衡状态；若不能恢复到原有的平衡位置，则称之为不稳定平衡状态；随机平衡状态通常为不稳定平衡状态到稳定平衡状态的过渡状态。

对于在高温高压条件下运行的管道，当轴力达到临界轴力时，管道就会发生类似细长杆失稳的现象，管道工程中称其为管道热屈曲，如图 5-24 所示。

当理想直管道发生屈曲时，其同一温度对应两个平衡位置，如图 5-24 曲线 1 所示，其中 B 点平衡位置所处的状态就属于不稳定的平衡状态，由于变形较小，轴力没有得到充分释放；C 点的平衡状态就是稳定的平衡状态，轴力经过变形得到充足的释放，B 点的平衡状态受到微小的扰动就会发生突然形变，跃迁到 C 点的平衡状态。

含有初始缺陷的管道有两种屈曲类型：跳跃型屈曲和分岔型屈曲。跳跃型屈曲如图 5-24 中曲线 2 所示，管道在屈曲失稳的过程中，伴随着形变上不连续的跃迁，快速由不平衡状态过渡到平衡状态，轴向力快速释放，并且其载荷形变曲线有极值点，该处对应的载荷即为临界屈曲载荷。分岔型屈曲如图 5-24 中曲线 3 所示，管道在屈曲失稳的过程中，其载荷形变曲线并没有极值点，不会发生突然的跃迁。跳跃型屈曲一般发生在初始缺陷幅值较小时，随着缺陷幅值的增大，而出现分岔型屈曲。

在实际工程中，发生跳跃型屈曲时常伴随着动力响应，管道受到更多的额外动力载荷而更容易发生破坏，因此应当尽量避免发生跳跃型屈曲失稳。

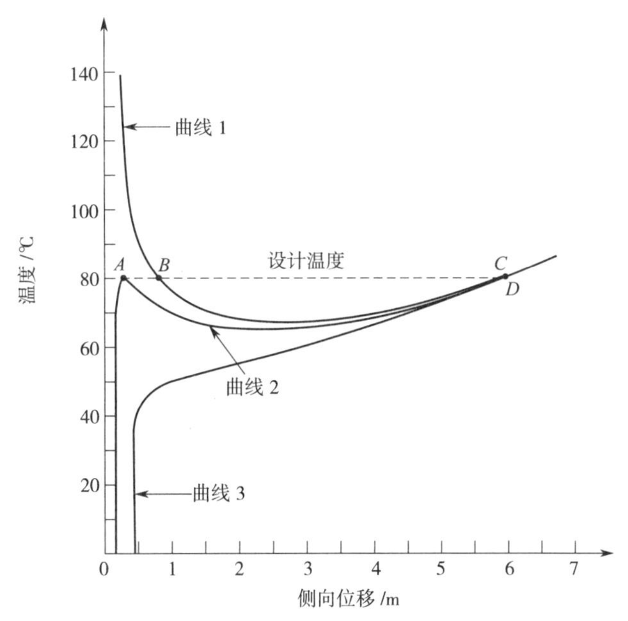

图 5-24　管道热屈曲温度 - 位移曲线

II. 非线性屈曲分析理论

进行结构稳定性分析时，需考虑采用的求解标准是基于线性标准还是非线性标准。线性标准求解可以得到良好的精度且易收敛，但是针对大多数实际问题，由于材料的几何非线性、边界非线性以及接触非线性，采用的求解标准更多是非线性标准。在海底管道整体屈曲的分析中，由于发生整体屈曲时，其应力一般并未超过其屈服强度，因此考虑的非线性一般是几何非线性。

在实际油气运输工程中，海底管道由于制造工艺以及海床不平整等原因存在各种初始缺陷，经常发生跳跃型屈曲，此时的屈曲分析就被称为非线性屈曲分析。非线性屈曲分析是一种主要考虑几何非线性，基于大变形效应的静力分析，以预设的最大载荷值作为分析的终止条件。

Ⅰ）非线性方程求解理论

海底管道整体屈曲的稳定性可以体现在温度 - 位移曲线上，需要通过精确的非线性分析得到。非线性问题的求解本质上是关于非线性的平衡方程组的求解，结构的平衡方程如下：

$$\left[K\left(\{\delta\}\right)\right]\{\delta\}=\{F\} \tag{5-52}$$

式中 $K(\{\delta\})$——总体刚度矩阵，它是节点的位移函数；

$\{\delta\}$——节点的位移分量；

$\{F\}$——节点的载荷分量。

不同于线性失稳分析，$K(\{\delta\})$为常量，在非线性失稳分析中，$K(\{\delta\})$是一个随结构内力变化的变量。总体刚度矩阵由单元刚度矩阵组成：

$$[K]=\sum[K_{\mathrm{e}}]=\sum\int[B]^{\mathrm{T}}[D][B] \tag{5-53}$$

式中 $[K_{\mathrm{e}}]$——单元刚度矩阵；

$[B]$——几何刚度矩阵，表示单元应变与节点位移之间的关系；

$[D]$——材料的应力 - 应变关系。

非线性问题的求解方法在目前大致可分为增量法、迭代法和增量迭代混合法。采用增量法求解非线性问题时，将载荷划分为多个载荷增量，这些增量可以相等也可以不相等，每次施加一个载荷增量，在每一步计算中，刚度矩阵$[K]$均为常数，且在不同的载荷增量中，刚度矩阵可以是不同的常数。实际上，增量法就是将非线性问题转化为线性问题逐步分段逼近，如图 5-25 所示。采用迭代法求解非线性问题时，一次性施加全部载荷，然后逐步调整位移和应变，使其满足非线性的应力 - 应变关系。对于大位移问题，采用较多的是增量迭代混合法，如图 5-26 所示。即给出多个增量载荷，每一级增量载荷用迭代法进行求解，可用变刚度迭代也可用常刚度迭代，最有效的方法是第 1、2 次采用变刚度迭代，之后采用常刚度迭代，当载荷增量足够小后，对每级载荷增量只需迭代一次，即成为普通的增量法。

现行数值模拟中常用的非线性求解方法为牛顿 - 拉普森迭代法（Newton-Raphson）以及弧长法（Riks）等。

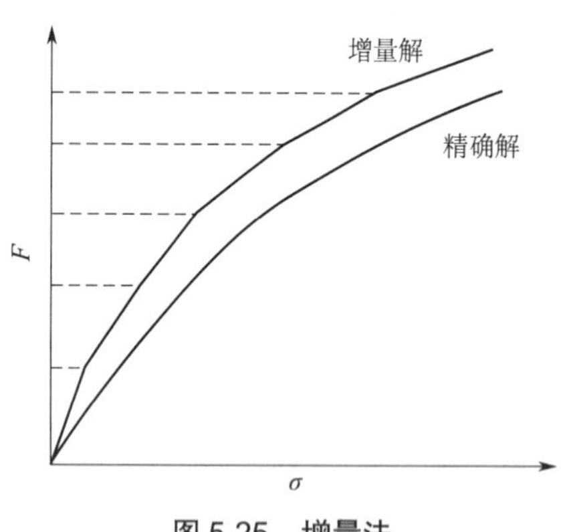

图 5-25 增量法

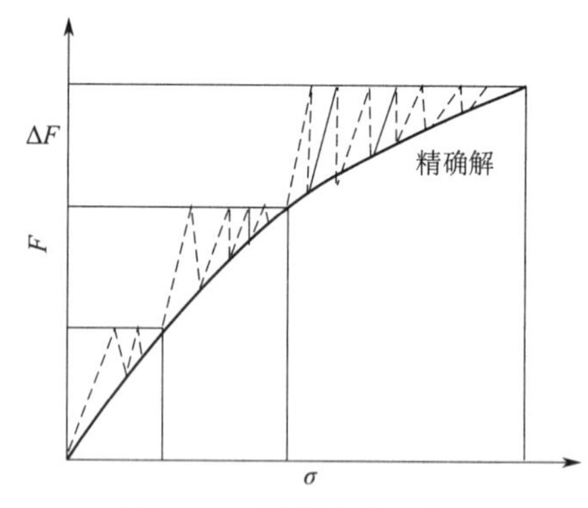

图 5-26 增量迭代混合法

Ⅱ）牛顿 - 拉普森迭代法

牛顿 - 拉普森迭代法在每一增量步的迭代公式如下：

$$\left[K_{\mathrm{T}}(\{\delta\}_n)\right]\{\Delta\delta\}_{n+1}=\{F\}-\{F\}_n \tag{5-54}$$

$$\{\delta\}_{n+1}=\{\delta\}_n+\{\Delta\delta\}_{n+1} \tag{5-55}$$

式中：$\{F\}_n=\left[K(\{\delta\}_n)\right]\{\delta\}_n$，根据刚度矩阵$K(\{\delta\}_n)$的不同取法，可将牛顿 - 拉普森迭代法

分为切线刚度迭代法和等刚度迭代法。

切线刚度迭代法的迭代过程参考图 5-25，具体迭代流程如下。

（1）代入初始刚度矩阵 $\left[K_{\mathrm{T1}}\right]$，求得初始位移近似值，即

$$\{\delta\}_1=\left[K_{\mathrm{T1}}\right]^{-1}\{F\} \tag{5-56}$$

（2）根据初始位移值，求得单元应变，进而由材料的应力 - 应变关系得到单元应力，节点载荷即可由单元应力计算求解，至此第一个迭代过程结束。第二个迭代过程则由上一个位移下的切线刚度 $\left[K_{\mathrm{T2}}\right]$ 来代表，整个迭代公式如下：

$$\Delta\{F\}_1=\{F\}-\{F\}_1 \tag{5-57}$$

$$\{\Delta\delta\}_2=\left[K_{\mathrm{T1}}\right]^{-2}\{\Delta F\} \tag{5-58}$$

重复以上步骤，不断变化切线刚度矩阵进行迭代计算，直至得到的位移值与精确解的误差足够小。

切线刚度迭代法每进行一次，新的迭代都需要重新计算刚度矩阵，工作量较大，在其基础上，后续又有人提出了等刚度迭代法，即在每次迭代计算时，保持刚度矩阵不变，具体迭代流程如图 5-27 所示。

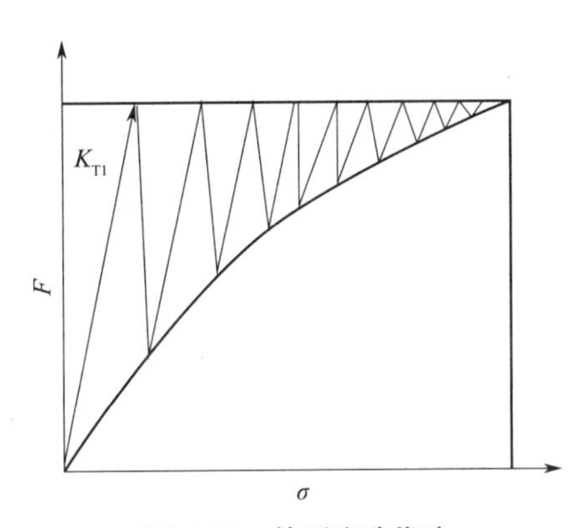

图 5-27　等刚度迭代法

其迭代步骤与完全迭代一致，不同之处在于每次迭代计算过程中使用的刚度矩阵均为初始切线刚度矩阵。相较于切线刚度迭代法，等刚度迭代法省略了每次求解切线刚度，但是其迭代的次数可能会相应增加，收敛速度较慢。

III）弧长法

经过数十年发展，非线性分析问题的求解方法主要有人工弹簧法、位移控制法、弧长法，其中牛顿 - 拉普森迭代法因求解方法快速和精确，而在非线性屈曲分析中得到广泛应用，但若想获得整个结构失稳过程中的载荷 - 位移变化曲线，尤其是对于分岔型屈曲这类非线性屈曲的分析，还是弧长法更为合适。该方法的本质是将失稳过程的解看作节点变量和加载参数所定义空间中的一个平衡路径，所使用的基础算法仍是牛顿 - 拉普森迭代法。

弧长法的迭代求解过程如图 5-28 所示，下标“i”表示第 i 个载荷步，上标“j”表示第 i 个载荷步下的第 j 次迭代，当载荷增量为零时，迭代过程就与牛顿 - 拉普森迭代法一致了。

若第 i-1 个增量步收敛于 (x_{i-1},λ_{i-1})，那么对于第 i 个增量步而言，则需要进行 j 次迭代才能收敛。外部参考力 $\{F_{\mathrm{ref}}\}$ 需要以外载荷的形式输入，作用在结构上的真实载荷则为 $\lambda\{F_{\mathrm{ref}}\}$。不同于牛顿 - 拉普森迭代法，其使用位移控制或载荷控制的方式加载，由于增量不固定，无法越过极值点得到轴向力释放阶段的载荷 - 位移曲线，弧长法使用变化的载荷增量步自动控制载荷，可以获得完整的失稳过程中的载荷 - 位移变化情况，但是其多了一个额外的未知量，需要增加一个新的控制方程才能求解，即

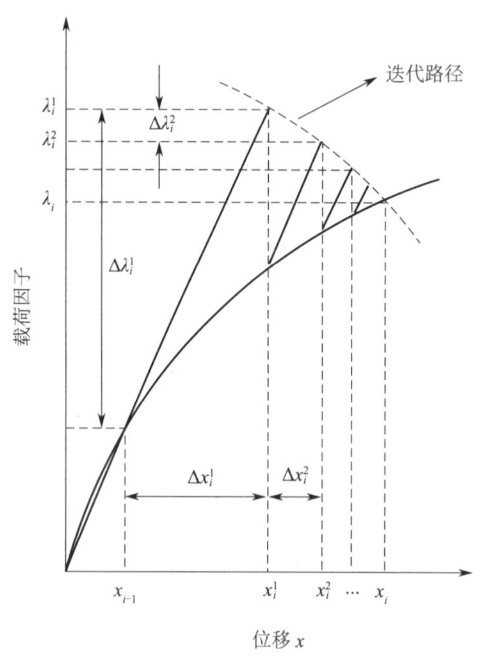

图 5-28 弧长法

$$\left(x_i^j-x_{i-1}\right)^2+\left(\lambda_i^j-\lambda_{i-1}\right)^2=l_i^2 \tag{5-59}$$

由控制方程可知，迭代路径是以 (x_{i-1},λ_{i-1}) 为圆心，l_i 为半径的圆弧，所以被称为弧长法。在计算中，通常需指定固定的弧长半径或初始的弧长半径，假如初始弧长半径已被设定，一般采用下式计算第二个收敛半径：

$$l_i=l_{i-1}\sqrt{\frac{n_{\mathrm{d}}}{n_{i-1}}} \tag{5-60}$$

式中 n_{d}——载荷步期望收敛所需的迭代次数，一般取 6；

n_{i-1}——上一载荷步收敛的迭代次数，大于 10 时取 10。

当 $j=1$ 时，根据上一载荷步收敛时的构型，计算得到下一载荷步的切线刚度矩阵 $[K]_i$，即图 5-28 中平行实线的斜率，通过下式可计算得到参考力对应的切线位移：

$$[K]\{x_{\mathrm{ref}}\}_i=\{F_{\mathrm{ref}}\} \tag{5-61}$$

$$l_i^2=\left(\Delta\lambda_i^1\right)^2+\left(\Delta x_i^1\right)^2=\left(\Delta\lambda_i^1\right)^2+\left(\Delta\lambda_i^1\{x_{\mathrm{ref}}\}_i\right)^2 \tag{5-62}$$

$$\left|\Delta\lambda_i^1\right| = \frac{l_i}{\sqrt{1+\{x_{\text{ref}}\}_i^{\text{T}}\{x_{\text{ref}}\}_i}} \tag{5-63}$$

$\Delta\lambda_i^1$ 由符号决定路径的行进方向，式(5-63)可求其大小，但无法确定其正负。

当 $j>2$ 时，采用切平面法简化计算：

$$\left(x_i^j - x_{i-1}, \lambda_i^j - \lambda_{i-1}\right) - \left(\Delta x_i^j \Delta x_i^j\right) = 0 \tag{5-64}$$

上述公式的一般形式只考虑了几何非线性，当考虑材料的非线性时，每个迭代步中的切线刚度矩阵需按目前的迭代步构型进行修正，即图 5-28 中的平行实线不再平行。

2. 有限元分析

由温度和压力导致的轴向压力与安装状态不同，对于受热膨胀的管道，这意味着钢材截面面积越大，轴向约束力就越大。因此，增加壁厚更易引发整体屈曲，但是增加壁厚有利于后屈曲状态。

载荷效应分析应当基于最不利的载荷组合，例如对于受腐蚀的截面通常使用名义壁厚计算结构抗力。稳健设计基于屈曲提前发生（也就是第一时间到达设计值），然后通常使用完整的横截面特性。

整体屈曲的校核一般是基于百年期的载荷效应，应该校核百年一遇的不同的控制载荷的组合。一般包括下列载荷效应组合的校核：

(1) 功能设计工况，百年期的极端功能载荷与相应的交互载荷和环境载荷；

(2) 干涉设计工况，极端交互载荷与相应的功能载荷和环境载荷，运行载荷的取值基于其与交互载荷同时发生的概率，这意味着干涉设计工况的运行载荷的取值依据拖网作业频率。

(3) 环境设计工况，百年期的极端环境载荷与相应的功能载荷和环境载荷。

进行管道整体屈曲设计分析时，应分别考虑管道在建设和运行中经受的所有载荷及这些载荷引起的效应。载荷可分为以下类型：

(1) 功能性载荷，包括永久载荷和可变载荷；

(2) 环境载荷；

(3) 偶然载荷。

载荷组合应考虑与管路系统相关的所有设计相位，通常包括启动、运行条件下运行、设计条件下运行、关闭、停止和关断状态。

对于平坦海底的裸露管道（情况Ⅰ）的简单构型和埋设管道（情况Ⅲ）的简单构型可使用解析方法，但是对于崎岖海底的裸露管道（情况Ⅱ）、平坦海底的裸露管道（情况Ⅰ）的复杂构型和埋设管道（情况Ⅲ）的复杂构型有必要应用先进的有限元方法。对于所有情况，初始构型对管道的最后应力阶段贡献明显，因此合理量化初始构型、考虑不确定性非常重要。

对于裸露于平坦海底管道的整体侧向屈曲，在某些情况下可以使用解析方法。相关文献提供了不同的解析模型，但这些解析模型具有局限性，这是因为它们基于下列假设：

(1) 线弹性材料行为；

(2) 将轴向和侧向管土作用简化为库仑摩擦力；

(3)有限旋转理论;

(4)根据假定的屈曲模式施加的初始屈曲构型和后屈曲构型,对于小的初始缺陷,其屈曲动员载荷与假定的模态振型有关,而模态振型可能与实际铺设的管道构型不同。

如果解析模型的一个或多个限制不能满足,则需要进行更加详细的分析。

对于一个被覆盖管道的隆起屈曲,侧向土壤阻力通常要比垂向阻力大。因此,管道更容易在垂直方向上移动,并破坏土壤覆盖层而产生隆起屈曲。因此,设计一个足够高的覆盖高度,以防止隆起屈曲,并保持管道固定在原始位置。在计算隆起屈曲的文献中也有侧向屈曲的分析方法,更适用于概念设计阶段,其典型的局限性反映在以下方面:

(1)只能适用于线性弹性材料行为;

(2)难以表征一个任意的具体缺陷;

(3)假设土壤上浮阻力沿着全部缺陷的长度(在垂弯段,情况并非如此,管道将有向下移动的趋势,以致土壤不提供上拔抗力);

(4)没有考虑垂直方向土壤阻力 - 位移变化关系;

(5)没有考虑存在的循环加载和可能的蠕变。

通常应用非线性的有限元分析来分析管道整体屈曲的响应。有限元分析应该考虑材料的非线性材料行为,通过有效的屈服面和硬化规则考虑材料的非线性和二维(纵向和环向)应力状态。基于屈服应力和极限强度的应力 - 应变曲线应该使用规定最小值 f_y 和 f_u,并且采用工程应力。应力 - 应变曲线的选择应与有限元程序中使用的一致。另外,如果管道的相对转动超过 0.1 rad,整体管道屈曲要应用大旋转理论进行分析。模型中的管道单元类型应能够考虑均匀的环向应力和压力效应。在可能发生屈曲的区域,单元长度通常为管道直径,而在直管道部分,单元长度可以适当加长。

管土相互作用通常采用在管道上附加一系列独立的非线性弹簧来模拟,或者通过接触来模拟。这些弹簧或接触面可以表征非线性的力 - 位移关系,并且可以表示管道与周围土相互作用时管道表面受到的法向力和轴向力的合力。在模型中,需要详细评估管土阻力的极值效应。如果忽略轴向极值阻力,可能会导致屈曲预测不足,从而出现过长的过渡区域。

管道的屈曲模式受到管道安装构型的影响。在直线构型的管道中,理论上应该没有应力。因此,在无初始应力的直管道构型中,应该引入真实的或假定的缺陷,以触发相关的屈曲模态。

对于埋设管道,在调整表征管道安装构型的测量数据时,不能使用平滑方法,而应使用调整管道刚度的方法。另外,有限元分析中应该考虑管道的载荷历史效应,如注水、系统加压测试、排水和关闭 - 重启动循环等,并评估循环加载效应,以考虑可能的应变累积效应或降低弯矩。

3. 有限元分析实例

下面以应用有限元软件 ABAQUS 为例,建立海底管道在位的有限元模型,分析管道安装完毕后具有初始位移的动态分析过程。

ABAQUS 的基本概念是将加载历史分解成几个步骤。对每一个步骤,用户可以选择分析过程。这意味着可以采用任意的载荷序列或任意种类的分析来完成相应的工作。例如,可以在一个静态分析步骤模拟管道充气，在下一个静态分析步骤模拟管道放空，然后在第三个分析步骤则进行空管的动态分析。表 5-4 给出了建立模型的一个典型的载荷历程。

表 5-4　用 ABAQUS 分析模型的典型的负载累加

操作序号	加载	分析步骤
1	加载管道自重和浮力	静态分析
2	加载静水压力	静态分析
3	加载管道拉应力	静态分析
4	还原海底管道	静态分析
5	修改边界条件	静态分析
6	管道充水	静态分析
7	加载管道内水压力	静态分析
8	卸载管道内水压力	静态分析
9	管道内充气	静态分析
10	加载气体压力	静态分析
11	加载管道温度	静态分析
12	卸载管道温度	静态分析
13	加载波浪和海流	动态分析

ABAQUS 中的静态分析用于处理大规模移位影响及材料非线性导致的线性问题，以及如接触、滑动、摩擦（管体与海床相互作用）的边界非线性问题。ABAQUS 用牛顿法求解非线性平衡方程，因此解答由一系列增量步骤组成，每个增量步由迭代达到平衡。

而动态分析则用来研究管道的非线性动态响应。一般的非线性动态分析利用整个模型的隐式积分法来计算系统的瞬态动力响应。因此，ABAQUS 提供的称为 Hilbert-Hughes-Taylor 算子的直接积分法被应用在模型中。Hilbert-Hughes-Taylor 算子是隐式的，积分算子矩阵必须求逆，一系列同时发生的动力平衡方程必须在每个时间增量内得到处理。这种解法用牛顿法进行迭代求解。

采用 PIPE31H 管道单元来模拟管道，PIPE31H 单元是两节点十二个自由度单元，如图 5-29 所示。其可应用于中空的薄壁圆截面柱体，并支持用户指定的外压和（或）内压。这种单元也可以处理因高管体轴向应变造成的管体截面面积变化的情况。在模型中用 R3D4 刚性单元来模拟海床，四节点 R3D4 钢体单元可以模拟具有任意几何形状的复杂表面，并被用来模拟海底地势。ABAQUS 模拟海床的一个非常重要的特性是它能够使用刚性单元平滑地生成海床表面，使其比原始的小平面表面能够更好地代表海床表面。在模型中，确定海床的 R3D4 单元系列作为与管体单元接触应用中所谓的主表面。

4. 高温埋设管道隆起屈曲的数值模拟

高温是引发海底管道整体屈曲失效的主要因素，而海床上存在的局部隆起使高温埋设管道更加容易发生隆起屈曲。通常情况下，普遍认为管道中的轴向载荷是引起管道隆起屈曲的主要因素。管道轴向载荷的大小取决于多种因素，如铺设过程中产生的张力、管道运行过程中温度变化所产生的轴向载荷，以及管道与海底的摩擦，或者管道与沟槽的摩擦等。对于海底高温管道，温度载荷是管道发生隆起屈曲的关键控制因素。

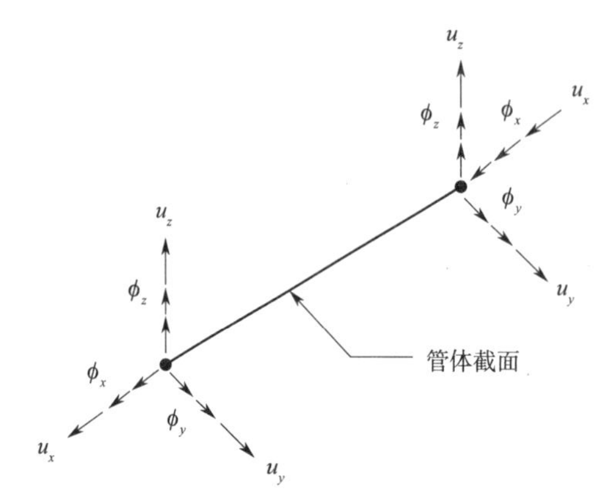

图 5-29　两节点十二自由度的三维有限管体单元

沟槽不平整给解析求解带来了许多困难，因此通常通过数值模拟的方法来分析具有初始隆起缺陷的海底管道的隆起屈曲，如图 5-30 所示。

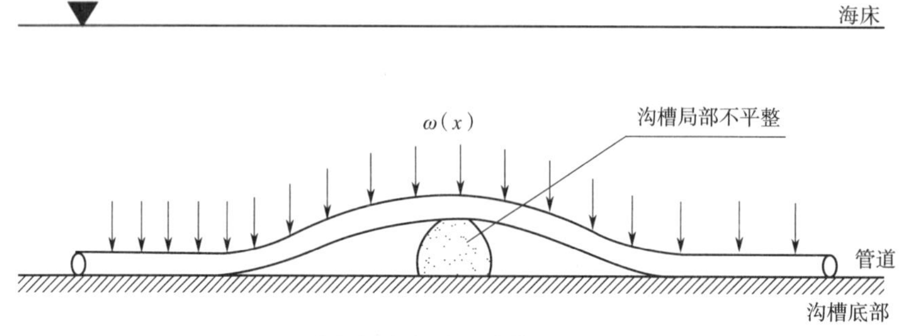

图 5-30　有初始隆起缺陷的管道发生隆起屈曲

利用 ABAQUS 软件进行数值模拟，海底埋设高温管道的隆起屈曲问题本质上是欧拉杆失稳问题，而当沟槽不平整、管道具有初始隆起缺陷时，隆起屈曲受沟槽不平整高度影响很大，可采用非线性有限元模型的方法来解决。

由于模拟的管道直径远小于管道长度，且应着重考虑沿管道长度方向的应力，因此采用梁单元模拟管道，而以刚性体模拟具有不平整高度的沟槽土体。

1）确定管道长度

在非线性有限元模型中，管道长度的选取要考虑很多因素。首先，管道采用梁单元进行模拟。其次，选取的管道长度应至少能够模拟管道发生隆起屈曲时的一个波长，且在非线性计算过程中管道两端还需要留有一定的余量，用以消除边界效应。

2）边界条件加载

根据海底管道在海床沟槽中形态的实际情况，以及温度载荷是引起海底高温管道发生隆起屈曲的关键因素，对模拟管道施加如下载荷：对管道预加温度场来模拟管内的高温，对管道施加一定的垂向载荷来模拟管道自重；同时对管道施加约束，如用管土相互作用单元来模拟埋设管道与周围土壤之间的相互作用，限制管道两端的轴向位移，定义管道与沟槽之间存在有摩擦的相互接触，另外特别通过沟槽中部的凸起引入管道的初始几何缺陷。

3）计算垂向载荷

管道的垂向载荷由两部分组成：管道的浮重及上部覆土提供的垂向载荷。其中，管道上部覆土为管道抵抗隆起屈曲提供垂向的阻力，不同的土体（砂土或者黏土）具有不同的特性，因此在分析该阻力大小时需要分别进行计算。

土壤对管道的抵抗隆起屈曲的阻力可分为黏土与砂土两种情况。

（1）砂土所提供的上拔阻力按下式计算：

$$R_{\text{sand}} = \gamma' HD + \gamma' D\left(\frac{1}{2} - \frac{\pi}{8}\right) + f\gamma'\left(H + \frac{D}{2}\right)^2 \tag{5-65}$$

式中　γ'——土壤浮重；

H——管道上部覆盖土体高度（海床至管道最上端）；

D——管道直径（若为外敷混凝土配重层的管道，则为混凝土涂层外径）；

f——隆起系数，$f = K\tan\varphi$，其中 φ 为摩擦角，K 为侧向土压力系数。

（2）黏土所提供的上拔阻力按下式计算：

$$R_{\text{clay}} = \gamma' HD + \gamma' D^2\left(\frac{1}{2} - \frac{\pi}{8}\right) + 2S_{\text{U}}\left(H + \frac{D}{2}\right) \tag{5-66}$$

式中　S_{U}——管道中心到沟槽顶部的平均不排水剪切强度。

4）数值模拟分析

温度载荷是引起海底高温管道发生隆起屈曲的关键参数。研究温度载荷对隆起屈曲的影响时，模型中忽略管道的内外压力。

根据已知条件，计算出施加的垂向载荷，用上述有限元模型对管段模型进行计算，在分析过程中逐渐升高管道内的温度，当管道垂向移动发生跳跃式增长（发生隆起屈曲）时，其对应的温度即为管道隆起屈曲的临界温度载荷。与管道的设计温度相比较，当临界温度大于设计温度时，即表明管道在作业时不会发生隆起屈曲。

5.3.3　防止管道整体屈曲的措施

整体屈曲会使管道中的应力、应变随温度的升高而累积，从而导致屈曲失效或疲劳效应。因此，在海底管道整体稳定性设计中，屈曲防护是关键之一。对于有发生整体屈曲风险的海底管道，可采取控制和抑制措施。

（1）抑制管道发生整体屈曲：降低温压载荷、增加管道抗弯刚度、提高海床约束力（如沟槽或掩埋保护、堆积石块或混凝土块、锚固等），以完全消除管道的整体屈曲。

（2）诱发管道发生可控的整体屈曲：屈曲的形成（及其数量、位置、形状以及相应的临界载荷）是侧向屈曲设计中的关键不确定性，为确保沿管道形成规则的屈曲，在整个管道长度内的一些计划段人工实施屈曲起始技术，即在预定位置引入屈曲诱导因素，以促进管道发生可控整体屈曲。控制屈曲是一种相对具有成本效益的屈曲保护方案，适用于深水管道。通常促进屈曲的稳定形成，并且能够控制不同屈曲之间的间距以及功能载荷有三种方法，分别为枕木法、蛇形铺设法和分布浮力法。

1. 枕木法

枕木法是在管道特定位置布置枕木或者管垫，将其作为已安装管道的初始缺陷，激发管道发生垂向转为侧向的整体屈曲，如图 5-31 所示。其中，枕木或者管垫之间的布置间距和枕木或者管垫的布置高度是枕木法设计的关键参数。

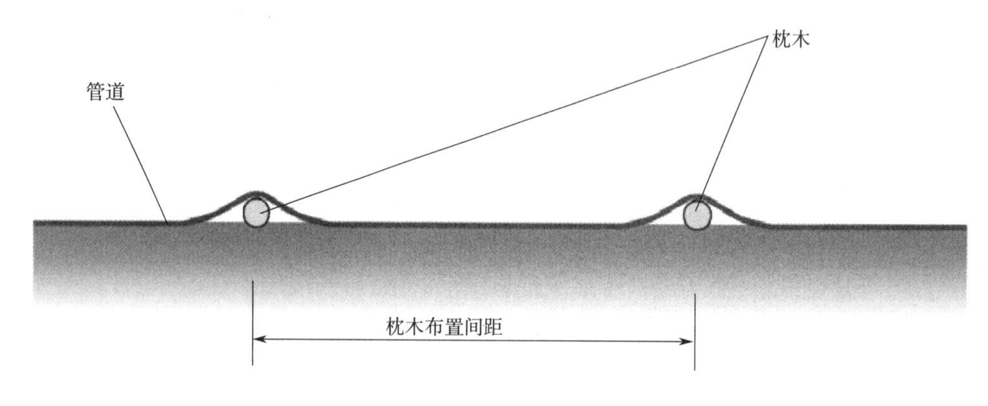

图 5-31　枕木法

最初，人们开展的是单枕木的相关研究，如推导诱发管道侧向屈曲所需枕木高度的解析解，数值模拟表明枕木高度与侧向土壤刚度有很大的关系。针对铺设枕木并且裸置于海床上的管道，采用能量分析法分别推导出一阶和三阶屈曲模态侧向屈曲的解析解，并指出在实际工程中相较一阶模态的侧向屈曲三阶模态更易发生。

然而，随着管道的运行温度增加，单枕木的布置难以成功诱发屈曲的发生，通常需要更复杂的方式来诱发管道发生侧向屈曲。经过与单枕木法对比，发现双枕木法能缩小管道侧向屈曲的应力 - 应变变化范围。采用数值模拟的方法，系统地研究枕木 - 浮力耦合法对海底管道侧向屈曲的影响。结果表明，在枕木两侧布置分布浮力块可有效触发管道侧向屈曲，同时促使管道轴力的释放，降低管道屈曲段的应力。

2. 蛇形铺设法

蛇形铺设法是在工程中将管道以蛇形铺设，如图 5-32 所示。蛇形铺设法以设计路由为中心线，将管道以给定幅值有规则地偏移铺设，其主要控制因素为偏移设计幅值、蛇形布置间距和蛇形转弯半径。

蛇形铺设法控制屈曲的原理为通过在预定位置设置一系列水平向初始缺陷来诱发管道发生可控的整体屈曲。可通过改变布置间距和幅值来控制管道屈曲后侧向位移以及发生屈曲时的轴力，从而使屈曲得到合理的控制。该法安装简单，诱发屈曲成功率也非常高，研究表明，在规定屈曲处屈曲诱发成功率达 90%。然而，该法也有很明显的缺点，如非常耗时和投资大。

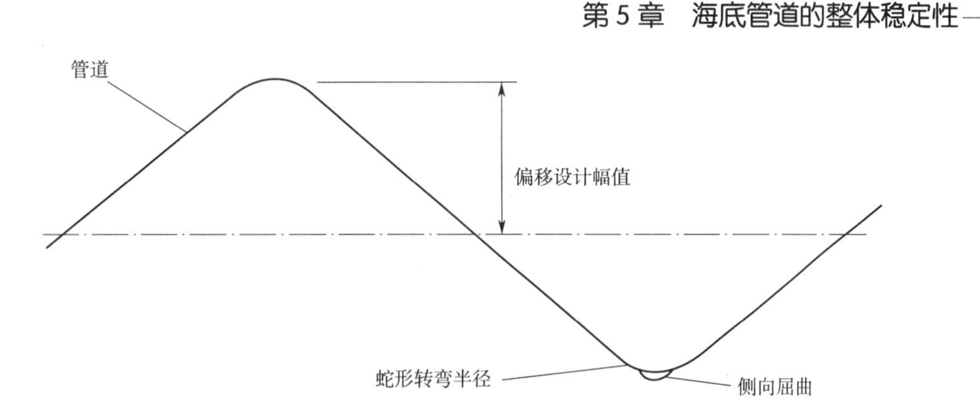

图 5-32　蛇形铺设法

3. 分布浮力法

分布浮力法为在管道特定位置布置浮力点或浮力块，降低管道的浮容重，通过降低管道与海床表面的接触或者实现海床与管道分离的方式，减小管道所受的土体约束力，从而降低管道临界屈曲载荷，以达到在特定位置诱发屈曲的目的，如图 5-33 所示。浮力块的布置间距、浮重比以及浮力块的布置长度是分布浮力法设计的主要参数。浮力作用段管道的浮容重可降低至正常管段浮容重的 10%~15%。

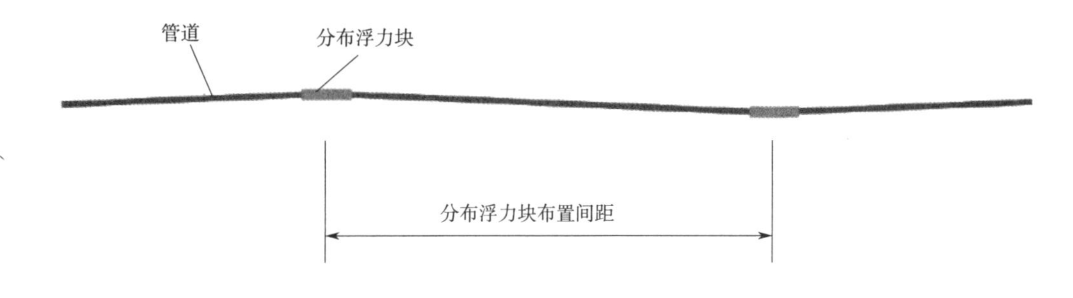

图 5-33　分布浮力法

5.4　自由悬跨管道

5.4.1　概论

1. 自由悬跨管道

海底自由悬跨管道出现于任何不平或者沉降海床上，如图 5-34 所示。悬跨管道的成因主要包括海床的不平、海床表面的变化、人工支架或岩梁、管道的交叉和端接等。合理的结构响应对于管道的正常操作很关键，因此对于所有悬跨管道都应该开展疲劳和局部屈曲的完整性评估。悬跨管道可以根据地貌进行分类，进而定义是隔离的悬跨管道还是相互作用的悬跨管道。地貌分类决定了悬跨管道分析的复杂度，有利于悬跨管道的响应分析。

（1）如果两个或者更多个连续的悬跨管道的静态和动态响应不受相邻的跨度影响，则认为它们是隔离的单一跨度。

（2）如果两个或者更多个连续的悬跨管道的静态和动态响应受相邻的跨度影响，则认为它们是相互作用的多跨度。如果悬跨管道是相互作用的，大于一个的跨度必须包括在管道和海底的模型中。

图 5-34　海底悬跨管道

2. 自由悬跨管道的分类

1）按照成因分类

按照成因，悬跨管道可划分为以下类型。

（1）由于海床的侵蚀或者海床形状的变化导致的侵蚀性悬跨管道，悬跨管道状态（跨度、间隙比等）可能随着时间变化。

（2）不规则的海床剖面导致的不平性悬跨管道。一般来说，这种悬跨管道不随着时间变化，除非是诸如压力和温度等作业参数发生了较大的变化。

悬跨管道评估必须考虑正常操作情况下压力和温度的变化可能导致跨度特性发生重大变化。例如安装在不平海床上的管道，在操作期间会屈曲，在开关管道和侧向屈曲的联合作用下，可能会在管道内产生张力并进而发展成几个悬跨，悬跨的长度和高度在操作期间可能会有很大的变化。

2）按照形态分类

按照形态，悬跨管道可分为孤立的单跨度和相互作用的多跨度。图 5-35 所示为一个典型孤立单跨。

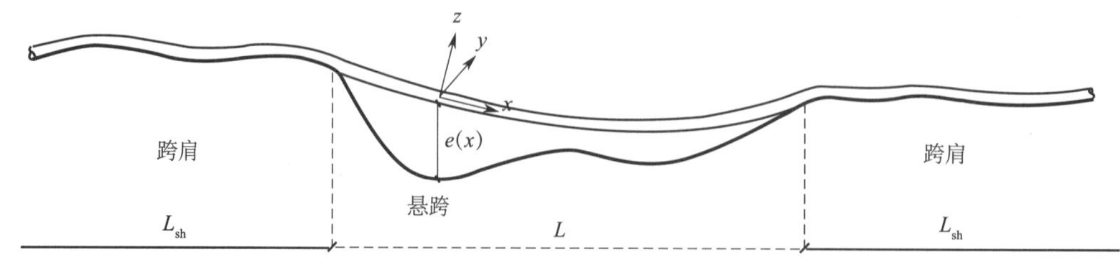

图 5-35　典型孤立单跨

其中，间隙 e 是管道底部和海床之间的距离，为管道位置 x 的函数；L 为自由跨度长度，定义为间隙 e 为正值（$e(x)>0$）的连续截面的长度；自由跨度任一侧 $e(x)=0$ 的连续支撑截面的长度定义为跨度肩部，简称跨肩，长度为 L_{sh}。

如果一个特定的自由跨度与其他跨度之间有相当长的管道 - 土壤接触，则称之为孤立的单跨，如图 5-36 所示。然而，在典型的粗糙海床上跨度通常很近，如图 5-36 和图 5-37 所示。

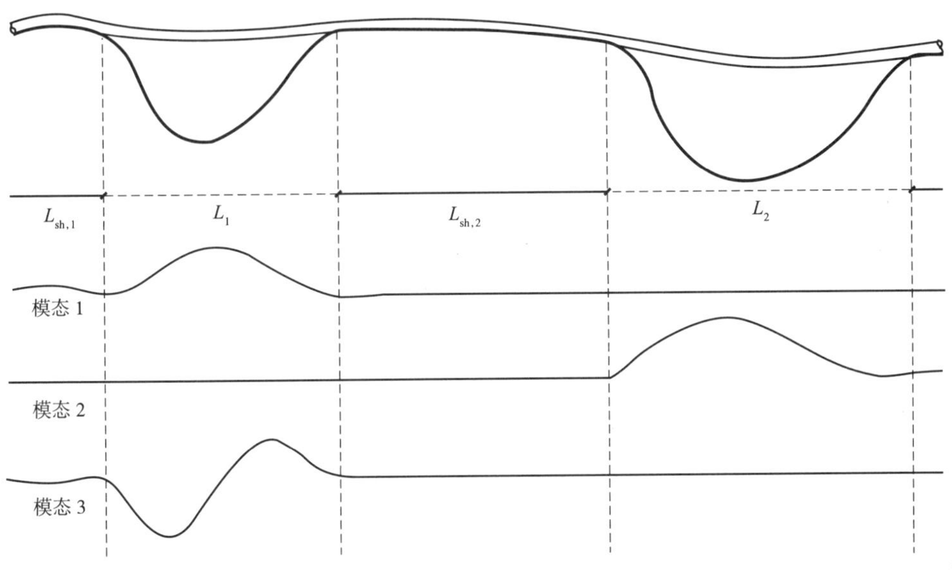

图 5-36　粗糙海床上的典型情况（其中自由跨度仍然是孤立的单跨度）

在图 5-36 中，两个跨度彼此非常接近。然而，如果假设图 5-36 中的三种模态是跨度的唯一活动模式，则跨度的静态和动态响应应不受彼此影响，故跨度间不会相互作用。

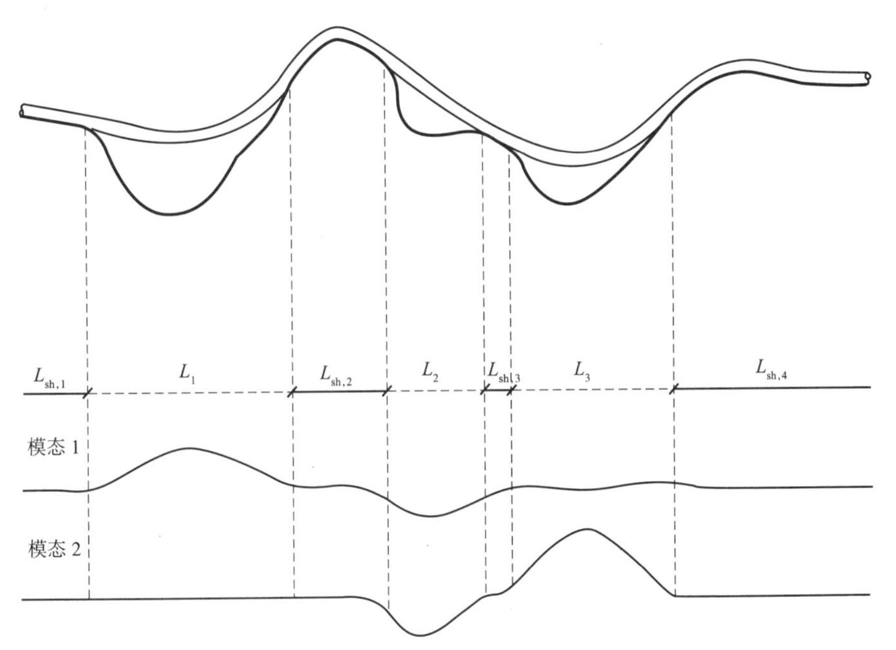

图 5-37　典型相互作用的多跨度

在图 5-37 中，三个跨度非常接近，第二肩部处的峰值影响静态结构，特别是第二跨度的静态结构。此外，从模态形状可观察到，每个单跨的动态响应会受到其他跨的影响。因此，图 5-38 中的多跨度是一个相互作用的多跨度。

孤立单跨度和相互作用多跨度之间区别的定性描述如下：

（1）如果相邻跨度（如有）对静态和动态响应的影响可以忽略不计，则自由跨度被视为孤立的单跨；

（2）如果跨度的静态和动态响应受到其他跨度的影响，则两个或多个跨度的序列是相互作用的多跨度。

3. 悬跨管道振动的分类

悬跨管道振动可以分为以下几类。

（1）孤立的单一跨度：单一模态响应。

（2）孤立的单一跨度：多模态响应。

（3）相互作用的多跨度：单一模态响应。

（4）相互作用的多跨度：多模态响应。

5.4.2 设计标准

典型管道设计的部分流程如图 5-38 所示。在确定管道直径、材料、壁厚、潜在挖沟以及重量和绝缘涂层后，在评估自由跨度前，需要解决整体屈曲设计和有效轴向力的释放问题。需要强调的是，自由跨度评估应基于对有效轴向力的实际估计，并且应适当考虑由于跨度下垂、横向屈曲、端部膨胀、运行条件变化等引起的变化。

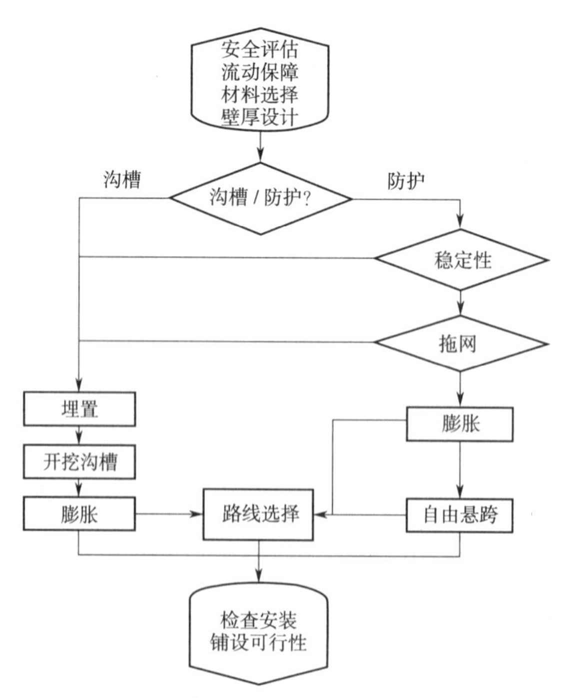

图 5-38 管道设计和自由跨度设计流程

5.4.3　响应模型

1. 涡激振动

涡激振动（VIV）是海底悬跨管道的主要振动形式，当旋涡泄放频率接近悬跨管道自振频率时，尾流旋涡泄放频率会固定在结构自振频率附近，而不按其本身频率泄放，即频率“锁定”。频率“锁定”会使悬跨管道出现横向振动，并可能发生“共振”，这种共振的振幅可能非常显著。在涡激振动的长时间作用下，悬跨管道会产生疲劳破坏。由涡激振动以及“共振”现象导致的悬跨管道失稳以及疲劳破坏是海底管道失效的重要形式。

根据雷诺数，旋涡脱落可分为以下四个区域：

（1）低于亚临界区，旋涡开始发展，并呈线性增加；

（2）亚临界区；

（3）过渡区；

（4）超临界区。

在亚临界状态，斯特鲁哈尔数 Sr 为 0.2，约化速度 V_R 为 5，这意味着在固定圆柱体上振动频率等于旋涡泄放频率。

涡激振动在相当大的约化速度范围内都会出现，这一方面是由于旋涡脱落频率锁定在运动频率上；另一方面是由于附加质量随约化速度剧烈变化，从而导致固有频率也随约化速度变化。

为了便于研究自由管道悬跨的响应，根据波浪和流的相对大小对管道所处的流域进行划分，引入流速比 α，即

$$\alpha=\frac{U_c}{U_c+U_w} \tag{5-67}$$

式中　U_c——垂直于管道的平均流速；

U_w——垂直于管道的有效波浪引起的流速。

在表 5-5 中，当 $\alpha<0.5$ 时，以波浪为主，流叠加在波浪上。在顺流向流的方向，可以根据莫里森公式来描述顺流向载荷，旋涡泄放引起的顺流向流涡激振动可以忽略。当 $0.5\leqslant\alpha<0.8$ 时，以波浪为主，波浪叠加在流上。在顺流向流的方向，可以根据莫里森公式来描述顺流向载荷，旋涡泄放引起的顺流向流涡激振动在波浪作用下减弱。在横向流方向，横向流载荷主要源于旋涡泄放的不对称性，这种情况和以流为主导的情况类似。当 $\alpha\geqslant0.8$ 时，在顺流向流的方向载荷包括一个稳定的拖曳力和由于旋涡泄放引起的振荡。根据莫里森公式计算的顺流向流方向的载荷可以忽略，横向流方向的载荷由于旋涡泄放的周期性，而类似于纯粹流的情况。$\alpha=0$ 对应于纯粹波浪产生的流，$\alpha=1$ 对应于纯粹稳定流。

表 5-5　流速比与流域分类的关系

流速比	流域分类
$\alpha<0.5$	以波浪为主导
$0.5\leqslant\alpha<0.8$	波浪和流的联合作用

续表

流速比	流域分类
$\alpha \geqslant 0.8$	以流为主导

振幅响应模态是经验响应模态，提供最大的稳定流状态的涡激振动振幅为基本水动力和结构参数的函数。下面的响应模态来自可以得到的试验数据和有限的全尺度测试：

（1）顺流向流 VIV 在稳定的流速下，并且是流占主导的情况；

（2）横向流 VIV 引起的顺流向运动；

（3）横向流 VIV 在稳定的流速下和波流联合作用的情况。

响应模态和一般所接受的 VIV 概念相一致。在响应模态中，分别考虑顺流向振动和横向流振动。在流占主导的情况下，来自双方的一阶和二阶顺流向不稳定区域的破坏是隐含解。横向流引起的附加的顺流向流 VIV 可能会增加疲劳损伤，应该采用合适的方式加以考虑。只要横向流产生 VIV，横向流引起的顺流向流 VIV 和所有范围内的约化速度相关。

然而，雷诺数 Re 在评估响应振幅时不是直接因素，响应振幅取决于一系列水动力参数，这些参数构成了环境数据和响应模型之间的纽带，具体包括：

（1）约化速度 V_R；

（2）Keulegan-Carpenter 数，KC；

（3）稳定参数 K_s；

（4）流速比 α；

（5）紊流强度参数 I_c；

（6）流向相对于管道的入射角 θ_{rel}。

一般在描述涡激振动时使用约化速度的概念，V_R 可以定义为

$$V_R = \frac{U_c + U_w}{f_j D} \tag{5-68}$$

式中　f_j——第 j 阶振动模态的结构固有频率；

U_c——垂直于管道的平均流速；

U_w——垂直于管道的有效波浪引起的流速；

D——管道的外径。

KC 定义为

$$KC = \frac{U_w}{f_w D} \tag{5-69}$$

式中　f_w——有效波浪频率，$f_w = \dfrac{1}{T_u}$。

稳定参数代表给定模态的阻尼，可以定义为

$$K_s = \frac{4\pi m_e \zeta_T}{\rho_w D^2} \tag{5-70}$$

式中　ρ_w——水的密度；

ζ_T——总的模态阻尼比，包括结构阻尼 ζ_{str}、土壤阻尼 ζ_{soil} 和流体动力阻尼 ζ_h；

m_e——有效质量。

在给定的流速下，如果在同一方向几个振动模态变得活跃，应该考虑多模态响应。下面既简单又保守的过程可以用来检查单一或者多模态响应。

（1）建立在要考虑的垂直（横向流）和水平（顺流向流）方向的最低频率。

（2）根据在管道水平方向上的 1 年一遇的流计算约化速度，被激励的频率可以施加下面简单的标准识别：

① $V_{RD,CF}>2$，对于横向流；

② $V_{RD,IL}>1$，对于顺流向流。

（3）如果只有一种模态符合这个标准，则这个响应是单一模态，反之这个响应是多模态。

考虑涡激振动引起的阻力放大，阻力放大对构件的整体响应以及圆柱阵列中圆柱体之间可能发生的干扰很重要。对于固定圆柱，涡激振动对于拖曳力系数所带来的变化可以表示为

$$C_D = C_{Do}\left(1+2.1\frac{A}{D}\right) \tag{5-71}$$

式中　A——横向流的振动幅值；

C_{Do}——静止圆柱体的拖曳力系数；

D——构件直径。

当以波浪为主时，其阻力放大比纯粹流的情况要大，波浪中的阻力放大可以表示为

$$C_D = C_{Do}\left(1+\frac{A}{D}\right) \tag{5-72}$$

2. 响应模型

1）顺流向流响应

对于海流占主导的管道，顺流向流响应与改变或者平衡旋涡泄放相关。顺流向流响应模型中包含来自第一阶和第二阶的不稳定区域，适用于所有的顺流向流振动模态。

顺流向流响应振幅主要取决于约化速度 V_R、稳定参数 K_s、紊流强度参数 I_c 和相对于管道的入射角 θ_{rel}，基于保守考虑，忽略来自海床的递减因素。

顺流向流 VIV 引起的应力幅度 S_{IL} 通过响应模型来计算：

$$S_{IL} = 2A_{IL}\frac{A_Y}{D}\Psi_{\alpha,IL}\gamma_s \tag{5-73}$$

式中　A_{IL}——单位应力振幅；

$\Psi_{\alpha,IL}$——对流速比的缩减系数；

γ_s——应力幅度的安全系数；

$\frac{A_Y}{D}$——由 V_R 和 K_s 定义的最大的顺流向流 VIV 反应振幅，如图 5-39 所示，其相应的均方差是 $\frac{A_Y}{D}/\sqrt{2}$，相应的响应模型可以根据图 5-40 建立。

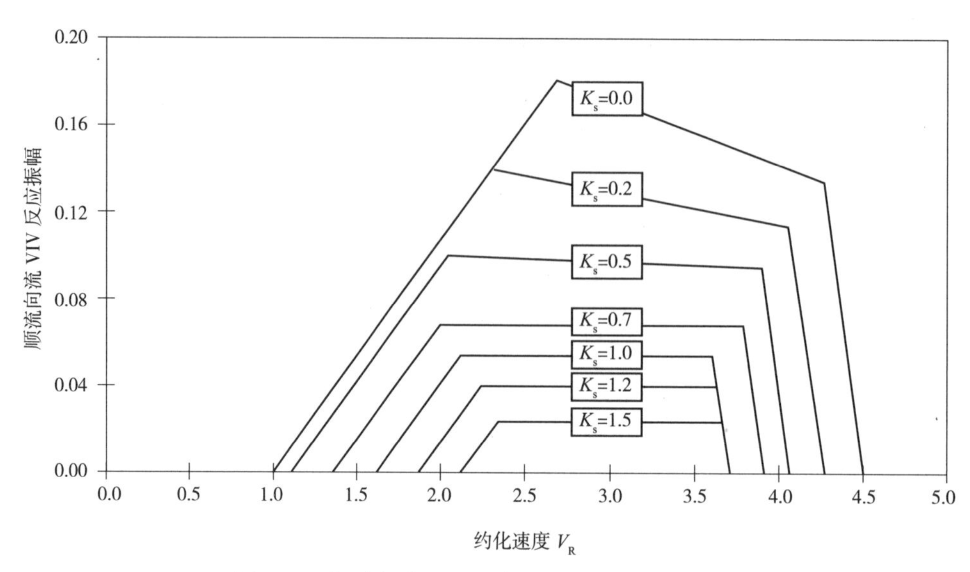

图 5-39　顺流向流 VIV 反应振幅与 $\boldsymbol{V}_{\mathbf{R}}$ 及 $\boldsymbol{K}_{\mathbf{s}}$ 的关系

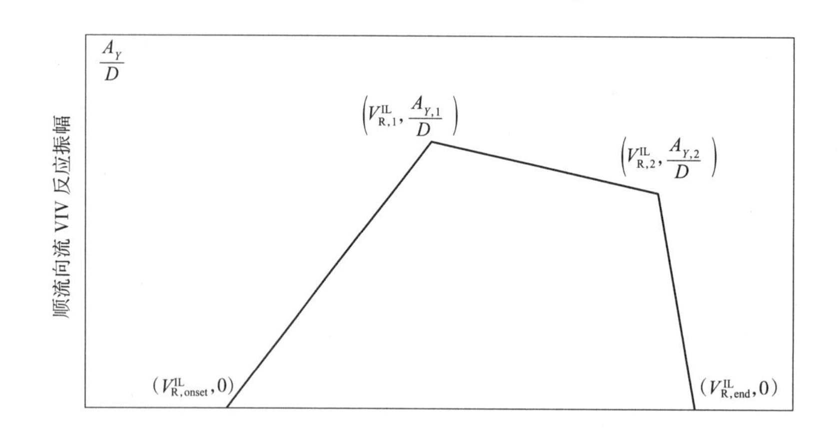

图 5-40　响应模型的产生原则

紊流强度参数与流向角度的简化关系如图 5-41 所示。

在以波浪为主的海况中顺流向流 VIV 的缩减系数 $\Psi_{\alpha,\mathrm{IL}}$ 为

$$\Psi_{\alpha,\mathrm{IL}}=\begin{cases}0 & \alpha<0.5\\ \dfrac{\alpha-0.5}{0.3} & 0.5\leqslant\alpha<0.8\\ 1.0 & \alpha\geqslant0.8\end{cases} \tag{5-74}$$

因此，如果 $\alpha<0.5$，则顺流向流 VIV 可以忽略不计。

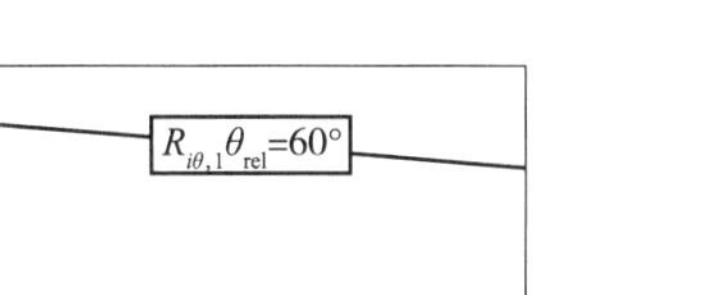

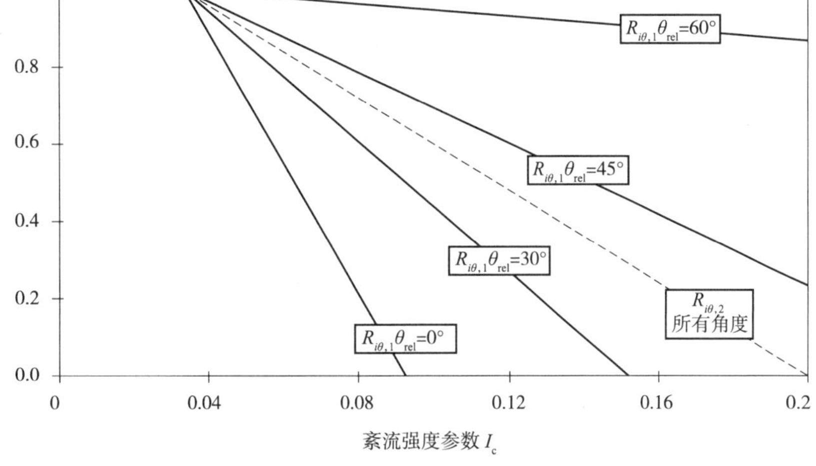

图 5-41　紊流强度参数与流向角度的简化关系

2)横向流响应

横向流 VIV 受约化速度 V_R、KC、流速比 α、稳定参数 K_s、海床的间隙比(e/D)、Sr 和管道的粗糙度(k/D)以及其他一些参数的影响。对于稳定流占主导的情况,一般是 V_R=3.0~4.0,横向流 VIV 开始有显著的振幅发生,并且最大的振动水平发生在较大的 V_R 值。对于具体的低质量管道,以波浪为主导的流的状况或者有一个小的间隙比的跨度情况,横向振动发生在 V_R =2~3。在波浪和流联合作用下,横向流 VIV 幅度$\left(A_Z/D\right)$可以从图 5-42 得到。图 5-42 提供了最大特征值,其中的无量纲化的振幅曲线在很大程度上包括所有可以得到的测试结果,相应得到的标准偏差可以取为$\left(A_Z/D\right)/\sqrt{2}$,$\dfrac{f_{n+1,CF}}{f_{n,CF}}$是两个相连续的横向流模态中的横向流频率比,该响应模型的产生原则如图 5-43 所示。

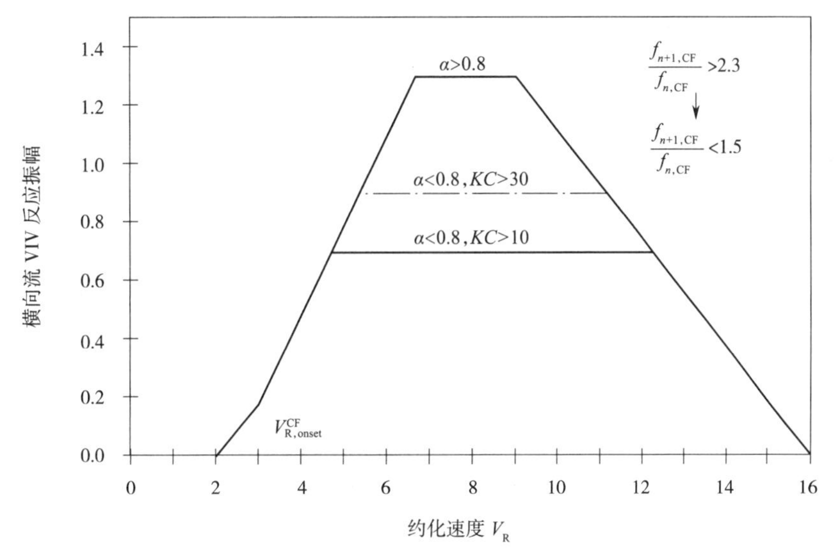

图 5-42　基本横向流响应模型

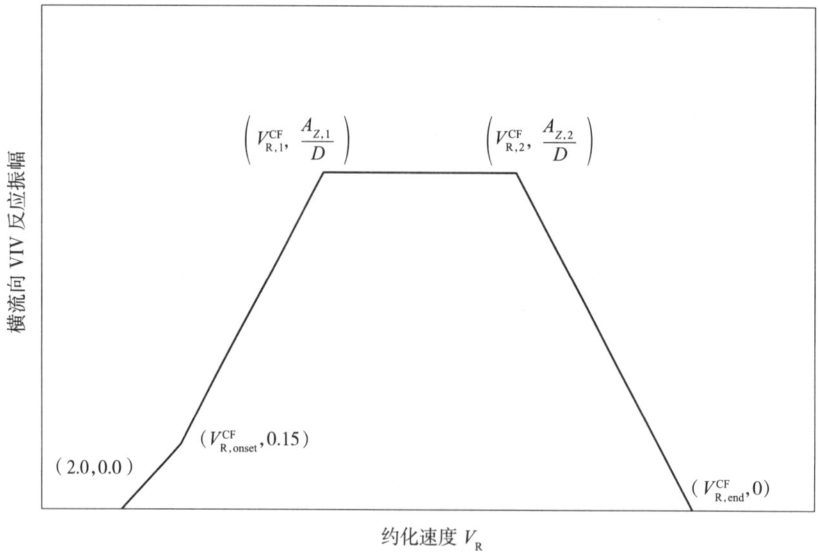

图 5-43　响应模型的产生原则

对于横向流 VIV，约化起始速度 $V_{R,onset}^{CF}$ 取决于海床的邻近度和挖渠的形状，然而最大振幅是 α 和 KC 的函数。

$\Psi_{proxi,onset}$ 是一个考虑海床的邻近度的修正系数：

$$\Psi_{proxi,onset} = \begin{cases} \frac{1}{5}\left(4 + 1.25\frac{e}{D}\right) & \frac{e}{D} < 0.8 \\ 1 & \text{其他} \end{cases} \tag{5-75}$$

$\Psi_{trench,onset}$ 是一个考虑管道在渠道里或上的修正系数：

$$\Psi_{trench,onset} = 1 + 0.5\frac{\Delta}{D} \tag{5-76}$$

其中，$\frac{\Delta}{D}$ 表示一个相对的渠道深度，有

$$\frac{\Delta}{D} = \frac{1.25d - e}{D} \tag{5-77}$$

且 $0 \leqslant \frac{\Delta}{D} \leqslant 1$ 。

横向流 VIV 的特征振幅反应可能受到阻尼的影响而减小，缩减系数 R_k 定义为

$$R_k = \begin{cases} 1 - 0.15K_s & K_s \leqslant 4 \\ 3.2K_s & K_s > 4 \end{cases} \tag{5-78}$$

5.4.4　悬跨管道结构分析

对于评估海底悬跨管道，一般要求开展以下工作：

（1）结构模型；

（2）管道和土壤相互作用的模型；

（3）载荷模型；

(4)为了获得管道静态形状的静力分析；

(5)为自由悬跨管道的顺流向流和横向流振动提供自然频率和相应的模态形状的特征值分析；

(6)使用相应的响应模型或者力学模型的响应分析来获得环境作用下的应力幅度。

1. 结构模型

管道的结构响应通过建立管道、海床和相关的人工支持的模型，开展静力和动力分析来评估。关于管道横截面响应的比较，实际的描述应基于以下假设：

(1)管道的横截面保持在平面内且是圆形；

(2)应力可以假设为沿管道的壁厚方向不变；

(3)长期的疲劳损伤计算基于在悬跨管道的设计年限内实际的和预期的在管道厚度上的变化，如果没有详细的信息，可使用未受腐蚀的横截面的有效轴向力值和已腐蚀的横截面的应力值；

(4)其局限性在于只适用于弹性响应，因此没有考虑塑性模型和二维应力状态在弯曲刚度上的影响。

涂层的影响一般局限于增加水中重量、拖曳力、附加质量和浮力。涂层对刚度和强度的正面影响一般忽略不计。如果认为涂层对结构响应有很大的贡献，应该采用相应的模型。由于沿着连接点涂层的不连续性或者其他因素，沿管道的弯曲刚度的非顺流向性可能会导致应变集中，因此应加以考虑。

水泥涂层的横截面弯曲刚度 EI_{conc} 是起始未受到破坏的刚度，水泥的杨氏模量可以取为

$$E_{conc}=10\,000 f_{cn}^{0.3} \tag{5-79}$$

式中 f_{cn}——水泥的建造强度，且 E_{conc} 和 f_{cn} 的单位都是 N/mm²。

应用在管道两端的边界情况应充分反映管土相互作用和管道的连续性。建议模型中应该包括悬跨管道两端充分的管道长度，这样可以考虑悬跨度的边际影响。

理想的单元长度是通过逐渐缩短单元长度直到结果收敛于一个常数来确定的。在实际中，这个方法可能很难执行，因此建议将单元长度设置为和管道外径相当的数量级。然而，高阶的模态或者短的跨度可能要求更短的单元。为了获得现实的管道 - 土壤的旋转刚度，应该使用短的单元或其他的方式确保在每一个跨度上的接触至少有两个节点。

结构阻尼源于管道材料的内部摩擦力，这个阻尼取决于应变水平和相关的挠度。如果没有相关信息，结构模态的阻尼比可以假设为 $\zeta_{str}=0.005$。如果有水泥涂层，在水泥和防腐层之间的滑移可能进一步使阻尼比增加到 0.01~0.02。

对具有零轴向力和 $L/D_s=60$ 的单一跨度，建议通过比较有限元分析的结果和近似响应量来验证有限元模型和后处理。顺流向流和横向流的自然频率和应力幅度应该有相似的大约为 ±5% 的误差。由于管道具有从支持肩上滑落的潜在可能性，ULS 状态要求一个比线性特征值分析更准确的管道和土壤相互作用的模型。

2. 静力分析

静力分析一般要考虑非线性的影响，如大位移(几何非线性)、土壤的非线性反应和加

载顺序。

管道的刚度由材料的刚度和几何刚度组成。其中，几何刚度由有效轴向力 S_{eff} 控制，这个力由真实的钢壁轴向力 N_{tr} 以及外压和内压的修正组成：

$$S_{eff} = N_{tr} - p_i A_i + p_e A_e \tag{5-80}$$

式中 p_i——内压；

p_e——外压；

A_i——管道的内部横截面面积；

A_e——管道的外部横截面面积。

由于操作中温度和压力、残余安装张力以及由于下垂引起的轴向力松懈、轴向滑移、侧向屈曲、多跨度和明显的海床不平导致的不确定性，在一个跨度中有效轴向力很难估计。非线性有限元法是估计轴向力最可靠的方法。

作为边界值，对于一个完全不受约束的管道，有效轴向力变为零。然而，对于受完全约束的管道，可以用下式计算有效轴向力：

$$S_{eff} = H_{eff} - \Delta p_i A_i (1-2\nu) - A_s E \Delta T \alpha_e \tag{5-81}$$

式中 H_{eff}——有效安装张力；

Δp_i——相对于安装的内部压力差，参见 DNV-OS-F101；

A_s——管道的横截面面积；

ΔT——相对于安装的温度差；

α_e——温度的热膨胀系数，可能是随温度变化的。

这里静态环境载荷只限于靠近底部的流，如果这个载荷远比垂直的功能载荷小，则可以在分析中忽略不计。在安装时的诸如安装张力和水中重量等载荷的历史作用将会影响静态挠度和位移，因为在所考虑的阶段静态挠度和位移主要取决于管道的水中重量和有效轴向力。另外，跨度的几何尺寸（如跨肩的倾角度）对静态力和挠度有很大的影响。基于此，如果认为其是跨度评估的关键因素，静态响应应该基于测量结果和 / 或者有限元分析考虑。除管道的水中重量导致的静态沉降外，沉降也可能由于安装、侵蚀过程和自埋而增加。

3. 特征值分析

特征值分析的目的是计算管道固有频率和相关模态引起的相应应力。这个分析一般比较复杂，主要取决于：

（1）时间的划分（侵蚀或者不平引起的悬跨管道）；

（2）地形划分（单一跨度或者多跨度）；

（3）管道的状态（如安装、充水、压力测试和作业状态）；

（4）管道和土壤的特性；

（5）有效轴向力和安装后的起始挠度形状；

（6）管道的加载历史和轴向位移。

建议对一段合适长度的管道进行非线性有限元分析来评估响应量。使用有限元方法，应该注意以下问题：

（1）特征值分析应该考虑形状的静态平衡；

（2）在特征值分析时，要做到问题一致的线性化；

（3）管道和土壤的线性化要校核；

（4）几何非线性对动态响应的影响要评估；

（5）跨度的支持假定在 VIV 期间不变，但是在受到直接的波浪载荷时会变化。

分析有几个跨度的管道时，尤其是有相互作用的跨度时，应该特别注意确定特征值和相关的特征矢量。这是由于比较接近的特征值有潜在发生的可能性，尤其应识别正确的特征值。

5.4.5　简化的管道悬跨长度设计

旋涡脱落频率是关于管道直径、流速和斯特鲁哈尔数 Sr 的函数，即

$$f_s = Sr\frac{U}{D} = \frac{U_c + U_w}{V_R D} \tag{5-82}$$

式中　V_R——约化速度（折算速度），为了便于确定导致涡激振动的流速范围而提出的；

U_c——垂直于管道的平均流速；

U_w——垂直于管道的有效波浪引起的流速；

D——管道的外径。

如前所述，流速比定义为

$$\alpha = \frac{U_c}{U_c + U_w}$$

式中　U_c——垂直于管道的平均流速；

U_w——垂直于管道的有效波浪引起的流速。

KC 定义为

$$KC = \frac{U_w}{f_w D}$$

式中　f_w——有效波浪频率，$f_w = \frac{1}{T_u}$。

稳定参数 K_s 定义为

$$K_s = \frac{4\pi m_e \zeta_T}{\rho_w D^2}$$

式中　ρ_w——水的密度；

ζ_T——总的模态阻尼比，包括结构阻尼 ζ_{str}、土壤阻尼 ζ_{soil} 和流体动力阻尼 ζ_h；

m_e——有效质量。

管道固有频率与管道的刚度、端点条件、跨度和管道有效质量相关，即

$$f_n = \frac{C_e}{2\pi}\sqrt{\frac{EI}{M_e L_s^4}} \tag{5-83}$$

式中　C_e——端点条件常数；

M_e——管道有效（单位）质量。

对于在多模态振动中的单一跨度，可以根据表 5-6 保守地估计近似响应量。

表 5-6　孤立单一跨度的近似响应量

响应	二阶模态	三阶模态	四阶模态
频率	$2.7f_1$	$5.4f_1$	$8.1f_1$
单位应力幅度	$3.1A_1$	$6.2A_1$	$9.3A_1$

注：基本频率 f_1 应该在计算时没有下垂量，关键力 P_{cr} 应考虑频率模态，即屈曲长度反映模态数。

下垂量不应该包括在 f_1 的估算中，尤其是对于高阶模态。这个方法倾向于保守，因为在二阶、三阶和四阶模态中的单位应力幅度对应于最大的单位应力幅度，而它们不在跨度的同一位置发生。对于多模态的长跨度近似保守响应量，只是为了实现甄别。

管道有效质量包括管道单位长度质量、内容物体质量和管道附加质量，其中管道单位长度质量 M_p 由管道自身的性质决定：

$$M_e = M_p + M_c + M_a \tag{5-84}$$

管道附加质量：

$$M_a = \frac{\rho_w \pi D^2}{4} \tag{5-85}$$

内容物体质量：

$$M_c = \frac{\rho_c \pi D_i^2}{4} \tag{5-86}$$

基于梁方程的管道振动分析为

$$EI\frac{\partial^4 u}{\partial x^4} + m_e\frac{\partial^2 u}{\partial t^2} = 0 \tag{5-87}$$

管道的边界条件可分为两端简支、两端固定、一端固定和另一端简支。

当脱落频率等于自振频率时，可以计算临界管道自由悬跨长度，即

$$L = \left(\frac{EI}{M_e}\right)^{\frac{1}{4}}\sqrt{\frac{C_e V_R D}{2\pi(U_c + U_w)}} \tag{5-88}$$

两端简支：

$$C_e = 9.87$$

两端固定：

$$C_e = 22.2$$

一端固定和另一端简支：

$$C_e = 15.5$$

5.5　涡激振动疲劳评估

5.5.1　涡激振动疲劳评估基本方法

对于疲劳设计，有以下要求：

（1）疲劳设计的目的是确保在管道的设计寿命期内具有足够的抗疲劳失效的安全性；

（2）疲劳分析应涵盖一个代表自由跨度暴露期的周期；

（3）应考虑在管道整个设计寿命期间施加的所有可能导致疲劳损伤的应力波动；

（4）应在所有自由跨越管段进行局部疲劳设计检查。

图 5-44 所示为对所要求悬跨管道的设计检查，其中筛分标准如下。

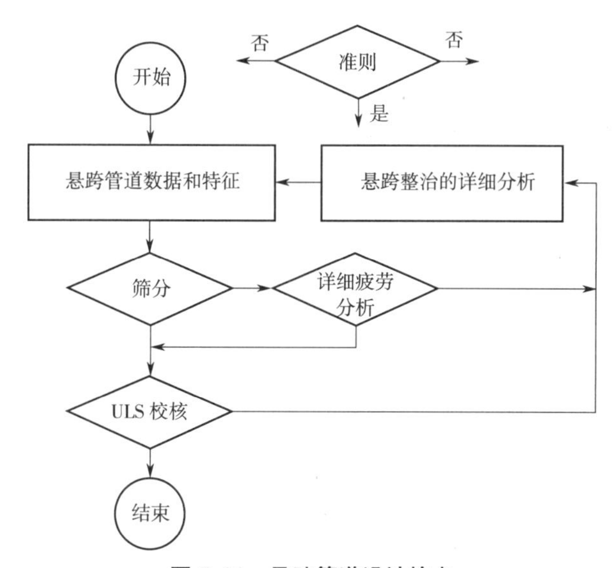

图 5-44　悬跨管道设计检查

（1）顺流向流振动：

$$\frac{f_{\mathrm{n,IL}}}{\gamma_{\mathrm{IL}}} > \frac{U_{\mathrm{c,100year}}}{V_{\mathrm{R,onset}}^{\mathrm{IL}} D}\left(1-\frac{L/D}{250}\right)\frac{1}{\alpha} \tag{5-89}$$

式中　γ_{IL}——顺流向流的甄别系数；

α——流速比，最小值是 0.6；

D——包括涂层的管道外径；

L——悬空管道长度；

$U_{\mathrm{c,100year}}$——在管道水平向的 100 年期的流速；

$V_{\mathrm{R,onset}}^{\mathrm{IL}}$——顺流向流的约化速度启动值。

如果不符合上面的标准，必须进行全面的顺流向流涡激振动引起的疲劳分析。

（2）横向流振动：

$$\frac{f_{\mathrm{n,CF}}}{\gamma_{\mathrm{CF}}} > \frac{U_{\mathrm{c,100year}}+U_{\mathrm{w,1year}}}{V_{\mathrm{R,onset}}^{\mathrm{CF}} D} \tag{5-90}$$

式中 γ_{CF}——横向流的甄别系数；

$U_{w,1year}$——在管道水平向的 1 年一遇的有效波高为 $H_{s,1year}$ 的波浪引起的流速；

$V_{R,onset}^{CF}$——横向流的约化速度启动值。

如果不符合上面的标准，必须进行全面的横向流涡激振动引起的疲劳分析。

5.5.2 涡激振动的减小措施

为了减小涡激振动，可在海洋管道设计阶段对管道的结构进行优化，如调整管道的外径或壁厚，或者给管道增加支撑使其悬跨段变短等，结构优化后管道自身刚度或单位长度质量发生变化，从而改变管道的振动特性，使其在特定的波流条件下不容易发生涡激振动。

除此之外，抑制涡激振动的方法主要有主动控制和被动控制两种。主动控制是通过主动控制装置感应管道受到的外界载荷，然后在管道上额外施加一个控制力，通过合适的控制算法使该控制力能够部分或者完全抵消激励力的作用，从而降低管道的振动响应。被动控制则是通过改变管道表面的形状来影响流场的分布，从而减少旋涡的产生和脱离，最终达到抑制涡激振动的目的。被动控制法的控制装置种类多样、制作简易、使用方便且经济效益好，所以是当下应用最为广泛的海洋管道振动控制方法。

图 5-45 所示为海洋管道工程中常见的被动控制装置，其中 a 为螺旋列板，b 为开孔管套，c 为轴向板条，d 为控制杆，e 为飘带，f 为分隔板，g 为导向翼，h 为整流罩，i 为短扰流板。

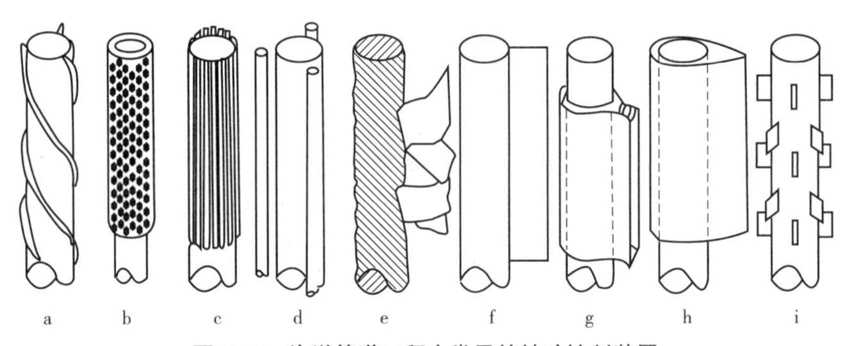

图 5-45 海洋管道工程中常见的被动控制装置

最常用的涡激振动抑制装置主要是螺旋列板和整流罩，其原理都是通过改变海洋管道所处的水体流场来抑制涡激振动。螺旋列板与整流罩的区别是螺旋列板采用绑扎带等措施固定在海洋管道结构上，与管道之间一般不发生相对位移；而整流罩则是套在管道外面，可以自由转动。从功能来看，两者都能起到很好的涡激振动抑制效果，抑制效率能达到 90%~95%。螺旋列板结构相对比较简单，价格比较便宜，拥有更大的拖曳力系数，整流罩则正好相反。

对于如图 5-46 所示螺旋列板，其功能是触发分离，以减少沿立管的旋涡脱落相关性，通过引入螺旋列板来增加顺流向流的拖曳力系数。螺旋列板设计的重要参数是在给定管道直径情况下的螺旋列板的高度及螺距，且给定螺旋列板设计的整体性能特征将随流速变化。

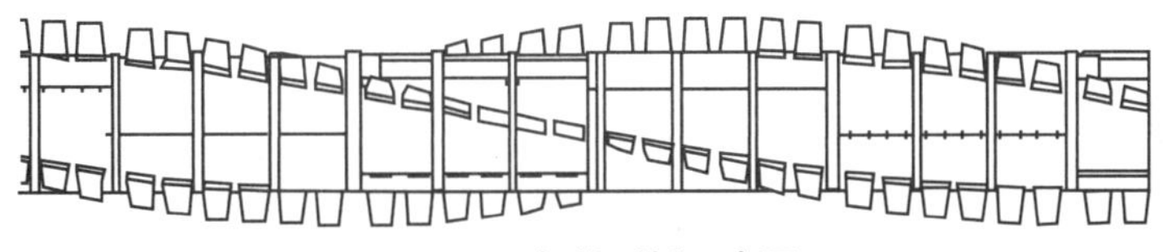

图 5-46　螺旋列板示意图

对于给定的螺旋列板设计，有效性核查通常包括以下内容：

（1）带螺旋列板和无螺旋列板条件下的模型测试结果；

（2）流体动力学标度的影响；

（3）流速范围和相关效率；

（4）耐久性和影响评估；

（5）海生物的影响；

（6）表面处理的效果。

如图 5-47 所示，整流罩分段安装在海洋管道上，为适应来流可以自由转动，其流线型的边界可以减轻管道边界层的分离，进而有效抑制旋涡生成，实现控制涡激振动的目标。

图 5-47　整流罩

5.6　海底管道的疲劳

5.6.1　海洋工程结构物疲劳

海洋工程结构物中绝大多数构件都承受着波浪载荷的重复作用，人们经过长期的经验积累和观察分析，逐渐认识到材料在交变载荷作用下会产生局部循环滑移和屈服，从而造成疲劳损伤，导致疲劳裂纹的产生和扩展，最后引起疲劳破坏。

疲劳损伤是指材料在交变载荷作用下的损坏程度，即在循环载荷作用下，微观裂纹不断发展和深化，从而使结构有效工作面积减少的程度。或者说，疲劳损伤源于循环加载时材料的变化，这种变化包括裂纹几何尺寸、循环应变硬化和残余应力等。

5.6.2 海底管道疲劳

海底管道系统应选择具有足够断裂韧性、拉伸性能和焊接性能的材料，使其在设计寿命期内具有足够的防止断裂失效的安全性。

安装期可能引起疲劳的因素有：

（1）支撑结构的运动，如安装船舶；

（2）涡激振动；

（3）波浪直接载荷作用。

运行期可能引起疲劳的因素有：

（1）涡激振动；

（2）波浪直接载荷作用；

（3）运行压力和温度的波动。

为了防止海底管道较大的振动响应引起的结构疲劳，需确定合理的悬跨长度，以避免管道自然频率与波浪和流旋涡脱落频率之间的重合。

因此，确定悬跨管道疲劳寿命的简单方法的步骤如下：

（1）确定固有频率；

（2）估计侧向速度的频率分布；

（3）对每一级速度，确定约化速度 V_R 及响应幅值；

（4）预估一个振型，并将其与测试结果结合起来，以确定波动应力的大小；

（5）确定每个循环中的伤害等级，考虑疲劳极限，利用 *S-N* 曲线，并采用常用的方法得到应力范围和疲劳寿命之间的关系；

（6）对频率分布中的每一级速度重复步骤（3）至（5），并与 Miner 规范结合起来确定累计损伤。

第 6 章　海底管道的安装技术与设计分析

6.1　管道路由选择

管道设计者的初期任务之一就是选择管道线路（也称管道路由）。

管道线路选择是一项非常重要的工作。一条较差线路的投资可能比一条合适的线路多很多。尤其是在遇到意外的地质条件和海底情况时，或者是所选择的线路与政府当局、环境效益或其他运营商之间发生冲突时，较差的路线选择会造成代价高昂的问题并导致工程延期。

有时候管道线路的选择比较容易。人们对北海和墨西哥湾的很多区域都有超过 30 年的开发经验，对海底岩土和海洋水文情况都很了解，所以在这些地区选线比较容易。据此，人们可以将管道线路选在平缓、匀质的海床上，避开障碍或现有的管道，并且不与现有的或计划中的管道或海底装置发生冲突。但在世界上很多其他地方，管道线路的选择很困难。例如，在阿拉伯海湾、澳大利亚西北部、印度尼西亚以及接近挪威海岸的地方，海底的地势非常不平整且很难挖沟。

对于我国渤海等浅海或靠近陆地的海域，海床总体而言较为平坦，地质情况相对较为简单，因此海底管道路由设计并不是一个棘手的问题。但由于我国海洋油气开发逐步向深水进发，如南海海域，存在海床极度崎岖不平和地质状况复杂多变等情况，给海底管道的设计和铺设等带来极大挑战，路由选择已逐渐成为海底管道设计需要解决的首要难题。

海底管道路由选择是为了使管道长度、所用材料和建造费用降至最低，管道在两个目的地之间的路由走向在可能的情况下应尽量采取直线。然而，路由障碍物、海底形态、管道跨越、安装与登陆方式的局限等因素都可能使管道采用弯曲的路由走向，其中具体包括管道的最小水平弯曲半径、跨越数量、总体布置、线路选择、登陆方式、路由关键点的坐标等内容。

管道路由整体布置要尽量避开避让区、抛锚区域；避开可能引起管道过度悬空和弯曲的任何低陷和底部障碍物；避开可能的有害区域，如凹坑密集区、水下障碍物等。

管道系统的路由规划应根据该系统所处的环境条件、海底地形与地质状况及所处位置的区域性规划等因素确定。管道系统所处的环境条件、海底地形与地质状况，主要指风、波浪、海流、潮汐、冰情、地震、近岸区段和海底的地形地质与土体特性、海床沉积及其活动、环境温度（海底、海水、大气温度）、海水水质以及海底土质与腐蚀性等。管道系统所处位置的区域性规划主要指所处位置及其附近海域的综合利用，工程设施的规划和海上油田总体开发与油田内部各类设施与装置的规划等。

管道系统的路由位置宜选择在海底地形平坦且稳定区域内。对已选定的路由位置应设置适当标识，并在所需范围内进行路由勘察和工程调查。路由选择应考虑所有可能会影响管道系统的因素，应注重对海洋水文、海洋地质、海洋物理、海洋化学、海生物、海底地质和海底障碍物等海洋环境资料的收集整理与分析。

（1）路由选择应收集管道系统所在地区海事活动的有关资料，包括：

①路由区域内航行船舶的类型和频度；

②路由区域内渔业活动的类型和频度；

③路由区域内海产养殖的类型和频度；

④现有管道、海底电缆和其他海底设施状况；

⑤航道、助航设施及其规划；

⑥海底电缆及管道接岸状况等。

路由选择宜避开特别保护区、船舶抛锚区、海洋倾倒区、现有水下物体（如沉船、桩基、岩石等）、活动断层、软弱土层滑动区和沉积层的严重冲淤区等。

（2）管道与现有管道及其他海底结构物及海上设施和装置的距离应满足下列规定：

①管道与管道和电缆之间的距离不宜小于 30 m，在靠近平台布置时，该间距可逐渐缩小至平台立管间或电缆护管间的布置距离；

②管道与现有海底结构物的安全距离，应根据既保证管道系统敷设作业的安全，又不损害海底结构物的原则确定；

③管道与现有海底设施之间的距离不宜小于 100 m。

（3）路由选择应考虑对人员的安全、对环境的保护和对管道系统以及其他设备破坏的可能性，至少应考虑以下因素。

①环境：考古场地；暴露在环境载荷中；自然保护区域，如牡蛎海床和珊瑚礁；海洋公园；不稳定流。

②海床特征：不平坦海床；不稳定海床（如沙波运动等）；海床土体地质特性（硬区、软沉积物和沉积物运送）；沉积物；地震活动。

③设施：海上设施；海底结构物和井口头；现有的管道和电缆；障碍物；海岸防护工程。

④第三方活动（区）：船舶运输；渔业活动；废物、废军需品等倾倒区；矿业活动；军事演习区。

⑤登陆：局部限制（如空间限制）；第三方要求；环境敏感区域；附近社区、人员聚集区；有限的建造周期。

在线组装件不宜布置在路由的曲线部分，在线组装件与路由的曲线部分之间应设有一段长度不小于铺管作业时垂弯段长度的直线段，以防止在线组装件的扭转。

路由选定后，应进行详细的路由勘察，为管道系统的设计、建造和运行提供足够的资料和数据。这些数据和资料一般应包括路由沿线的水文及气象、地形及浅层地质剖面、海床土体特性、海底障碍物以及地形地质特征等。

路由沿线水文气象调查的内容宜包括风与风暴、波浪、海流、潮汐、冰情、大气条件、水文条件（温度、氧气含量、 pH 值、电阻率、生物活性、盐度）、海生物、土体的积聚和侵蚀。采用直接或间接调查方法取得的上列资料，应具有足够的可靠度和精确度。

(4)路由勘察应包括所有可能影响管道稳定性、安装或影响海床干预的地形特征，包括但不限于：

①岩石露头、巨石、麻坑等形式的障碍物，此类障碍物需要在管道安装前进行平整或移除；

②含有潜在不稳定气层分布、不稳定滑坡、砂波、麻坑，或显著的洼地、山谷或河道，冲刷或沉积形成的冲蚀的地形。

路由勘察走廊带在轴线两侧应具有足够宽度，以便最终的路由位置能有合理变动的余地和管道敷设时可能的水平向偏差以及可能产生的允许的水平向位移范围。路由底质的勘察深度范围应超过管道安装、埋设或运行期间达到的深度。路由勘察精度宜能满足安全开展管道设计、施工和运行的要求。路由沿线可要求不同的勘察精度，如近岸区，接近平台、人工岛或海底地形显著变化的区域等，应具有较高的勘察精度。路由勘察结果应按要求和比例在路由图中表示出来，包括水深、管道位置、相关设施、海床特性和异常情况等。

(5)在登陆点处，应进行额外的路由勘察，以确定以下内容：

①登陆点和海岸环境的海床地质和地形；

②由邻近海岸特征引起的环境条件；

③路由的布置和垂直剖面，以满足管道稳定和保护要求，并尽量减少对环境、考古遗址、人员和现有设施和运作的影响；

④新建海堤的沉降；

⑤登陆方式，可采用大开挖回填、水平定向钻、涵洞或防波堤结构等方式，或以上方式的组合。

(6)在有证据表明地质活动增加或重大历史事件再次发生可能影响管道的地区，宜进行额外的地质灾害研究，该研究可包括：

①增加物探勘察；

②泥火山或凹坑活动；

③地震灾害；

④地震断层位移；

⑤土体边坡失效的可能性；

⑥泥流的特征；

⑦泥流对管道的影响。

(7)路由沿线海床的土体特性资料，可以通过地震调查、岩芯钻探、现场原位测试和钻孔取样室内试验等各种方法取得，还可以通过地质调查、海底地形测量、潜水触摸、生物调查和化学分析等方法取得必要的补充资料和数据。宜通过试验室试验或现场试验确定下列土体参数：

①颗粒大小分布；

②剪切强度参数(黏土在未扰动和重塑状态下的剪切强度，砂土的内摩擦角)；

③相关变形特征。

另外，也宜考虑分类和指数性试验，确定下列土体参数：

①单位重量；

②含水量；

③液限和塑限；

④土体矿物化学；

⑤其他相关试验。

(8)对岩石类型的地质，应考虑：

①岩石类型和矿物学；

②岩石强度和岩石强度随海床以下深度的变化；

③岩石可蚀性(如灾难性悬崖侵蚀的可能性)；

④岩溶特征。

土体参数特征值应考虑表层土有效的上限值、最佳估值和下限值。当表层土是强度很小的泥浆时，宜关注该层土体以下的土层。

(9)在海床受冲蚀的区域，可对海底附近波浪和海流包括边界层影响进行专门研究，以评估管道的稳定性和悬跨。当遇到下列情况时，可进一步调查海床特性：

①存在挖沟和埋设工序；

②存在运行期内由冲刷导致管道自由悬跨的可能性；

③存在运行期内管道发生自埋的可能性；

④存在管道交叉现象；

⑤存在阀门或三通位置处管道结构沉降的风险；

⑥存在由反复加载导致泥石流或液化的可能性；

⑦存在外部腐蚀。

6.2 铺设方法

海底管道的铺设方法有漂浮法、牵引法、铺管船法和顶管法四种。

6.2.1 漂浮法

漂浮法指管道在陆地加工制作，浮运到铺设位置，再在焊接驳船上将管段焊接起来，按不同的下沉方法使管道沉放在铺管位置。漂浮法的管道下沉方法有支撑控制下沉、管内充水下沉和浮筒控制下沉。管道从岸滩下水漂浮时，根据地形、潮位等情况用下水滑道或不用下水滑道。漂浮法的管道浮运、沉放过程受到海上气象、风浪等条件的限制，中断作业往往会造成较大损失。浮运、沉放过程要有较多的监护、通信联络、控制下沉的设备和工作艇。为了控制管道下沉顺序和速度，改善下沉时的受力情况和减少管道变形，要对管道的重力进行调节。漂浮法在海面平静、风浪较小的海域铺设 3~5 km 的管道较适宜且经济。

6.2.2　牵引法

牵引法是先在岸上组装好管道，然后通过海平面上、海平面下或海底牵引的方式将其拖至指定位置。牵引法的优势是在拖动管道之前可以对其进行检测，且牵引法对单管和管束都适用，对管束的大小和复杂度也没有限制。

牵引法可分为近海牵引和远海牵引。当所铺管段距岸边几千米、水深在5~9 m以内时，可采用直接牵引铺管。具体方法是在陆上将管道制作成数百米长的管段，利用绞车、绞盘、拖轮等设备，沿海底或海面牵引管段，并随着牵引将管段接长，直到预定铺设位置。沿海面牵引时，还有管道沉放的过程。从陆地牵引下水时，要有下水滑道和发送道。随着管段被牵引入海，在岸边将各管段逐一焊接上。海底牵引受海底坡度、地质条件的影响较大，但海底作业的适应性较强，遇到大风浪时，可中断作业，以后再继续进行作业。牵引法需要大型牵引设备，陆上需要管道加工制作厂。为保持管道顺着海底牵引，要调节管道重力，使负浮力在150~300 N/m。

当进行远海管道铺设需要长距离牵引时，常用的方法有表面牵引法、潜牵法、近底牵引法、底牵法，如图6-1所示。

牵引管道构型依赖于：

（1）管道的水中重量；

（2）使用临时的浮力 / 重量；

（3）牵引速度和牵引线的长度；

（4）后拖轮的背张力；

（5）流引起的拖曳力。

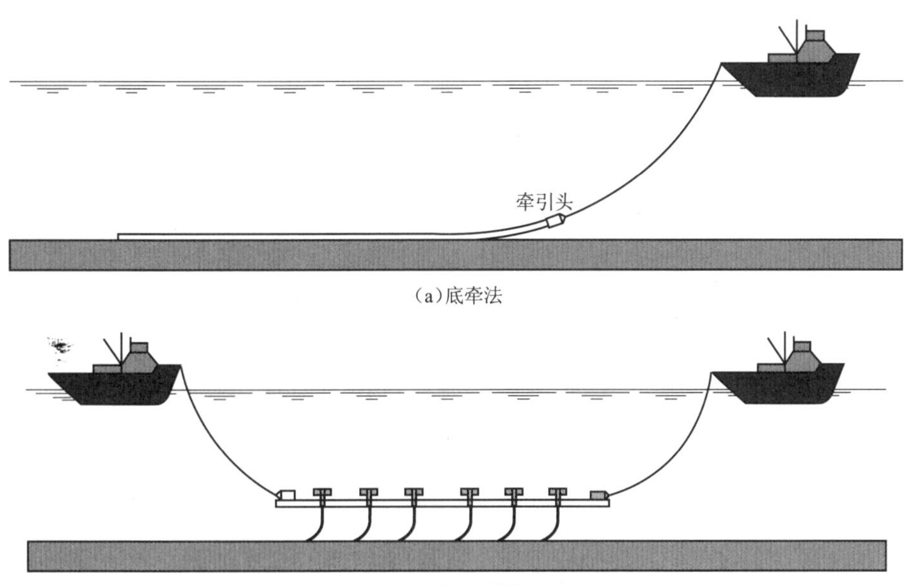

（a）底牵法

（b）近底牵引法

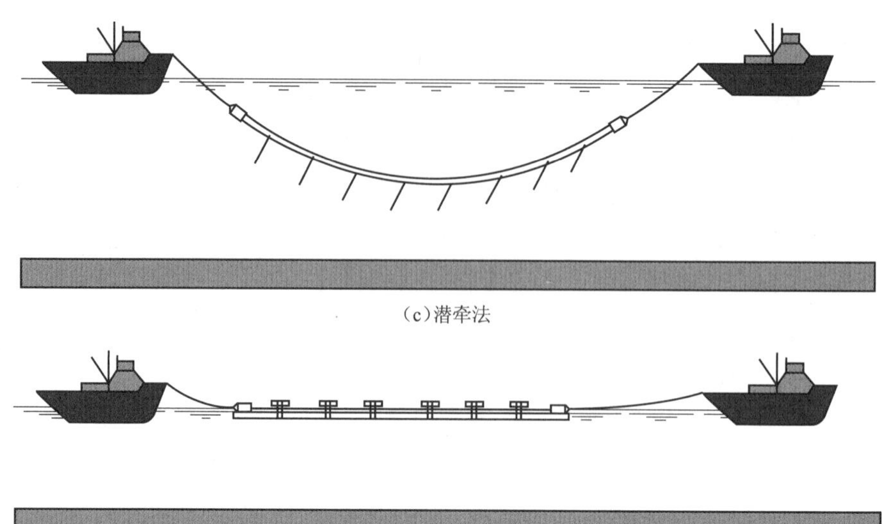

(c)潜牵法

(d)表面牵引法

图 6-1　牵引法安装示意图

1. 表面牵引法

采用表面牵引法安装管道时，先将管束牵引至海平面，然后沉至指定位置，通常是由注水浮筒或拉力使其下沉。采用表面牵引法时，管束易受大波浪运动的损害，因此在可能发生大波浪的地方不使用该方法。表面拉力还受横向海流的影响，如在管束末端，表面海流预计达到 0.5 m/s，对应地需要 100 N/m 的横向力来牵引管束穿过海流。因此，相对于海平面来说，拖船不会沿直线拖拉管束；相反，管道会沿曲线移动，而该曲线与拖船的轨迹成一定角度。表面牵引法的另一个困难是在流体动力的作用下拖动管道可能是不稳定的，但是可以通过增加管束上的拉力来降低其不稳定性，即将非流线型的连接拖运器添加到拖曳端或是增加设计精密的尾翼。

对支架上有正浮力的管束，只能通过下降或对支架注水来将管束降至底部，但对支架注水很难控制，而表面拖曳需要有外浮力。总之，表面牵引法在浅水区内是一种有效的方法，但不适用于深水管道的安装。

2. 潜牵法

采用潜牵法时，管道或管束的浮力大于重力，并且管道悬跨在拖管器间的长的平悬链上，其中两个拖管器分别位于平悬链两端，它们对管束施加拉力，拉力的大小决定了悬链的平坦度。连接管束和拖船的链索长度是可以改变的，因此在浅水区中管束的位置会尽可能高一些，而在其他时候要将管束降得低一些以避开波浪作用。拖船自身也会受波浪的影响。波动的变化特别重要，因为波浪会使管道相应地产生沿管道的纵向移动，而这也会影响拉力。拖管速度一般为 1~3 m/s。

在中等深度位置进行的大多数拖管作业中，管束本身的浮力是正的，但每隔一段距离添加的悬挂链会使浮力变为负值。链索在水中穿过会产生水动升力（以及拉力），这有助于调整被拖动的管束。最后，管束沉至海底，恰好在海底上方悬浮，就像是在海底上方拖管一样。

另外，在整个系统中必须加入大量链索以防止振动。

3. 近底牵引法

采用近底牵引法时，管道本身具有浮力，在海底上方拖拉悬挂在管道上的链锁可以使管道保持在海底以上 1~2 m 处漂浮。由于管道没有与海底接触，因此与海底没有摩擦。如果遇到地势较高的丘陵或沟渠等不平坦的海底地形，管道会顺应地形，但由于管道本身塑性和链索重量间的相互关系，此时管道承受的摩擦力比两者直接接触时要小。如果拖管路线与另一条管道交叉，应保证只有链索与管道接触。如果第二条管道的外涂层可以承受链索带来的影响，则穿越时可能不需要采取任何特殊措施，正确设计的混凝土加重层往往能满足这一要求。否则需要在跨越处放置垫层或沙袋，或找出第二条管道被掩埋处作为交叉点。

4. 底牵法

采用底牵法时，管道直接与海床接触，拖管器沿着海床拖动管道。大多数在岸上的跨越管道都是采用这种方法建造的。另外，该方法也广泛用于管道的河流穿越以及岸间跨越。管道上的拉力来自固定绞车或牵引驳船，可以通过增加浮筒、减少水下重量使拖管变得更容易。底牵法主要用于管束的安装，但是不局限于管束的安装。需要注意的是，该方法在施工过程中面临许多困难，诸如：

（1）由于海底对管道的摩擦作用，要求在管道外使用厚且坚固的涂层；

（2）当需要将管道拖拉经过另一条已经安装好的管道时，需要采取一些特殊措施，如挖沟铺设、掩埋或用衬垫保护第一条管道；

（3）需要找到一个足够长又平坦且没有障碍物的组装点，以便于管道从该处下水，选择的入水点应尽量远离不平坦的海底，并且没有障碍物。

在拖管作业中，管道会与海底接触，因此与其他牵引方法相比，在海流和波浪存在的情况下，底牵法更安全。如果海况变化过于剧烈以至于不能继续作业，则拖船可以简单地断开管道连接，中断该线路，然后再恢复，不需要采取任何其他措施。

6.2.3　铺管船法

铺管船是一种专门用于海上管道铺设的特种工程船舶，管道制造及铺设中的各种主要作业都能在船上进行。施工开始时，由运输驳船将做好内外涂层（包括加重层）的单节或双节管运到现场，再由铺管船上的吊机将其吊放到管道堆放场地，铺管时管道一根根进入流水作业线，在作业线上进行焊接、检验、涂装、下水等工作。铺管船法如图 6-2 所示。

铺管船的种类很多，通常有漂浮式铺管船、带托管架铺管船、张力式铺管船、卷筒式铺管船和半潜式铺管船等。铺管船适用于长距离外海管道或外海油田管道的铺设。该方法铺管速度快，对海洋环境适应性较强，一般在 3 m 波高时仍可进行铺管作业；若遇到较大的风浪或特殊情况，可以临时弃管中断作业，待风浪过后再返回继续作业。但铺管船铺管，需要有一系列机具与船舶配合，如用于拖带、运输、测量、定位、交通联络、潜水等的工作船舶，因此施工费用较高。

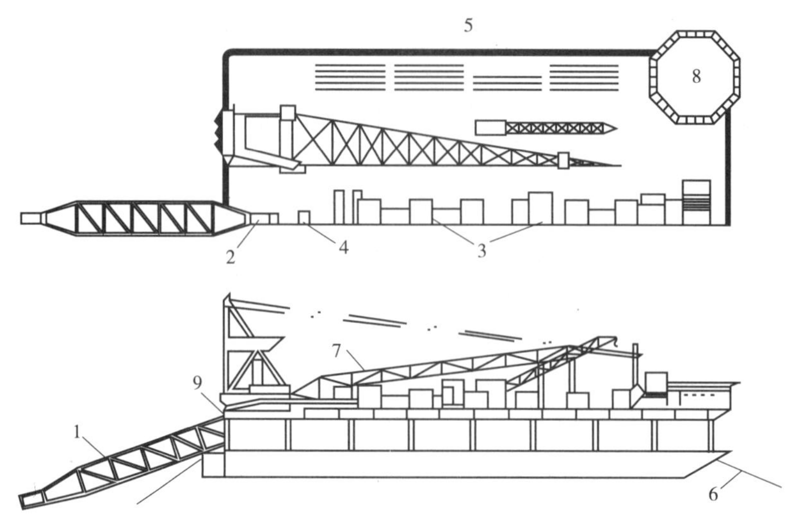

图 6-2 铺管船法

1—托管架；2—张紧器；3—焊接站；4—检验站；5—成品管堆放场；
6—锚泊定位系统；7—旋转吊机；8—飞机平台；9—收放绞车

目前，常用的铺管船法有 S 型铺管法、J 型铺管法、卷管法。

1. S 型铺管法

S 型铺管法由于铺管直径大、铺管速度快，因而得到了广泛的应用。目前，世界上最多的铺管船是 S 型铺管船。S 型的管道接长是在水平位置施工，因此可同时进行多条焊缝的焊接，且不同连接段的焊接和防腐保温层、混凝土重力层施工可以同时进行。

如图 6-3 所示的“海洋石油 201”是世界上第一艘同时具备 3 000 m 级深水铺管能力、4 000 t 级重型起重能力和 DP-3 级动力定位能力的深水铺管起重船，能在除北极外的全球无限航区作业。它不仅可用于海上石油平台上部模块等大件的吊装与拆除、导管架的辅助下水与就位，最重要的是还可用于进行深海海底油气管道的铺设、维修等作业，是深海油气田开发过程中不可或缺的重要装备，其总体技术水平和综合作业能力在国际同类工程船舶中处于领先地位。

图 6-3 海洋石油 201

S 型铺管船的关键设备是托管架和张紧器，它们决定了 S 型铺管船的作业水深和铺管直径。

如图 6-4 所示，A 为固定半径的托管架，单个钢架组成了整个托管架，刚性托管架有固定的曲率半径，故不能适应不同的铺设要求；B 为具有可调半径的托管架，其呈分段桁架形式，在分段间为铰接连接，通过调节分段间的托辊高度和相对角度，托管架的半径可在一定范围内调整，目前其在深海 S 型铺管领域广泛采用；C 为柔性可控的托管架，在该浮体机构形式中，调节托管架纵向各部分压舱力和浮力的关系，可以完成托管架半径的调整。

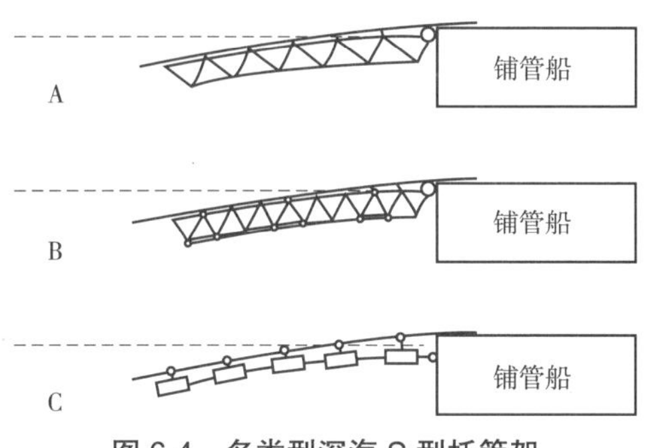

图 6-4　多类型深海 S 型托管架

为了适应不同水深的作业需要，托管架必须能够调整曲率半径，以调整管道的入水角，因此托管架一般由三段组成。在调整托管架的同时，也必须调整托管架上的辊轴高度和间距，使管道的拱弯段曲率保持一致。

在深水铺管作业中，张紧器是夹持已焊接管段并控制其下放入水的专用设备，如图 6-5 所示。一方面，张紧器夹持管道以一定的速度均匀收放；另一方面，张紧器控制管道张力，使铺管船在潮涨、潮落和受风浪作用升沉和摇荡时，管道张力保持在允许范围内，避免管道超过许用应力而遭到破坏，保证船上焊接作业正常进行。同时，张紧器也是保持铺管曲线形状的主要设备，它可提供平衡管道重力和控制垂弯段曲率所需的张力。因此，张紧器的能力代表了铺管船的铺管能力。

图 6-5　张紧器

在铺管过程中，管道一般按照所在位置可分为三个部分：拱弯段、垂弯段和流线段，如图 6-6 所示。其中，拱弯段指张紧器和托管架脱离点之间的部分管道，垂弯段指管道在托管架脱离点至海底之间悬起的部分管道，流线段指与海床接触的水平段管道。

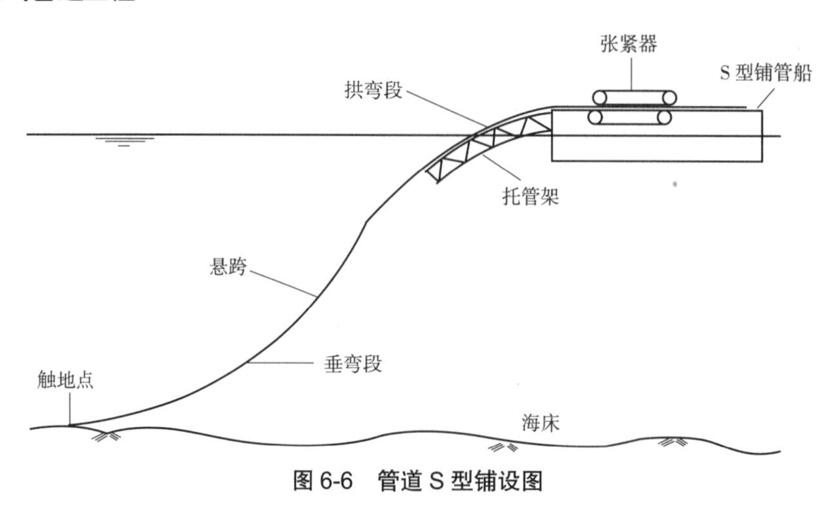

图 6-6　管道 S 型铺设图

托管架的作用是为管道提供特定曲率，使管道从船尾平稳过渡到水中，防止管道由于过度弯曲而影响使用。拱弯段由托管架支撑，形状由托管架控制，变形由位移控制。由于位移控制是强制变形，因此拱弯段曲率在理论上与托管架相同。拱弯段不仅承受由于托管架曲率引起的弯矩，而且承受较大的张力和辊轴反作用力。

采用 S 型铺设时，铺管船可以是普通船或者半潜船。铺管船的特别之处是在尾部有一个长的滑道延伸或托管架。在铺管船上有一个近乎水平的滑道，该滑道包括诸如焊接站和张紧器等设备。大量的滚轮安置在托管架和铺管船上。当管道在船上运动和放入海中时，这些滚轮起支撑作用。放在托管架和铺管船上的滚轮与张紧器一起，对管道形成一个曲线的支撑。管道在此曲线支撑上弯曲，按此方式入海，这部分管道称为拱弯段，托管架半径控制拱弯段曲率。

对每艘船而言，张紧器的数量、位置和能力都不一样。最后的张紧器通常放置在船的尾部，接近托管架。第一个张紧器放在水平滑道上更靠前的某个位置。通过这些张紧器对管道施加张力的目的是在支撑管道悬跨部分的水中重量的同时，控制在托管架端头处生成的力矩和垂弯段的曲率。铺管船的张紧器能力取决于每个张紧器的能力和张紧器的数量。

铺管船所需要的张力取决于水深、管道的水中重量、拱弯段的许用曲率半径、入水角度和垂弯段的许用曲率。

托管架通常由多段组成，不同的装配方式可以通过各段相对于船的移动和互相之间的移动实现，滚轮相对于其所属段的位置也可以改变。这意味着铺管船可以设定许多不同的曲率半径。

安装在铺管船上的托管架具有最小和最大曲率半径的限制。这种限制对于每条铺管船都不一样。正因如此，每艘铺管船对管道离开托管架入水的角度都有上限和下限要求。通过对船的微调，对于特定的曲率半径，可以对入水角度进行小的改变。必要的铺设张力受离开托管架的入水角度的影响很大。

管道支撑的曲率常与托管架半径一样被提及。这并不意味着托管架具有一个等于此值的恒定半径。其更像一个在托管架和船上滚轮构成的曲率半径的平均值。滚轮或支撑通常由一些轮子构成，如图 6-7 所示。

张紧器通常由上、下履带环路构成，在履带环路内的轮子施加挤压力到履带组合件上，从而反过来夹紧管道，如图 6-8 所示。

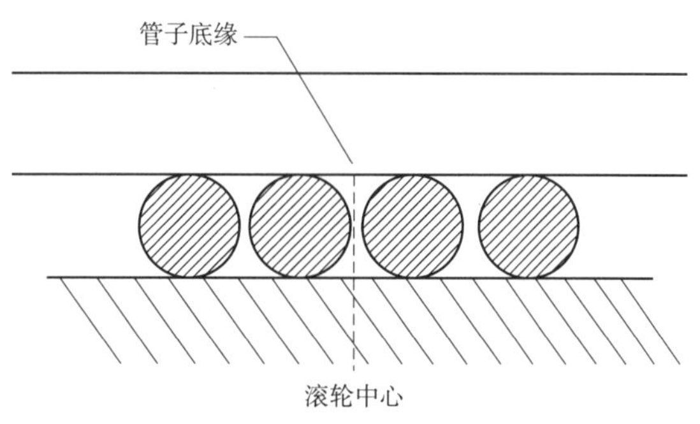

图 6-7　典型的管道滚轮或支撑

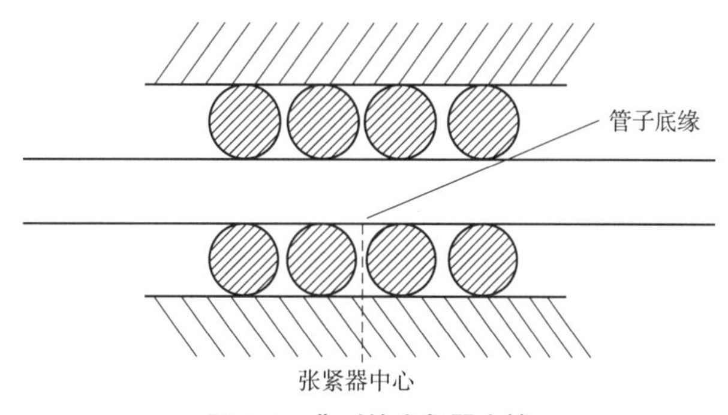

图 6-8　典型的张紧器支撑

在安装期间，管道会经历载荷的组合，这些载荷包括张力、弯矩、压力、在托管架支撑处和海床上的垂直于管轴的接触力。

管道的静态外形由下述参数控制：铺管船的张力、托管架的曲率半径、滚轮位置、离开托管架的入水角度、管体重量、管体抗弯刚度、水深。

通过适当调节驳船及托管架上的滚轮高度，在托管架及驳船上实现管道弯曲形状的控制，通过应变控制达到应力控制的效果，所以不同的施工船舶有不同的性能，主要体现在以下参数：

（1）托管架长度；

（2）托管架调整角度的范围；

（3）托管架上可调滚轮的布置个数及滚轮的可调高度范围；

（4）船上滚轮的布置个数及滚轮的可调高度范围；

（5）船上张紧器的张力范围；

（6）船上的站位布置。

S 型铺管法适用于浅水和中等水深具有水泥涂层的管道安装，由于有多个工作站，效率高，对于较深的水区需要一个非常长的托管架（>100 m）。

2. J 型铺管法

J 型铺管系统的管道是在高耸的塔架上对中焊接，然后呈近乎垂直状态入海。这种铺管方式适合深水管道的铺设。J 型铺管系统一般由管道预制线、管道存储系统、送管系统、张紧器、A/R 绞车、J 型铺管塔等组成，如图 6-9 所示。

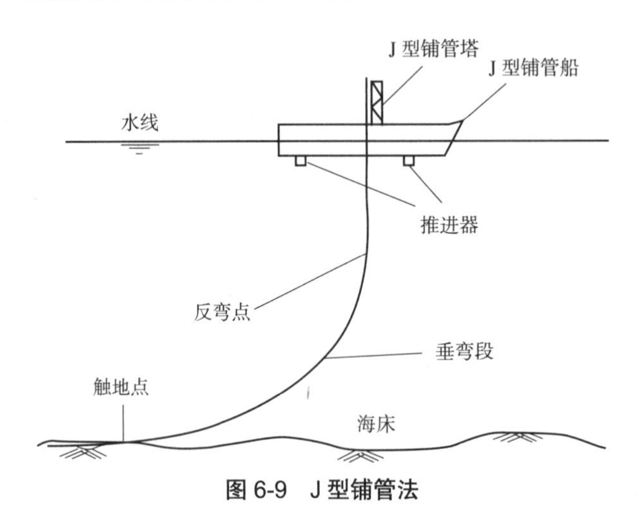

图 6-9　J 型铺管法

1)J 型铺管法的特点

(1)适用于深水坚硬海床的管道安装。

(2)适用于具有水泥涂层的大直径管道安装。

(3)适用于对疲劳比较敏感的管，如立管。

(4)适用于安装特殊组装件，如管道终端。

(5)只有一个焊接站，工作效率低。

(6)非常高的铺设能力。

(7)不适用于浅水管道的安装。

2)与 S 型铺管法相比，J 型铺管法的优点

(1)管道与海床的接触点和铺管船的距离更短，因而便于动力定位。

(2)对铺管船由推进器提供的水平力需求大幅降低。

(3)消除了 S 型铺管法中的拱弯段，从而消除了危险的残余应力，降低了水平拉应力，同时取消了 S 型铺管法特有的长而脆弱的托管架。

(4)管道铺设完成后应力更小。

(5)为适应多功能作业需求，大型深水半潜式起重船往往配备 J 型铺管系统，也就是说同时结合了铺管功能和起重吊运功能。

J 型铺管船的甲板和 J 型铺管塔上均设有焊接站，管道在甲板上接长至 J 型铺管塔的长度，然后由专用吊架将管道放入 J 型铺管塔，并由 J 型铺管塔上的焊接站完成管道的整体接长后铺设入水。由于管道连接是在 J 型铺管塔上完成的，所以同时只能进行一条焊缝的焊接。

在过去二三十年中，以荷兰、意大利、美国为主的国家各自形成了具有自己特色的 J 型铺管技术，并形成了 J 型铺管系统技术垄断，J 型铺管船参与的深水工程项目也越来越多。在国内，由于受限于我国深水物探与勘测开发技术发展的迟缓，对 J 型铺管的研究才刚刚起步，至今还没有 J 型铺管船。

3. 卷管法

欧洲第一条海底管道铺设于 1944 年，是 PLUTO 工程中建造的一条天然气管道，该管道穿越英吉利海峡为法国北部的联军供应天然气。这个工程开始的时候将 40 km 长的管道缠绕在直径为 15 m 的漂浮卷轴上，由拖船牵引卷筒，随着拖船的前进逐渐松开管道，仅花费了 10 h 就完成了从英格兰到法国的管道铺设。卷管法在 20 世纪 60 年代有了更进一步的发展，最初是一位来自路易斯安那州的承包商吉尔特勒•休伯特在墨西哥湾将一艘登陆艇的外壳改装成卷筒驳船 U-303（后来的 RB-1），它采用竖轴卷筒来铺设直径为 6 in 的管道，管道在水面上塑性弯曲。而在铺设前必须将管道拉直，否则悬跨部分会弯向一边，并在海底形成一系列扭折。

目前，已经有许多改进卷筒式铺管船（图 6-10）的方法，但并没有得到有效的提高和改进。另外，由于轴向弯曲应变过大会造成混凝土崩落，卷筒管的外面不能用混凝土覆盖，因此这始终是一个限制。卷管法的使用范围有严格的限制要求，因为选择该方法意味着要在管道上增加额外的壁厚以使其在海流和波浪中保持稳定，还意味着确定铺设方法后才能最终确定管道规范并开始采购管道，但可卷的混凝土会将这两个决策区分开。目前，已经发明了可卷的聚合物改良混凝土层，但并没有引起足够的重视和深入的研究。

卷筒铺管是一项本身就具有吸引力的技术，目前还没有开发出其全部的潜力。它遵循的准则是尽可能多地在岸上、在一个可控的工厂环境中、在对气候变化不敏感的情况下完成工作，因此在涉及的海上操作中无须大量的资金支持。

采用卷管法铺设管道时，焊接工作几乎在陆上完成，它具有工作效率高、安装速度快等优点，因此在国外得到了广泛应用。目前，国内对相应的关键技术和核心理论的研究尚属空白，卷管式铺设装置还没有成功应用。

图 6-10　卷筒式铺管船

采用卷管法铺设管道主要依靠铺管船上的张紧器、矫直器、校准器和卷筒等设备来完成，如图 6-11 所示。

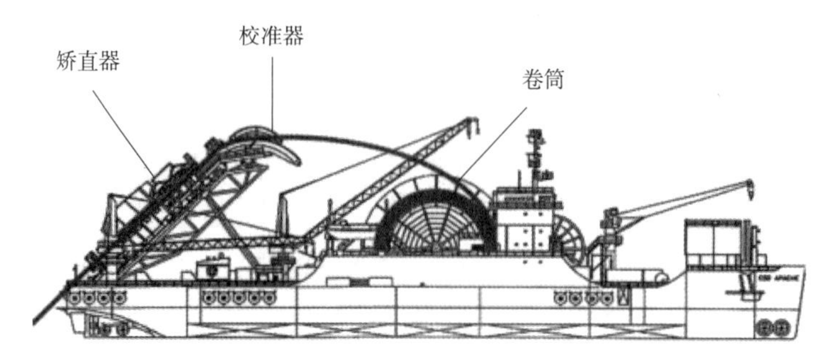

图 6-11　卷管法铺设管道

1）卷管法安装过程

卷管法安装过程主要可分为卷曲阶段和安装下放阶段。

（1）卷曲阶段：管道在港口焊接完成后，在卷筒牵引力作用下通过校准器缠绕到卷筒上，如图 6-12（a）所示。在卷曲过程中，管道的弯曲半径接近卷筒的半径，易产生较大的塑性变形。

（2）安装下放阶段：管道安装下放过程中与水平面夹角为 80°~90°，管道随着卷筒反转而退卷，塑性弯曲减小，管道通过校准器时再次发生塑性弯曲，之后通过矫直器消除塑性弯曲，并通过张紧器来限制管道水平方向的位移、安装方向和管道的拉力，如图 6-12（b）所示。

2）卷管法的特点

（1）适用于浅水到超深水管道的安装。

（2）由于大部分工作都在陆地上完成，因此有非常高的效率。

（3）在非关键船体时间（岸上）进行管道焊接。

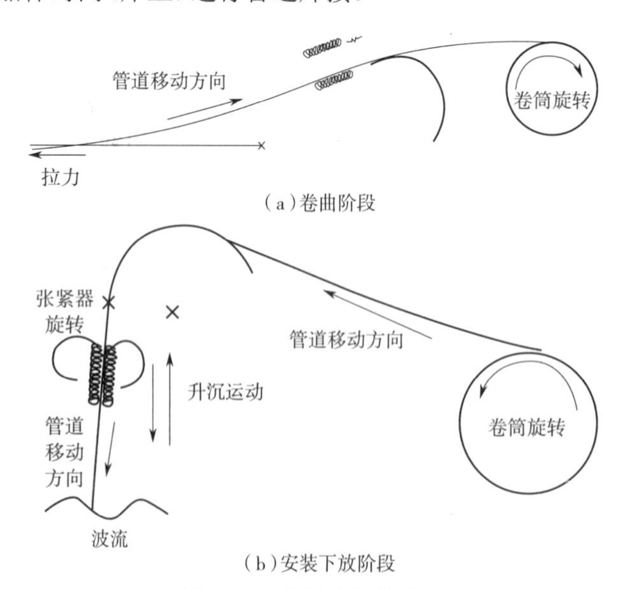

图 6-12　卷管法安装过程

（4）管道的直径受卷筒的限制。

（5）由于轴向弯曲应变过大会造成混凝土崩落，因此带有水泥涂层的管道用卷管法铺设受到限制。

（6）管道在上卷的过程中发生塑性变形，然后再拉直，这个过程会形成累积塑性变形，因此对于疲劳敏感的管道不适合采用卷管法。

6.2.4　顶管法

顶管法和水平钻进法都是现代管道铺设的新方法。水平钻进法是靠专用钻机进行水平方向的钻进，形成一水平通道，再将管道牵引穿过，该方法最初用于电缆的铺设。而顶管法是靠专门顶进设备的水平推力，克服土壤与管道的摩擦力，将管道按设计深度顶过水域，在此主要介绍顶管法，如图 6-13 所示。

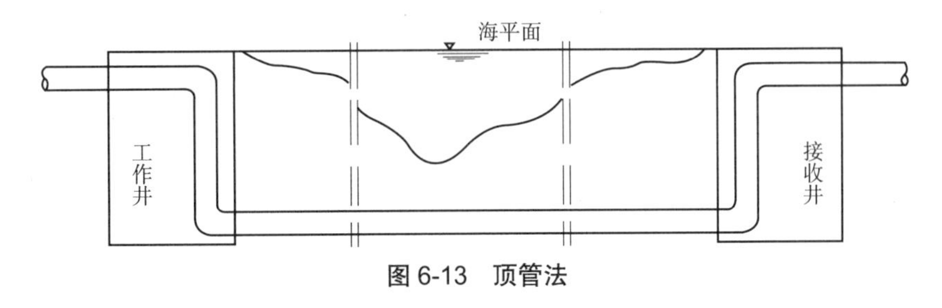

图 6-13　顶管法

顶管法适用于大型管道、上岸管道和河流穿越工程，一般适用于较好的土壤、海岸潮间带、窄平河面或地上悬河等两边水面相差不大的环境。我国某油田的黄河穿越工程就是采用顶管法，实践证明是成功的。

顶管法作为一种暗挖施工技术，可以在不开挖地表土的情况下将管道铺设完毕，具有无可比拟的优点，得到越来越广泛的应用。但是顶管法施工不可避免地会引起地面和地下土体的移动，在土中产生附加应力；当土体位移过大时，也会对邻近管道造成危害。

顶管操作在工作坑内进行，顶进设备可选用千斤顶或通井机配合滑轮组，当顶力较大且整条管道组装后顶管时，常采用后者。整个施工期全在岸上进行，不受水流变化的影响，不受季节、气温、天气的限制，特别是可以随意决定管道的埋深，保证其位于冲刷线以下，因此是方便且安全的。

顶管法的选用取决于管径、穿越长度、地质、地下水情况及顶进设备等因素。目前，采用水力喷射方法开挖管道的前端土壤，并通过水力把被切削下来的土壤带到工作坑内，用泵排掉。在顶管法中必须对顶力大小、顶管管道自身稳定强度、工作坑坑壁的稳定强度和工作坑井点排水情况等项目进行设计计算。

选择海底管道的铺设方法要从铺设区的海洋环境条件、现有的铺管设备条件和可能创造的条件出发，保证工期、质量和管道的安全，争取有较好的经济效益。

6.2.5　沟渠铺设

沟渠铺设目前有两种需求：一种是在岸上穿越段中相对短的距离内挖沟渠；另一种是在

开放海域中挖较浅但较长的沟渠。

虽然小直径管道受波浪和海流的影响较小，但它们更容易受到鱼钩的破坏。尽管有少数操作者不选择挖沟铺设，但平台附近的小直径管道基本上都是选择挖沟铺设。在北海将需要挖沟铺设的管道直接设定为 16 in，这一限制有些随意。目前已经采取一项联合工业计划来确定能否安全地放宽这一限制，但尚未达成统一，而该计划表明冲击力的程度受拖网板形状的影响较大。在世界上很多其他地方，海底钓鱼使用的是非常轻的鱼钩，因此海底管道并没有挖沟铺设。

如果拖网的工具刮到了管道，不仅对管道有风险，还会导致拖网上的拉力突然增加，从而造成渔船翻船。1997 年 3 月，在北海发生的威斯特海文事故中有 4 人丧生，这次事故使人们更深刻地认识到了这一问题。

与明沟中的管道相比，埋设管道受到更好的保护。埋设可以保护管道完全不受鱼钩伤害，可以保护管道免受除最大的锚和缆绳外的其他破坏，还可以保护管道免受多数坠落物所带来的伤害。该方法大大增加了管道和海水间的热阻，因此可以将流体温度维持在较高水平，从而减少天然气管道中的水合物问题，并将原油管道中的蜡沉积和泵损耗降至最低。如果覆盖层足够深，还可以消除在高温高压下运行的流体管道的垂向屈曲。

管道埋设的缺陷之一是回填使得泄漏难以被发现，并且在进行维修之前必须将回填的土壤移开。因此，在挖沟完成后马上回填似乎并不合理，应先在挖沟后进行静水压试验再回填。

岩石倾倒是最常用的埋设方法，目前已是一项可由若干承包商提供的成熟技术。倾倒的材料可能是挖掘出的岩石或在近海浅滩上挖掘出来的粗砾石。岩石沿一条可控的降落线下落，用声剖面对降落管末端进行定位可以使岩石的损失最低。该方法常用于在平台附近的冲刷保护点放置岩石、保护电缆跨越处以及在管道悬跨下方填充。

还有一种方法是用沟渠中挖掘出来的废土回填覆盖管道。挖掘出的废土会整齐地堆在沟渠两侧，回填机可沿着管道将废土回填。

6.3 收弃管

与所有的海上操作一样，海况对铺管影响很大，而海况的影响程度与铺管船的类型和大小都相关。在某种海况下，不可能增加更多的管道安装绳，使其上面的张力在张紧器的作用下保持不变。另外，如果天气不允许拖船重新布置锚或者来自船坞的供给船给铺管船传输管或者其他的物资时，铺管也必须停止。当铺管船的运动大到影响或危害管道的完整性时，也必须临时抛弃铺管绳。一个连有缆线的下放头焊接在管的安装绳上，在张力的作用下被下放到海底。如果铺管船被迫要离开安装地而寻求避风港，缆线应连接到浮标上，用以后面恢复安装。等海况条件允许，用绞车将安装绳提起到铺管船上，并用张紧器固定，移走下放头，重新开始铺管。上述的收弃管是铺管中很平常的操作，但是它们也可能导致较大的错位。天气原因导致的运动或者铺管船错误的操作可能导致管道的过度弯曲，进而导致管道产生屈曲。为了保证安全，铺管船可能会装备有止屈器，如果测量到任何的内直径变小，计量装置就报警。其中，屈曲侦察器连在管道内部，尾随下垂到触地点，如果侦察到一个屈曲，铺管船就会备份并检索管道，受影响的节点会被切掉。如果 X 光片或超声记录检验到不可接受的经过张紧器的环焊缝，也是同样的情况。

如果屈曲导致管道泄漏，即所谓的“湿屈曲”，情况就会严重得多。在这种情况下，管道必须迅速地下降到海底，否则就会在其自重下被拉断。

弃管作业时，需要在未下水的管道一端焊接拖拉封头，使其与收弃管绞车的缆绳连接。铺管船前行时，张紧器夹持管道并控制其张力，收弃管绞车的缆绳处于不受力状态。随着张紧器施加于管道上的张紧力减小，收弃管绞车缆绳的拉力渐渐变大，直到拉力全部转移到收弃管绞车上，此时张紧器的履带张开，管道在基本保持恒定张力的状态下入水。待管道被下放到海底后，从管道的拖拉封头上解下收弃管绞车的缆绳，并在管道的拖拉封头上系上浮漂作为标记，即弃管完毕。

等到海况条件符合施工要求时，先将收弃管绞车的缆绳与管道末端的拖拉封头连接起来，并解下拖拉封头上的浮漂，然后铺管船后移，收弃管绞车以一定的拉力收缆，当拉力增大到管道所需的拉力值时，在收弃管绞车的帮助下，管道顺着托管架和铺管船尾部的滚轮进入张紧器。当管道进入张紧器后，张紧器施加在管道上的张紧力逐渐增大，同时收弃管绞车的拉力逐渐减小，直至管道的张紧力全部由张紧器承担，管道在张紧器的夹持下被输送到焊接工位，然后去除收弃管绞车的缆绳，即收管完毕。

6.4　管道接岸

6.4.1　概论

通过管道接岸可以将海底管道连接到陆地上。在浅水区内的管道接岸比其他地方更重要，因为浅水区内的管道接岸更容易受到波浪作用和沿岸流的影响。由经验可知，管道接岸工程的要求非常严格，在海底管道建设中发生过许多严重事故和预算超支，其中很多都发生在极浅水区的恶劣环境中。

管道接岸遇到的一个困难是海岸环境异常多变。在管道设计生命周期内，沉淀物运移可能有重大的长期影响；波浪在近岸会变得更陡，且在突出的山岬和海角处容易集中波浪能；波浪作用会产生很大的流体动力效应；偶然的风暴往往会随着热带风暴发生，而气压大幅降低对海岸的形成有很大影响，并且强海流以及随之而来的强波浪作用决定了极端情况，而此极端情况决定了管道接岸的设计；生物过程在海岸进化过程中也起到一定作用；人类活动对海滩进化过程也有很大的影响。

管道着陆地点的选择十分重要，与建设方法的研究类似，需要对海岸水力情况、岩土工程情况以及环境进行非常仔细的工程校验。与好的着陆点相比，坏的着陆点可能要付出巨大的代价，因此在管道接岸前开展海底调研是必需的。海底调研是针对海岸地形、海洋和潮汐流以及海底地形进行测量，它们决定了局域波折射。通过土工现场勘察，可以获得海底物质的土工描述和强度性质等信息。大多数管道接岸都采用挖沟铺设。

6.4.2 海滩穿越

最直接的海滩穿越建造方法是从高水位线到水足够深的地方挖一条直沟渠，使铺管驳船或卷筒驳船可以安全到达，将绞车安装在沟渠前端的海滩上，从铺管驳船上拉出牵引缆绳并将其连接到管道尾端的拉头上，然后绞车沿着沟渠将管道从铺管驳船拉到岸上，此时铺管驳船保持固定不动。如果要求通过拉力控制垂弯区的曲率，那么绞车拖拉的方向与铺管驳船施加的拉力方向相反。当拉头到达岸上时，铺管驳船停在一旁。

对所有需要穿越海滩和波浪带的管道都要采取海底埋设，否则管道容易损伤，沉积物运移会引起海底平面的变化从而对管道造成损害，在风暴中管道会受到流体动力的作用以及船只和浮木的损害。沟渠的设计是管道系统设计的一部分，因此工程师需要将安装计划与挖沟铺设管道的需要结合在一起。在浅水区，可以选择先挖沟渠后铺设管道，或者先铺管道再在其下方挖沟渠。在深水区，通常采用先铺管道后挖沟渠的方法，因为这种方法更简便且已被广泛采用。

图 6-14 所示为一种管道岸上穿越使用比较广泛的技术。需要注意的是，该图并不是按比例绘制，它在水平方向上压缩了，按照实际比例所绘制的图在水平方向会更长。该图适用于先挖沟后铺管的情况，同样也适用于先铺管后挖沟的情况。

拖曳水下管段所需的力是管道长度、单位长度管道的水下重量（要考虑浮筒的净浮力）以及纵向阻力（摩擦力）系数的乘积。如果管道很重，则拖曳较困难。如果管道变轻，则拖曳变得较容易，但在流体动力的作用下管道会变得不够稳定。这就要求设计者找到一个折中的方法，使管道既足够重以维持稳定，又足够轻以避免过度增加拖曳系统的负担，从而能够将管道拖拉至指定位置。

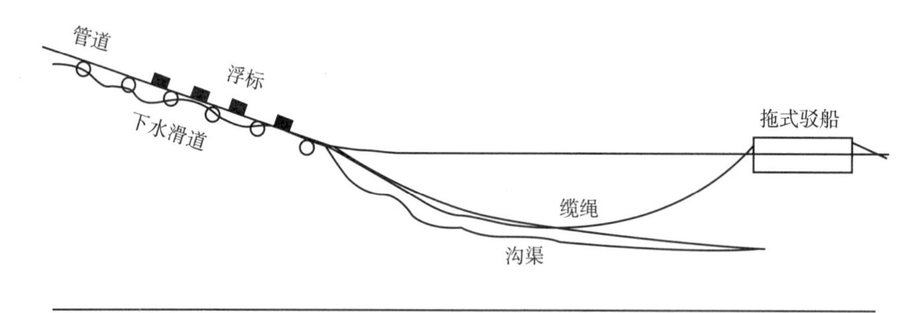

图 6-14　管道接岸示意图

尽管谨慎的拖曳承包商认识到，实际上确定拖曳力时可能需要采用较小的摩擦系数，但他们在设计拖曳系统时仍会将该系数设定为大于或等于 1。这是因为，一旦管道开始运动，维持其运动所需的力通常会小于产生该运动的初始力。

在拖曳过程中，部分管段仍在海面上的下水滑道中。要拖动海面上的管段所需要的力是水面上的管道长度、空气中单位长度的管道重量（要考虑所有浮筒的重量）以及纵向阻力（摩擦力）系数的乘积，而由于下水滑道内的滚筒会使管道的移动相对容易一些，因此该系数大体上小于海底的阻力系数。这一较小的摩擦力系数取决于卷轴系统的设计，通常取

0.15左右。

除非铺管驳船与拉头非常接近，否则会有部分牵引缆绳在海底，并需要沿着海底拖曳缆绳。不能忽略拖曳缆绳所需的力，并且需要对此进行计算。在拖曳过程中，浮筒或空气袋可以暂时降低管道的水下重量，但波浪和海流会在浮筒和空气袋上产生流体动力。添加浮筒会产生两种效果，即减小水下重量和增加流体动力，因此添加浮筒会降低横向稳定性。设计者不应增加过多的浮力，否则会造成拖曳过程中的管道失控。

如果采用岸上拖曳的方法，就必须确定是在拖曳前还是拖曳后挖沟渠，以及是否需要针对波浪和海流保护沟渠，具体方案有：

(1)先拖管，后挖沟渠；

(2)先挖沟渠，后拖管，但不保护沟渠；

(3)先挖沟渠，后拖管，并保护沟渠。

工程中最简单的方法是先在岸上组装管道，将其组装成一定长度的管段后，再将管道拖入水中并沿海底拖曳，整个过程无需挖沟。随着管道的移动，海底会形成一条浅沟。沟的深度取决于土壤强度和管道重量，但在大多数土壤中，这条沟通常相当浅，深度远远小于管道直径。即便如此，这条浅沟也有助于增加管道的横向阻力。

如果波浪和海流产生作用的可能性很大，那选择方案(1)就有风险。该方案适用于受保护的地方，但在露天环境中，由于海洋不可能完全平静，往往存在沿岸流，管道易受波浪作用的影响。流体动力的大小取决于海流的速度以及波浪的高度和周期。除非海底全都是岩石，否则波浪和海流能轻易地使底部沉积物移动。波浪越大，作用力就越大，海底沉积物就越容易被移动。海底沉积物的运动会损害管道，并使管道变得更容易受波浪影响。沿着线路拖管时，管道和海底之间的摩擦力方向与管道平行，管道移动时相对横向位移的阻力很小，而且在浅水区内波浪破碎会产生很大的作用力，这些因素综合在一起会使管道在拖管期间和拖管后变得不稳定。

另外一个问题是海流和波浪引起的近底速度与滑道之间的相互作用会产生次海流，它会侵蚀任何可移动的物质，而管道铺设在这些可移动的物质之上。次海流还会在管道下方和某一边产生冲刷，冲刷会产生一个冲刷穴使管道沉入，从而使管道部分或完全埋入土中。

方案(2)是先挖沟渠后沿沟渠铺管，沟渠可以保护管道并减少流体动力，还可以提供额外的阻力阻止管道的横向移动。如果海底是坚硬且不能移动的岩石，就不存在水流带来的或悬浮的碎石泥沙移到沟渠中，沟渠能保持原状。如果海底物质是可移动的，任何海底沉积物的运移都会使沟渠失稳并填充沟渠。如果管道在一个未受保护的沟渠中，则一旦发生风暴就会有危险，在管道被掩埋之前沟渠中将充满由沙和水组成的高密度混合物，管道比混合物轻得多，因此会从沟渠中漂浮出来。这一现象曾发生过，并且造成了灾难性的后果。因此，方案(2)也是有风险的，除非已经在铺管的地方采取了针对波浪和海流的保护措施。

方案(3)是最安全、谨慎的方法，但花费要高得多。其中最常用的方法是沿着沟渠建立一个临时的钢栈架，从栈架上驱动板桩的两条并行边，并在板桩之间挖沟，将管道放置在指定位置后，板桩会被切断或拔出。可以使用岩石进行沟渠的人工回填，或由自然物沉积运移回填沟渠。另一种安装板桩的方法是先沿管道修建岩石护坡，然后用护坡上的设备挖沟，将管道拖到指定位置后移除栈道。如果波浪和沉积物运移只发生在一侧，那么只在迎峰侧建护坡即可。

6.5 管道安装设计分析理论基础

6.5.1 管道安装工艺流程

以渤海某海管安装项目为例，整体介绍海底管道安装工艺流程。

1. 安装预调查

在施工前，对管道路由沿线左右所涉及施工范围内的地质资料进行调查，用勘测船对管道路由进行旁扫，并对管道路由上的水文资料进行收集，针对收集到的资料对施工方案进行优化，提前处理管道路由上的缺陷点。

2. 船舶就位

起锚、抛锚的船舶要配备具有足够精度的水面定位系统以引导起锚、抛锚作业，确保锚的位置与就位所需的锚位布置一致；了解在海底设施附近起锚、抛锚时海底设施所有者的要求，并与之建立通信联系；确认锚下落前的位置；监测整个过程中锚的位置，尤其是在海底设施附近的位置；因作业性质决定的其他要求；在海底建筑物上方运输锚时，要保证锚被安全地放置在起锚、抛锚船舶的甲板上；在起锚、抛锚作业期间，应注意锚及锚缆位置，以保持锚及锚缆与任何海底设施或障碍物的安全距离。

3. 托管架调整

根据预先计算，对托管架角度、滚轮高度进行调整，确保管道与托管架滚轮充分接触，使托管架滚轮受力均匀，保证管道铺设安全。

4. 起始铺设

（1）抛起始锚、起始缆。预先将起始锚放置到抛锚船上，并将起始缆缠到抛锚船上，其中一端固定在抛锚船上，另一端交于主作业船并固定，待到达预定抛锚位置后，连接起始缆与起始锚、锚头缆和起始锚，将起始锚抛下。

（2）拉力试验。进行铺设张力试验，以确定正常铺设时锚泊系统、起始缆性能是否满足要求，张力试验采用的张力经验值一般为海底管道铺设分析报告所确定的铺设张力的1.2~1.5倍。

（3）作业线预制及起始缆连接。在抛起始锚的同时，作业线可进行海底管道预制，焊接起始封头，并在行车的辅助下进行管道在滚轮间的移动，待管头到达预定位置并且拉力试验完成后，将起始缆与起始封头连接。抛起始锚应借助定位系统、海底管道铺设分析报告、详细设计规格书等，精确计算起始缆长度、定位油管起始点，确保海底管道起始点位于目标区域。

5. 正常铺设

管道进入作业线前，要根据不同工艺对管道进行不同的坡口加工。焊接可分为封底、填充和盖面，根据管道直径和船舶的不同，合理布置焊接站的个数和每个焊接站的工作，在焊接完成后对节点进行冷却。

6. 终止铺设

终止铺设前，应根据海底管道铺设分析报告、定位实际打点记录及详细设计路由数据，计算海底管道终端在海床的终点位置，确保海底管道终端位于目标区域。

终止铺设时，先焊接终止封头，按照设计连接到收弃缆上。在终止管头到达张紧器前进行张力转换，转换完毕后将张紧器打开，待终止封头出托管架后，逐渐减小张力，直至管头着泥，然后潜水员或水下机器人进行水下脱钩，如图6-15所示。终止铺设后，需要对管头位置进行调查，确保管头在预定范围内。

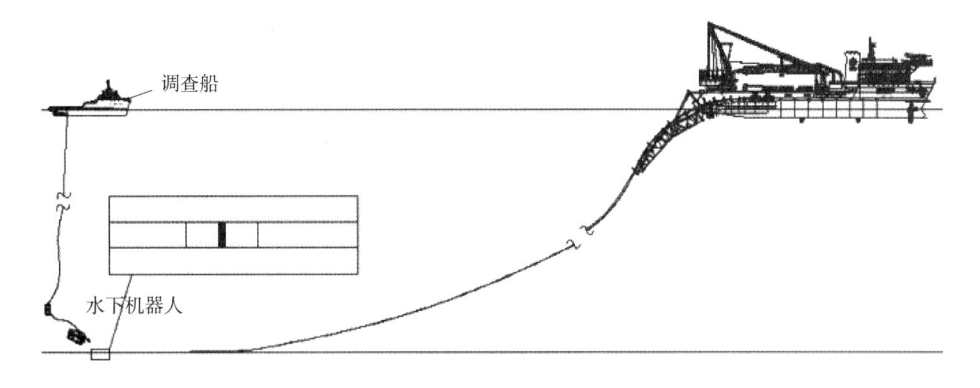

图6-15　终止铺设后水下机器人测量管端位置

7. 安装后调查

在总体施工结束后，对整条管道现有状况进行调查，一般使用水下机器人对整条管道的节点保护、管道路由等进行调查。

6.5.2　管道安装计算理论

1. 线性梁理论

对于铺设在无限海床上无缺陷的管道来说，其屈曲区域变形的微分方程为

$$\frac{d^4\omega}{dx^4}+n^2\frac{d^2\omega}{dx^2}+m=0 \tag{6-1}$$

$$n^2=N/EI$$

$$m=q/EI$$

式中　ω——管道位移函数；

q——管道屈曲区域自重和土壤抗力产生的有效载荷；

N——管道屈曲区域轴向力。

通常情况下，海底管道在制造加工及铺设过程中就产生了初始变形，称之为管道的初始缺陷。当有初始缺陷时，在x-ω坐标系中应用线性梁理论，其竖向平衡微分方程为

$$EI\frac{d^4(\omega-\omega_p)}{dx^4}+N\frac{d^2\omega}{dx^2}+q=0 \tag{6-2}$$

式中　q——管道自重和覆土重量；

ω——管道位移函数；

ω_p——管道本身缺陷位移函数；

N——管道屈曲段轴向力。

2. 悬链线理论

悬链线理论是将水面到海底这段管道变形后的形状用悬链线来描述，其忽略了管道弯曲刚度的影响，利用管单元的平衡微分方程粗略确定管道的初始形态。考虑管道上部受拉力，底部与海床有一定角度，管道构型如图 6-16 所示。

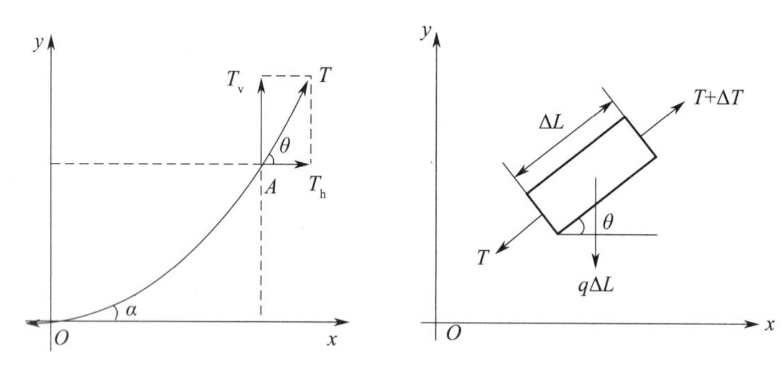

图 6-16　管道弯曲的悬链线表示

假设管道微元段长度为 ΔL，由管道微元段的受力平衡，可得

$$\sum F_x=T\cos\theta+\frac{d(T\cos\theta)}{dL}\Delta L-T\cos\theta \tag{6-3}$$

$$\sum F_y=T\sin\theta+\frac{d(T\sin\theta)}{dL}\Delta L-T\sin\theta-w_s\Delta L \tag{6-4}$$

式中　T——张力；

w_s——管道单位长度湿重。

式(6-3)和式(6-4)在 $x=0$ 处的边界条件为

$$y(0)=0 \tag{6-5}$$

$$y(0)'=\tan\alpha \tag{6-6}$$

联立以上各式可得到管道构型的一般形式为

$$y=a\cosh\left[\frac{x}{a}+\ln(\tan\alpha+\sec\alpha)\right]-a\sec\alpha \tag{6-7}$$

式中　a——悬链线 A 端所受拉力的水平分量 T_h 与管道单位长度湿重 w_s 的比值，即 $a=\frac{T_h}{w_s}$；

α——触地点处与水平海床间的夹角。

当 $\alpha=0$ 时，管道构型表达式可以简化为

$$y = a\left(\cosh\frac{x}{a} - 1\right) \tag{6-8}$$

在张力和管体重量的作用下，管道出现偏离应力自由状态的较大变形。管道在垂弯段的曲率由所施加的轴向张力控制。计算张力和曲率关系的最简单模型是悬链线模型，悬链线模型忽略管道的弯曲刚度。

曲率符合如下关系：

$$\frac{\mathrm{d}\theta}{\mathrm{d}s} = \frac{\mathrm{d}^2 y}{\mathrm{d}x^2}\cos\theta = \frac{w_\mathrm{s}}{T_\mathrm{h}}\cosh\frac{xw_\mathrm{s}}{T_\mathrm{h}}\cos\theta \tag{6-9}$$

式中　θ——对 x 轴的角度；

s——管道悬跨部分的弧长。

最大曲率在触地点符合如下关系：

$$\frac{1}{R} = \frac{w_\mathrm{s}}{T_\mathrm{h}} \tag{6-10}$$

曲率与管体应变的关系如下：

$$\varepsilon = \frac{r}{R} \tag{6-11}$$

垂直分量 T_v 等于管道悬跨部分的重量：

$$T_\mathrm{v} = w_\mathrm{s} s \tag{6-12}$$

管道悬跨部分的弧长 s 可以通过下式计算：

$$s = y\sqrt{1 + 2\frac{T_\mathrm{h}}{zw_\mathrm{s}}} \tag{6-13}$$

对于 T_h，可以将 T_v 代入 $\tan\theta$ 的表达式，采用 θ、w_s 和 y 表示，即

$$T_\mathrm{h} = \frac{yw_\mathrm{s}}{\tan^2\theta}\left(1 + \sqrt{\tan^2\theta}\right) \tag{6-14}$$

托管架端部处的入水角度和海床以上高度对于特定的铺管船和托管架半径是已知的，而反弯点的位置是未知的。在深水区，假定离开托管架端部的入水角度和反弯点处角度基本相同是合理的。因此，水平张力可以用式（6-14）来估算。由于反弯点及其位置未知，张力可以通过使用托管架端部的入水角和在海床以上的高度来估算。由于在托管架端部处与反弯点处相比，其 θ 值较小且 z 值较大，而且管道的弯曲刚度被忽略，所以常获得较高的张力估算值。在垂弯段中所计算的曲率和应变是保守的，由于管道弯曲刚度必须包括在分析中，这已经在有限元分析中完成了。有限元方法通过刚度和载荷的修正来处理整体水平大变形效应，即以变形后的形状重新计算刚度和载荷，并且迭代直到收敛。

3. 铺管船铺管时管道受力分析

铺管船铺设管道的中间阶段，管道呈 S 形，管道受力分析可分为三段进行，如图 6-17 所示。

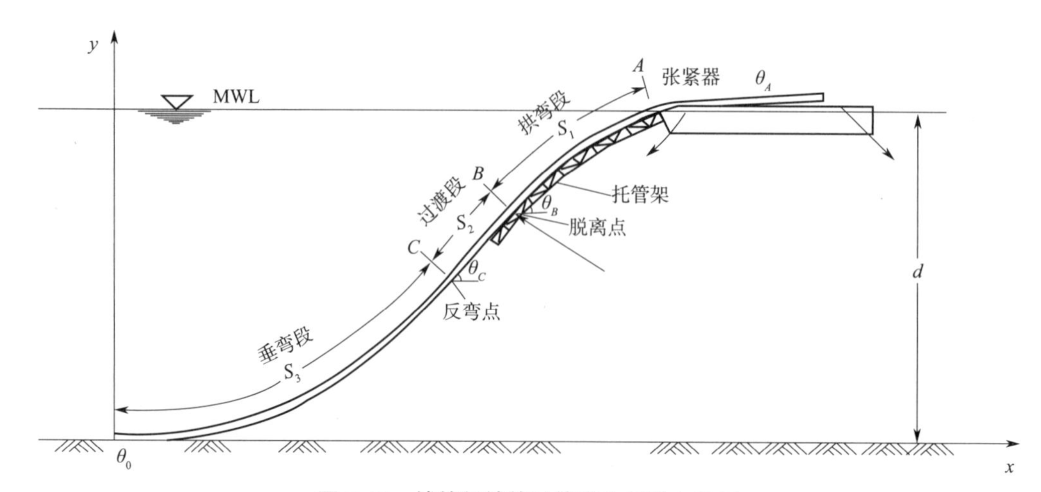

图 6-17　铺管船铺管时管道几何受力特征

1）拱弯段（S_1）

从铺管船上的张紧器 A 点开始，沿托管架至架的近末端，管道与托管架脱离点 B 为拱弯段。这段管道的形状和受力皆由托管架曲率控制。人们在选择托管架长度、曲率时，应综合考虑管道的直径、刚度、水深、张力和外载荷等因素，以使此段管道的最大弯曲应力不超过一定数值（通常为 $0.85\sigma_1$），相应的应变 $\varepsilon = \dfrac{D_0}{2R}$，管道的轴向应力 $\sigma_x = \dfrac{ED_0}{2R}$，托管架上管道的最小弯曲半径为

$$[R]_{\min} = \frac{ED_0}{2\sigma_1 K} \tag{6-15}$$

式中　D_0——管道外径；

K——设计系数，通常取 0.85。

从而即可确定托管架上管道的形状与受力。由于施工时的载荷是临时载荷，在某些情况下，为了施工方便允许该段管道应力超出屈服强度。

2）过渡段（S_2）

过渡段是从管道脱离点 B 到反弯点 C 的管段。一般反弯点 C 的位置不能预知，而需由脱离点来推求。脱离点的位置是根据铺管船的张力、托管架曲率和长度的要求来确定的；从 B 点离开托管架的管段，靠自身的弯曲刚度和张力克服重力和流力，以及支承下面悬空的管段。在反弯点 C 处有边界条件 $M=0$。过渡段的弯曲主要是由脱离点处的弯矩和管道自重引起的弯矩形成（忽略流力）的，所以有理由假设管段曲率可近似表达为上述两项因素的线性叠加，以此建立脱离点到反弯点的关系。根据梁的弯曲理论，有

$$\frac{1}{\rho(S_2)} = \frac{1}{\rho_0(S_2)} + \frac{1}{\rho_w(S_2)} \tag{6-16}$$

其中

$$\frac{1}{\rho_0(S_2)} = \frac{1}{\rho_{s1}}\left[\cosh\sqrt{\frac{T}{EI}}S_2 - \sinh\sqrt{\frac{T}{EI}}S_2\right]$$

$$\frac{1}{\rho_{\mathrm{w}}\left(S_2\right)}=\frac{W_{\mathrm{p}}\cos\theta}{T}$$

式中　S_2——从脱离点向下量度的管段长度；

$\frac{1}{\rho\left(S_2\right)}$——过渡段管道的曲率；

$\frac{1}{\rho_0\left(S_2\right)}$——脱离点弯矩赋予过渡段管道的曲率；

$\frac{1}{\rho_{\mathrm{w}}\left(S_2\right)}$——自重引起的管道弯曲段的曲率；

$\frac{1}{\rho_{\mathrm{s1}}}$——托管架的曲率；

θ——管段任一点切线与水平线的夹角。

利用边界条件，反弯点 $\frac{1}{\rho\left(S_2\right)}=0$，可求得过渡段的弧长 $S=S_2$。同时，由于

$$\frac{\mathrm{d}\theta}{\mathrm{d}S}=\frac{1}{\rho\left(S_2\right)}$$

所以

$$\theta_C=\theta_B+\int_0^{S_2}\frac{\mathrm{d}S}{\rho\left(S_2\right)}$$

则有

$$y_C=y_B-S_2\sin\frac{\theta_B+\theta_C}{\theta} \tag{6-17}$$

计算需由双重迭代过程来完成，以求出过渡段管道的形状。

3）垂弯段（S_3）

垂弯段是从反弯点 C 开始一直到海底。由于水深较大，通常采用加强悬链线方法来分析。

6.6　管道安装的有限元分析

6.6.1　有限元软件介绍

管道安装的模拟软件可分为专业安装软件和一般有限元软件。铺管分析中用到的有限元求解方法，包括线性和非线性两种。任何通用有限元程序都可以用于分析铺设安装期间的管道，一般软件包括 ANSYS 和 ABAQUS，专业软件包括 OFFPIPE、OrcaFlex 和 Pipelay。

1. OFFPIPE

OFFPIPE 软件是海上石油工业使用的强大的设计计算分析软件。该软件特别加强了在海上管道的安装和操作过程中遇到的非线性问题的分析能力。

OFFPIPE 分析功能包括：

（1）对铺管驳船和铺管托架配置进行静态和动态布管分析，包括常规和J型；

（2）铺管开始、放弃及恢复的分析；

（3）计算不规则海底情况下静态管道压力、跨距和位移；

（4）对常规吊装和海底管道的静态吊架式起吊分析。

OFFPIPE软件所用的模型是Ramberg-Osgood材料模型，其表达式如下：

$$\frac{\kappa}{K_{\mathrm{y}}}=\frac{M}{M_{\mathrm{y}}}+A\left(\frac{M}{M_{\mathrm{y}}}\right)^{B} \tag{6-18}$$

$$K_{\mathrm{y}}=\frac{2\sigma_{\mathrm{y}}}{ED} \tag{6-19}$$

$$M_{\mathrm{y}}=\frac{2I_{\mathrm{c}}\sigma_{\mathrm{y}}}{D} \tag{6-20}$$

式中 κ——管道曲率；

M——管道弯矩；

E——钢管弹性模量；

D——钢管直径；

I_{c}——钢管横截面惯性矩；

σ_{y}——钢管名义屈服应力；

A——Ramberg-Osgood方程系数；

B——Ramberg-Osgood方程指数。

应用OFFPIPE开展铺管分析，可以模拟管道敷设、起吊、铺管开始和弃置及恢复操作。它可以模拟基于管道铺设方法和J型配置的常规铺设驳船和铺管托架，同时在二维和三维空间模拟管道（利用二维空间简化的尺寸可以得到更快的执行）。三维静态分析可能包括当前工况、底部斜坡、土壤摩擦和铺管驳船头部与管道既定路线的非零偏移。利用其可选的动态特性分析，用户可以指定铺管驳船并选择一个规则波或者波谱，然后进行管道和托管架的动态分析（包括管道应力）。

基于非线性有限元分析方法，能够准确模拟海底管道，并且能在各种管径及水深条件下快速收敛。有限元方法同时考虑大位移和材料（非线性应力-应变曲线）的非线性变形，提供管道、托架、海底电缆、吊柱、管道支架、张紧轮和海床准确的有限元模型；海床通过一个连续的弹性塑胶来模拟，而不是一系列的点支撑；侧向土壤承载力是双线性的，小水平位移采用弹性分析，大位移采用弹塑性分析；并给铺管驳船提供了详细模型和托架的简化结构模型，其中包括压载时间和托架之间的铰链。通过模型可以很容易地发现悬跨和铺管时技术是否符合要求。

2. OrcaFlex

OrcaFlex由英国Orcina公司开发，主要用于分析海洋结构的力学性能及安装等过程的仿真模拟。OrcaFlex因其技术覆盖面广和用户界面友好而闻名，而且它是工作在Windows环境下的软件，很容易和第三方软件兼容。从具体技术层面来讲，它广泛应用于立管的静态和动态分析，锚链的静态和动态分析，以及深水管道和立管安装过程的动态分析。除进行管道的分析外，它也是开展浮式结构分析很好的工具。最近几年，OrcaFlex也被应用于海底稳定性分析以及新能源开发分析。

OrcaFlex的分析功能包括：

（1）立管系统分析；

（2）海洋工程设备的运输、安装与退役、拆除过程仿真分析；

（3）系泊分析；

（4）铺管过程分析；

（5）拖曳系统分析；

（6）水产养殖设施分析；

（7）斜拉桥结构、浮桥、国防、海洋可再生能源、海底电缆布线和抗震分析等。

3. Pipelay

Pipelay是一款进行深水管道安装分析的工程工具，是Wood Group Kenny公司在被业界认可的著名的Flexcom（海洋管道和结构有限元分析软件）的基础上，增加面向石油工程师的操作界面而成的，它的核心仍是Flexcom。

Pipelay具有直观的图形用户界面和强大的分析功能，能够快速定义模型数据。数据以管道安装工程中所熟悉的方式进行输入，自动创建有限元模型，自动分析并以报告模式输出结果。Pipelay具有与Flexcom相同的强大的建模与分析能力，其计算分析类型包括：

（1）各安装阶段的静态、动态分析；

（2）各阶段参数的更改，如在弃管分析中，绞车钢缆随分析阶段不断增长，直到管道落到海底，这需要在各阶段定义钢缆长度的变化，可更改的参数包括管段和钢缆的长度、船体的偏移、约束条件、摩擦模型等；

（3）定义各安装阶段的安装准则，包括张力、弯曲应力、弯曲应变、Mises应力、偏离角、托管架尾端间隙、轴向应力、轴向应变等，并且可定义为满足安装准则需要更改的参数；

（4）常规铺设和特定操作阶段的疲劳计算，*S-N*曲线组件包括线性、分段线性和数据对定义方式。

6.6.2　基于有限元的管道安装分析

为了能够计算管道的响应，需要知道管道的干重和水中重量。在ABAQUS中可通过钢的横截面密度表达管道干重，干重可用管体外径、壁厚、钢（材料）的密度和重力加速度的函数来计算。当管道的重量采用这种方式而不是作为分布载荷进行模拟时，管道的质量可以用质量来表述，这使得进行动态分析成为可能。目前的模型通过进一步发展后，将能进行动态模拟。

在实际情况中，钢材管体用防腐涂层和水泥涂层包覆，钢材管体、防腐涂层和水泥涂层具有不同的密度。在有限元分析中，采用裸钢管描述管道。

管道的总重量必须用钢管来描述，因为在分析中仅采用裸钢管。另一种密度必须用于钢管，以便设计数据的钢材密度可以代表钢材管体的总重。因此，管道的横截面面积和密度可以计算如下：

$$A_s = \frac{\pi}{4}\left[\left(D_i + 2t_s\right) - D_i^2\right] \tag{6-21}$$

$$A_{con} = \frac{\pi}{4}\left\{\left[D_i + 2\left(t_s + t_{cor} + t_{con}\right)\right]^2 - \left[D_i + 2\left(t_s + t_{cor}\right)\right]^2\right\} \tag{6-22}$$

$$A_{cor} = \frac{\pi}{4}\left\{\left[D_i + 2\left(t_s + t_{cor}\right)\right]^2 - \left(D_i + 2t_s\right)^2\right\} \tag{6-23}$$

$$\rho_{inp} = \frac{A_s\rho_s + A_{cor}\rho_{cor} + A_{con}\rho_{con}}{A_s} \tag{6-24}$$

式中 A_s——钢材横截面面积，m^2；

A_{con}——水泥涂层横截面面积，m^2；

A_{cor}——防腐涂层横截面面积，m^2；

D_i——管道内径，m；

t_s——管道钢材壁厚，m；

t_{cor}——防腐涂层厚度，m；

t_{con}——水泥涂层厚度，m；

ρ_s——钢材密度，kg/m^3；

ρ_{cor}——防腐涂层密度，kg/m^3；

ρ_{con}——水泥涂层密度（具有 4% 水），kg/m^3；

ρ_{inp}——输入密度，kg/m^3。

这种密度与钢管外径和壁厚一起作为输入值的方法使得 ABAQUS 能够计算管体的干重。这里管体在空气中的重量是管体的干重。

在安装过程中，管道的一部分在海面以上，剩余部分在海面以下，管道将从托管架的一点进入水中，管道因此暴露于浮力和静水压力之中。这需要将一个分布压力载荷和分布浮力载荷应用到管道的水下部分。

当计算分布浮力载荷（载荷类型 PB）时，ABAQUS 采取密闭端部条件，压力场随着垂直坐标 z 变化。

管道上压力载荷和浮力载荷的计算要基于管道的外径。其中，用于计算管道浮力载荷的外径必须不同于用于计算管道压力载荷的外径。这是因为管道由水泥涂层和防腐涂层包覆，而水泥涂层和防腐涂层对浮力载荷有贡献，而对压力载荷无贡献。钢管外径的确定是为了给出正确的压力载荷。这意味着当指令 PB 用来确定管体上的浮力载荷和压力载荷时，浮力载荷太小。一个用户子程序可用来确定一个管道的分布载荷，以得到正确的水下重量。这种载荷同时作为 PB 计算的浮力载荷作用于管道。这种载荷的大小等于因钢管的外径小于水泥涂层和防腐涂层包覆的外径导致的浮力载荷的差值。这个用户子程序确定的分布载荷的大小用于以下计算：

$$b_d = b_a - b_{pb} \tag{6-25}$$

$$b_a = \frac{D_{oc}^2 \pi}{4} \rho g \tag{6-26}$$

$$b_{pb} = \frac{D_{os}^2 \pi}{4} \rho g \tag{6-27}$$

式中　D_{oc}——具有水泥涂层和防腐涂层的管体外径，m；

D_{os}——钢管外径，m；

b_{pb}——单位长度的浮力载荷，N/m；

b_a——单位长度的实际浮力载荷，N/m；

b_d——用户子程序所得的单位长度的分布载荷，N/m。

用户子程序 DLOAD 已经被应用，这一用户子程序可以用来确定作为位置、时间和单元号码等函数变化的分布载荷。该子程序仅用于计算静止水面以下单元的分布载荷。

6.6.3　安装分析案例

1. 焊接所致力学性能不均匀性对卷管法安装管道完整性的影响

在卷管安装过程中，管道受力过程十分复杂，会发生数次循环往复的弯曲，塑性变形会对管道结构性能和环缝焊接处的疲劳寿命产生影响。在管道生产过程中，通常需要对管材进行热焊、热轧，这导致管道形成焊缝缺陷，同时导致管道性能发生变化。管道在环形焊缝处及其邻近热影响区的管段存在力学性能不均匀性，且由于管道在卷管安装期间受到复杂的联合载荷，因此在卷管安装设计中应该充分研究焊接引起的不均匀性对管道完整性的影响。

首先对卷管安装设计中数值模拟选用的材料模型进行探讨，然后以此为基础针对焊接所致管道力学性能不均匀性的缺陷对卷管安装中管道性能的影响进行研究。

1）管道材料本构模型

在进行管道非弹性力学行为的数值模拟时，一般采用各向同性硬化模型模拟管道的材料特性，但管道在承受循环弯曲载荷后，其材料性能将由各向同性变为各向异性，因此应选取合理的数值分析材料模型以获得管道在卷管过程中的真实力学响应。因此，分别使用各向同性硬化材料模型及非线性材料模型（选取 Ramberg-Osgood 材料模型）进行卷管铺管仿真模拟，通过对比两者的有限元分析结果，选取适宜卷管安装设计的数值分析材料模型作为研究管道力学性能不均匀性影响的基础。图 6-18 所示为管道的弹塑性材料特性。

Ramberg-Osgood 材料模型的应力 - 应变关系为

$$\varepsilon = \frac{\sigma}{E} + \alpha \left(\frac{\sigma}{\sigma_y} \right)^{\beta} \frac{\sigma}{E} \tag{6-28}$$

式中　ε——应变；

σ——应力；

E——材料弹性模量；

σ_y——材料屈服应力；

α、β——材料常数，对于 X65 钢，$\alpha=1.29$，$\beta=25.58$。

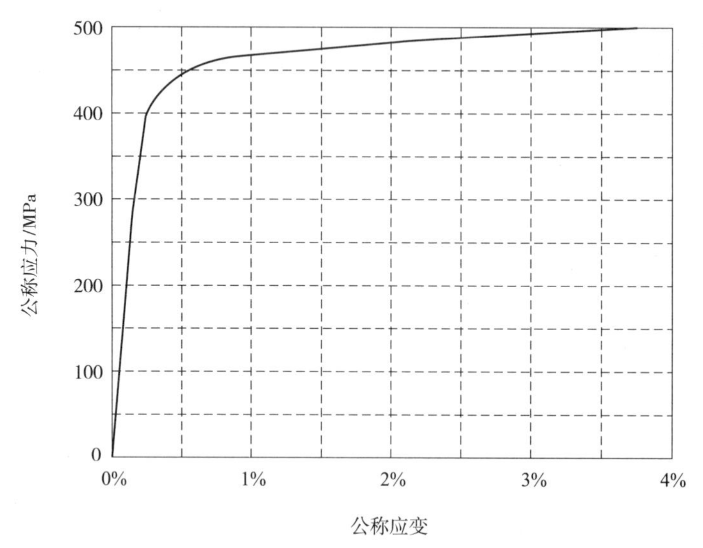

图 6-18　管道的弹塑性材料特性

各向同性硬化材料模型与 Ramberg-Osgood 材料模型的应力 - 应变关系如图 6-19 所示。由图可知，在初始单调加载过程中两种材料模型均与真实试验结果吻合较好，而进入反向加载阶段后，各向同性硬化材料模型仍通过单调加载所得到的力学响应为材料提供应力 - 应变关系，导致其值大于材料在滞后响应作用下的真实值。

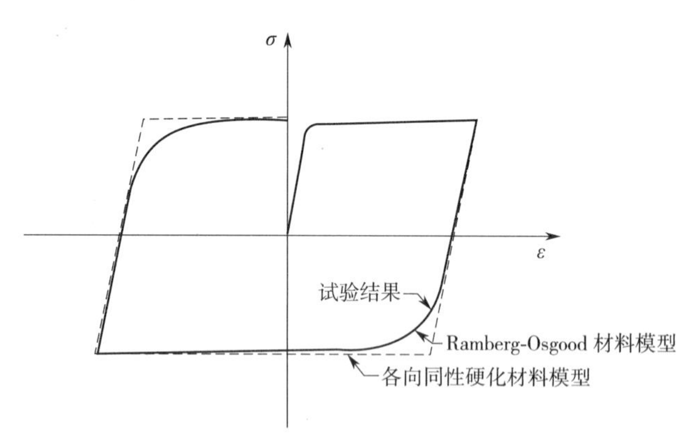

图 6-19　两种模型应力 - 应变关系的对比

2）有限元模型

采用 ABAQUS 建立非线性三维有限元模型来模拟管道上卷及退卷的过程。管道及卷筒结构如图 6-20 所示，管道外径 $D=0.3239\text{ m}$，壁厚 $t=0.01905\text{ m}$，卷筒半径 $R=8.5\text{ m}$，管道总长 $s=160D$。为模拟焊接所导致的管道力学性能不均匀性并探讨其影响趋势，假定具有焊接缺陷管段材料的屈服应力低于规定屈服强度下限。取长度为 $4D$ 的 CD 管段定义为焊接缺陷管段，令该管段处材料的屈服应力为 X65 钢的 90%；其余管段为普通管段，管道材料采用 X65 钢，材料属性见表 6-1 和表 6-2。

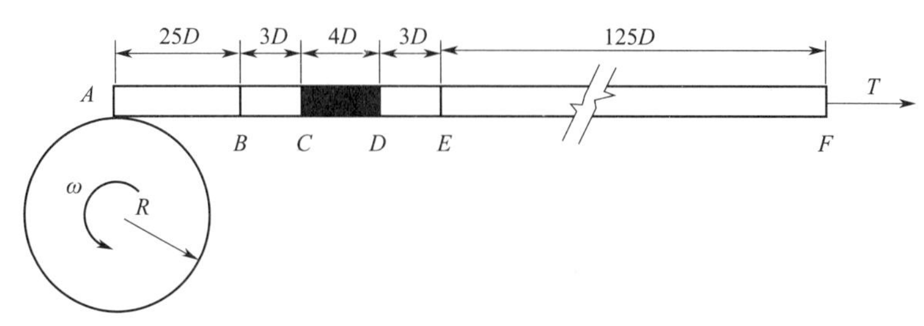

图 6-20　管道及卷筒结构 1

表 6-1　管道材料属性

材料	弹性模量/GPa	泊松比	屈服应力/MPa
X65 钢	207	0.3	448
焊接缺陷材料	207	0.3	403

表 6-2　两种材料的应力 - 应变关系

X65 钢		焊接缺陷材料	
屈服应力/MPa	塑性应变/%	屈服应力/MPa	塑性应变/%
448	0.00	403	0.00
450	0.53	405	0.53
454	0.62	409	0.62
458	0.72	412	0.72
462	0.85	416	0.85
470	1.22	423	1.22
480	1.96	432	1.96
490	3.21	441	3.21
500	5.27	450	5.27
540	33.83	486	33.83

通过拉伸试验确定材料应力 - 应变曲线时，考虑试件在拉力作用下原长不断增加的应力 - 应变曲线称为真实应力 - 应变曲线，不考虑试件原长变化的应力 - 应变曲线称为工程应力 - 应变曲线，两者之间的差别在于应变的计算方法不同。真实应变与工程应变的转换方程如下：

$$\varepsilon_{\mathrm{T}}=\int_{l_0}^{l}\frac{\mathrm{d}l}{l}=\ln\frac{l}{l_0} \tag{6-29}$$

$$\varepsilon=\frac{l-l_0}{l_0}=\frac{l}{l_0}-1 \tag{6-30}$$

$$\varepsilon_{\mathrm{T}}=\ln(1+\varepsilon) \tag{6-31}$$

式中　ε_T——真实应变；

ε——工程应变。

令管道 A 端与卷筒圆心耦合，卷筒以 0.1 rad/s 的角速度转动并带动管道上卷及退卷；管道 F 端仅在垂直方向存在约束，水平方向受恒定回拉力 T 的作用，其中 $T=0.01T_0$（T_0 为管道屈服应力与管道截面面积的乘积），如图 6-21 所示。管道应用 S4shell 单元模拟，将 AB 管段和 EF 管段环向划分为 32 个网格，轴向每个长度 D 为一个网格。由于主要研究管道材料性能缺陷引起的应力和变形，故取焊接处前后各 $3D$ 的管段（BE 段）为测试管段，对该段采用更精细的网格划分，环向仍划分为 32 个网格，轴向每个长度 D 划分为 10 个网格，即其网格大小为普通管段的 1/10。卷筒由解析刚体模拟，卷筒与管道之间定义为面面接触，卷筒面刚度较大为主面，管道面刚度较小为从面，接触刚度恒定，主面可以穿透从面，从面不可以穿透主面。

3）有限元结果对比分析

分别使用各向同性硬化材料模型（Ⅰ）及 Ramberg-Osgood 材料模型（Ⅱ）进行卷管铺管的有限元模拟，提取上卷及退卷阶段管道沿管长 s 方向上的曲率、等效塑性应变及残余椭圆度。根据管道变形后的节点坐标计算管道曲率 κ，对其进行标准化后得到上卷阶段管道局部曲率 κ/κ_1（其中 $\kappa_1=t/D_0^2$），其值可以代表卷管期间管道构型的变化，如图 6-21 所示。使用各向同性硬化材料模型进行模拟时，管道曲率峰值为 2.0 左右，采用非线性模型所得管道曲率峰值为 1.7 左右。图 6-22 所示为管道等效塑性应变 ε 的分布图，表明各向同性硬化材料模型所得的等效塑性应变峰值为 0.055 左右，非线性模型所得的等效塑性应变峰值为 0.046 左右。图 6-23 所示为管道椭圆度 $\Delta D/D$ 的分布图，各向同性硬化材料模型的结果显示上卷完成后管道的残余椭圆度最大值为 5.5% 左右，而非线性模型的结果为 4.7% 左右。

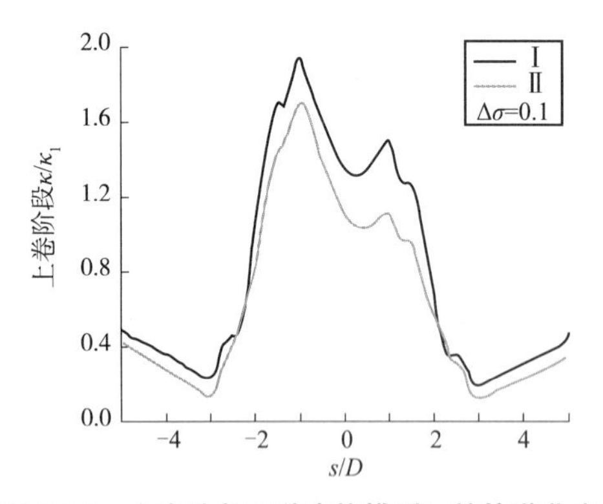

图 6-21　上卷阶段两种本构模型下的管道曲率

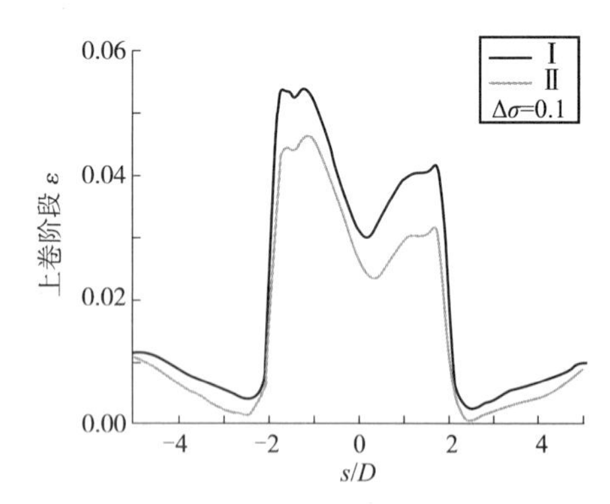

图 6-22　上卷阶段两种本构模型下的管道等效塑性应变

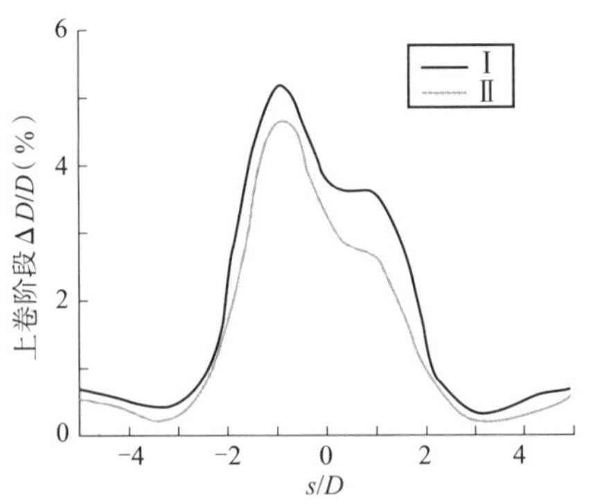

图 6-23　上卷阶段两种本构模型下的管道椭圆度

另外，各个曲线在力学性能不均匀的管段处均存在明显波动，这说明上述两种模型均可模拟由于管道卷曲及管段力学性能不均匀所引起的局部曲率、残余椭圆度及等效塑性应变沿管长方向的变化，但在上卷阶段各向同性硬化材料模型所预测的结果均较 Ramberg-Osgood 材料模型所得的结果稍大，且在管道焊接处及其邻近管段的局部波动也更为明显。但总体而言，在上卷阶段，两种模型所得结果的差异并不大，不能准确评估哪种模型能更为真实地模拟管道在卷管安装铺设过程中的力学行为。

图 6-24 所示为退卷完成后管道的局部曲率分布图，使用 Ramberg-Osgood 材料模型分析得到的结果显示退卷阶段管道的局部曲率较上卷阶段有所减小，这是由于管道在退卷过程中被拉直，此时曲率峰值为 0.37 左右。图 6-25 所示为管道等效塑性应变 ε 的分布图，使用 Ramberg-Osgood 材料模型分析得到的结果显示管道等效塑性应变在退卷完成后将会增加，其峰值为 0.095 左右。图 6-26 所示为退卷后管道残余椭圆度沿管长的分布情况，使用 Ramberg-Osgood 材料模型分析得到的结果显示最大值为 1.7% 左右。但使用各向同性硬化材料模型模拟所得的结果中，管道的局部曲率、等效塑性应变及椭圆度均显著增加，其峰值远远大于非线性模型结果曲线的峰值。DNV 规范中规定管道椭圆度不可超过 3%，且管道累积应变不可超过 0.3%，故其最大值已大大超过 DNV 规范所规定的标准值，按其仿真结果管道将在退卷期间发生局部屈曲。总之，在退卷阶段两种模型所得结果之间存在更为显著的差距。

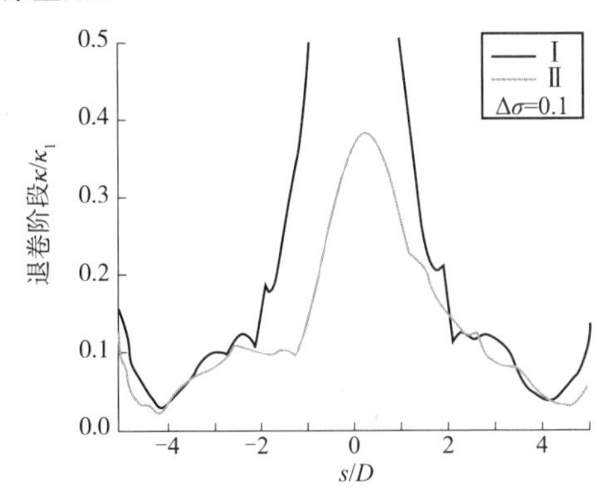

图 6-24　退卷阶段两种本构模型下的管道曲率

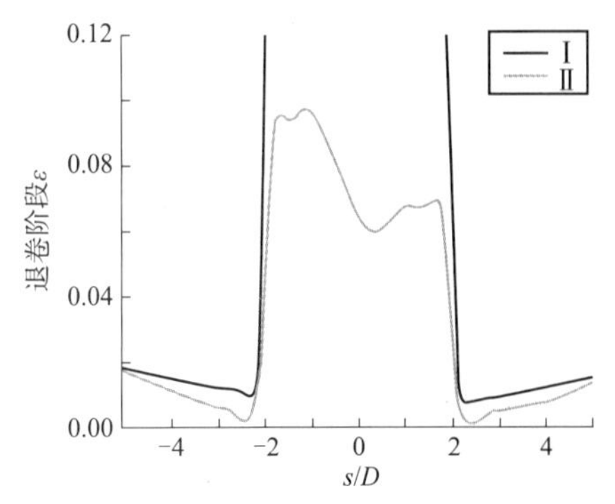

图 6-25　退卷阶段两种本构模型下的管道等效塑性应变

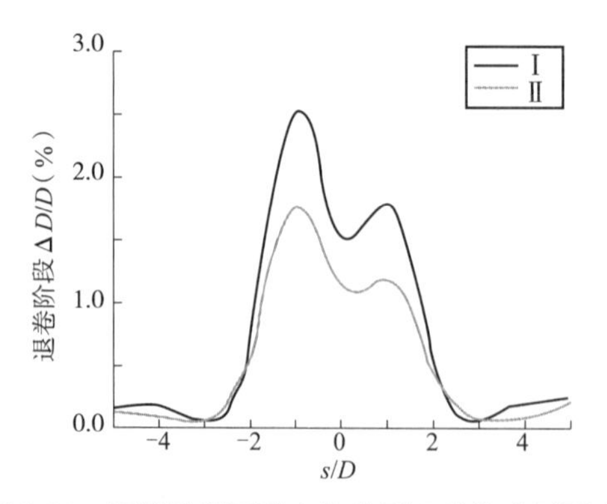

图 6-26 退卷阶段两种本构模型下的管道椭圆度

上述结果表明，使用各向同性硬化材料模型对卷管安装中管道的力学行为进行模拟时，将得到管道在反向加载过程中出现失稳的结论，不符合管道在卷管铺管中的实际力学行为；而使用 Ramberg-Osgood 材料模型进行模拟所得到的结论更为贴合管道真实的力学行为。这种现象是由于各向同性硬化材料模型不能真实模拟退卷过程中反向加载阶段管道材料响应的非线性变化，忽略 Bauschinger 效应，以致得出不合理的结论。

因此，各向同性硬化材料模型并不适用于卷管安装管道设计的数值仿真，而 Ramberg-Osgood 模型可以较为真实地模拟卷管安装中管道的力学行为。

2. 壁厚所致几何不连续性对卷管法安装管道的影响

对于深水管道，在实际工程中常使用整体式止屈器抑制屈曲传播。整体式止屈器实质上是厚壁管道，出于经济性考虑，整体式止屈器只能采取间隔布置的形式，从而导致止屈器管段与普通管段的壁厚出现差异，使管道弯曲刚度发生变化。故可将上述问题等效为壁厚所致几何不连续性，并建立非线性有限元模型模拟卷管安装过程中管道上卷和退卷的过程，分析具有壁厚所致几何不连续性管段在卷管安装过程中的力学性能，研究上述问题对管道性能的局部影响。

1）有限元模型建立

采用 ABAQUS 建立非线性三维有限元模型模拟管道上卷及退卷过程，为简化计算，将止屈器对管道的作用等效为管道局部壁厚的增加。管道及卷筒结构如图 6-27 所示，其几何尺寸见表 6-3。其中，S 为管道长度，d 为 CE 管段外径，R 为卷筒半径，t_{AC} 为 AC 段管段壁厚，t_{CE} 为 CE 段管段壁厚，壁厚不连续比 $\Delta t=(t_{AC}-t_{CE})/t_{AC}$，管道总长为 $160d$，AC 管段长度为 $30d$ 且为整体式止屈器管段（厚壁管段），CE 管段长度为 $130d$ 且为普通管段，即管道在 C 点处存在不连续性。管道材料选用 X60 钢，考虑管道塑性性能，采用 Ramberg-Osgood 材料模型进行卷管安装的数值仿真，该模型可较好地模拟管道的塑性行为，具体材料属性见表 6-4。其中，管道 A 端与卷筒圆心耦合，卷筒以角速度 0.1 rad/s 转动并带动管道上卷与退卷，管道 E 端仅垂直方向存在约束，水平方向受恒定回拉力 T 作用，其中 $T=0.01T_0$（T_0 为管道屈服应力与管道截面面积的乘积）。

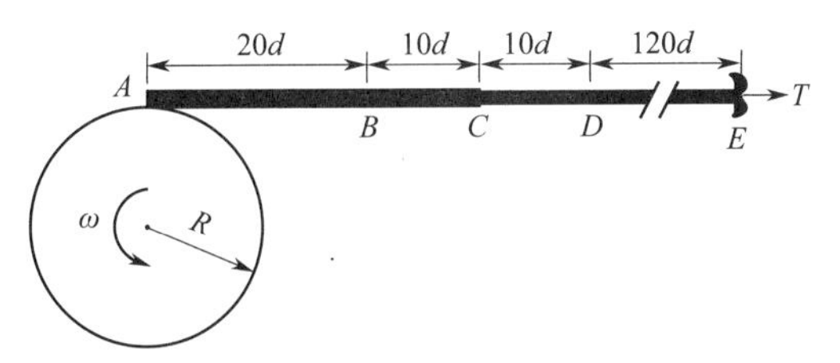

图 6-27　管道及卷筒结构 2

表 6-3　管道及卷筒几何尺寸

位置	外径/m	内径/m	壁厚/m
AC 管段	0.328 1	0.285 8	0.021 17
CE 管段	0.323 9	0.285 8	0.019 05
卷筒	8.5	—	—

表 6-4　管道材料属性

杨氏模量 *E*/MPa	泊松比	屈服强度 /MPa
2.07×10^5	0.3	370

管道应用 S4shell 单元模拟，通过建立管道壳体对管道截面变形情况等进行研究。对于普通管段，将其环向划分为 32 个网格，轴向每个长度 *d* 为一个网格。由于主要研究管道几何不连续性引起的应力和变形，故取壁厚不连续处前后各 10*d* 的管段，即 *BD* 段为测试管段，该段采用更精细的网格划分，环向仍划分为 32 个网格，轴向每个长度 *d* 划分为 10 个网格，即其网格大小仅为普通管段的 1/10，因此在测试管段将得到更高精度的仿真模拟值。卷筒部分模拟为解析刚体，且卷筒与管道之间设置为面面接触。

2）有限元结果分析

管道在上卷和退卷过程中，一般会出现塑性变形和管道截面椭圆化。为了研究管道壁厚所致几何不连续性对管道结构完整性及力学性能的影响，建立整体尺寸与 *AC* 段管段尺寸相同的壁厚连续管道（以下简称“连续管道”）进行对比。图 6-28 所示为退卷完成后两者测试管段处的应变云图。由图可知，退卷完成后，连续管道并未出现明显变形，其最大应变出现在测试管段边缘位置，且塑性应变很小，最大值仅为 0.006；不连续管道在不连续处及其后约 3*d* 长的位置（较薄管段上）均出现了应变集中，其值分别为 0.068 和 0.026，为连续管道的 11.3 倍和 4.3 倍。两者沿管长方向的管道应变曲线如图 6-29 所示。由图可知，连续管道在上卷完成后各节点应变基本相同，退卷后应变沿管道长度方向缓慢增长，但其值均较小；不连续管道应变在上卷阶段在壁厚不连续处出现峰值，退卷后应变曲线出现 2 个波峰，对应前述 2 处应变集中，即退卷后应变峰值虽较上卷阶段稍有降低，但应变较大的管段较长，相对上卷过程更加危险。

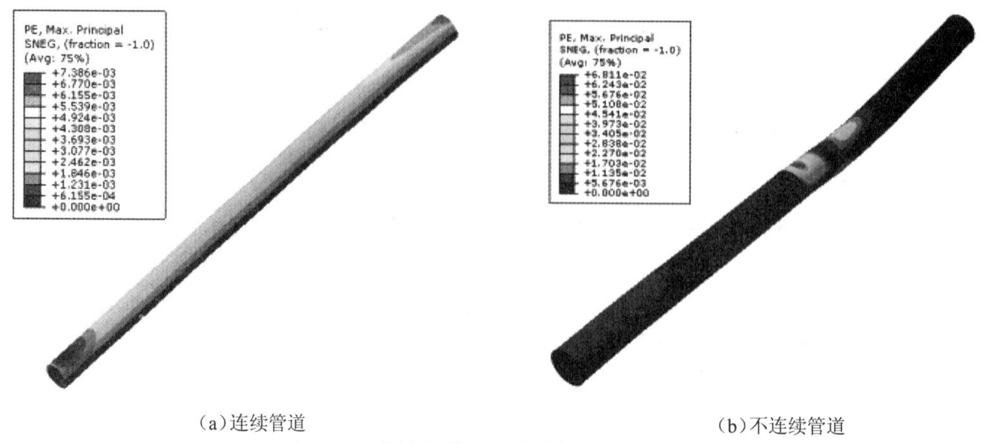

(a)连续管道　　(b)不连续管道

图 6-28　连续管道及不连续管道的应变云图

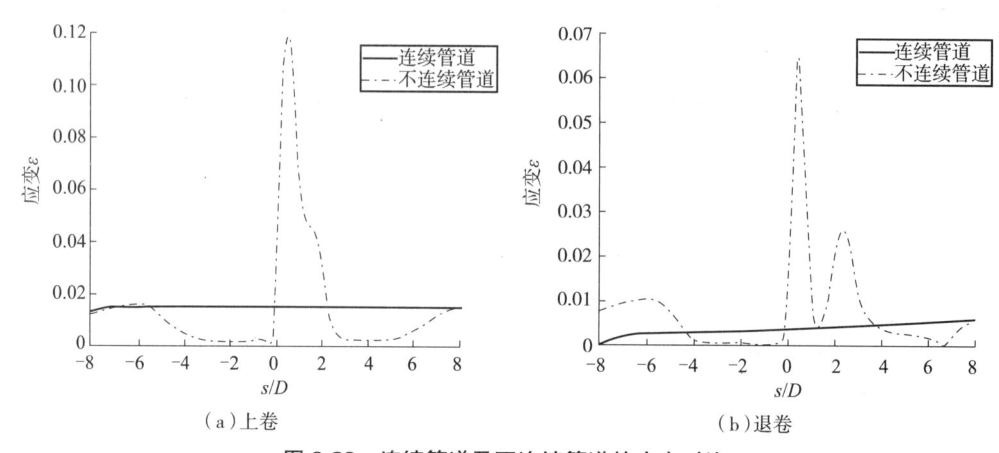

(a)上卷　　(b)退卷

图 6-29　连续管道及不连续管道的应变对比

为了研究壁厚所致几何不连续性对管道构型的影响，根据管道节点变形后坐标计算管道曲率 κ。图 6-30 所示为连续管道及不连续管道的曲率对比。由图可知，连续管道在上卷后平均曲率为 0.1/m，退卷完成后大部分管段被拉直，曲率接近 0；不连续管道在上卷完成后曲率为 0.7/m，在壁厚不连续处邻近管段上曲率急剧增加达到峰值后回落至较低水平，退卷完成后依然存在较高的残余曲率，最大值为 0.3/m，出现在第二个波峰上，说明这部分管段未能被完全拉直。

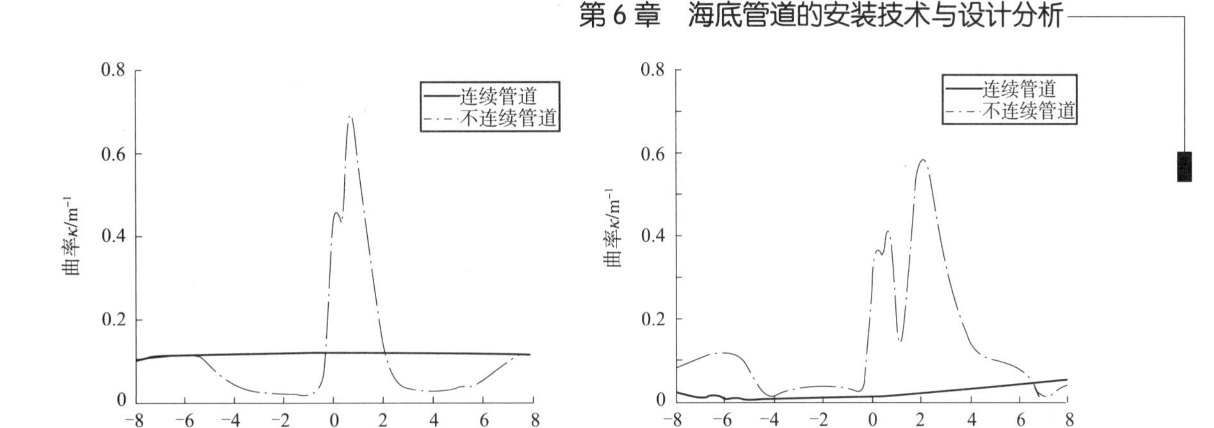

图 6-30　连续管道及不连续管道的曲率对比

图 6-31 所示为连续管道及不连续管道的残余椭圆度对比。由图可知，连续管道整体椭圆化程度基本不变，上卷后为 0.5%，退卷后为 0.2%，符合 DNV 规范的要求；不连续管道上卷后的最大椭圆度为 7.1%，退卷后椭圆度有所下降，最大值为 2.4%。

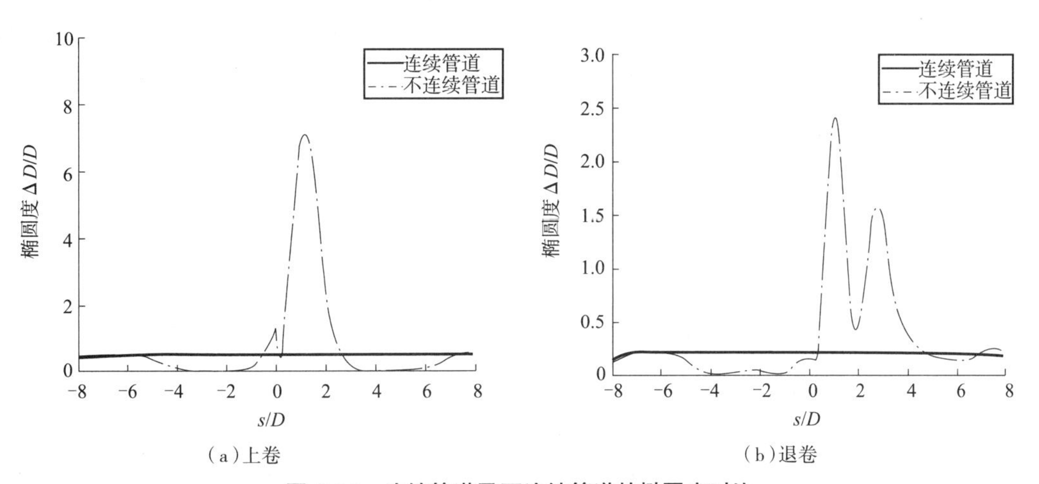

图 6-31　连续管道及不连续管道的椭圆度对比

以上结果表明，在上卷过程中，管道壁厚不连续处及其邻近管段的塑性应变将急剧增加且横截面严重椭圆化；在退卷过程中，管道将被拉直，其应变、局部曲率及椭圆度均较上卷阶段有所降低，但在更大范围的管段上出现残余应变和残余椭圆度。在卷管安装过程中，存在壁厚所致几何不连续的管道出现局部失稳的风险将大大增加，在实际操作中必须加以考虑。

3. 卷管法安装海洋管中管的有限元分析

本案例分析是关于一个管中管的卷筒铺设过程的有限元分析。此管中管由钢制内管和外管、加热电缆以及保温层构成，截面形式如图 6-32 所示。其中，外管提供机械保护，内管作为流体通道，内外管之间填充保温材料，在内管与保温材料之间设置 36 根主动加热电缆以满足流动保障的要求，加热电缆由聚合物外壳包裹铜芯构成。

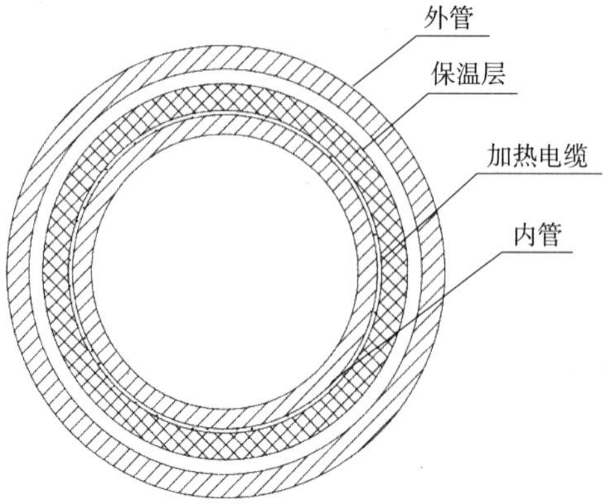

外管
保温层
加热电缆
内管

图 6-32　管中管截面形式

1）管中管有限元分析

管中管安装时，加热电缆和保温层受到内外管的挤压。首先应用 ABAQUS 软件建立有限元模型进行截面挤压分析，将加热电缆和保温层的接触力与变形关系等效为内外管的法向接触属性。为了更好地模拟在 1 500 m 水深安装过程中内外管之间的相互作用，采用多管约束建模技术建立管中管模型，并将卷筒、校准器、矫直器以及张紧器等设备简化为刚性表面。利用该模型对管中管安装过程进行整体有限元分析，分析流程如图 6-33 所示。

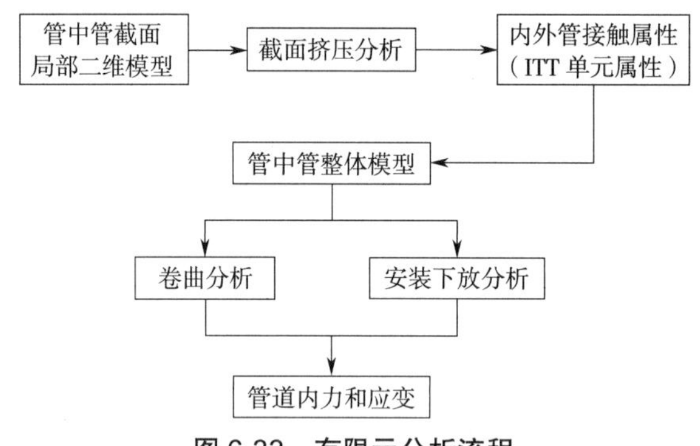

图 6-33　有限元分析流程

2）管中管截面挤压分析

Ⅰ. 管中管截面平面应变有限元模型

内外管之间相互挤压时的接触力和变形关系可通过截面挤压分析获得。考虑截面对称性，仅建立 1/2 截面平面应变有限元模型进行分析。表 6-5 给出了管中管构件尺寸和材料特性。内管和外管材料均为 X65 钢，有限元分析中均采用 Ramberg-Osgood 材料模型，其应力 - 应变关系见式（6-28）。

表 6-5　管中管构件尺寸和材料特性

结构	组成	材料	外径 / mm	壁厚 / mm	密度 / (kg/m³)	弹性模量 / GPa	泊松比	屈服强度 / MPa	单位长度重量 / (N/m)
管道	外管	X65 钢	323.850	15.88	7 800	200	0.30	448	1 174.44
	内管	X65 钢	219.075	14.27	7 800	200	0.30	448	701.84
保温层	金属保护层	碳钢	—	0.20	7 800	200	0.30	250	12.80
	保温材料	—	—	20.00	250	0.002 35	0.10	0.235	37.88
加热电缆	外壳	PVC	3.500	—	1 380	0.1	0.40	—	0.11
	芯线	铜	1.380	—	8 900	120	0.34	—	0.13

加热电缆的铜芯、PVC 外壳以及保温层的保温材料、金属保护层均使用理想弹性材料模拟。在有限元模型中，保温材料的单元类型为 3 节点平面应变单元（CPE3），其他构件的单元类型为 4 节点平面应变单元（CPE4）。管中管构件之间的接触关系通过 ABAQUS 中无摩擦的通用接触模拟，保温材料和金属保护层之间的接触设置为面面接触，同时设置 1 mm 的过盈量，以模拟保温层由于紧密包裹而产生的预应力。外管的外表面和内管的内表面分别与各自截面的中心点建立耦合关系。内管中心点设置全固定的边界条件，在外管中心点施加 y 方向的位移来模拟管道的挤压位移，同时约束加热电缆的环向位移，防止挤压过程中加热电缆在保温层和内管之间的缝隙内发生环向移动。模型的左边界均设置为 x 方向的对称边界条件。截面挤压分析的边界条件如图 6-34 所示。在分析中，外管中心点 y 方向的反力即为内外管挤压时的接触力。截面挤压分析的有限元模型如图 6-35 所示。

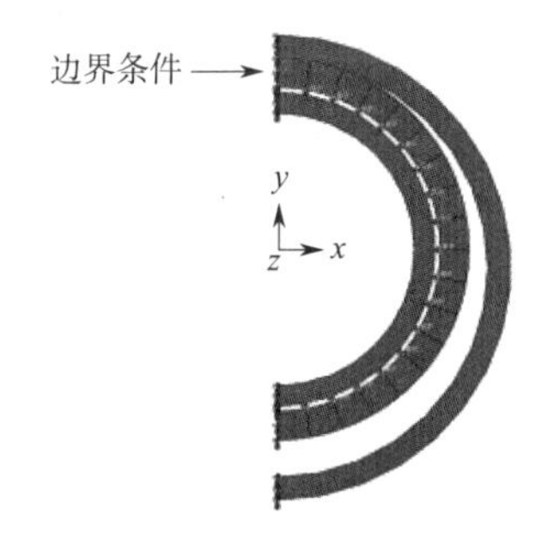

图 6-34　截面挤压分析的边界条件

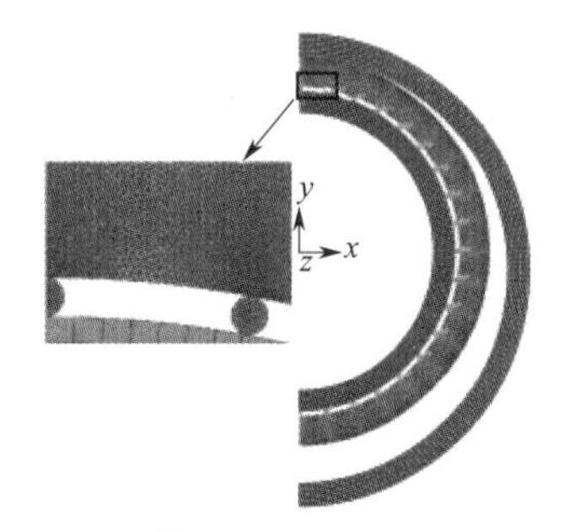

图 6-35　截面挤压分析的有限元模型

Ⅱ. 管中管截面挤压分析结果

通过管中管截面挤压分析得到接触力 - 位移曲线，如图 6-36 所示。由图可知，挤压位移在 3.5 mm，即等于加热电缆的外径时，曲线斜率发生变化。这是因为在挤压位移小于 3.5 mm 时，仅加热电缆和内管接触；而挤压位移大于 3.5 mm 后，保温材料完全填充保温层和内管之间的缝隙，电缆被保温材料包裹。图 6-37 所示为挤压位移为 6 mm 时截面的应变云图。可以发现，仅保温材料发生塑性变形，其他材料均在弹性范围内；而且此时电缆已完全陷入保温材料中。接触力 - 位移关系作为内外管间非线性接触关系可应用于后续安装分析过程中。

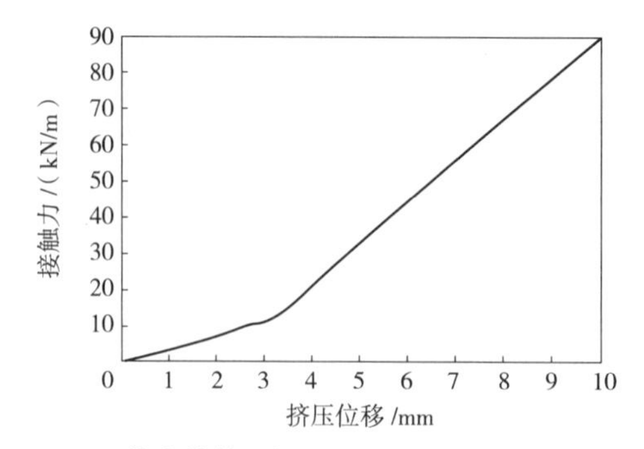

图 6-36　管中管截面挤压分析的接触力 - 位移曲线

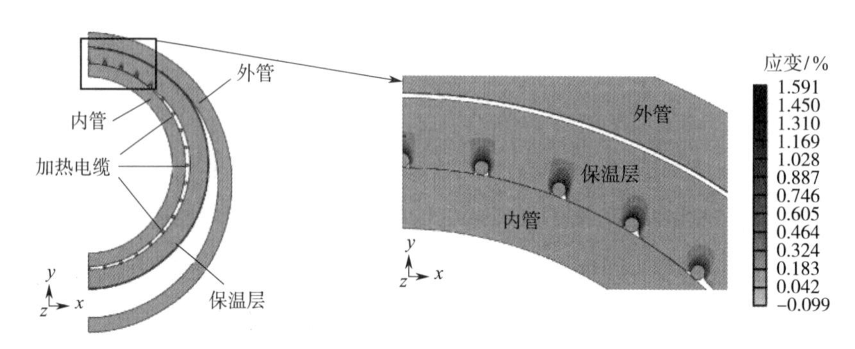

图 6-37　挤压位移为 6 mm 时截面的应变云图

3）安装分析有限元模型

Ⅰ. 安装载荷

管中管在 1 500 m 水深安装时主要承受的载荷包括水中结构的自重、波浪和流载荷。安装时选择较平静的海况，环境载荷较小，在分析中一般通过自重乘以放大系数来确定载荷，放大系数一般取为 1.3，水下端头或者终端的重量已通过动力放大系数计入。根据管道单位长度重量、安装水深和放大系数计算安装最大拉力，见表 6-6。保温层和加热电缆的重量均计入内管重量。

表 6-6　安装拉力

结构	载荷条件			
	空气中单位长度重量 /（N/m）	海水中单位长度浮力 /（N/m）	动力放大系数	最大拉力 / kN
外管	1 174.44	827.42	1.3	676.69
内管	756.84	0	1.3	1 475.84

Ⅱ. 有限元模型

在安装过程中，管道会发生大位移弹塑性变形，采用静力非线性有限元法进行分析，根据工程实际和关注对象选用合适的单元类型。卷筒（直径 15 m）、矫直器（长 2.2 m）、校准器（半径 8 m）和张紧器（长 6.2 m）的刚度均大于钢管的刚度，重点关注钢管的结构响应，为提高计算效率，使用解析刚体模拟。内外钢管构件采用 Ramberg-Osgood 材料模型，使用三维 2 节点线性管单元（PIPE31）模拟，使用 ABAQUS 提供的管中管接触单元（ITT 单元）建立管中管模型，如图 6-38 所示。通过外管节点建立滑移线，允许内管沿着滑移线发生相对滑移。通过内管节点建立 ITT 单元，将截面挤压分析获得的内外管的接触力 - 位移关系作为 ITT 单元的法向接触属性。外管与内管之间的摩擦系数为 0.1，外管与其他部分（水平码头、张紧器、矫直器、校准器和卷筒）的摩擦系数为 0.2。安装分析的有限元模型如图 6-39 所示，其中载荷与边界条件的设置是安装分析的关键。如图 6-39（a）所示，卷曲阶段，为使管中管随卷筒运动，结构一端与卷筒耦合，其他边界条件与载荷见表 6-7。如图 6-39（b）所示，安装下放阶段，主要载荷为与水平面夹角为 85° 的拉力，直接施加在内外管端部。

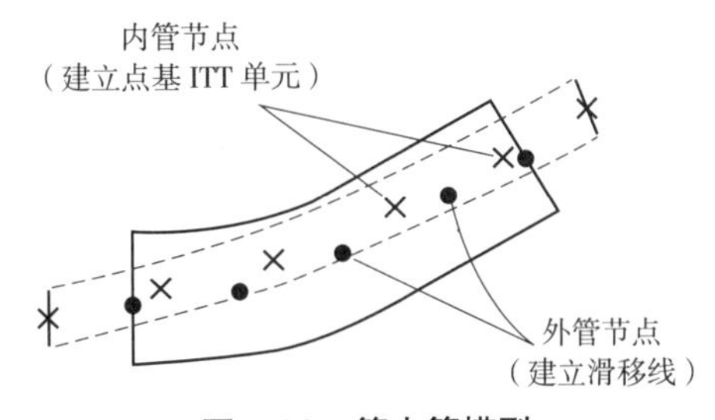

图 6-38　管中管模型

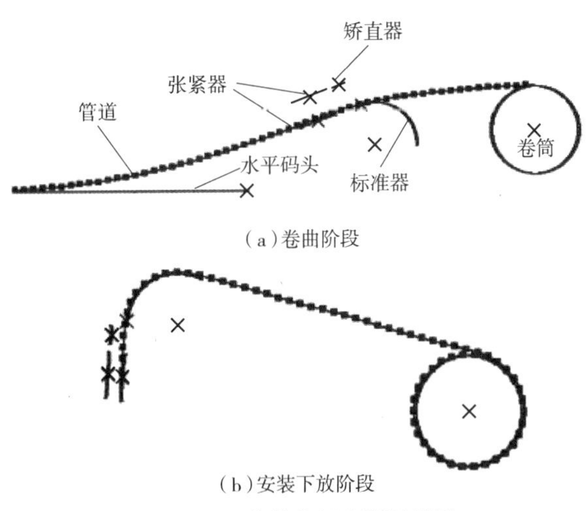

（a）卷曲阶段

（b）安装下放阶段

图 6-39　安装分析有限元模型

表 6-7　其他边界条件与载荷

分析过程	载荷	边界条件
初始状态	施加重力载荷	张紧器、矫直器、校准器和卷筒完全固定
上卷准备	—	张紧器、矫直器和校准器沿 y 方向移动 15.8 m，绕 z 轴逆时针旋转 20°
管道上卷	—	卷筒绕 z 轴顺时针旋转 900°（2.5 圈）

续表

分析过程	载荷	边界条件
安装准备	—	张紧器、矫直器和校准器沿 y 方向移动 16.42 m，绕 z 轴逆时针旋转 85°；调整上下张紧器间距，矫直器与校准器间距至外管直径
安装下放	外管：轴向拉力 676.69 kN 内管：轴向拉力 1 475.84 kN	外管和内管沿轴向移动 150 m

4）安装分析结果

Ⅰ. 管中管的内力分析

通过整体有限元分析得到安装过程中管中管的弯矩和轴力分布。图 6-40 所示为管中管在卷曲和安装下放阶段的内力。由图 6-40（a）可知，管中管通过校准器和卷筒时受力较大；校准器至卷筒之间管中管部分轴力最大，外管的最大轴力约为 115 kN，内管的轴力较小，并且变化不大；管中管弯矩在卷筒附近最大，外管的卷曲弯矩约为 700 kN·m，内管的卷曲弯矩约为 270 kN·m。另外，管中管离开地面尚未到达校准器时处于悬空状态，会因自重而发生竖向弯曲。由图 6-40（b）可知，管中管在退卷通过校准器、矫直器和张紧器时弯矩在 720 kN·m 左右，管中管反复发生塑性弯曲；在安装下放过程中外管轴力不断增大，在矫直器附近超过 600 kN，而内管轴力变化不大。

表 6-8 给出了管中管在安装过程中通过主要设备时的弯矩和轴力值。其中，弯矩正值表示管中管向下弯曲，负值表示管中管向上弯曲；轴力正值表示拉力，负值表示压力。由表 6-8 可以发现，由于反复变形导致材料硬化，安装下放阶段管中管的弯矩高于卷曲阶段弯矩 4% 左右，并且内管弯矩始终是外管弯矩的 35% 左右；卷曲阶段内管轴力是外管轴力的 6% 左右，安装下放阶段内管轴力是外管轴力的 20% 左右。对比内外管的轴力可以发现，外管主要承担安装过程中的拉力。

表 6-8　管中管在安装过程中通过主要设备时的弯矩和轴力值

阶段	外管		内管	
	弯矩 /(kN·m)	轴力 /kN	弯矩 /(kN·m)	轴力 /kN
垂弯段	391.30	48.16	103.30	−2.67
初次通过校准器	−598.84	81.31	−118.04	4.19
卷曲	−691.58	113.83	−266.71	7.61
退卷	721.71	195.86	277.01	39.46
再次通过校准器	−728.21	193.86	−266.28	28.84
通过矫直器	717.82	616.25	275.26	36.65

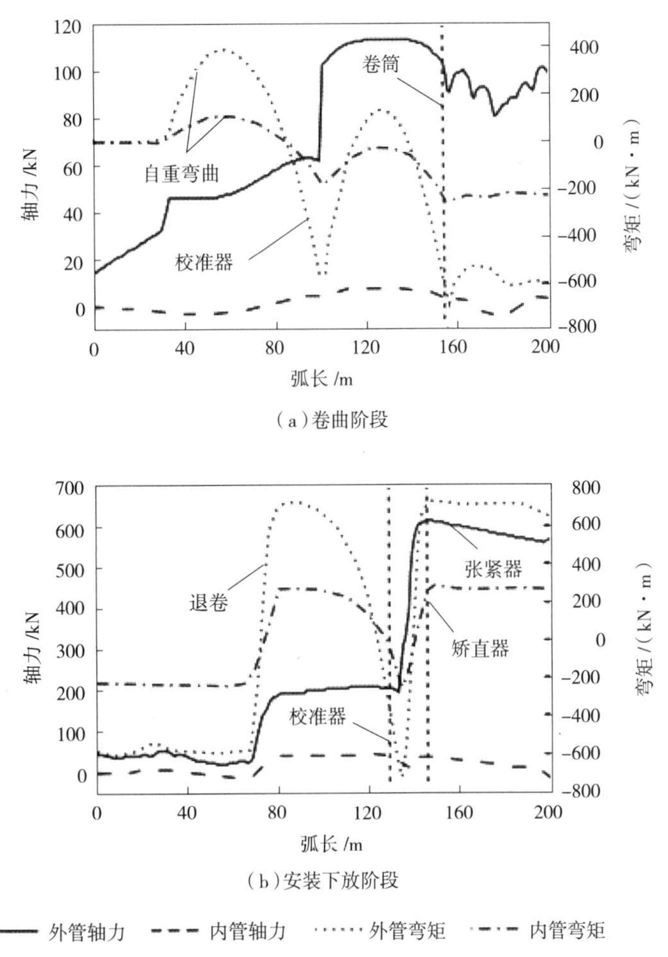

图 6-40　管中管在卷曲和安装下放阶段的内力

II. 管中管应力和应变分析

管中管在卷曲过程中会发生较大的塑性变形。图 6-41 所示为缠绕在卷筒上一周的管中管的轴向塑性应变。由图可知，在卷曲过程中，外管的轴向塑性应变在 1.5%~2.0% 范围内，内管的轴向塑性应变在 1.0%~1.3% 范围内。另外，刚刚接触卷筒的管段为塑性发展区，长度约为 5 m，材料迅速发生塑性变形，施工过程中应当给予特别的关注。

图 6-42 所示为管中管横截面顶部位置的材料在安装过程中的应力 - 应变曲线。由图可知，管中管材料在卷管安装过程中发生两次弹塑性应力 - 应变循环。管中管在卷曲阶段（外管曲线 *OA* 段和内管曲线 *OA′* 段）、退卷阶段（外管曲线 *AB* 段和内管曲线 *A′B′* 段）、通过校准器阶段（外管曲线 *BC* 段和内管曲线 *B′C′* 段）和通过矫直器阶段（外管曲线 *CD* 段和内管曲线 *C′D′* 段）发生较大的塑性变形，其中卷曲阶段塑性变形最大，外管应变明显大于内管应变，内外管最大应力均达到 500 MPa 。

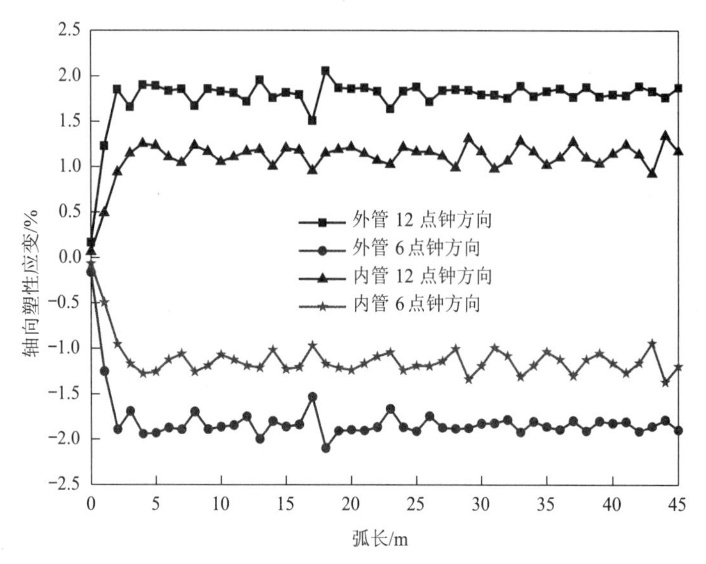

图 6-41　缠绕在卷筒上一周的管中管的轴向塑性应变

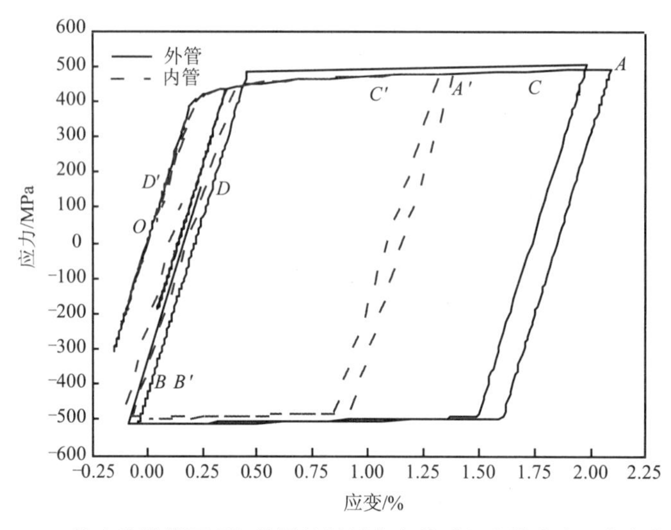

图 6-42　管中管横截面顶部位置的材料在安装过程中的应力 - 应变曲线

表 6-9 给出了内外管在安装过程中的应力和应变。其中，内外管最大 Mises 应力是 520.0 MPa，小于 X65 钢的极限拉伸应力 531 MPa。

表 6-9　管中管应力和应变

管道	最大 Mises 应力 /MPa	最大 Mises 应力与极限拉伸应力之比	最大主应变 /%	累积塑性应变 /%
外管	520.0	0.98	2.11	5.07
内管	496.3	0.93	1.56	4.13

6.7　安装应力和应变控制

在浅水中安装管道时，管道受到的动态应力小于静态应力的 30%。随着油气开采向深水发展，动态应力越来越重要。详细的动态应力分析对于管道安装天气窗口的确定十分重要，以防止管道过载或者疲劳破坏。下面介绍如何在不同安装条件下控制管道安装应力，这些应力包括铺设应力、过弯应力、下垂应力和水平弯曲应力。

6.7.1　铺设应力概述

在管道安装过程中，管道的弯曲应力应该对照规范来检查。正如图 6-6 所示的管道 S 型铺设，管道应区分为两个区域，即过弯区和下垂区。过弯区从铺管驳船甲板上的张紧器开始，经过驳船的倾斜面直到托管架上管道离开的点。下垂区从拐点到触地点。这两个区域内的弯曲应力是管道安装时主要关注的应力。在 J 型铺设中，只有下垂区。卷筒铺设时，根据管道安装方法的不同，可能是以上两种中的任意一种情况；而且卷管工艺使管道处于一个从塑性变形到拉直的循环。

为了理解安装弯曲应力 - 应变控制，必须检查描述管道铺设分析的基本微分方程，特别是垂弯段，该非线性弯曲方程为

$$-q = EI\frac{\mathrm{d}}{\mathrm{d}s}\left(\sec\theta\frac{\mathrm{d}^2\theta}{\mathrm{d}s^2}\right) - T_0\sec 2\theta\frac{\mathrm{d}\theta}{\mathrm{d}s} \tag{6-32}$$

式中　q——单位长度的管道水中重量；

EI——管道的弯曲刚度；

T_0——有效管道张力；

s——管道跨度；

θ——在距离 s 处的角度，有

$$\sin\theta = \frac{\mathrm{d}y}{\mathrm{d}s} \tag{6-33}$$

上述公式对于浅水和深水都是适用的，对于大偏转和小偏转都有效。有限元法和摄动法都可以用来计算上述公式的解。

管道安装的规范主要有 API-RP-1111 和 DNV-OS-F101，这些规范给出了管道铺设分析的允许弯曲应力和应变的公式，其中一些公式是基于极端外部压力和弯曲的经验测试。

6.7.2　过弯应力

过弯段主要出现在铺管船和托管架上，过弯控制主要是通过控制辊轴来取得一个曲率，这个曲率和轴向拉力一起形成管道上的整体应力。局部应力发生在辊轴上，可以认为其是作用在管道上的点载荷。局部应力可以应用通用有限元软件，如 ANASYS 和 ABAQUS。在浅水区，这可能不需要一个详细的分析，但是在深水区，来自辊轴的响应载荷是比较大的，应给予详细的校验。动态载荷增加了托管架上最后几个辊轴上的反作用力，通过再次分布载荷到其他的辊轴，可以减小这些应力。辊轴高度的优化可以通过模拟大量铺设情况来实

现，一些铺管驳船通过监测作用在辊轴上的反作用力来帮助控制过弯应力。

在过弯区的弯曲应力可以按下式计算：

$$\sigma_a = \frac{ED}{2R_{cv}} \tag{6-34}$$

式中 σ_a——轴向弯曲应力；

R_{cv}——管道的弯曲半径。

因此，曲率的最小弯曲半径可以定义为

$$R_{cv} = \frac{ED}{2\sigma_y f_D} \tag{6-35}$$

式中 σ_y——最小屈服应力；

f_D——设计参数，一般取 0.85。

为了使过弯区的弯曲应力在具有一个安全系数的最小屈服应力以下，所要求的托管架的最小曲率可以按式（6-35）计算。

6.7.3 下垂应力 / 应变

下垂段的弯曲应力也是由管道的曲率造成的。曲率一般应用小应变的弹性杆理论计算，忽略轴向和扭转变形。这些应力发生在 S 型铺设、J 型铺设、具有浮力的近底牵引法、表面牵引法和潜牵法，且装置受到环境载荷作用。分析下垂应力的方法包括梁法、非线性梁法、自然悬链线法、加强悬链线法、有限元法和厚水泥涂层法。经常需要通过计算程序来预测铺设应力。

梁法一般也指小变形梁法，该理论只适用于小变形，即 dy/dx 远小于 1，该方法只适用于浅水管道的安装。

非线性梁法考虑了梁的非线性弯曲公式，可用来描述管道的悬跨。该理论对于浅水和深水管道都适用，对于小变形和大变形都有效，可以应用近似有限微分法给出梁的非线性弯曲公式的解。

自然悬链线法可用于描述远离端部的管道悬跨构型。由于边界条件在管道悬跨上不能满足，因此该方法局限于有非常小刚度的管道段。该方法适用于深水管道或者张力非常大以至于张力相对于刚度部分占主导地位的管道。

加强悬链线法是在自然悬链线法基础上发展而来的，使边界条件得到满足。该方法甚至在靠近端部的区域也能给出管道构型的准确结果，但是其应用局限于管道刚度比较小的深水安装。

有限元法适用于所有水深的小变形和大变形。该方法将管道悬跨简化成有限梁单元与以前的系统模型联合，使用矩阵技术求解系统的弯曲方程。该方法的准确程度取决于单元长度的选择。

厚水泥涂层法是为了某种管道安装方法发展起来的，这些管道需要增加管道的水中重量来承受在海底的水动力载荷。在这种情况下，由于此处管道的刚度低，当管道弯曲时，在节点处的弯曲应力就会增加。

从固体力学的角度来看，下垂段意义重大。附加的外部静水压力使空管道存在压溃的可能。一般用来限制管道铺设允许应力 / 应变的海洋规范主要有 API-RP-1111 和 DNV-OS-F101。

在外部压力和弯矩的情况下，API-RP-1111 有如下计算公式：

$$\frac{\varepsilon}{\varepsilon_b}+\frac{p_0-p_i}{p_c}\leqslant g(\delta) \tag{6-36}$$

式中　ε——允许的弯曲应变；

ε_b——在纯弯曲情况下的屈曲应变，$\varepsilon_b=t/2D$；

p_0——外部静水压；

p_i——内压；

p_c——压溃压力；

$g(\delta)$——压溃缩减系数。

$$p_c=\frac{p_y p_e}{\sqrt{p_y^2+p_e^2}} \tag{6-37}$$

式中　p_e——管道弹性压溃压力；

p_y——管道屈服压溃压力。

$$p_e=2E\frac{(t/D)^3}{1-\upsilon^2} \tag{6-38}$$

$$p_y=2St/D \tag{6-39}$$

$$g(\delta)=(1+20\delta)^{-1} \tag{6-40}$$

$$\delta=\frac{D_{max}-D_{min}}{D_{max}+D_{min}} \tag{6-41}$$

式中　D_{max}，D_{min}——钢管同一横截面中的最大和最小外径。

在管道中的应变 ε 可以写为

$$\varepsilon\leqslant\left[g(\delta)-\frac{p_0-p_i}{p_c}\right]\frac{t}{2D} \tag{6-42}$$

在安装时，允许应变应有一个安全系数限制，因此

$$f_1\varepsilon_1\leqslant\varepsilon \tag{6-43}$$

式中　ε_1——最大弯曲应变；

f_1——安全系数，API-RP-1111 推荐 $f_1=2.0$。

API 方程适用于管道的 $D/t\leqslant 50$ 的情况。

一般来说，计算深水中管道壁厚时假定最大弯曲应变为 0.2%。在许多情况下，如果知道其他的参数，允许应变可以计算出来。在一些情况下，应变超过 0.2% 仍然满足不等式（6-43）。

对于管道受到径向弯曲应变和外部静水压的情况，DNV 有相似的公式，即

$$\left(\frac{\varepsilon_{d}}{\varepsilon_{c}/\gamma_{e}}\right)^{0.8}+\frac{p_{e}}{p_{c}/\gamma_{sc}\gamma_{m}}\leqslant 1 \tag{6-44}$$

式中　p_e——外压；

p_c——压溃压力；

ε_d——设计挤压应变；

ε_c——临界挤压应变；

γ_e，γ_{sc}，γ_m——应变、安全级别和材料的抵抗系数。

与 API -RP-1111 相比，DNV 的计算公式被认为是相对保守的。DNV 的椭圆度公式为

$$\sigma=\frac{D_{max}-D_{min}}{D} \tag{6-45}$$

其大致是 API- RP-1111 的 2 倍，因此应用这两种规范公式的时候一定要注意。

另外，在 DNV 中的压溃压力是椭圆度的函数，看起来更有逻辑。然而，在一些大的厚壁管道测试中发现，结果与 API- RP-1111 的公式计算结果更相似。由于 API-RP-1111 压溃压力不是椭圆度的函数，所以更容易应用。

在深水中安装管道时，必须严格控制安装时的下垂应力。由于在外压和弯曲的共同作用下管道压溃会导致屈曲扩展，为了阻止这类事情发生，会沿着管道预定的间隔安装屈曲止屈器。屈曲止屈器是一种短的厚壁管，对于 S 型铺设和 J 型铺设，可以将其焊接为管道的一部分；而对于卷筒铺设，则可以用螺栓固定。

对于管道屈曲扩展的压力，可以应用 API-RP-1111 公式来计算：

$$p_{pr}=24S\left(\frac{t}{D}\right)^{2.4} \tag{6-46}$$

式中　S——管道材料的最小屈服应力。

当与屈曲扩展压力相比时，外压使用一个最小安全系数 1.25。该计算公式是经验公式，主要来自外压作用下管道的试验。管道安装时，充水可以消除由外压引起的管道压溃，从而减小抵制压溃所需要的壁厚。充水铺设管道的优点是非常稳定，且可以迅速充水。只有非常少的管道以这种方式安装。当水深达到 2 300 m 时，充水会使管道的张力需求增加，因此大多数管道安装不采用充水安装的方法。

增加张力可以控制下垂应力。在浅水驳船中，增加的张力必须由锚来承受，这有可能导致滑移（主要依赖于海床的土壤条件）。另外，张力的增加会导致较长的悬跨跨度，这在实际工程中是不理想的，并且会在海床上的管道产生较高的残余应力。在海床上，管道跨越起伏的地方会增加张力，因此大多数驳船希望优化张力。

第 7 章　海洋管道的防腐设计

7.1　海洋管道的腐蚀

7.1.1　概述

腐蚀是指金属材料表面和环境介质发生化学和电化学作用，引起表面损伤或破坏的现象和过程。当海洋管道受到腐蚀后，管壁变薄，即便是局部变薄，也会使管壁强度降低或造成应力集中，严重时造成管壁穿孔、破坏等泄漏事故，使管道不能正常运行。对于海洋管道来说，泄漏会导致海洋污染，这是不允许的。尽管与事故有关的腐蚀信息并不总是明确的，但 20%~40% 的管道事故和失效与腐蚀有关。腐蚀对管道的削弱作用会降低管道对外力的承受能力，而且会凸显材料和装配的缺陷，这种影响可能可以解释事故数据中的不一致性。在管道的整个使用周期中，从设计、装配和试运行到运行都需要注意防腐。一旦腐蚀过程开始，减少其对管道完整性的影响就变得越来越难。所以，在海洋环境中对金属管道腐蚀的严重性和防腐的重要性必须有足够的认识。

腐蚀是一种电化学现象，因此只与金属有关。在严格意义上，非金属材料不会发生腐蚀。但是，现在“腐蚀”这个词被用作工程材料退化的简称，如高温氧化也被认为是一种腐蚀过程。在将主要工程金属从矿石加工为成品的过程中，需要输入相当多的能量。而金属的退化是金属转化成含有该金属的矿石，这个过程会释放能量，因此腐蚀必然发生，金属退化只是时间问题。我们能做的只是降低材料转化的速度。

腐蚀过程的原理如图 7-1 所示，其表示一般的腐蚀过程。其中，金属原子失去电子成为带正电的阳离子，电子移动对于腐蚀反应过程很重要。腐蚀过程可以在流体（如原油乳状液、血液、浓盐水、潮湿的铁锈沉淀物）中进行，这些流体统称为溶液，电解液指外部导电介质。没有电解液，任何腐蚀都不会发生。金属溶解的位置称为阳极，而接受电子的区域称为阴极。这些过程不一定固定在特定的区域，有可能交替变化。如果阳极和阴极有规律地交替变化，就会产生一般的腐蚀。如果它们的位置固定，那么阳极会受到连续破坏，导致点蚀或选择性溶解。固定的阳极和阴极也是电化学腐蚀的特点，电化学腐蚀被用于描述两种不同的金属电连接导致的腐蚀。

阳极反应是金属以离子形式溶解到电解液中。一个金属原子可以失去 1 个、2 个、3 个或 6 个电子，这些带电阳离子被水分子溶剂化，通常与阴离子反应形成沉淀物，如氢氧化物、氧化物、硫酸盐和碳酸盐，而留在金属晶格中的电子在阴极通过一种可能的反应被释放。对于管道，主要的阴极反应物是氧气、碳酸、游离态硫化氢和有机酸，有时还有（意外）油田化学品。

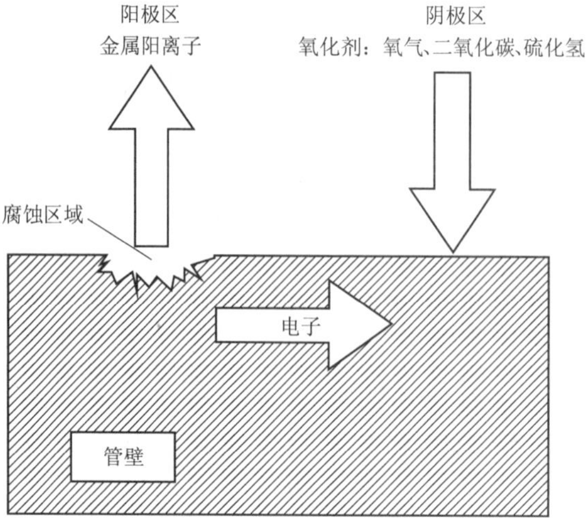

阳极区
金属阳离子
阴极区
氧化剂：氧气、二氧化碳、硫化氢
腐蚀区域
电子
管壁

图 7-1　电化学腐蚀简图

海洋管道的腐蚀与输送介质和环境因素有关，在海洋环境中引起腐蚀的因素很多，如温度、湿度、光照、海水盐度、含氧量、氯离子含量、海生物、海上漂浮物、海流及海浪的冲击、流砂、土壤中的细菌等，都会不同程度地影响钢管的腐蚀。不同类型管道事故率见表 7-1，腐蚀后的海洋管道如图 7-2 所示。

表 7-1　不同类型管道事故率

地点	类型			
	施工	材料	第三方破坏	腐蚀
陆上	4%	9%	40%	20%
海上	6%	8%	36%	41%

图 7-2　腐蚀后的海洋管道

如图 7-3 所示，海洋腐蚀区可划分为海洋大气区、浪溅区、潮差区、全浸区和海底土壤区。

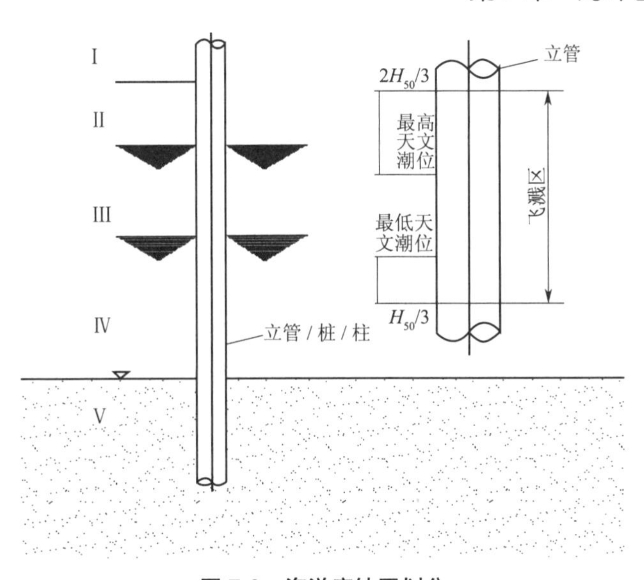

图 7-3　海洋腐蚀区划分

I 一海洋大气区；II 一浪溅区；III 一潮差区；IV 一全浸区；V 一海底土壤区

（1）海洋大气区是最上部海浪达不到的区域。这个区域钢的腐蚀主要是大气中氯离子含量和湿度大造成的，其腐蚀速度比陆上大气区快 2 倍，但在海洋各区中是腐蚀最轻的区域。

（2）浪溅区是天文潮高潮位以上至 50 年一遇波高的 2/3 段。这个区域钢的腐蚀由海浪冲击引起，腐蚀速度比陆上快 10 倍，是腐蚀最严重的区域。

（3）潮差区是天文潮高、低潮位之间的区段。这个区域钢的腐蚀主要是干湿交替和海生物造成的，腐蚀不如浪溅区严重。

（4）全浸区是天文潮低潮位以下至海底泥面以上，长期被海水浸泡的区域。这个区域钢的腐蚀主要是海水和海生物的作用造成的。在低潮位以上至 50 年一遇波高的 1/3 的区段腐蚀比较严重。

（5）海底土壤区是海底泥面以下的区域，钢材只受到海底土壤的腐蚀。土壤腐蚀是电化学腐蚀，溶解有盐类和其他物质的土壤水是电解质溶液。

浪溅区和潮差区之间没有明显的界限，在浪溅区和全浸区上部（低潮位以下至 50 年一遇波高 1/3 的区段）腐蚀比较严重，潮差区腐蚀不如这些区段，但在防腐结构的处理上，一般把浪溅区、潮差区和全浸区上部放在一起考虑，统称为飞测区。

腐蚀的形式和形貌如图 7-4 所示。一个化工厂的调研结果显示，30% 的腐蚀是常规腐蚀。但是，这种形式的腐蚀与管道结构的相关性不大。均匀表面和一般表面的腐蚀是安全的形式，因为它们容易测量，而且可以控制，对于管道牺牲阳极的阴极保护法是为均匀形式的腐蚀设计的。

局部腐蚀在管道中很普遍，它实际上是一般腐蚀的一种局部形式，是环境或金相的微小变化被腐蚀过程放大导致的。虽然这种腐蚀的防护相对比较简单，但测量定位可能比较困难。

局部腐蚀和点蚀之间的区别常常被混淆。真正的点蚀是线粒的腐蚀，发生点蚀的金属的主要区域相对不受影响。碳钢中的凹坑往往呈半球形，而且经常多个凹坑重叠，产生一个扇形区域的破损。耐腐蚀合金中的凹坑深度比宽度大，而且总表面积很小，可能会有群集的凹坑。缝隙腐蚀发生在堵塞区域，如在部分剥落的涂层、垫衬和法兰间隙处，缝隙腐蚀的发生频率与点蚀接近。很多耐腐蚀合金对此敏感。

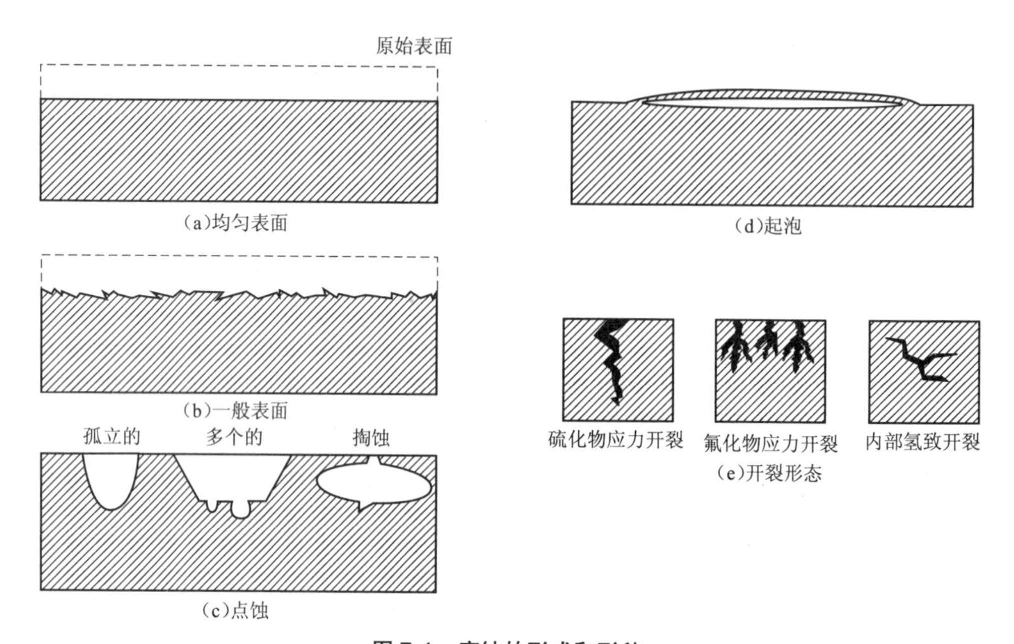

图 7-4　腐蚀的形式和形貌

晶间腐蚀很少发生在碳钢管道中，除非其焊接工艺不当。硫化物和硝酸盐腐蚀可引起这种形式的破坏，但只有硫化物破坏与管道相关，有一些耐腐蚀合金受到这种破坏后变得极易被腐蚀（如 316 型不锈钢），这是由焊接热影响区的铬损耗导致的，有一些则发生选择性溶解。

应力开裂是应力结合行为以及特殊的环境条件组合导致的。碳锰钢管道在酸性环境（硫化氢）中服役可能发生内部开裂，而在碳酸盐泥土中可能发生外部开裂。316 型不锈钢用作衬里，可能在热的混有空气的氧化物环境中开裂。应力开裂是腐蚀开裂的一种高危形式，需通过正确的材料选择、制造和运行来防止其发生。

在酸性条件下服役的钢，其内部不良金相结构处会产生氢气，导致起泡。腐蚀反应释放氢，其中一些氢以原子态形式向钢中迁移，原子态氢可能在钢内的夹杂物上结合形成氢气。而氢气不能逸出，聚集产生很高的压力，导致气泡的产生，使钢材的微观结构变形。气泡边缘的过度应力可能导致局部钢材的延性撕裂，而气泡通过一系列竖直裂纹连接在一起，称为阶式开裂。

在海底管道中，腐蚀疲劳很少见，但曾经发现在跨越管段发生腐蚀疲劳。由于波浪载荷作用，立管存在低循环高应力疲劳的风险，因此必须在设计中避免这种风险。存在腐蚀剂时，循环应力对碳钢的不良影响明显比在空气中大，海水中的钢不再具有原来的疲劳极限（耐久极限），但可以通过对钢施加阴极保护恢复其疲劳极限。硫化物的侵蚀性很强，因为它会加快钢的氢脆，导致抗疲劳强度降低。

7.1.2　海洋管道腐蚀

海洋金属管道的腐蚀包括内腐蚀和外腐蚀。

1. 金属管道的内腐蚀

金属管道的内腐蚀是金属管道内表面的腐蚀，一般发生在油水混输、油水交替输送管道，特别是含硫的油、气管道及输送含油污水管道的内腐蚀较严重，如图 7-5 所示。

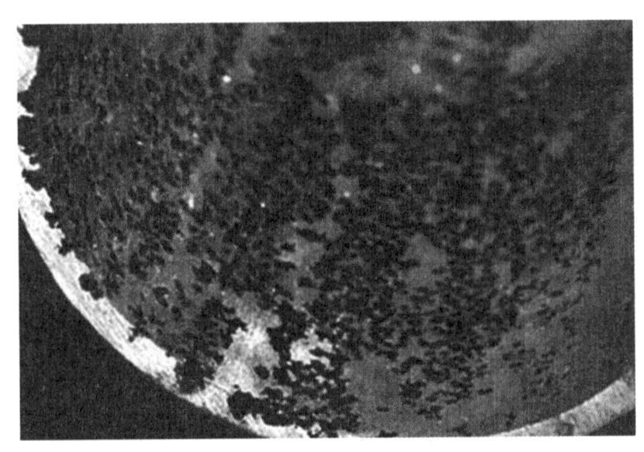

图 7-5　管道内腐蚀示意图

1）引起内腐蚀的原因

内腐蚀过程与管道的服役环境有关，引起内腐蚀的主要原因有以下几种。

Ⅰ. 氧和水的腐蚀

海洋金属管道，无论是输送还是建造过程中都不可避免地有水和氧进入，氧在金属管道内起活化剂的作用。

Ⅱ. 硫和细菌的腐蚀

硫、硫化物或硫酸盐还原菌的存在会使腐蚀加重。硫酸盐还原菌往往附着在管道内壁的水膜中，利用输送流体中所含的硫酸盐得到繁殖。在这种细菌的作用下，硫酸盐被还原成硫化物（如硫化铁等），它又会对金属管道内表面产生腐蚀。为减少金属管道的内腐蚀，从工艺上对输送的介质——油（气）进行脱水、脱硫、干燥等是抑制腐蚀的积极措施。

2）内腐蚀的分类

内腐蚀可分为甜性腐蚀、酸性腐蚀和微生物腐蚀。

由溶解于流体中的二氧化碳导致的甜性腐蚀也称为碳酸腐蚀，如图 7-6 所示。这种形式的腐蚀一般比较缓慢，最初是小范围的点蚀形式，在一定的流动状态下，这种点蚀可能转化成沟槽腐蚀。其对运行压力和温度、含水量、水的组成、流速以及固体的存在敏感。

酸性腐蚀是由流体中的硫化氢引起的。由于管道钢材裂缝，腐蚀可能迅速导致钢材失效，硫化氢也能加速点蚀。

在注水管道中，导致材料腐蚀的可能是水中的氧气，也可能是硫酸盐还原菌的微生物活动。有些蓄水层的水可能不含有氧气，但含有二氧化碳和 / 或硫化氢。

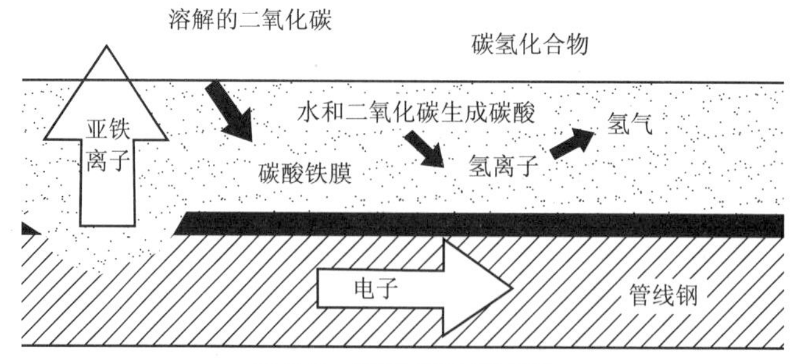

图 7-6　甜性腐蚀示意图

微生物腐蚀是由管道中的硫酸盐还原菌活动和生长导致的。水和原油管道中含有大量的硫酸盐还原菌，它们会产生局部重叠点蚀，主要集中在管道的底部。

内腐蚀的相对发生率见表 7-2。

表 7-2　内腐蚀的相对发生率

机理腐蚀	相对发生率 /%
二氧化碳腐蚀	32
混合流速与二氧化碳腐蚀	5
化学腐蚀	1
复合型腐蚀与制造缺陷	3
微生物腐蚀	13
法兰连接处的腐蚀	11
盲管段腐蚀	16
冲蚀	8
机械腐蚀失效	2
腐蚀疲劳	1
外部腐蚀	7

Ⅰ. 甜性腐蚀

甜性腐蚀发生在含有二氧化碳的系统中，只存在极微量的硫化氢或不存在。没有区分甜性腐蚀和酸性腐蚀的明确定义。当硫化氢的分压超过 0.34 kPa 时，铜发生硫化物开裂；当分压超过 0.69 kPa 时，发生氢气起泡。用于甜性服役系统的普通类型的抑制剂不适用于酸性服役系统，系统性质发生转变的硫化氢浓度约为 100×10^{-6}。

二氧化碳是一种易溶气体，在溶液中产生酸性，碳酸溶液的 pH 值约为 3，形成的酸能以几种方式在金属表面放出电子，因此同样浓度的二氧化碳比矿物酸腐蚀性更强。以下原因会导致腐蚀增加：

（1）二氧化碳浓度增加；

（2）系统压力增加；

（3）温度升高。

腐蚀过程是逐步发生的；二氧化碳溶解于水，形成碳酸，碳酸分离成氢离子和碳酸氢根阴离子，氢离子从金属表面转移电子，碳酸氢根阴离子也可以放出一个电子形成碳酸盐，具体如下：

$$CO_2 + H_2O = H_2CO_3 \rightarrow H_2CO_3 = H^+ + HCO_3^-$$

$$H^+ + e^- = H$$

$$HCO_3^- + e^- = H + CO_3^{2-}$$

$$HCO_3^- + H^+ = H_2CO_3$$

$$H + H = H_2$$

在裸露的金属表面，腐蚀速率很大；但随着金属表面产生腐蚀薄膜，腐蚀速率会在24~48 h内降下来。表面薄膜是由被腐蚀的钢材与碳酸氢根离子反应形成的碳酸铁，称为菱铁。这种薄膜是可见的，看起来像金属上的浅褐色瑕疵，这足以将腐蚀速率降低至1/10~1/5，这取决于局部条件。一般就是用这个降低后的稳定腐蚀速率来评估管道的腐蚀裕量。任何帮助碳酸铁膜形成和稳定的过程都会减少腐蚀，而任何移除腐蚀薄膜或阻止它们形成的过程和行为都会增加腐蚀。实际上，表面薄膜并不是简单的碳酸盐，其中还含有氢氧化物和氧化物，而且钢中的合金元素也可能在钢表面富集。

低压低温油田中使用的一个很简单的经验法则如下：

（1）二氧化碳分压低于1 bar为低腐蚀；

（2）二氧化碳分压为1~2 bar为适度腐蚀；

（3）二氧化碳分压超过2 bar为高腐蚀。

分压（bar）是用总系统压力（bar）与摩尔分数或体积分数相乘得到的，即

$$CO_2\text{分压} = \text{系统压力} \times CO_2\text{摩尔分数} / 100 \tag{7-1}$$

该公式适用于泡点以下的系统，当压力达到泡点并出现游离气相时，此公式不再适用。

甜性腐蚀导致出油管和管道中的点蚀和局部侵蚀。通常管道底部（6点钟位置）的破坏最严重，水层首先在此处形成。管道表面被一层菱铁膜覆盖，但会发生膜的局部脱落。

某些金相学结构（如表面浮现硫化锰、焊接飞溅和轧制氧化皮/氧化膜）或焊接缺陷处于坑洞内的湍流会妨碍菱铁在金属上附着。在这些区域，腐蚀可能以比菱铁膜稳定形成更高的速率继续进行。金属的损失导致湍流增加以及腐蚀继续。随着腐蚀发生点下游金属的均匀损失，腐蚀延伸。金属看起来好像已经被有选择地磨成带状。这种形式的损害是甜性腐蚀特有的，被称为台面腐蚀。甜性腐蚀过程如图7-7所示。

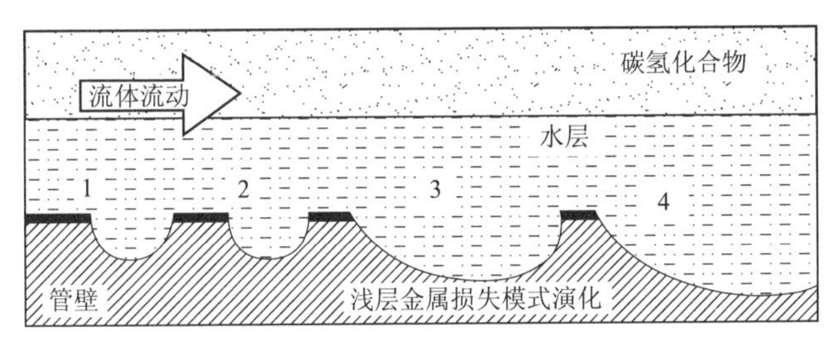

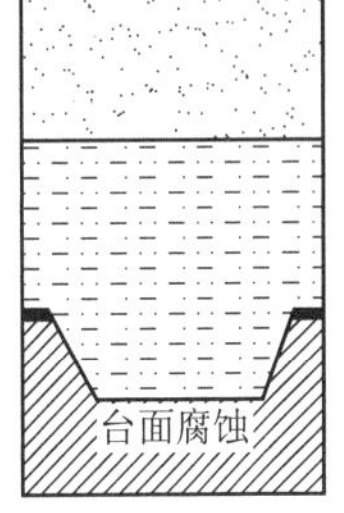

图7-7　甜性腐蚀过程

可以通过计算腐蚀速率估计大概的腐蚀形态。腐蚀向下游的扩展速率约为渗透速率的5倍，而向旁边的扩展速率约为渗透速率的2倍。管道中的水深限制了腐蚀的侧面延伸，纵向长度除可能会受到管道倾角的限制外，似乎不会受到其他限制。根据这些值可以预测智能清管器检测到腐蚀的时间，而且可以判断缺陷尺寸是否适用于压力保持率的计算。甜性腐蚀可能包括孤立点蚀。

对于陆上管道而言，6点钟位置频繁发生最恶劣的内部腐蚀，而且与之相关的金属损失可以导致快速的管道穿孔。到目前为止，没有发现海底管道内部腐蚀的优先位置。

Ⅱ.酸性腐蚀

硫化氢是一种剧毒腐蚀性气体，每百万分之几的浓度就会产生影响。硫化氢可溶于烃和水，根据当地温度、压力和pH值，其在两者中的溶解度也不同。其他影响溶解度的因素有原油中芳香烃和脂肪烃的比以及水的盐度。硫化氢在芳香烃含量很高的原油中的溶解度最多会增加2倍。

酸性腐蚀发生在含有硫化氢的流体中。NACE MR-0175定义硫化氢分压高于0.05 psia（0.34 kPa）的流体是酸性的。分压可以用硫化氢的体积分数 φ_{H_2S}（mL/m³）和总系统压力计算得到，即

$$H_2S分压 = \varphi_{H_2S} \times p_{system} \tag{7-2}$$

对于运行在泡点压力以上的管道，分压是由操作温度下的泡点压力计算出来的，硫化氢浓度由该压力和温度下的样本得出。

硫化物腐蚀有以下几种形式：

（1）固体硫化物沉淀导致的点蚀；

（2）在管道表面形成的硫化物膜分解区域中的点蚀；

（3）硫化物应力开裂；

（4）氢致开裂和起泡；

（5）应力诱导氢致开裂。

硫化物和钢之间的相互作用很复杂。图7-8所示为与硫化物相关的开裂腐蚀的不同类型，产生的硫化物可能在其产生区域的下游沉淀并造成腐蚀。例如，生产油管的酸性腐蚀会产生硫化物，硫化物在出油管中沉淀。可以通过提高流速减少沉淀和在井下加入腐蚀抑制剂来防止这种腐蚀。在管道终端，需要有一个耐腐蚀的容器（容器需加内衬、涂层，或留有腐蚀裕量）来收集硫化物。考虑到胶质的硫化物呈现出大块化学活性表面积，腐蚀抑制剂的使用通常不能令人满意。据估计，1 g新沉淀硫化铁的表面积约为13.3 m²。

当对含水酸性管道进行清管时，会得到大量硫化物。清管器、接收器应该用水清洗，避免点蚀破坏，如果湿的硫化物暴露在空气中，硫化物会氧化形成硫黄、氧化铁和盐，这会导致特别严重的点蚀。

固体硫化物需要小心储存，因为其容易自燃，即当其干燥时，会自发燃烧。最好的处理对策是存放在水下，允许硫化物和氧化铁缓慢氧化。应避免向平台周围的海中倾倒，因为硫化物的化学需氧量很高，会破坏环境，而且硫化物沉淀到海上结构的组成部件和牺牲阳极上

会增加腐蚀。

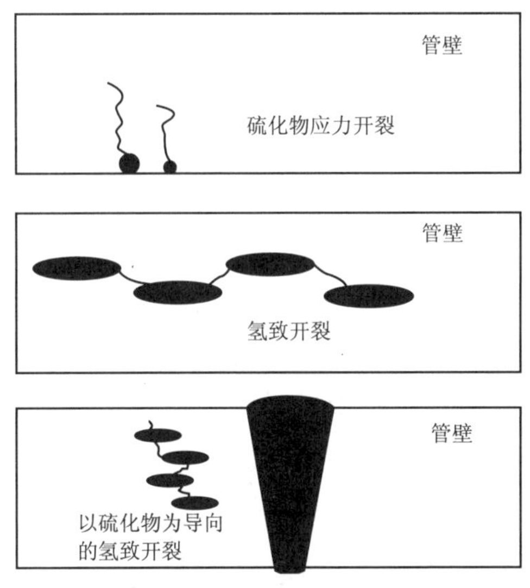

图 7-8　与硫化物相关的开裂形貌

III. 微生物腐蚀

微生物腐蚀是由管道中硫酸盐还原菌的活动和生长导致的。在原油管道中，分层的水层里硫酸盐还原菌很活跃，主要在 6 点钟位置引起局部的重叠点蚀。在注水管道中，硫酸盐还原菌围绕管道分布范围较广，但腐蚀最严重的是底部的 30° 区域。在严重情况下，点蚀可能连接起来沿管道底部形成粗糙的连续腐蚀通道。因此，可能因为穿孔或爆裂出现完整性缺失。硫酸盐还原菌活动产生的硫化物和其点蚀速率与酸性流体中形成的硫化物类似。成品油管道中硫酸盐还原菌活动和生长的风险可以用表 7-3 中给出的参数评估。这种机制产生的固体硫化物充当扩大的阴极。微生物腐蚀速率往往随时间加快，因为固体硫化物会累积。通常腐蚀速率是有上限的，与微生物在固体硫化物中的扩散速率有关，腐蚀速率往往在达到某个值后保持恒定。腐蚀坑深度与时间的 n 次幂成正比，指数 n=0.9~1（氧腐蚀的 n 值为 0.5）。

表 7-3　硫酸盐还原菌的生长限制

参数	临界值
水的盐度/%	>15
碳源	不存在
硫酸盐/10^{-6}	<50
pH 值	<5 或 >9.5
温度/℃	>45
硫化氢/10^{-6}	>300

2. 金属管道的外腐蚀

金属管道的外腐蚀是金属在海洋环境中的腐蚀，包括海水腐蚀、大气侵蚀和土壤腐蚀，它是海洋管道腐蚀的主要方面，如图 7-9 所示。这些腐蚀的共同点是基本都属于电化学腐蚀，上述内腐蚀中提到的水和氧的腐蚀是化学腐蚀，虽然引起管道内腐蚀的因素和条件同样也能引起管道外腐蚀，但对海洋管道外腐蚀来说，化学腐蚀不是主要的，主要的是电化学腐蚀。

图 7-9　管道外腐蚀示意图

1）外腐蚀机理

电化学腐蚀的机理是当金属浸入电解质溶液时，金属与溶液之间就会产生电位差，此电位差称为电极电位，不同金属的电极电位不同，电位为负的金属失去电子成为带正电的金属离子而进入溶液；电位为正的金属接收电子并把电子传给溶液中溶解的氧分子，氧分子得到电子再与水作用生成氢氧离子（OH^-），金属正离子与氢氧离子相遇生成氢氧化物，这个过程不断进行，电位为负的金属不断失去电子而被氧化，金属就这样一层一层被腐蚀。这种电化学腐蚀的原理与熟知的干电池相似，所以称为腐蚀原电池。在腐蚀原电池中若用导线将不同电极电位的两个金属连接起来，导线上就有电流通过，通常规定电子流出的电极为阳极，电子流入的电极为阴极，结果是阳极被腐蚀，阴极无变化。

腐蚀是同一金属表面上的两种独立化学反应的结果：

（1）在阳极区域发生金属流失并产生电子；

（2）阳极产生的电子在阴极区域发生反应。

管道外表面的总腐蚀速率取决于阳极和阴极的面积比率以及阴极反应物的浓度，而且在一定程度上还受当地环境电阻率的影响，电阻率决定了离子在阴极与阳极之间的运动速度。腐蚀其实是管道中的铁在阳极区以正电荷离子的形式溶解到海水中或者海床沉积物中的过程。这些亚铁离子经过反应形成氧化物或者氢氧化物，如果海水富含氧气，有的铁离子则会生成三价铁盐。金属表面存在的电子通过阴极的化学反应不断消耗，而导致腐蚀的持续进行。典型的阴极反应是氢的氧化和氧的还原。由于海水的 pH 值一般在 8.2 以上，在海水中主要的阴极反应是氧的还原。腐蚀的化学反应式如下：

$$Fe \rightarrow Fe^{2+} + 2e \quad 阳极反应$$

$$O_2 + 4H_2O + 4e \rightarrow 4(OH)^- \quad 阴极反应$$

总反应式为

$$2Fe + O_2 + 2H_2O \rightarrow 2Fe(OH)_2$$

这个反应式过于简化了腐蚀反应的过程，因为目前为止还不清楚哪一步反应先发生，可能是铁先溶解，也可能是先发生电子转移，然后通过铁溶解来补充电子。铁的氢氧化物并不是总在管道的表面形成，而且可能与海水中的氧形成一系列的氧化铁和氢氧化铁。在发生腐蚀的管道观察到的氧化物为黑色的磁铁矿（Fe_2O_3）、白绿色纤铁矿（$Fe(OH)_2$）以及棕红色的二价铁和三价铁的混合物。

按腐蚀原电池的原理，放在导电介质中的是两种不同的金属，才会发生电化学腐蚀，而实际上一块钢板在导电介质中也会被腐蚀。这是由于在自然界中没有绝对纯的金属，金属都不同程度地含有杂质，况且常用的金属材料都是多种元素组成的。海洋金属管道大多是铁碳合金，不仅含铁、碳等元素，还含有多种微量元素和杂质，其中铁元素与杂质相互接触而且电位不同，当管道在导电介质中时，它们就会构成无数对微小的电极，形成无数个微小的腐蚀电池，引起电化学反应，使管道表面形成不均匀腐蚀。这种不均匀腐蚀的加剧会形成更大的腐蚀电池，从而恶性循环，使金属管道腐蚀加重。

综上所述，腐蚀原电池的反应过程包括以下三个部分：

（1）在阳极，金属失去电子成为金属离子进入溶液，这个过程是失去电子的过程，称为阳极过程，它意味着金属溶解，即被腐蚀；

（2）电流的流动，在金属中电子由阳极流向阴极，即电流由阴极流向阳极，在溶液中电流的流动是离子的移动；

（3）在阴极，由阳极流来的电子被溶液中能够吸收电子的物质接收。

腐蚀原电池的阴、阳两极的电位差，对腐蚀速度有很大的影响。试验证明，当阴、阳极接通后，阴极的电位向负方向移动，称为阴极极化；阳极的电位向正方向移动，称为阳极极化。这种现象的结果是使阴极与阳极之间的电位差迅速降低，腐蚀原电池产生的电流随之减小，从而减缓了腐蚀速度。如果没有极化作用，金属的腐蚀将会很大，所以有效地利用极化作用是阻止金属腐蚀的重要手段。而在有些情况下，电极的极化现象可以消除或减弱。例如搅动溶液能加快阳极和阴极的反应过程，这种现象称为去极化。在海上，风、浪、流剧烈地搅动海水，起着去极化的作用，使金属腐蚀大大加快，金属管道在海洋环境中的腐蚀基本属于氧去极化的作用。氧去极化腐蚀是在阳极上失去的电子流向阴极并进行金属的溶解，空气中的氧进入海水到达阴极，在阴极上与电子结合而生成氢氧离子。

2）外腐蚀特点

金属在海水、大气及海底土壤中的腐蚀各有特点。

I. 海水腐蚀

海水的特点是含有多种盐类，含盐总量约为 3%。海水中含盐总量以盐度表示，盐度是指 1 000 g 海水中溶解固体盐的总克数，公海中的盐度差别较小，一般在 32%~37%，所以金属在各海区的腐蚀速度差别不大。

海水中因含有大量盐类而成为导电性很高的电解液，从而加速了金属在海水中的腐蚀速度，海水中含量最多的盐是氧化盐，占总含盐量的88.7%，氯离子占总离子数的55%，氯离子是活性很强的离子，能促进金属腐蚀。

海水中溶解的氧量是影响海水腐蚀性的重要因素，海水表面与大气接触，溶解的氧量较多；海水中绿色植物的光合作用和波浪作用都能提高海水中氧的含量，这些都增加了氧去极化的作用，从而加速了腐蚀。

海水的流速也影响金属的腐蚀速度。海水由于受风、浪、流的作用，空气易于进入水中并促使溶解的氧扩散到金属表面，从而使金属腐蚀速度加快，当海水流速很大时，会造成冲击腐蚀，甚至产生腐蚀性空化的破坏。

海水中金属管道表面丛生的植物和附着的动物也会使金属腐蚀加速。在丛生叶绿素植物处，水中含氧量增加。海生物在其生命活动中会放出CO_2，从而使周围海水呈酸性。死亡的海生物分解可析出H_2S，从而使周围液体酸化。这些都改变了金属周围的海水成分，使腐蚀速度增加。

II. 大气腐蚀

海洋大气与普通大气不同，由于海水的蒸发使海洋大气中含有较多的水分，而且还含有大量盐分（主要是NaCl），位于海洋大气中的金属，在表面就形成一层很薄的含盐水膜，含盐水膜就成为导电性较强的电解质溶液，所以金属在海洋天气中的腐蚀比在普通天气中严重得多。

另外，金属在大气中的腐蚀还受到气象条件（如风向、风速、降水、气温等）的影响，大风、大雨起到搅动水膜的作用，也可能冲走金属表面的腐蚀产物，使腐蚀加速。沉积在金属表面的腐蚀产物（锈层），可以减慢继续锈蚀的速度，对金属有一定的保护作用。所以，金属在海洋大气中的平均腐蚀速度随着时间的增长有下降的趋势。

III. 土壤腐蚀

金属在海底土壤中的腐蚀是较严重的，其中最严重的部位是海底土壤与海水交界处，有些受到腐蚀的铸铁管甚至可以用铅笔戳穿或用手折断。含盐的海水会渗到土颗粒的空隙中，并在空隙中流动。这样溶解有盐类和其他物质的土壤水就成为电解质溶液，从而形成电化学腐蚀的条件，所以海底土壤中的腐蚀也是电化学腐蚀。

影响土壤腐蚀的因素很多，其中主要有土壤的透气性、导电性、酸碱性、溶解的盐类、细菌等。导电性与土壤颗粒大小及分布、含水量和溶解的盐类有关。粗颗粒的土壤由于空隙度大，水的渗透能力强，水分不易保持，而小颗粒的土壤渗透能力差、水分多，盐类溶解于水中成为电解质，使导电性增加。土壤的导电性对长距离宏观电池腐蚀的影响大，导电性越大，腐蚀速度越快。另外，海底土壤中通常有杂散电流通过，杂散电流主要是由于过往船舶和接地电流形成的。杂散电流使金属管容易发生电化学腐蚀，有时杂散电流造成的管道局部腐蚀很严重，甚至很短时间内使管道穿孔。

土壤中的含氧量对土壤腐蚀起重要作用，由于氧气进入海底土壤比较困难，所以海底土壤中的腐蚀速度比水、大气中都慢，但土壤在管道沿线上的不均匀性可使土壤含氧量相差达几百倍。在含氧量相差很大的土壤中铺设金属管道，将产生氧的浓差电池腐蚀。与含氧量高的土壤接触的管道成为宏观腐蚀电池的阴极区，而与含氧较少的土壤接触的管道成为腐蚀电池的阳极区，受到腐蚀。

另外，在海底土壤中沉积的大量的海生物也会加速金属管道的腐蚀。

海洋管道不同的部位所处的环境不同，造成腐蚀的原因不同，腐蚀的程度也不同，应根据不同情况采取相应的防腐措施。

3）环境因素对外腐蚀的影响

涂层脱落的评估和阴极保护的设计都需要获得海床沉积物具体情况的信息。对沉积物腐蚀性的估计是很困难的，但还是有粗略的法则来说明沉积物的特征。一些关于土壤参数的研究指出，应该用电阻率、氧化还原反应电势以及沉积物的含盐度来预测沉积物的腐蚀性。

海床沉积物电阻率测量的主要方法是将 4 根串联的钢电极插入沉积物中，并在两端的电极上通入交流电压，计算中间两根电极上的电压降。沉积物电阻率的范围很大，一般为 0.25~25 Ω · m。即使名义上相同的沉积物，其电阻率也呈现正态分布，这会导致阴极保护系统中的单个牺牲阳极上载荷不均匀。此外，管道防腐层的不同区域受破坏程度也不同，因此需要将阳极上的载荷平均分配，各阳极之间的距离为 12~15 个接头（150~200 m）。

氧化还原反应电势反映了还原反应发生条件和氧化反应发生条件之间的平衡关系。一个较高的正电势表示环境是氧化性的，而负的或者相对较低的电势则反映出环境是还原性的。典型的氧化环境是电势为 +300 mV 的充气水或者沉积物。从氧化还原反应电势也可以看出沉积物是否适合硫酸盐还原菌的生长。低于 +100 mV 的相对低的正电势，有助于高危害微生物的活动。氧化还原反应电势的测量方法是将装有白金尖端的测试桩插入沉积物中，插入深度是管道即将被埋设的深度，或者插入刚刚在管道埋置深度中取出的回填土中。白金测试桩的电势可以与参比电极对比测出。取出沉积物的样本，测其 pH 值。给定氧化还原电位，即可将测得的电势转化为 pH 值为 7 时的基础电势值。

环境中的盐浓度和局部温度不仅对沉积物的电阻率和 pH 值有影响，还会影响到环境的电腐蚀和防腐层的降解行为。与海水环境相比，在有极高浓度氯气或低浓度硫的环境中更容易发生腐蚀，因为在这种环境中铁的腐蚀产物更易溶解。硫酸盐还原菌的活性会随着盐度和温度的变化而变化。较浅的近海水域、河口地区以及里海都会有盐度变化，近海地区在气候炎热的季节会发生盐度变化（如阿拉伯海湾的东南部），河口地区海水会被河水稀释而发生盐度变化。

7.2　海洋管道的防腐

由上节所述可知，海洋管道腐蚀是很严重的。我国沿海某一直径为 426 mm 的管道，虽采用了防腐绝缘层的一次保护，但是建成不到一年就因腐蚀穿孔而造成漏油事故，后经增加电化学阴极保护，才能安全运行。所以，海洋管道的防腐极其重要。

7.2.1 防腐系统的一般要求

（1）在全浸区和大气区的海洋管道一般用外涂层防护。

（2）在全浸区的海洋管道通常用牺牲阳极进行阴极保护。

（3）在飞溅区，立管应采用特殊的防腐措施，通常还与腐蚀裕量结合考虑。

（4）对输送腐蚀性介质的海洋管道要进行内防腐，在考虑壁厚时应留有腐蚀裕量。

（5）对于安装在 J 形管、套管中的立管，通常还有特殊的防腐措施。

（6）应采取措施避免杂散电流的有害影响。

7.2.2 金属管道的内防腐

海洋金属管道的内防腐是降低管道和立管内表面腐蚀破坏的措施。对于输送有腐蚀性油、气的管道都应进行内防腐。金属管道内防腐可采用以下措施。

1. 使用腐蚀抑制剂

腐蚀可以通过添加腐蚀抑制剂显著降低。腐蚀抑制剂按化学成分可分为有机腐蚀抑制剂和无机腐蚀抑制剂；按介质状态和性质可分为气相腐蚀抑制剂和液相腐蚀抑制剂。

通过腐蚀抑制剂可降低腐蚀速率，对于输气管道通常是 75%~85%，对于输油管道通常是 85%~95%。运用公式计算出的腐蚀速率乘以 0.15~0.25 或 0.05~0.15，即可得到被抑制的腐蚀速率。这些值都是有效值，预计腐蚀抑制剂在实际使用时最低发挥试验测得效率的 95%。腐蚀裕量是被抑制的腐蚀速率乘以设计使用年限得到的，抑制剂效率计算如下：

$$\text{腐蚀抑制剂效率}=\frac{\text{无腐蚀抑制剂的腐蚀速率}-\text{有腐蚀抑制剂的腐蚀速率}}{\text{无腐蚀抑制剂的腐蚀速率}}\times 100\% \tag{7-3}$$

另一种评估抑制效果的方法是假设高质量抑制剂可以将腐蚀降低到 0.1~0.2 mm/a。不能提供良好的抑制，会导致发生未抑制速率下的腐蚀。年腐蚀速率基于下面的公式计算，其中假设抑制的腐蚀速率为 0.1 mm/a，可利用率为 A（受抑制的注水系统正常运行的时间，表示成总时间的分数形式）：

$$\text{腐蚀速率}=0.1A+(1-A)(\text{未抑制的腐蚀速率}) \tag{7-4}$$

腐蚀裕量是腐蚀速率与设计使用年限相乘得到的，使用时需要谨慎。可利用率通常不超过 95%，这与抑制剂注入系统每年 18 天的故障时间有关。有可能会设计出有 100% 冗余的抑制剂注入系统，这样可利用率就可以超过 95%。其他需要注意的因素有高温操作，在不能进行抑制剂注入设备定期维护的边远地区运行，以及剪切力接近抑制剂耐受力处的高流速。如果已知腐蚀抑制剂的效率和注入方法，通常可以合理估算腐蚀裕量。

抑制剂的效率明显受到管道清洁度的影响。含碎屑（锈、轧屑和油品中的固体）较多的管道抑制剂保护难度更大，因为化学物质会被吸附在碎屑表面。酸性系统中会有一个特有的问题，即系统中产生大量细碎的硫化铁。在硫化铁浓度约为 100×10^{-6} 时，腐蚀薄膜性质发生改变，从以碳酸铁为主变为以硫化铁为主。酸性系统的抑制剂通常含有咪唑啉。

抑制剂对流速和流态敏感。在低流速或停滞条件下，抑制剂效率降低。在很高流速的环境下，抑制剂效率也会受到影响，即抑制剂膜被流动造成的剪切力从金属表面剥离。对于很多气相抑制剂，流速应限制在17~20 m/s；而对于原油抑制剂，流速约为5 m/s，因此候选抑制剂必须经过测试。临界管壁剪切应力被规定为20 Pa，这可以通过压力降计算出来。对于持久存在分层水层的情况，选用的抑制剂通常可分散于油而可溶于水，这样抑制剂会优先进入水相。当不存在水层时，可以使用更有效的油溶-水分散性抑制剂或油溶性抑制剂，前提是确定油相会不断润湿管道壁，以保证金属表面被有效抑制。

标准的腐蚀抑制剂浓度（基于流体总量）与腐蚀抑制剂添加方式有关，连续添加适用的标准浓度为$5 \sim 50 \times 10^{-6}$，分批添加适用的标准浓度不高于250×10^{-6}。抑制剂的效率明显受到浓度的影响，因此注入剂量率必须根据管道中的流体流速确定。通常喷射泵被设定在一个平均值，只有运行条件改变时才改变设定值。

抑制剂通过竖管注入一条输油管道流体中。在输气管道中，向流体中加入抑制剂的方法需要慎重选择。大多数抑制剂必须经过稀释后通过喷头注入。

2. 用涂料控制内腐蚀

用于海洋管道内防腐的涂料可分为液体涂料和固体涂料。

1）液体涂料

作为钢管衬里的液体涂料必须同时具有防腐性和耐磨性。国产内防腐的液体涂料主要有8511耐磨防腐涂料、8701环氧树脂涂料、H87环氧耐温防腐涂料、氯磺化聚乙烯防腐漆、玻璃鳞片防腐涂料等。

对于金属管道，用液体涂料进行涂装的工艺可分为预制和现场整体涂装两种。预制是在工厂内对管道进行涂装，可采用离心法、喷涂法。其中，离心法是将配好的液体涂料送入钢管内，旋转钢管，依靠离心力使液体涂料在钢管内流动，形成厚度均匀的涂膜；喷涂法是采用适合钢管直径的喷射装置进行喷涂。目前，国内外研制了各种类型的喷涂器，我国研制的气动转杯式喷涂器已获专利。这种喷涂器是使涂料在高速旋转的雾化器内雾化，而后在高速离心力作用下由喷孔脱杯而出，以细小雾滴状均匀地附着在管子内表面上。

现场整体涂装常用的工艺有涂抹法和喷涂法。涂抹法是在内表面经过预处理的钢管中放一个封堵器，然后放涂抹器，两者中间充满液体涂料，用压缩空气推动涂抹器，从而推动液体涂料和封堵器前进，在钢管内壁形成涂膜。

现场喷涂法采用和工厂预制喷涂法类似的装置来实现钢管现场衬里的施工。这种方法是在喷涂装置喷出雾状液体涂料的同时，以相应的速度用喷涂装置自身携带的电动机或卷扬机驱动喷涂装置，在管道内边退边喷，形成管道衬里。

2）固体涂料

固体涂料主要是环氧粉末涂料和聚乙烯粉末涂料。环氧粉末涂料与金属的附着力强，机械强度高，防水抗渗性好，耐细菌腐蚀、海洋微生物腐蚀、化学腐蚀的性能好。近年来，各国相继用环氧粉末作为管道内衬，它不仅有良好的防腐性能，更重要的是使管道内表面光滑，减少摩阻，增加输送量。在原油管道中涂环氧粉末还能降低结蜡速度。粉末涂料作为内防腐的涂装方法有流化床法、静电流化床法和静电喷涂法，其中流化床法常用于工厂管道内衬的预制。

流化床是一块多孔板，使用时将它放在压力容器底部，其有压缩空气进口，正压缩空气通过滤化床上的小孔将放在流化床上的粉末涂料流化，并以一定速度通过导管吹入已预热的管道内部，粉末涂料退热熔化冷却后形成涂膜。

静电流化床法是流化粉末通过预热的管道内部，应用静电吸附原理使流化粉末吸附形成涂膜。该方法适用于小口径管道的内衬。

静电喷涂法是将静电发生器的正极接被涂管段并接地，负极接喷枪头，通电后管段与喷枪头之间形成很强的静电场，由于喷枪头尖端放电，使电场内充满电子，当粉末粒子从喷枪口通过时，捕捉电子形成带负电的粉末粒子，这些粉末在静电的作用下被吸附到已预热的管壁上。采用旋转式内喷枪，即可喷涂管道内壁，形成内衬。

3. 用砂浆涂层防腐

用于内防腐的砂浆涂层包括水泥沙浆和环氧砂浆，这两种砂浆主要用于输水管道，涂层厚度一般为 5 mm。砂浆涂层常用的施工方法有离心法、喷涂法和风送法。其中，离心法和喷涂法与涂装液体涂料类似；风送法是在安装好的管道内装入水泥沙浆，在砂浆后面装涂抹器，然后用压缩空气推动涂抹器前进，从而推动砂浆，在管道内壁形成砂浆内衬。

4. 采用耐腐蚀合金内衬

由于耐腐蚀合金价格贵，当前还没有应用。目前，国内海洋管道内防腐主要采用增加腐蚀裕量，输送的流体脱硫、脱水和加缓蚀剂等方法。

5. 针对细菌微生物的方法

如果细菌数目较多或被发现随时间增加，可以用一段抗微生物剂段塞处理管子。细菌不能立刻被杀死，必须在抗微生物剂中暴露一个使抗微生物剂发挥作用的最短时间，需要的时间取决于抗微生物剂的浓度。段塞足够长以及抗微生物剂浓度足够大，对治理效果很重要。

很多抗微生物剂是强酸性的，会影响金属表面的腐蚀抑制剂膜。按剂量加抗微生物剂后，有必要通过在段塞中按剂量加入抑制剂恢复抑制剂膜，或在抗微生物剂处理后 24 h 内将抑制剂添加率提高 3 倍。

7.2.3 金属管道的外防腐

海洋管道的外防腐是金属管道防腐的主要方面。外防腐的基本方法包括外涂层或防腐包覆层的一次保护和电化学阴极保护的二次防护。这两种保护方法并用可达到较好的防腐效果，其中电化学阴极保护是海洋管道外防腐的主要形式。

氧化腐蚀、有机酸的侵蚀以及微生物腐蚀都可以靠外涂层和阴极保护的联合应用来阻止。

尽管对不加防腐层的裸露管道只应用阴极保护也行得通，但成本极高。而通过外涂层对管道进行保护，并以阴极保护弥补外涂层的缺陷、破损、老化等问题，可以显著降低成本。这种保护策略在早期的管道工程中已有应用，而且采用了改质沥青保护涂层和沥青基涂料。然而，从长远来看，这些外涂层的防护效果并不理想，因此被防腐带取代，防腐带是为陆地管道研发的，可以在管道即将入沟前敷于管沟内。后来人们发现防腐带涂层系统有很多严重的弊端，在管道穿越河流的情况下才使用防腐带，几乎所有的水下管道都使用工厂预涂的连续外涂层。到目前为止，管道的外涂层系统不断被改进，现代的防腐层已经相当精细。涂防腐涂料的钢管如图 7-10 所示。

图 7-10　涂防腐涂料的钢管示意图

管道外涂层的作用是使管道钢与土壤或海水隔离开，使阳极区域和阴极区域间有高阻抗，从而防止管道腐蚀的发生。为了实现上述功能，涂层必须具有多种性质，例如：

（1）对水和盐分的低渗透率；

（2）对氧气的低渗透率；

（3）与管道钢良好黏着；

（4）足够的热稳定性；

（5）使用方便，便于施工；

（6）合理的单位价格（因为一般管道都需要大量涂料）；

（7）具有足够的韧性，能够承受施工中埋设、卷曲和拖曳产生的应变；

（8）能够抵抗生物的降解；

（9）破损区域修补容易；

（10）使用和处理时无毒、环保、安全；

（11）储存期间的紫外线（UV）稳定性；

（12）防止阴极剥离。

海底管道没有采用防腐带和溶剂型外涂层，相对于陆地管道，更适合海底管道的外涂层系统很少。

1. 各腐蚀区的外腐涂层

1)各腐蚀区的外涂层

(1)海洋大气区的外防腐:涂料防腐。

(2)飞溅区的外防腐:该区腐蚀最严重,不同的国家措施不一样,同时还应注意立管腐蚀裕量和操作温度的关系,见表 7-4。

表 7-4 立管腐蚀裕量和操作温度的关系

温度/℃	腐蚀裕量/mm
<20	2
20~40	4
40~60	6
60~80	8
80~100	10

(3)全浸区的外防腐:涂装液体涂料和包覆聚乙烯。

(4)海底土壤区的外防腐:玻璃布增强防腐、包覆聚乙烯和涂装固体防腐涂料。

2)选择外涂层时需考虑的因素

(1)涂层的黏着力和抗分离能力。

(2)耐久性或抗化学、物理和生物损坏能力。

(3)涂层的使用温度范围。

(4)涂层的延伸率或柔性。

(5)涂层强度和抗冲击能力。

(6)涂层与混凝土加重层的相容性。

(7)涂层被损坏后的修复能力。

2. 沥青防腐层

沥青材料来源广、成本低,对于海洋管道,沥青防腐适用于管道的登陆段。沥青和玻璃布的层数由防腐等级确定,见表 7-5。

表 7-5 防腐涂层等级与涂层结构

防腐涂层等级	防腐涂层结构	每层沥青厚/mm	涂层总厚/mm
普通防腐	沥青底漆—沥青—玻璃布—沥青—玻璃布—沥青—聚氯乙烯工业膜	≈1.5	≥ 4.0
加强防腐	沥青底漆—沥青—玻璃布—沥青—玻璃布—沥青—玻璃布—沥青—聚乙烯工业膜	≈1.5	≥ 5.5
特强防腐	沥青底漆—沥青—玻璃布—沥青—玻璃布—沥青—玻璃布—沥青—玻璃布—沥青—聚乙烯工业膜	≈1.5	≥ 7.0

3. 防腐包覆层

防腐包覆层有脂肪酸盐绷带外加玻璃钢保护套、石蜡油防腐胶带和聚乙烯包覆层三种。其中，石蜡油防腐胶带防腐结构如图 7-11 所示。

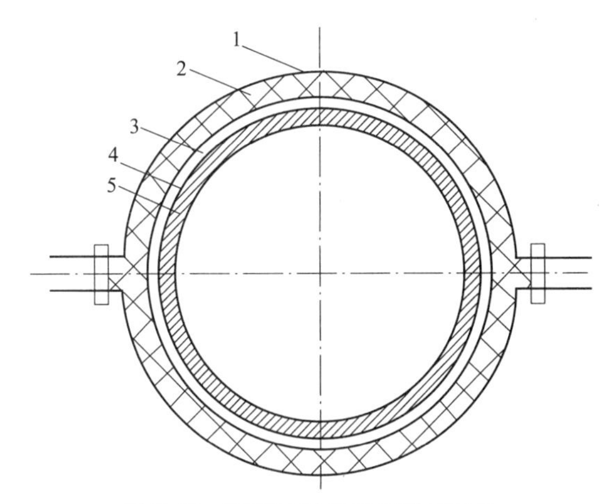

图 7-11　石蜡油防腐胶带防腐结构

1—保护套；2—泡沫聚丙乙烯；3—石蜡油防腐胶带；4—石蜡油膏；5—钢管

7.3　电化学阴极保护

7.3.1　电化学阴极保护的分类

防腐层是保护管道不受腐蚀的主要屏障。阴极保护法（CP）保护的主要对象是防腐层被渗透、防腐层缺失以及破坏的部位，该方法通过一种电方法增加金属的热学稳定性。这种增加稳定性的方法是通过为阴极反应提供电子来取代正常腐蚀过程中所产生的电子来实现的。电流从管道流出，使得电子转移到管道上，然后通过阳极形成电流回路并由阳极流入环境中，电流可能来自发电机（外加电流系统）或者耦合一种金属和另外一种基材金属形成的原电池（牺牲阳极系统）。不论哪种系统，对于陆地管道、近海管道以及穿越河流的管道都会应用到；但是在实际工程中，海底长距离管道仅采用牺牲阳极的保护方法。

阴极保护系统提供的电子数量必须和阴极反应消耗的电子数量相同，常见的阴极反应为氧的还原或氢离子的释放。海水呈碱性，pH 值为 8.2~8.4，主要反应为氧化还原反应。硫酸盐还原菌在海床的沉积物中可能会大量繁殖，它们产生的硫化物也会消耗电子。

只有当需要被保护的物体周围存在连续的并且具有充分导电性的中介物（被称作电解质）时，阴极保护系统才会工作。海水和被海水浸透的沉积物便是极好的电解质。所有的电化学反应都发生在暴露于电解质中的管道表面上，因此通过海水的阴极保护方法只能保护管道的外部，而对管道内部的腐蚀没起到预防作用。要通过阴极保护系统来保护管道的内部，就应该在管道内部装上阳极。NACE 和 DNV 给出了最常见的 CP 设计方法。

阴极保护系统的设计通常是保守的，目的是在管道设计使用年限内能够承受不超过 25% 的涂层破坏。然而，实际情况中，涂层破坏量通常不超过 5%。通常假设涂层的破坏是沿着管道的长度和面积均匀分布的，但实际中经常会有涂层被局部破坏。管道阴极保护系统需进行周期性的检查，从而发现局部破坏区域，同时也能检查阴极保护系统是否能给管道提供应有的保护。

CP可以而且常常被应用于裸露的金属，但是为提供这种CP电流而消耗的能量很高。例如，近海钢制套管通常没有保护涂层，仅靠CP防止腐蚀，但是这种方式会增加成本和重量。管道通常都有防护涂层，一般CP只被要求用于防护层出现渗透和缺陷的情况。当保护层随时间增长而退化时，就需要更大的CP电流。

环境的腐蚀性决定了所需的电流量，实际推荐值在一定范围内有所不同，因为它们侧重于不同参数。通常认为CP设计过于保守，这种观点在近期的DNV-RP-F103规范中有所体现，该规范中的设计电流密度是最小的，其中规定的阳极尺寸约为以前的DNV-RP-B401标准的1/4。因为CP的应用相对较便宜，所以在装配过程中可能出现一些保险设计调节问题，如涂层或阳极连接损坏，如果CP设计取最小值，改装费用会很高。

掩埋在沉淀物中的裸管，需要的保护电流密度在12~20 mA/m² 范围内，暴露在海水中的管道需要在50~120 mA/m² 范围内。所需要总电流是电流密度和管道裸露面积（管道面积乘以涂层脱落百分比）的乘积。对于一个保护涂层完好的管道，总电流要求接近0。通常，一个新的保护层完好的海底管道，它的总电流要求是1~2 A/km，但是经过一定的时间可能会达到20 A。总电流需求量是保护涂层质量的量度。

电化学阴极保护法是通以电流的保护方法，是人为地将被保护金属管道全部置于阴极地位，使其在阴极作用下受到保护，而处于阳极的金属失去电子遭到腐蚀。阴极保护可以通过以下两种途径实现。

1. 牺牲阳极的阴极保护

利用比被保护金属管道的电位更负的金属或合金制成阳极，使它在导电介质中失去电子，成为金属离子进入溶液而被腐蚀，金属管道得到电子而受到保护。通常以锌（Zn）、铝（Al）、镁（Mg）等活泼金属元素或其合金作为阳极材料。这种方法称为牺牲阳极的阴极保护（简称“牺牲阳极法”）。

海底管道几乎都用牺牲阳极法来保护，最常用的设计程序遵循NACE或者DNV准则。制作阳极的方法是在能够提供能量和持续电流的钢模具周围铸造一种牺牲性金属。阳极以固定间距附在管道上，并通过焊接或铜焊电缆实现阳极模具和管道的电连接。大多数阳极铸造成半壳式套环，这使得阳极紧密配合于管道周围而覆盖于防腐涂层上。对于管径很大的管道，阳极可能被浇铸成分段组块，再将这些组块组合便形成完整的镯形装置。

牺牲性材料是一种基础材料，与钢管形成原电池，阳极被腐蚀并产生电子。镁用于陆上管道，但是对于海底管道并不适用，因为它在海水中易被腐蚀，而且只有大约一半的电流能够提供给CP。锌过去是使用最广泛的电极材料，但是在过去的十来年铝合金越来越受欢迎，因为铝合金阳极单位质量能比锌产生更多的电源，同时使用铝合金阳极比较经济。阳极不是纯材料，而是由相对复杂的合金组成，这些合金元素需要确保均匀腐蚀并防止钝化。

2. 外加电流的阴极保护

将被保护的金属管道接至直流电源的阴极，把电源的阳极接在作为样机的金属材料上，通电时金属管道在电解质中的电极电位比其自然电位要低，所通电流密度越大，电位变低的程度也越大。当达到保护电位时，金属管道就得到防腐保护。如电流密度继续加大，电极电位继续变得更低，就会出现过保护现象，从而使管道上的防腐涂层被破坏。所以，采用外加电流的阴极保护时，要有自动调控电位的恒电位仪。其中作为阳极的金属材料也会有些牺牲，但管道防腐保护不是靠牺牲阳极，而是靠所加负电位。这种阳极是一种辅助阳极，要求其本身稳定、不受介质腐蚀、导电性良好、机械强度好、易加工、价格便宜等，在我国多采用高硅铸铁。外加电流的阴极保护如图 7-12 所示。

图 7-12 外加电流的阴极保护示意图

外加电流的阴极保护（ICCP）系统中用于保护的电流由一个外部电源提供。陆上埋设管道由发电机、当地供电设施或者国家电网来供电。交流电（AC）用变压器和整流器转换成低压直流电（DC），变压器和整流器通常被合称为 T/R。管道是与 T/R 的负极相连接的，T/R 的正极与埋地的非腐蚀金属阳极相连。电子被引入管道，然后在裸钢区域经阴极反应被消耗。CP 系统是由电气工程师安装和运行的，所以通常提到的是常规的电流流动，而不是电子流动。用常用的术语来讲，电流被传递到阳极，从土壤传递至管道，后重新由管道流至 T/R。

ICCP 很少用于海底管道，三角洲穿越、离岸较近的短管道以及河口等位置偶尔采用这种保护方式。它们通常与陆地管道绝缘，采用牺牲阳极法保护。近年来，人们开始关注将太阳能和风能 CP 系统与电池储电系统结合起来，用于小型 ICCP 系统。

7.3.2 牺牲阳极的阴极保护法原理

1. 保护法原理

牺牲阳极的阴极保护系统如图 7-13 所示。其中，活泼金属作为阳极，被保护金属作为阴极，它们同处在海水介质中，这样就组成腐蚀原电池，它们之间的电位差引起阴极电流，使被保护金属阴极极化。图中箭头表示电流方向，电流从较低电位的阳极流向被保护的金属管道（阴极）。这样阳极失去电子成为离子，进入溶液而受到腐蚀，阴极得到电子而受到保护。随着在海水中时间的增长，阳极材料逐步被腐蚀而消耗，待消耗到一定程度（1/3~1/2），需更换阳极材料，这样才能保持高电极电位，从而保护钢管不受腐蚀。

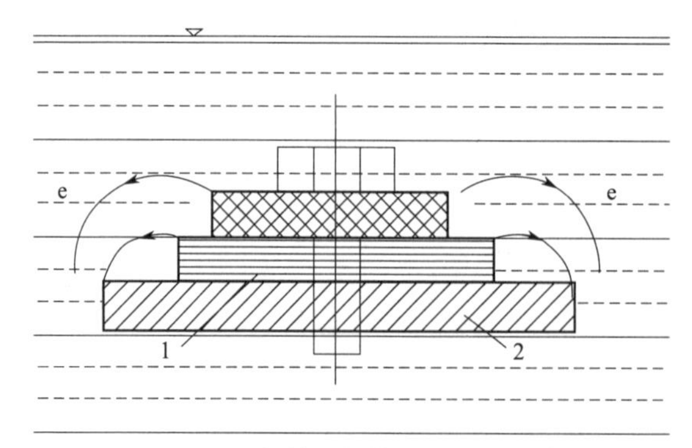

图 7-13 牺牲阳极的阴极保护系统

1—牺牲阳极；2—被保护金属

2. 阳极材料的选用

牺牲阳极的阴极保护系统的重要一环就是选用合适的阳极材料。由于要使阳极材料与被保护金属之间形成较高的电位差，所以对阳极材料的要求包括：有足够的电位；在长期使用阳极放电过程中，能保持表面活性而不钝化；消耗单位重量金属时提供的电量多，单位面积输出电流大；有一定强度，加工性能良好，价格便宜。铝、锌及其合金都可以作为阳极材料，其阳极化学成分都应符合国家标准的规定。

阳极材料的电化学特性在很大程度上取决于合金元素和杂质含量，所以应控制材料质量，且阳极表面不得有影响阳极效能的涂层及损伤。阳极应按设计进行布置，在安装时应使阳极牢固地固定在管子上。在进行管子装卸和施工期间，应防止阳极受到机械破坏。工业上阳极合金的基本参数见表 7-6。

表 7-6 工业上阳极合金的基本参数

合金	周围环境及温度	驱动电压/mV	电流能量/(A•h/kg)	消耗率/(kg/(A•a))
铝-锌-汞	海水(5~30 ℃)	200~500	2 600~2 800	3.1~3.4
铝-锌-铝	海水(5~30 ℃)	250~300	2 500~2 700	3.2-3.5
铝-锌-铟	含盐泥土(5~30 ℃)	150~250	1 300~2 300	3.85~6.7
	含盐泥土(30~90 ℃)	100~200	400~1 300	6.7~22.0
锌	海水	200~250	760~780	11.2~11.5
	含盐泥土(0~60 ℃)	150~200	760~780	11.2~11.5

7.3.3 阴极保护的基本参数

阴极保护中的最小保护电流密度 i_0 和最小保护电位 v_0 是判定能否达到完全保护的标准，也就是说可用这两个参数判定被保护金属的保护效果。金属被保护的效果也可用保护度表示，一般保护度达到 95% 以上，金属就得到了保护。保护度可用下式表示：

$$保护度=\frac{原来挂片重-挂片失去的重量}{原来挂片重}\times 100\% \tag{7-5}$$

式中：挂片为测定金属腐蚀程度所用的规定表面积和重量的金属块，其材质应与金属结构相同，并挂在与金属结构相同的腐蚀环境的介质中，经过一定时间后进行测重。

1. 最小保护电流密度 i_0

最小保护电流密度是指被保护金属腐蚀速度最小（保护度大于或等于 95%）时，金属表面所需电流密度的最小值。该值是阴极保护系统设计的主要依据。i_0 的大小将影响牺牲阳极的消耗量。当金属表面的电流密度小于最小保护电流密度（$i < i_0$）时，就不能达到完全保护。反之，当 $i > i_0$ 时，阳极消耗量大。当电流密度过大时，会把管道防腐涂层击穿，破坏防腐涂层的防腐作用。

影响最小保护电流密度的因素有被保护金属的种类、腐蚀介质的状态（如温度、浓度、流速等）、保护系统的总电阻、阳极的形状和面积大小等。由于最小保护电流密度 i_0 的影响因素多，它不是一个恒定的常数，所以在设计中应根据实践经验积累的资料，确定最小保护电流密度 i_0。

电流密度随温度升高而增大，这是因为温度升高会加速介质中金属的溶解，提高腐蚀电流的强度，所以腐蚀介质的温度越高，阴极极化过程和作用越低，达到完全保护所需的最小保护电流密度就越大。

2. 最小保护电位 v_0

最小保护电位是使金属电化学腐蚀停滞或抑制时的金属电极电位，它是电化学阴极保护的另一个重要参数。因为最小保护电流密度不易控制，且难以直接测定，通常用最小保护电位来判断被保护金属是否达到完全保护。最小保护电位 v_0 受温度等因素影响小，有些金属的最小保护电位是比较稳定的参数。例如，钢材在天然水或土中的最小保护电位约为 −770 mV；在细菌繁殖的土壤中约为 −870 mV；在海水中则为 −900~−850 mV。

7.3.4　阴极保护法的设计与计算

在进行设计前，应收集有关管道性质（包括材料、尺寸、涂层等）、生产工艺条件和环境条件的资料，其中外界环境条件对阴极保护系统的影响很大。

外界环境条件包括：

（1）管道系统的温度；

（2）海水和海底土壤的含氧量；

（3）海水和海底土壤的温度；

（4）海水和海底土壤的化学成分；

（5）管道附近海水和海底土壤的电阻率；

（6）海水流速和管道周围海生物的活动。

1. 阴极保护法设计前应收集的信息

（1）管道性质。

（2）生产工艺条件。

（3）环境条件。

(4)管道系统的温度。

(5)海水和海底土壤的含氧量。

(6)海水和海底土壤的温度。

(7)海水和海底土壤的化学成分。

(8)管道附近海水和海底土壤的电阻率。

(9)海水流速和管道周围海生物的活动。

2. 阳极电流输出量和要求的电流强度

阳极电流输出量由欧姆定律给出:

$$I_A = \frac{\Delta V}{R} \tag{7-6}$$

式中 ΔV——驱动电压,mV,可由表 7-6 查得;

R——电路电阻,Ω,通常取阳极电阻,可由环境电阻率和阳极的几何形状确定。

下面介绍几种不同形状阳极的电路电阻 R 的计算方法。

(1)长条形阳极(图 7-14):

$$R_a = \frac{\rho}{2\pi l}\left(\ln\frac{4l}{r} - l\right) \tag{7-7}$$

式中 ρ——介质电阻率,Ω•cm;

l——阳极长度,cm;

r——阳极等效半径,cm,$r=\sqrt{\frac{A}{\pi}}$,其中 A 为阳极断面面积,cm²。

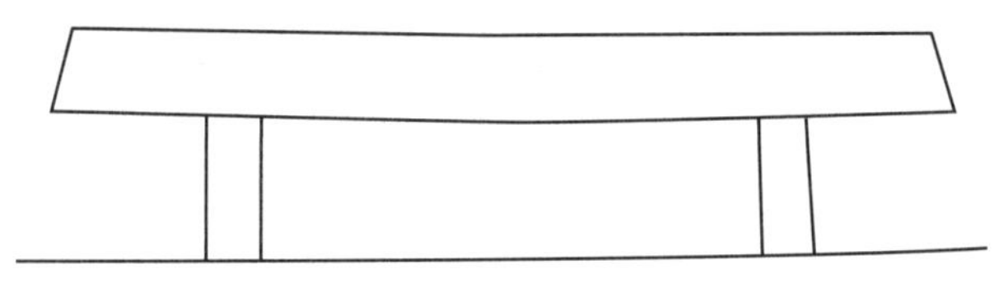

图 7-14 长条形阳极

(2)板状阳极(图 7-15):

$$R_a = \frac{\rho}{2s} \tag{7-8}$$

式中 ρ——介质电阻率,Ω•cm;

s——阳极侧面平均长度,cm,且 $s=\frac{b+c}{2}$,其中 $b>2c$,b,c 分别为阳极的长度和宽度。

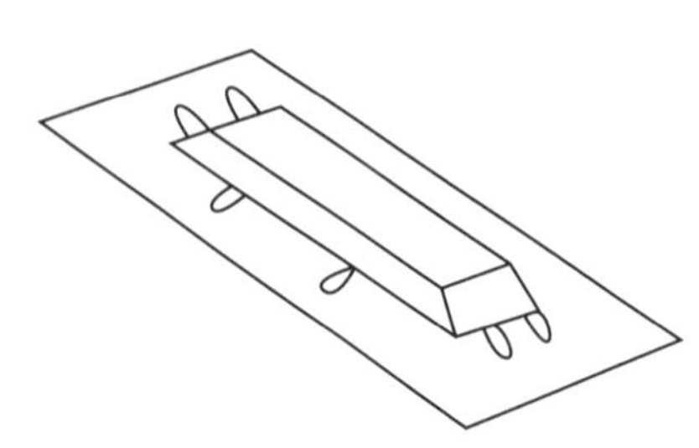

图 7-15 板状阳极

（3）环状及其他形式阳极（图7-16）：

$$R_a = \frac{0.315}{\sqrt{A}} \tag{7-9}$$

式中　A——阳极裸露表面积。

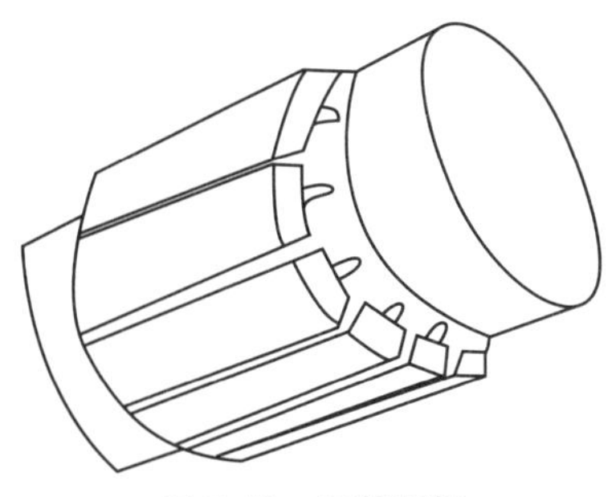

图7-16　环状阳极

如果采用相互靠近的阳极分组排列，在计算阳极电阻时，应考虑阳极间的干扰；对于裸露钢管，计算其阳极电流输出量时，应按两个阶段进行，即电流最高时的初始阶段和阳极消耗到利用系数值且阳极电流输出最低时的寿命终止阶段。为满足初期（初始1~3年）电流高的要求，可安装尺寸较小的附加阳极，这样比利用初始值设计单一形状的阳极更经济。

被保护金属要求的电流强度可由电流密度和暴露的钢管面积给出，即

$$I = i_0 \times F \tag{7-10}$$

式中　I——电流强度，mA；

i_0——最小保护电流密度；mA/m²；

F——被保护金属表面积，m²。

总的电流输出能力应大于要求的电流强度1.05~1.3倍，根据这一要求来配置附加电极。

3. 阳极寿命的计算

阳极寿命的计算公式为

$$T = \frac{W\eta}{EI} \tag{7-11}$$

式中　T——阳极有效寿命，一般情况下，阴极保护系统的设计寿命应与管道系统的设计寿命相一致；

W——阳极质量，kg；

E——阳极消耗率，kg/A；

I——在有效寿命期内每个阳极的平均输出电流，A；

η——利用系数。

当剩余阳极材料不能输出要求的电流时，可由已消耗的阳极材料数量来确定利用系数。不同形状阳极材料的利用系数可取以下值：长条形阳极为0.9~0.95；环状阳极为0.75~0.8；其他形状阳极为0.75~0.85。

根据确定的设计寿命，可以计算阳极用量。计算所得的阳极总量应等间距地分布在金

属管道的表面，这样才可使电流分布均匀。对有涂层的金属管道，建议阳极间距为50~150 m。在海洋管道与海上平台连接的地方，应安装尺寸较小的附加阳极。

例 7-1 海洋输油管道顺岸坡入海，与单点系泊浮筒相连，ϕ864 mm×9 mm 的金属管道海底部分长 3 200 m，全部埋置在土壤中，要求设计阴极保护系统。

该设计采用牺牲阳极的阴极保护法，除阴极保护外，管道外壁有良好的加强沥青防腐层和混凝土防护加重层。阴极保护系统的牺牲阳极选用锌块，金属管道每 100 m 为一段，分段配置锌块，锌块呈环状配置在管道外壁。

解 （1）选择最小保护电流密度。管道埋置于海底土壤中，并有良好的防腐涂层和混凝土防护加重层，可取最小保护电流密度为 15 mA/m^2，根据管道使用寿命为 20 年，再乘以系数 0.30，得出最小保护电流密度为 4.5 mA/m^2。由于有混凝土防护加重层，最后选取的最小保护电流密度 $i_0 = 5$ mA/m^2。

（2）计算电流强度。每 100 m 管长被保护金属的表面积为

$$F = \pi DL = \pi \times 0.864 \times 100 = 272\ \mathrm{m}^2$$

电流强度为

$$I = i_0 F = 5 \times 10^{-3} \times 272 = 1.36\ \mathrm{A}$$

（3）牺牲阳极的计算。阳极质量为

$$W = \frac{365 \times 24TI}{\eta A_h} \tag{7-12}$$

式中 T——阳极使用年限，按照管道使用寿命 20 年考虑；

I——电流强度；

η——阳极利用系数，取 0.85；

A_h——阳极理论发生电流能量，由表 7-6 查得 A_h = 780 A· h/kg。

将有关数据代入式（7-12），可得锌阳极的需用量为

$$W = \frac{365 \times 24 \times 20 \times 1.36}{0.85 \times 780} = 359.4\ \mathrm{kg}$$

7.4 腐蚀管道的强度评估

7.4.1 评估方法

单个、纵向、矩形腐蚀缺陷的爆破承载力计算表达式来自大量有限元模拟和一系列全尺寸破坏试验。有限元模拟分析了每个重要参数的影响，而大量的全尺寸试验验证了其准确性。相关规范和校验中使用的公式相当烦琐，下面给出实际使用的简化表达式。

单个矩形的腐蚀缺陷承载力计算公式为

$$P_{cap} = 1.05 \frac{2t \cdot f_u}{D - t} \frac{1 - d/t}{1 - \dfrac{d/t}{Q}} \tag{7-13}$$

其中

$$Q=\sqrt{1+0.31\left(\frac{L}{\sqrt{Dt}}\right)^2} \qquad (7\text{-}14)$$

式中　P_{cap}——复杂形状缺陷中理想“贴片”形状缺陷的容量压力，N/mm^2；

D——管道公称外径；

t——未经腐蚀的管壁厚度；

Q——长度修正系数；

f_u——抗拉强度，也被称为抗拉标准强度或抗拉极限；

L——腐蚀区域的纵向长度。

该承载力公式表示有矩形腐蚀缺陷的管道的平均（最好）承载力估计。即平均来说，该公式能够表达管道的承载力，但当压力高于或低于预测值时，在一些缺陷的计算上也会失效。

由于简化的原因，一些对计算的影响和这些影响的组合未能详细表达。这些影响包括屈服应力与张力比值、D/t 比率和长度及深度效应等。例如，该公式会过高估计具有高屈服张力比率（高等级钢）的中等长度缺陷的失效压力，而会低估低屈服张力比率（低等级钢）的失效压力。

设立合适的安全系数可以保证该承载力公式的准确性，而且上述未能考虑的影响因素的影响也能考虑进去。式（7-13）中的系数 1.05 是矩形无缺陷金属试验室测试的对比结果。

如果该公式用于不规则或抛物线形状的缺陷，并且使用缺陷的最大深度和长度，则会低估失效压力，这是因为此时的缺陷尺寸不像承载力公式中使用的矩形那么大，将导致对非矩形缺陷的失效压力估计偏于保守。规则与不规则缺陷如图 7-17 所示。

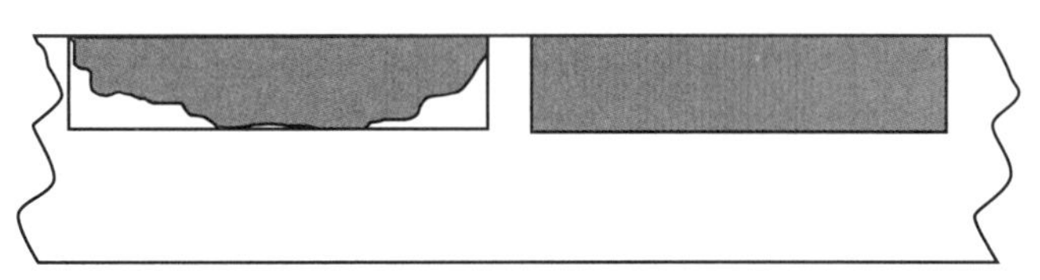

图 7-17　规则与不规则缺陷示意图

如果知道缺陷尺寸、管道规模和材料特性，就能准确地预测承载破坏的能力。然而，这些输入参数经常包含一些量的不确定性因素，因此在计算腐蚀管道可接受的操作工况压力时需要将这些因素考虑进去。

同时，管道需要很高的安全级别（可靠性），承载力公式和安全系数应该结合科研达到所需的目标。

例如，当评估缺陷时，通常只知道材料级别（SMTS、SMYS），而缺陷处的材料实际特性却难以获得。另外，缺陷尺寸的确定也有不确定性，与测量值相比，缺陷可能更深，也可能更浅，允许压力的评估中必须考虑到这种深度的不确定性，如图 7-18 所示。

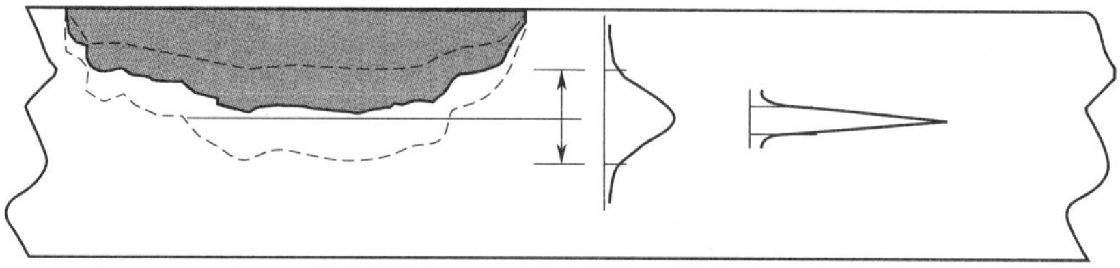

图 7-18 缺陷深度和尺寸测量准确性

测量的准确性和上述其他不确定性可以一起通过修正安全系数来考虑。虽然单个安全系数能提供较简单的计算，但是为了保证计算结果与有效的输入参数之间保持一致的可靠性，还需引入一些局部安全系数。如果单个安全系数能够覆盖输入参数的整个范围，取得的结果的可靠性将与输入参数有关。若选取的安全系数可以使所有工况满足最低可靠性要求，那么该准则对一些输入参数的组合会相当保守。

有限元分析结果、试验测试与材料性质的数据统计以及压力的变化和缺陷尺寸选择的不确定性等因素形成了可靠性准则校验的基础，因此安全系数的定义如下。

有腐蚀缺陷的管道的最大允许操作压力在有安全系数的情况下的计算公式为

$$P_{\text{corr}} = \gamma_{\text{m}} \frac{2t \cdot SMTS}{D-t} \frac{1-\gamma_{\text{d}}(d/t)^*}{1-\frac{\gamma_{\text{d}}(d/t)^*}{Q}} \tag{7-15}$$

其中

$$(d/t)^* = (d/t)_{\text{meas}} + \varepsilon_{\text{d}} \cdot StD[d/t] \tag{7-16}$$

式中 P_{corr}——复杂形状缺陷中理想“贴片”形状缺陷的容量压力，N/mm²；

γ_{m}——腐蚀纵向的局部安全系数；

γ_{d}——腐蚀深度的局部安全系数；

d——腐蚀区域的深度，mm；

$SMTS$——规定的最小拉伸强度，N/mm²；

$StD[x]$——随机变量 x 的标准差；

ε_{d}——定义腐蚀深度分形值的因子。

当评估腐蚀缺陷时，应当考虑缺陷维度测量和管道几何性质的不确定性，并考虑缺陷处的压力载荷，包括内压和外压。若不包含压力效应，则应采用保守的压力载荷。此时需要知道缺陷处压力参考高度和海拔。DNV 提供的规范计算所得压力 P_{corr} 涉及局部压力差，当决定 P_{mao}（MAOP）时，内外静压头都需要考虑。

该计算方法包括安全系数的计算。结合缺陷深度尺寸和材料属性相关的不确定性，给出腐蚀管道允许操作压力的概率修正计算方程。这些计算方法是基于 LRFD（载荷、抵抗系数设计）方法得出的。

管道设计一般基于安全 / 位置等级、液体种类和对每种失效模式可能的失效影响，并且划分为一定的安全等级，见表 7-7。

表 7-7　极限状态(ULS)的安全等级和目标年失效概率

安全等级	目标年失效概率
高	$<10^{-5}$
普通	$<10^{-4}$
低	$<10^{-3}$

海底油气管道通常不受人员活动的影响,划分为一般安全等级。立管和接近平台的管道或者受人员活动频繁影响区域的管道,划分为高安全等级。低安全等级管道一般为注水管道。

局部安全系数适用于:两种通用检测方法(一是基于相对测量,即漏磁探伤方法;二是基于绝对测量,即超声波检测);四个不同检测水平;三个不同可靠性水平。

处于纵向压应力和内压作用下的单个环向腐蚀缺陷的局部安全系数的参数 γ_{mc} 和 η 见表 7-8。

表 7-8　局部安全系数的参数值

安全等级	γ_{mc}	η
低	0.81	0.96
普通	0.76	0.87
高	0.71	0.77

处于纵向压应力和内压作用下的单个环向腐蚀缺陷的局部安全系数的修正并未考虑检测精度。

纵向应力使用系数 ξ 见表 7-9。

表 7-9　纵向应力使用系数 ξ

安全等级	ξ
低	0.90
普通	0.85
高	0.80

7.4.2　缺陷评估

独立的金属损伤缺陷按照单个缺陷进行评估,如图 7-19 所示。而毗连缺陷的相互作用会导致失效压力低于把独立的缺陷当成单个缺陷来处理时对应的失效压力。当毗连缺陷的相互作用发生时,单个缺陷方程不再有效。图 7-20 所示为毗连缺陷相互作用时的关键维度信息。

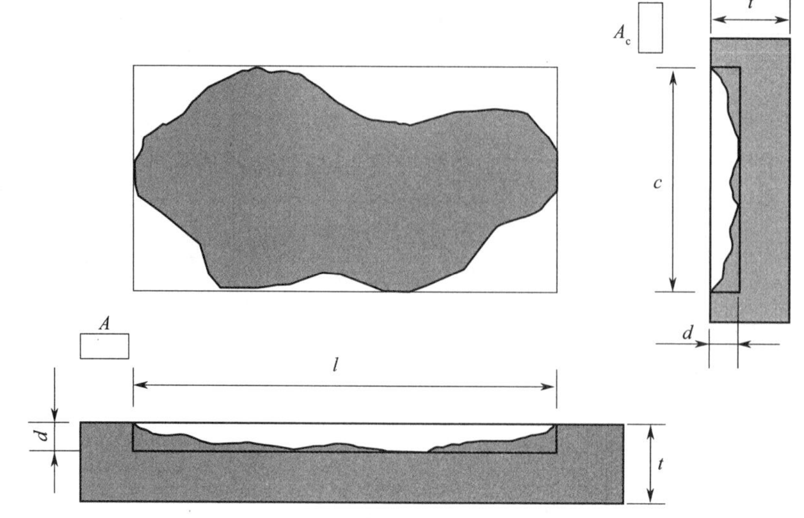

图 7-19 独立的金属损伤缺陷

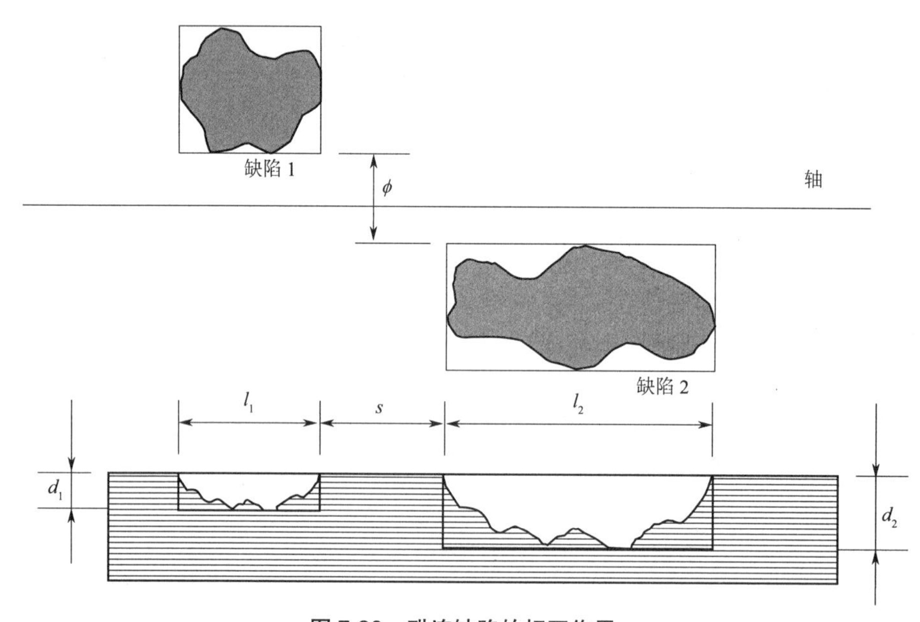

图 7-20 毗连缺陷的相互作用

若满足下列任一条件，则可将缺陷当作单个缺陷，而无须考虑相互作用。

（1）毗连缺陷的环向角度间隔 ϕ：

$$\phi > 360\sqrt{\frac{t}{D}}$$

（2）毗连缺陷的轴向间距 s：

$$s > 2\sqrt{Dt}$$

在内压作用下，单个金属损伤缺陷管道的允许压力表达式如下，缺陷宽度（环向延伸）超过该缺陷长度的维度情况还未验证该表达式：

$$P_{\text{corr}} = \gamma_{\text{m}} \frac{2tf_{\text{u}}}{D-t} \frac{1-\gamma_{\text{d}}(d/t)^{*}}{1-\dfrac{\gamma_{\text{d}}(d/t)^{*}}{Q}} \tag{7-17}$$

其中

$$Q = \sqrt{1+0.31\left(\frac{L}{\sqrt{Dt}}\right)^{2}}$$

$$(d/t)^{*} = (d/t)_{\text{meas}} + \varepsilon_{\text{d}} \cdot StD[d/t]$$

若 $\gamma_{\text{d}}(d/t)^{*} \geqslant 1$，则 $P_{\text{corr}} = 0$。应考虑静压头和压力参考高度。

式(7-17)可计算管道中测量获得的腐蚀缺陷的允许操作压力。也可更改方程形式，以计算特定允许压力下可接受的缺陷测量尺寸。

将特定操作压力 p_{oper} 设定为 p_{corr}，该方程可调整形式以计算缺陷最大允许测量深度：

$$(d/t)_{\text{meas,acc}} = \frac{1}{\gamma_{\text{d}}} \frac{1-p_{\text{oper}}/p_{0}}{1-\dfrac{p_{\text{oper}}/p_{0}}{Q}} - \varepsilon_{\text{d}} \cdot StD[d/t] \tag{7-18}$$

其中

$$p_{0} = \gamma_{\text{m}} \frac{2tf_{\text{u}}}{D-t}$$

对于最大可接受缺陷深度，$\gamma_{\text{d}}(d/t)^{*} \geqslant 1$，则 $p_{\text{corr}} = 0$ 的要求考虑了缺陷深度尺寸的确定性，也可表示为

$$(d/t)_{\text{meas,acc}} \leqslant 1/\gamma_{\text{d}} - \varepsilon_{\text{d}} StD[d/t]$$

若缺陷类型为短缺陷，且 Q=1，则表达式也可由上式确定。

DNV 规范对最大可接受缺陷深度有两个要求：

(1)缺陷测量深度不能超过壁厚的 85%，即剩余壁厚最小值需大于壁厚的 15%；

(2)在对应的可靠性水平下的缺陷测量深度加上不确定性不可超过由安全和位置等级确定的壁厚。

最大可接受缺陷深度取决于检测方法、尺寸和安全或位置等级，具体见表 7-10。

表 7-10　最大可接受缺陷深度

安全等级	检验方法	精度	置信水平	最大可接受缺陷深度
普通	MFL	±5%	80%	0.86t
普通	MFL	±10%	80%	0.70t
高	MFL	±10%	80%	0.68t
普通	MFL	±20%	80%	0.41t

注：缺陷测量深度不能超过壁厚的 85%。

若壁厚接近要求达到的最小剩余厚度，需要特别注意，例如 10 mm 厚的管道最小厚度仅有 1.5 mm，需要特别注意这些缺陷，包括检测方法的可靠性和后续可能的发展。

1. 纵向腐蚀缺陷，内压附加纵向压力计算

对于承受内压和纵向压应力的单个纵向腐蚀缺陷，其允许腐蚀管道压力可采用下述程序确定。

（1）确定腐蚀缺陷处在外部载荷（如瞬时轴向、弯曲和温度载荷）作用下的纵向应力，根据缺陷处的名义壁厚，计算缺陷的名义纵向弹性应力：

$$\sigma_{\mathrm{A}}=\frac{F_x}{\pi(D-t)t} \tag{7-19}$$

$$\sigma_{\mathrm{B}}=\frac{4F_y}{\pi(D-t)^2 t} \tag{7-20}$$

其中，纵向名义应力的合应力为

$$\sigma_{\mathrm{L}}=\sigma_{\mathrm{A}}+\sigma_{\mathrm{B}} \tag{7-21}$$

式中　F_x、F_y——外部施加的纵向力，N；

σ_{L}——由外部载荷引起的组合名义纵向应力，N/mm²。

（2）若纵向合应力是压力，则计算腐蚀管道的允许压力包括对纵向压应力影响的修正，即

$$p_{\mathrm{corr,comp}}=\gamma_{\mathrm{m}}\frac{2tf_{\mathrm{u}}}{D-t}\frac{1-\gamma_{\mathrm{d}}(d/t)^*}{1-\dfrac{\gamma_{\mathrm{d}}(d/t)^*}{Q}}H_1 \tag{7-22}$$

其中

$$H_1=\frac{1+\dfrac{\sigma_{\mathrm{L}}}{\xi f_{\mathrm{u}}}\dfrac{1}{A_{\mathrm{r}}}}{1-\dfrac{\gamma_{\mathrm{m}}}{2\xi A_{\mathrm{r}}}\dfrac{1-\gamma_{\mathrm{d}}(d/t)^*}{1-\dfrac{\gamma_{\mathrm{d}}(d/t)^*}{Q}}} \tag{7-23}$$

$$A_{\mathrm{r}}=1-\frac{d}{t}\theta \tag{7-24}$$

式中　H_1——考虑纵向压力的系数；

A_{r}——环向面积缩减系数；

θ——腐蚀区域圆周长度与管道公称外周长之比。

$p_{\mathrm{corr,comp}}$不可超过p_{corr}。

2. 环向腐蚀缺陷，内压和叠加的纵向压力计算

对于纵向长度不超过 1.5t 的全部环向腐蚀缺陷，单个环向腐蚀缺陷的允许腐蚀管道压力确定流程如下。

（1）确定腐蚀缺陷处在外部载荷（如瞬时轴向、弯曲和温度载荷）作用下的纵向应力，根据缺陷处的名义壁厚，计算缺陷的名义纵向弹性应力：

$$\sigma_{\mathrm{A}}=\frac{F_x}{\pi(D-t)t}$$

$$\sigma_{\mathrm{B}}=\frac{4F_y}{\pi(D-t)^2 t}$$

其中，纵向名义应力的合应力为

$$\sigma_{\mathrm{L}}=\sigma_{\mathrm{A}}+\sigma_{\mathrm{B}}$$

（2）若纵向合应力是压力，则计算腐蚀管道的允许压力包括对纵向压应力影响的修正，即

$$p_{\mathrm{corr,comp}}=\min\left[\gamma_{\mathrm{m}}\frac{2tf_{\mathrm{u}}}{D-t}\frac{1-\gamma_{\mathrm{d}}(d/t)^{*}}{1-\dfrac{\gamma_{\mathrm{d}}(d/t)^{*}}{Q}},\gamma_{\mathrm{mc}}\frac{2tf_{\mathrm{u}}}{D-t}\right] \tag{7-25}$$

式中　γ_{mc}——腐蚀环向的局部安全系数。

$p_{\mathrm{corr,comp}}$不可超过p_{corr}。

剩余的纵向壁应力不超过ηf_{y}，其为拉力或压力。纵向壁应力应当包含所有载荷效果，包括压强：

$$\left|\sigma_{\mathrm{L\text{-}nom}}\right|\leqslant\eta f_{\mathrm{y}}[1-(d/t)] \tag{7-26}$$

其中，$\sigma_{\mathrm{L\text{-}nom}}$是名义管壁的纵向应力。

3. 内压附加纵向压力的纵向腐蚀缺陷计算

对于承受内压和纵向压应力的单个纵向腐蚀缺陷，其允许腐蚀管道压力可采用下述程序确定。

（1）确定腐蚀缺陷处在外部载荷（如瞬时轴向、弯曲和温度载荷）作用下的纵向应力，根据缺陷处的名义壁厚，计算缺陷的名义纵向弹性应力：

$$\sigma_{\mathrm{A}}=\frac{F_{x}}{\pi(D-t)t}$$

$$\sigma_{\mathrm{B}}=\frac{4M_{y}}{\pi(D-t)^{2}t} \tag{7-27}$$

式中　F_{x}——外部作用力；

M_{y}——外部作用的弯矩。

纵向应力为

$$\sigma_{\mathrm{L}}=\sigma_{\mathrm{A}}+\sigma_{\mathrm{B}} \tag{7-28}$$

（2）若纵向合应力是压力，则计算腐蚀管道的允许压力包括对纵向压应力影响的修正，即

$$p_{\mathrm{corr,comp}}=\gamma_{\mathrm{m}}\frac{2tf_{\mathrm{u}}}{D-t}\frac{1-\gamma_{\mathrm{d}}(d/t)^{*}}{1-\dfrac{\gamma_{\mathrm{d}}(d/t)^{*}}{Q}}H_{1}$$

式中　$p_{\mathrm{corr,comp}}$——单一纵向缺陷管道在内压和附加纵向挤压应力作用下，腐蚀管道的允许压力；

f_{u}——拉伸强度；

Q——长度修正系数。

$$Q=\sqrt{1+0.31\left(\frac{L}{\sqrt{Dt}}\right)^2}$$

$$H_1=\frac{1+\dfrac{\sigma_L}{\xi f_u}\dfrac{1}{A_r}}{1-\dfrac{\gamma_m}{2\xi A_r}\dfrac{1-\gamma_d(d/t)^*}{1-\dfrac{\gamma_d(d/t)^*}{Q}}}$$

$$\theta=\frac{c}{\pi D}$$

$$A_r=1-\frac{d}{t}\theta$$

$$\left(\frac{d}{t}\right)^*=\left(\frac{d}{t}\right)_{meas}+\varepsilon_d Std\left[d/t\right]$$

第 8 章　海底管道完整性管理

8.1　概述

海底管道是海洋油气资源开发必不可少的基础设施，被誉为“海洋油气的生命线”，在海上油气田开发中发挥着关键作用。从 20 世纪 80 年代起至 2023 年，我国在渤海、东海及南海海域已建成 145 个油气田，海底管道铺设的总量超过 9 000 km。随着我国海洋油气资源开发力度不断加大，越来越多的海底管道投入使用。

然而，海底管道所处的环境复杂，长期暴露于恶劣的海洋环境中，承受着复杂的功能载荷、环境载荷及意外风险载荷（锚泊、拖网、碰撞等），再加之管道内部可能存在的腐蚀等原因，海底管道发生事故的概率较大。海底管道一旦失效，不仅维修与更换极其困难，而且影响正常生产运输，输送石油、天然气以及其他介质等的海底管道发生泄漏后更会污染海洋环境，给国家经济和国民生活造成巨大的损失。

自海底管道首次投入使用以来，世界各国几乎都发生过海底管道泄漏或破坏事故，对自然环境和能源资源造成巨大影响。2007 年，智利海底输油管道发生破裂，泄漏石油总量超过 2 000 桶，导致附近海域发生大面积石油污染，附近海洋鱼类和鸟类生存环境受到严重威胁。2012 年，我国东海海域平湖油田受到台风侵袭，导致海底输油管道发生断裂，引发大面积石油泄漏事故。英国石油管理局的统计数据显示，截至 2000 年，北海在役的钢制管道、柔性管道和管道附件发生事故共计 396 起，其中钢制管道发生事故 209 起。美国矿产管理局的统计数据显示，在 1967—1987 年，墨西哥湾海底管道发生失效事故共计 690 起，平均每年发生失效事故约 35 起。在 1986—2016 年，中国海油铺设海底管道 315 条，共发生事故 51 次，在渤海、东海和南海等全海域范围内均有发生，给人们的生产生活和海洋环境带来了严重的影响。1986—2016 年我国不同输送介质海底管道事故统计情况如图 8-1 所示。

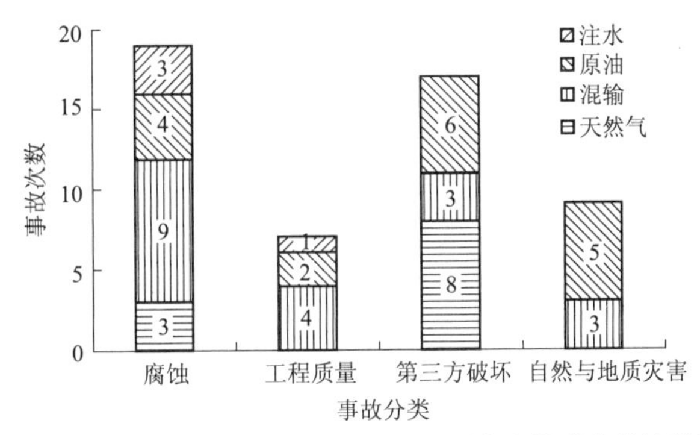

图 8-1　1986—2016 年我国不同输送介质海底管道事故统计情况

根据国内外研究人员对海底管道事故原因的研究，可以将海底管道事故原因归纳为以下几个方面。

1. 腐蚀

从查阅的资料可知，在很多情况下腐蚀是海底管道失效破坏的最主要原因，海底管道的腐蚀可分为管内腐蚀和管外腐蚀。管内腐蚀主要是由于管内输送油气中含有氧、水、二氧化碳、硫等杂质，这些杂质跟铁发生化学反应而使管道腐蚀。管外腐蚀主要是电化学腐蚀，在海水或海底土壤等电解质溶液中，管道阳极金属由于不断溶解而被腐蚀。除化学腐蚀和电化学腐蚀外，管道还可能受到大气腐蚀、微生物腐蚀、应力腐蚀、磨蚀等作用。腐蚀不仅会减小海底管道抵抗外力的截面面积，还会在管道内产生应力集中，降低管道的承载能力，严重时导致管道穿孔破坏。

2. 波流作用

波流引起的海底管道破坏包括波流直接作用在海底管道上引起的管道强度或疲劳破坏和波流冲刷海底管道下部或端部支撑处海床使管道发生的失稳破坏两种形式，这两种破坏形式在很多情况下都是同时发生的。对于埋设在砂质或软质海床中的海底管道，当埋深不足时，在波流反复冲刷作用下会逐渐暴露出海底而呈悬跨状态。海流流经悬跨管道时会在管道后部周期性地释放旋涡，使管道发生涡激振动。当管道涡激振动产生的应力超过管道疲劳强度极限时，如果管道涡激振动不能被及时消除或减弱，管道最终将发生疲劳破坏。特别是当旋涡释放频率接近悬跨管道自振频率时，管道将发生锁频共振，此时管道振幅非常大，管道可在很短的时间里发生破坏。管道对接焊缝处常常因为存在裂纹等初始缺陷而成为管道发生疲劳破坏的危险点。

3. 机械损伤/第三方活动

当裸露出海床的海底管道位于渔业活动区、航道区或海上工程施工区时，经常会因渔网拖挂、船锚撞击和拖挂、船上坠落物撞击等作用而发生破坏。另外，位于平台上的海底管道立管及平台附近的海底管道，受到船舶和平台上坠落物撞击的危险性也非常大。外物撞击会造成管道一定程度的损伤，损伤处常常产生严重的应力集中，降低海底管道抗力，如果撞击作用比较严重，有可能直接造成管道断裂。当海底管道受到渔网和船锚拖挂作用时，管道将不断被拖离初始位置，最终发生断裂破坏。

4. 海床运动

海底管道因海床运动而发生破坏实际上是海床、管道、外力三者相互作用的结果。砂质海床在波流冲刷作用下会发生淘蚀，粉砂或细砂质海床在风暴潮和地震作用下容易发生液化，淤泥质海床存在很大的流变性，当海底管道铺设在这些性质不稳定的海床上时很可能由于海床塌陷、滑动、冲蚀而发生变形或强度破坏。

5. 管材和焊缝缺陷

管道的材料缺陷是指管材在制造过程中产生的质量问题，它既可能是在管材内部存在的偏析、气泡、夹杂物等缺陷，也可能是管材表面的裂纹、划痕等缺陷。焊缝缺陷是指管道在制造和施工过程中焊接质量不过关，存在裂纹、气孔、夹渣等缺陷。在外力作用下，管道的材料缺陷和焊缝缺陷处很容易产生应力集中，因此，它们常常成为管道疲劳和强度破坏的危险源。

6. 设备附件失效

海底管道上的阀门、法兰、机械连接器、卡子、接头、垫片等附件可能由于老化、腐蚀或其他原因而失效，导致海底管道发生泄漏或无法正常控制。

7. 人员失误

人员失误包括设计失误和操作失误。与前面介绍的几种事故原因不同，人员失误是人为因素造成的管道破坏，相对于其他几种原因来说也是最容易避免的。

在很多情况下，海底管道事故是以上多种原因共同作用的结果，其主要破坏原因与海底管道运行时间和运行环境密切相关。对于已经服役很长时间的海底管道，腐蚀和管道上的设备器件老化很可能是海底管道破坏的主要原因；对于铺设在砂质海床上的海底管道，波流冲刷或海床运动可能是其破坏的主要原因；而铺设在渔业活动区内的海底管道受到渔网拖挂和船锚撞击破坏的可能性更大一些。

8.1.1　管道完整性管理

随着管道工程的迅速发展及大量管道的逐渐老化，管道安全管理的重要性日益突出，建立一套海底管道完整性管理（Pipeline Integrity Management，PIM）体系，保障海底管道的安全运行，已成为当下一个重要的研究课题。其中，海底管道完整性是指海底管道始终处于完全可靠的服役状态。其内涵包括三个方面：一是海底管道在物理性能和设计功能上是完整的；二是管道本身的状态处于受控状态，管道运营商了解管道的运行状况；三是管道运营商能够持续采取措施防止海底管道失效事故发生。海底管道完整性管理指管道运营商根据不断变化的影响海底管道安全运行的因素，对海底管道运行中面临的风险因素进行识别和技术评价，制定相应的风险控制对策，不断改善识别到的不利影响因素，从而将海底管道的运行风险水平控制在合理的、可接受的范围内，即建立通过检测、监测、检验等各种方式，获取与专业管理相结合的海底管道完整性的信息数据库，对可能使管道失效的主要威胁因素进行检测、检验，据此对管道的适应性进行评估，最终达到持续改进、减少和预防海底管道事故发生，经济合理地保证海底管道安全运行的目的。

海底管道完整性管理作为一种科学管理理念，区别于隐患整治、事故改进等传统被动式管道管理，涵盖管道全生命周期并以防范外部风险和提高本体安全为核心，可以作为管道管理者加强油气管道保护的重要抓手和切入点，对于减少事故发生、经济合理地保障管道安全运行具有重要意义。国外发达国家对油气管道的安全评价及完整性管理给予很高的重视，在基础研究、评价方法研究、标准规范研究等方面做了大量开创性工作，并形成了一批有影响的规范、标准和评价方法。

8.1.2　管道完整性相关规范

美国有关管道完整性的相关研究始于 20 世纪 70 年代，至 90 年代初期，美国的许多油气管道就已经基于安全评价与风险管理来指导管道的维护工作。2001 年，美国石油协会

(API)和机械工程师协会(ASME)基于结构完整性概念,首次提出了管道系统完整性管理的理念,并制定了《危险液体管道完整性管理系统》(API 1160,*Managing System Integrity for Hazardous Liquid Pipeline*)和《天然气管道系统完整性管理》(ASME B31.8S,*Managing System Integrity of Gas Pipelines*)等规范,分别针对气体输送管道和有害液体管道系统的完整性管理的过程和实施要求做了规定。2002 年,美国颁布《管道安全改进法》(*Pipeline Safety Improvement Act of* 2002),建立了一套较为全面的管道完整性管理标准法规体系。

加拿大从 20 世纪 90 年代初开始油气管道风险评价和风险管理技术方面的研究工作。1993 年,在加拿大召开的管道寿命专题研讨会上,与会人员就“开发管道风险评价准则、开发管道数据库、建立可接受的风险水平、开发风险评价工具包和开展风险评价教育”等研究课题达成共识。1994 年,成立能源管道风险评价指导委员会,并明确该指导委员会的工作目标是促进风险评价和风险管理技术应用于加拿大管道运输工业。

挪威船级社制定的海底管道标准和规范被世界范围内的海洋油气公司采纳,例如针对海底管道系统的专门规范 DNV-OS-F101。此外,该机构针对管道风险分析和完整性管理的各个方面已经研发出了多款软件,这些软件早已商业化,服务对象遍布全球,为其客户带来巨大的利润。如挪威船级社研发的“ORBIT+ Pipeline”软件是一款功能强大的管道完整性管理软件,已经在多年的使用过程中不断地被更新完善。

目前,国外管道完整性管理相关标准、规范主要包括:

(1)《海底管道系统》(DNV-OS-F101,*Submarine Pipeline Systems*);

(2)《腐蚀管道》(DNV-RP-F101,*Corroded Pipelines*);

(3)《涂层修复》(DNV-RP-F102,*Coating Repair*);

(4)《管道阴极保护》(DNV-RP-F103,*Cathodic Protection*);

(5)《自由悬跨管道》(DNV-RP-F105,*Free Spanning Pipelines*);

(6)《管道保护的风险评估》(DNV-RP-F107,*Risk Assessment of Pipeline Protection*);

(7)《海底稳性》(DNV-RP-F109,*On-Bottom Stability*);

(8)《海底管道总弯曲》(DNV-RP-F110,*Global Buckling of Submarine Pipelines*);

(9)《管道海底维修》(DNV-RP-F113,*Pipeline Subsea Repair*);

(10)《隔水管完整性管理》(DNV-RP-F206,*Riser Integrity Management*);

(11)《海事运营中的风险管理》(DNV-RP-H101,*Risk Management in Marine - and Subsea Operations*);

(12)《压力测试液体输送》(API 1110,*Pressure Testing Liquid Pipelines*);

(13)《危险液体管道系统完整性管理》(API 1160,*Managing System Integrity for Hazardous Liquid Pipelines*);

(14)《设计、建造、运营和维护近海管道(极限状态设计)》(API RP 1111,*Design, Construction, Operation and Maintenance of Offshore Hydrocarbon Pipelines(Limit State Design)*);

(15)《管道在线检查系统质量标准》(API 1163,*In-Line Inspection System Qualification Standard*);

（16）《烃类及其他液体的管道运输系统》（ASME B31.4，*Pipeline Transportation Systems for Liquid Hydrocarbons and Other Liquids*）；

（17）《天然气输送设备系统》（ASME B31.8，*Gas Transmission and Distribution Piping Systems*）；

（18）《天然气管道系统完整性管理》（ASME B31.8S，*Managing System Integrity of Gas Pipelines*）；

（19）《被腐蚀管道的剩余强度评估方法》（ASME B31.G，*Method for Determining the Remaining Strength of Corroded Pipelines*）；

（20）《管道在线检查人员的资格认定》（ASNT ILI-PQ，*In-Line Inspection Personnel Qualification & Certification*）；

（21）《金属结构可续破损的评估方法指导》（BS-7910，*Guide on Methods for Assessing the Acceptability of Flaws in Metallic Structures*）；

（22）《阴极保护测量技术》（EN 13509，*Cathodic Protection Measurement Techniques*）；

（23）《石油和天然气工业管道运输系统》（ISO 13623，*Petroleum and Natural Gas Industries-Pipeline Transportation Systems*）；

（24）《石油、石化和天然气工业　设备可靠性和维护数据的采集和交换》（ISO 14224，*Petroleum, Petrochemical and Natural Gas Industries Collection and Exchange of Reliability and Maintenance Data for Equipment*）；

（25）《石油和天然气工业——管道运输系统在极限条件下的可靠性》（ISO 16708，*Petroleum and Natural Gas Industries – Pipeline Transportation Systems Reliability-based Limit State Methods*）；

（26）《石油和天然气工业——近海生产设备　有害物质鉴别和风险评估设备和技术指南》（ISO 17776，*Petroleum and Natural Gas Industries – Offshore Production Installations – Guidelines on Tools and Techniques for Hazard Identification and Risk Assessment*）；

（27）《建议标准规范——管道在线检测》（NACE RP 0102，*Standard Recommended Practice, In-Line Inspection of Pipelines*）。

我国管道的安全评价与完整性管理始于 1998 年，主要应用于输油管道，有关海底管道完整性管理的法规或规范还不完善。我国关于完整性管理的标准、法规并未形成体系，目前主要是消化、吸收国际上的先进经验和做法，并结合国内管道运营的实际提出相应的管理措施和规范，形成管道完整性管理标准体系，相关的主要标准、法规列举如下：

（1）《工业金属管道设计规范》（GB 50316—2000）；

（2）《输气管道工程设计规范》（GB 50251—2015）；

（3）《输油管道工程设计规范》（GB 50253—2014）；

（4）《焊缝无损检测　超声检测　技术、检测等级和评定》（GB/T 11345—2013）；

（5）《城镇燃气埋地钢质管道腐蚀控制技术规程》（CJJ 95—2003）；

（6）《含缺陷油气管道剩余强度评价方法》（SY/T 6477—2017）；

(7)《钢质管道金属损失缺陷评价方法》(SY/T 6151—2022);

(8)《油气管道内检测技术规范》(SY/T 6597—2018);

(9)《管道检验规范 在用管道系统检验、修理、改造和再定级》(SY/T 6553—2003);

(10)《石油天然气管道安全规程》(SY/T 6186—2020);

(11)《钢质管道及储罐腐蚀与防护调查方法标准》(SY/T 87—1995);

(12)《天然气管道运行规范》(SY/T 5922—2012);

(13)《输送石油天然气及高挥发性液体钢质管道压力试验》(GB/T 16805—2017);

(14)《钢制管道内检测执行技术规范》(Q/SY JS0054—2005);

(15)《钢制管道缺陷安全评价规范》(Q/SY JS0055—2005)。

8.1.3 海底管道完整性管理过程

目前,国际上大部分油气管道运营商通过自主研究、合作开发等方式建立了自己的海底管道完整性管理体系,应用较为成熟的海底管道完整性管理的流程如图 8-2 所示。海底管道完整性管理包括数据采集与分析、海底管道检测、海底管道完整性评价、维修与维护和效能评价五个环节,并形成闭环系统。其中,每个环节都需要五个层次的支持与应用,其主要内容及相互关系见表 8-1。

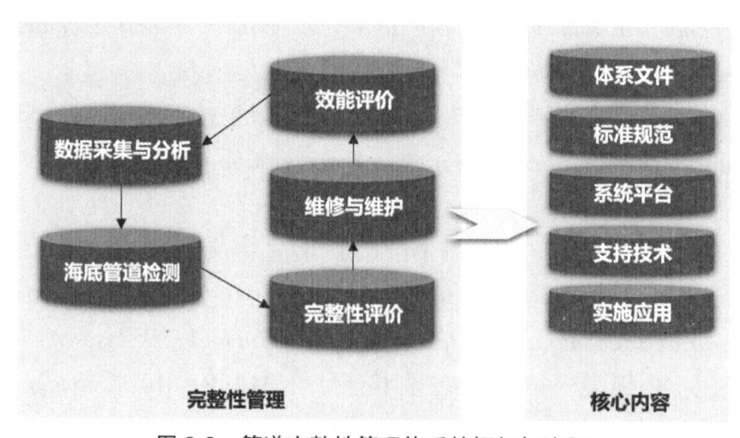

图 8-2 管道完整性管理体系的框架与流程

表 8-1 海底管道完整性管理的主要内容及相互关系

环节	体系文件	标准规范	系统平台	支持技术	实施应用
数据采集与分析	数据采集与整合程序、地图数字化与资料数字化作业文件、管道属性采集作业文件	《管道完整性数据采集规则》《管道完整性数据库结构》	数据录入、查询、更新与维护系统	管道属性调查技术、管道测量技术	资料数字化,采集、更新与维护管道数据
海底管道检测	完整性检测与监测程序,管道内检测、直接检测、间接检测与试压作业规程	《管道内检测标准》《基于风险的检测》《防腐层导电性检测法》《外腐蚀检测法》	水下机器人、漏磁检测器、智能清管器等	检测信号识别技术、应变应力监测技术、智能清管技术	根据检测结果开展评价

续表

环节	体系文件	标准规范	系统平台	支持技术	实施应用
完整性评价	风险评价、完整性评价程序与作业规程	《输气管道完整性管理》《危险液体管道完整性管理》《ASME B31.G 腐蚀管道剩余强度手册》	完整性评价软件	失效分析技术、风险评价技术、完整性评价技术	依据评价结果制定维修方案
维修与维护	管道修复、风险控制和群众警示程序与作业规程	《管道检验规范》《管道修理施工手册》	水下机器人、运维船舶等	缺陷维修技术	有针对性地开展维修,防止管道失效
效能评价	效能分析系统	效能评价程序与作业规程	效能评价规则	效能评价技术	发现并完善完整性管理的不足,积累经验

8.2　海底管道数字化管理

对于一项庞大的海底管道工程,其设计、施工与运营等阶段都会产生大量的数据,采用传统纸质记录的管道管理方式远远满足不了当今海底管道管理的需要。因此,海底管道数字化管理是管道工业发展的必然趋势。

海底管道数字化管理是对管道本身的属性、沿线相关环境要素的数字化。从广义上讲,海底管道数字化管理是以信息数字设施为基础,以空间化、网络化、智能化和可视化等多种类的空间基础激励信息为框架,充分利用计算机数据库管理技术、国际互联网络管理技术、现代办公网络、虚拟现实技术等,将施工过程中的各种数据资料在三维地理坐标上有机整合,为将来管道的运营和管理提供真实可靠的技术数据支持,达到信息化动态管理的目的。

海底管道完整性数据管理可以分以下四个阶段进行。

第一阶段,由于不同环节对数据的需求存在差异,故应针对高后果区分析、安全检测及完整性评价的数据需求制定数据采集规划,对所采集数据进行整合归类。例如,将原本分散在各部门各二级单位的资料进行完全收集、校对、统一,把所有来源的完整性数据集成在一起。通过配套系统实现配置海图管理、管道管理、海况水文管理、维护管理、抢修数据、资产管理等功能,以满足管道运营商各专业各部门人员的需要。

第二阶段,根据所选的海底管道数据模型建立管道数据库并存储,保持海底管道数据间的关联关系。海底管道完整性数据库包括运行历史资料、管道空间数据、海洋环境载荷数据、管道结构参数、检测数据、维修记录数据等,用户可以通过在空间环境内集成数据实现预先研究。例如,在链接到管道水下扫描等背景信息后,外部悬空显示表达为具体形状,集成数据和在海图地理空间内显示数据的功能为用户提供了非常实用的图形平台。

第三阶段,利用所存储的数据开展海底管道高后果区评价、剩余强度评价、剩余寿命预测与可靠度计算等数据分析。用户可以看到管道沿线的所有数据以及这些数据之间的相互作用,各专业人员可以考察相互关系而避免顾此失彼。另外,用户还可以通过绘制与外部单位之间相互作用的数据界面来获取各类完整性数据。

第四阶段，利用计算机网络将海底管道完整性评价结果、维修决策等信息发布并共享，同时链接到报表生成系统形成一套强大的数据获取、规划和策略制定工具，还可以实现众多数据、结论的输出功能。

管道完整性管理涉及管道属性数据、过程数据、环境数据等海量数据，有必要借助计算机科学、地理信息科学等方法对管道进行科学有效的管理和维护。根据长输管道的特点，管道完整性管理要处理的大量数据中最常见的是空间数据，因而最佳的方法是利用地理信息系统（GIS）作为平台进行完整性管理。目前，国际上成熟的管道模型主要有管道开放数据标准（PODS）、集成空间分析技术（ISAT）以及 ArcGIS 管道数据模型（AP-DM）。其中，PODS 的应用最为广泛，PODS 是一个与 GIS 平台无关的数据模型，可以参考 PODS 建立基于 GIS 的管道完整性数据库，它是专门针对油气长输管道行业而设计的关系数据库模型，由美国天然气研究中心组织开发，并在 ISAT 数据模型的基础上做了进一步扩展，以满足管道完整性管理的需求。PODS 使用中心线模型定义长输管道的位置，记录了中心线的三维空间坐标，是管道在 GIS 平台上定位的关键元素。PODS 使用层级关系来管理长输管道，定义了管道（Line）、线路（Route）、站列（Series）三个模型。管道表示整个长输管道，线路表示根据管理需要而设置的一段管道，站列表示两个站场之间的管道。通常一个管道由几个线路组成，一个线路由几个站列组成。PODS 定义了管道本体（包括钢管、焊口、套管、弯头、补口等）模型、管道设备（包括仪表、阀门、执行机构等）模型、站场模型、阴极保护模型、管道泄漏及维修模型、管道安全压力模型、管道操作压力模型、管道周边设施（包括建筑物、其他管道、铁路、公路、河流等）模型、风险评估模型、外部文档模型等。另外，PODS 还允许各管道公司根据自身的业务需求修改模型中已有的要素。管道各种要素以数据表格的形式存储，表格间通过主、外键的方式建立关系。施工信息管理系统主要将管道本体、管道设备、阴极保护、外部文档等施工过程中产生的相关数据入库。

基于 PODS 或数字模型，在计算机硬件、软件系统的支持下，利用 GIS 技术对空间中的有关地理分布的数据进行采集、运算、储存与显示，收集和存储海底管道的结构参数数据、空间数据及检测监测等信息，将管道地理信息与管道属性信息相结合，逐步形成具有分析、评价与决策功能的管道完整性管理平台。基于 PODS 构建的典型海底管道完整性数字化管理体系示意图如图 8-3 所示，共包括 85 张数据表，被划分成 14 个部分（以不同的颜色区分），包括地理信息、中心线、设备、内检测、外检测、泄漏、应急支持、环境、运行、阴极保护、隐患、日常管理、风险分析和平面图等 14 类数据。

（1）地理信息类数据包括的数据表有 GPS 点、GPS 参数、坐标、界标、坐标源、坐标系统、概况、管道中心线、管道中心线位置参考。

（2）中心线类数据包括的数据表有工程阶段、里程点、管道站列、管道。根据海底管道在各个工程阶段有不同的管道中心线，对该类数据进行了对比，数据涵盖设计中心线、施工过程中的管道中心线和最终竣工后的管道中心线。

（3）设备类数据包括的数据表有管段、焊缝、外涂层、内涂层、配重层、材料数据、工艺数据、原油属性、管道焊接信息、补口材料与扰流板安装、焊缝记录。该类数据除管理海底管道的设备外，还对管道和设备相关的特征要素数据进行关联管理。

（4）内检测类数据包括的数据表有内检测、缺陷、检测联系人、检测管段长度、检测范围、检测数据、腐蚀检测器和变形检测器。

（5）外检测类数据包括的数据表有检测周期、外检测、检测环境、检测涂层数据、机械损伤、管道海底状态、焊缝检测、磁粉检测、射线检测、超声波检测。

（6）泄漏类数据包括的数据表有泄漏勘察、泄漏勘察数据。

（7）应急支持类数据包括的数据表有记录、上报、外部文档、联系人、应急设备、应急单位、污水接收设备、回收船、工作船、应急演练。

（8）环境类数据包括的数据表有土壤、海洋、海流、潮位、潮流、波浪、风、风暴潮、雨、雾、雪、雷、冻土、悬砂、地震、沿路由水深、沉船落锚等。

（9）运行类数据包括的数据表有温度计量、流量计量、压力计量、管道运行历史。

（10）阴极保护类数据包括的数据表有阳极块。

（11）隐患类数据包括的数据表有管道损坏、悬跨、第三方破坏基本事件。

（12）日常管理类数据包括的数据表有管道巡线、出海巡线人员、巡线气象、管道维修。

（13）风险分析类数据包括的数据表有第三方破坏失效后果、综合风险。

（14）平面图类数据包括的数据表有平面图和平面图参考。该类数据将海底管道中心线、管道涂层、配重层、阳极块、泄漏、管道维修、内外腐蚀、悬跨、落锚、沉船及第三方破坏的数据在平面图上根据管道里程对照展示分析，让用户通过这种综合的数据管理和展示方式，更直观地了解管道的风险。

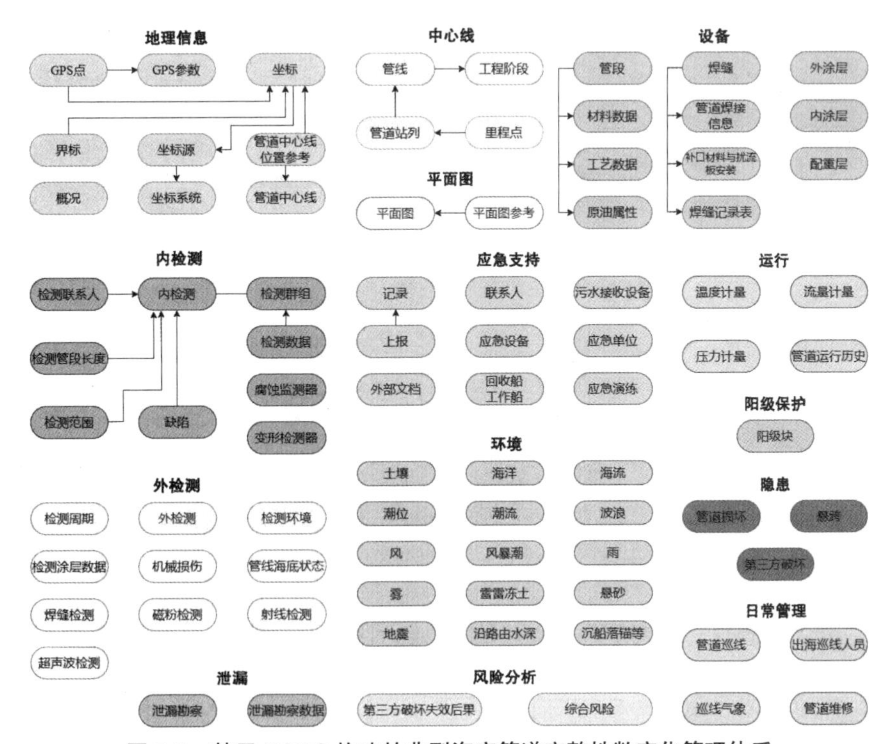

图 8-3　基于 PODS 构建的典型海底管道完整性数字化管理体系

在海底管道完整性管理工作开展过程中，建立符合海底管道实际业务需求的海底管道完整性数据模型，可为海底管道提供一个全面和强大的海底管道数据库架构，从而满足海底管道完整性数字化管理的信息和技术要求。

基于完整性管理和PODS的海底管道完整性数字化管理框架如图8-4所示。该框架自下而上可分为数据层、逻辑层与应用层三个层次。

（1）数据层主要是收集海底管道的属性信息、地理信息、环境信息、检测信息、运营信息和完整性管理信息，利用数据库技术建立海底管道数据库，设计服务于目标系统的海底管道数据模型。

（2）逻辑层主要是开展软件需求分析与总体设计，确定软件开发平台，结合数据模型，构建海底管道完整性数据库信息提取模型和完整性评价专业应用模型。

（3）应用层采用模块化方式开发各子系统，包括海底管道信息管理系统、检测监测系统、完整性评价系统、事故应急救援系统、维修维护信息系统和效能评价系统等。

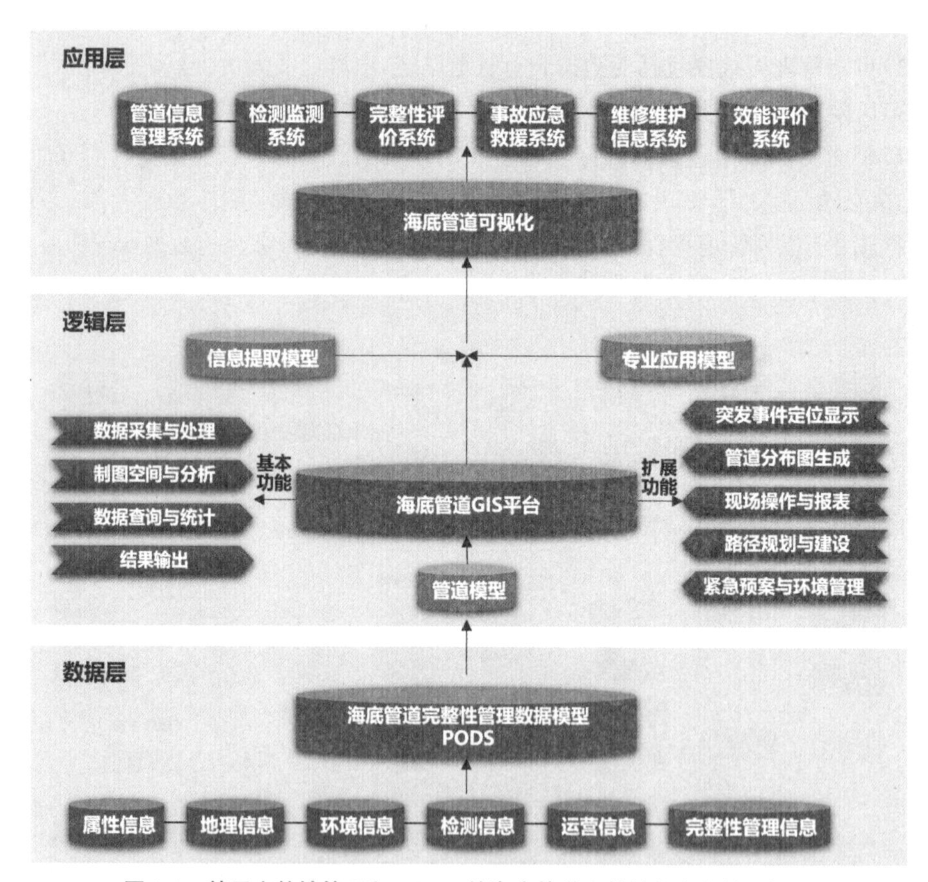

图8-4　基于完整性管理和PODS的海底管道完整性数字化管理框架

在海底管道完整性数字化管理框架中，通过数字化技术的运用，可以实现数据采集与处理、数据可视化、数据分级分类查询、突发事件定位显示、现场操作与报表、路径规划与建设、紧急预案与环境管理等功能。结合后面将介绍的风险评估技术，还可对选定管段进行防范效果计算，显示风险随时间的变化以及检测与维修、防范等措施的相对效果，从而协助管理人员进行决策。

8.3　海底管道的日常防护

在海底管道的运营阶段，通过对海底管道的正确使用、及时维护和科学管理来延长海底管道的使用寿命是油气田进行现场海底管道管理的工作重心。

1. 首次投用时

海底管道首次投产前需做好各项准备工作，包括流程完整性检查、容器开盖检查、系统吹扫、水压试验、气密性试验、水循环流程确认、应急关断系统确认、系统惰化、海管通球清管、海管预热、海管应急置换方案准备、海管再启动方案准备等。油井开井前需进行油井排液、油井测静压、开井顺序确定、导通流程确认、化学药剂系统和开闭排系统准备。接开井指令后，按油井开启计划缓慢开井生产。海管首次投用后，密切关注海管生产参数，守护拖轮沿海管路径巡回检查海面情况，防止海管发生泄漏。海管投用初期，由于油气井返排的钻井液、完井液较多，需密切关注海管下岸与上岸的压差，加密通球清管，防止砂类固体杂质在海管内沉积。

2. 正常运行阶段

海管正常运行阶段需要对压力、温度、流量等各项生产参数进行监控与调整，定期采集对油气水输送量、温度、压力、含砂率、含水率、硫化氢含量、硫酸盐还原菌含量等数据，并进行输送介质组分分析，根据生产实际情况调整化学药剂和注入浓度。当输送介质成分或操作条件发生变化时，需加强监测，及时调整缓蚀剂的种类和用量。定期进行通球清管作业，清除管道中引起腐蚀的碎屑，排除管道低洼处可能引起腐蚀的积液，达到减缓管道腐蚀的目的，并提高管道输送效率，也可为管道的内检测通球做准备。常用的清管球有聚氨酯光体泡沫球、带钢丝刷的聚氨酯泡沫球和直板球。根据从海底管道清理出的泥沙量确定是否加密通球清管，必要时采用智能清管器进行海底管道内检测。定期对采集的数据进行整合分析，制定减缓腐蚀的维护措施。

3. 停输及停输再启动

对于长期停用闲置的海管，首先要进行全程清管通球，清除管道内的污垢和砂石，然后向海管中充入惰化气体或加注化学缓释剂。对于短时间停输的海底管道，停产后要根据油品性质、海管长度、允许最大停输时间等确定扫线时间，防止原油在海底管道内凝结而堵塞管道。海底管道再启动时，根据海管的材质、油品的性质确定预热海水的温度梯度和热海水水头的量及预热时间。应根据海底管道两端的压力、温度及各油井产液量情况逐步依次进行油井投产，先启动高含水井，后启动低含水井。

8.4　海底管道检测与监测技术

海底管道的状态检测和监测是收集系统运行数据和其他状态参数的主要措施，为海底管道安全管理决策提供基础资料，是海底管道完整性管理中的一个重要部分。通常，海底管道的检测是指定期对结构系统物理状态进行巡检；而监测是指长期观测记录管道的实时状态，与管道的生产运行、监控管理结合起来。出于技术和经济方面的原因，各种检测与监测技术都不能全面了解结构状态，必须将多种方法和手段结合起来，才能更全面地感知结构的真实状态。除此之外，还需要定期开展完整性测试，具体测试项目包括系统压力测试和安全设备（包括压力控制设备、超压保护装置、紧急关闭系统、自动应急阀门）测试等。

8.4.1 检测技术

海底管道检测技术可以大体分为内检测与外检测两大类。其中，内检测一般是指在清管器的基础上安装不同的检测设备，在清管器通过管道时收集沿线数据，获取管道壁厚、裂纹、椭圆度、腐蚀损伤等信息，为管道的安全评估提供基础资料。清管器可以随管内流动介质沿管道移动，也可以由动力设备驱动；其可以是自动独立的，也可以通过信号和电力传输在管外进行操控。然而，实施管道内检测的前提是被检测管道具备一定的检测条件，但国内外都存在大量不具备内检测条件的老旧管道，只能采用其他检测方法进行检测。

外检测则通常由潜水员、水面船只、水下遥控机器人（Remotely Operated Vehicles，ROV）或水下自主航行器（Autonomous Underwater Vehicles，AUV）携带不同检测设备，检测管道的防腐层情况、管道的机械损伤及缺陷、管道的阴阳极保护情况、管道有无悬空段、管道位置有无大的位移等，可在不影响生产的情况下进行。其中，人工潜水检测受潜水员下潜深度、视线及下潜耐久性的限制，主要用于较浅海域且在水质较为清晰情况下的非掩埋海底管道探查检测，或海洋平台附近等局部区域的管道检测。水面船只可以携带声呐探测设备沿线测绘海底地形和管道裸露、位移、悬跨情况。基于 ROV/AUV 的海底管道检测是由检测船将 ROV/AUV 释放到海底，操作人员通过电缆对其进行远程控制操作，通过 ROV/AUV 搭载相应检测设备来完成对海底管道及其周围环境的检测。检测过程中获取的大量检测数据通过电缆同步传送给检测船进行处理，同步显示检测结果。ROV/AUV 检测方法不受下潜深度的影响，但存在以下不足：①其搭载的光学检测装置受限于水下视线，严重影响检测效率；②由于 ROV/AUV 通过电缆与检测船连接，其操作环境极易受到波浪以及水下洋流的影响；③由于需要为搭载的检测设备提供足够的电力，从而直接影响到 ROV/AUV 检测的续航能力。

无论是内检测还是外检测，都存在检测成本过高的问题，难以频繁开展。根据国内外相关规范，新建管道必须在一年内进行检测，在运营期内的检测周期视管道安全状态而定，通常外检测三年一次，内检测一年一次。经过几十年的发展，很多现代化的管道内外检测技术得到了广泛应用，下面对这些检测方法进行介绍。

1. 漏磁检测

漏磁检测是应用最为广泛的海底管道内检测方法，其原理是铁磁材料被磁化后，如果表面和近表面存在缺陷，会在材料表面形成漏磁场，故通过检测漏磁场就可以发现缺陷。漏磁检测设备一般配有大型磁轭，用于磁化管壁及形成磁路，并随着清管器沿管道进行检测，其结构如图 8-5 所示。

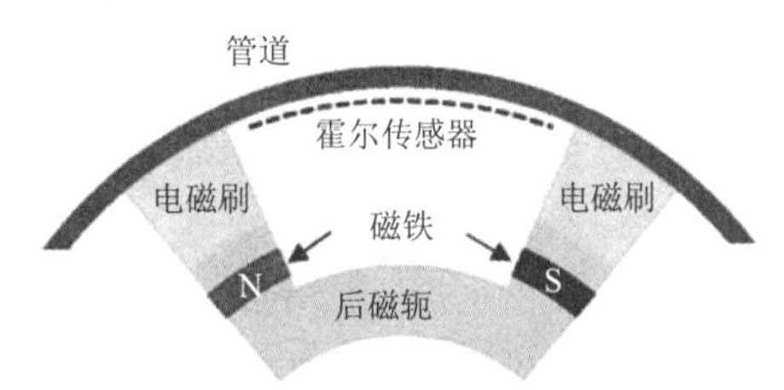

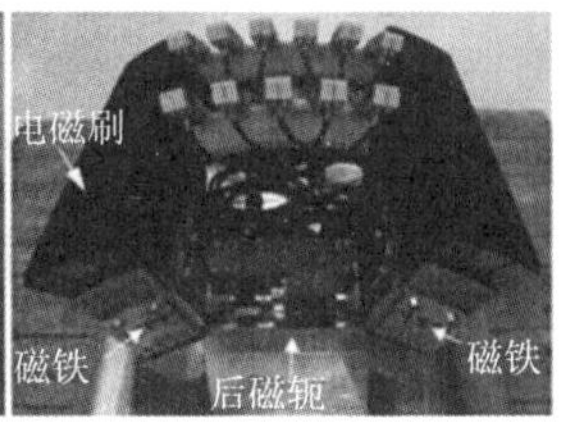

图 8-5　安装在清管器内的典型漏磁检测设备结构图

漏磁检测过程中需要磁化管壁，目前有三种不同的磁化方法，分别为交流电磁化、直流电磁化、永磁体磁化。交流电磁化技术利用外部电路中的交流电在管道表面产生振荡磁场。由于其振荡性质，将产生与磁场相反的涡流。趋肤效应将磁场限制在较小的区域，也防止磁场更深地渗透到管壁中。同时，基于交流电磁化的设备目前市面上比较常见，具有低成本、易控制的特点，但表面穿透率低，导致交流电磁化主要用于表面和近表面检查。直流电磁化技术利用直流电产生单向磁场，该磁场可以穿透管道表面 10 mm 以上，但残余磁场可能干扰其他电子部件或某些焊接过程，因此在使用直流电磁化后，可能需要对管壁进行消磁。消磁可以通过将螺线管缠绕在管道的一部分并施加交流电流来实现。螺线管中的交流电流使管道的磁场随机化，从而有效地使管道消磁。永磁体磁化技术是最常用的管壁磁化方法。永磁体产生的磁场的穿透与直流电磁场的穿透相似。稀土磁体能量密度高，且不需要提供电力，可以使设备小型化，在漏磁检测中应用非常广泛。

虽然漏磁探测结果可以表明管壁中异常的存在，但是仍需要对漏磁检测信号进行深入分析，才能进一步判断异常的类别和程度。自 20 世纪 60 年代以来，磁偶极子模型一直是分析缺陷大小的主要方法。在磁偶极子模型中，管壁内感应的磁场与外部磁场平行排列。然而，当场线接近缺陷时，会在垂直于场线的面上形成不成对的磁极，磁场在该处从表面逸出，从而可以通过传感器检测相应的磁通量。长期以来，将漏磁检测设备测量磁通量的振幅作为裂纹深度或严重程度的指标，然而该模型的预测效果也随着缺陷的复杂程度提升而有所下降。因此，多年来人们一直在研究和完善该模型，以便对各种复杂缺陷的几何形状进行精细的识别。目前，研究表明，使用较弱的磁场或磁屏蔽来减少背景噪声，有助于提高识别精确度。为了更全面地表征缺陷，还应考虑磁通量的其他分量（轴向、径向和切向分量）。随着 20 世纪 70 年代计算能力的提高，基于有限元方法的漏磁分析模型得以建立，人们可以研究几何形状高度复杂的缺陷的漏磁特点以及缺陷位置、磁化方法、管道材料、管道压力、漏磁检测设备的移动等对漏磁检测结果的影响。随着有限元方法的发展，漏磁检测可以获得越来越清晰的管道损伤图像。

为了准确探测漏磁信号，传感器必须对磁场的变化具有一定敏感度。用于漏磁检测测量的传感器种类繁多，包括感应线圈和磁通门。最成熟和最常用的传感器是霍尔效应传感器，它可以测量由磁场引起的载流金属中正负电荷分离引起的电势。因此，当磁场通过霍尔效应传感器时，传感器产生与磁场强度成比例的电压信号。

尽管漏磁检测是目前主流的海底管道损伤检测方法，但该方法仍存在一些缺点，这成为当前人们研究的主题。漏磁检测的结果受到清管器行进速度、管壁材料、管道压力等因素的影响，施加磁场的强度也需要根据管壁厚度进行调整，读取漏磁检测信号仍需要较强的专业技能和丰富的经验。另外，缺陷沿管道的方向也会影响漏磁检测的灵敏度。如果磁场方向与缺陷形状平行，则很难检测到异常，如图 8-6 所示。

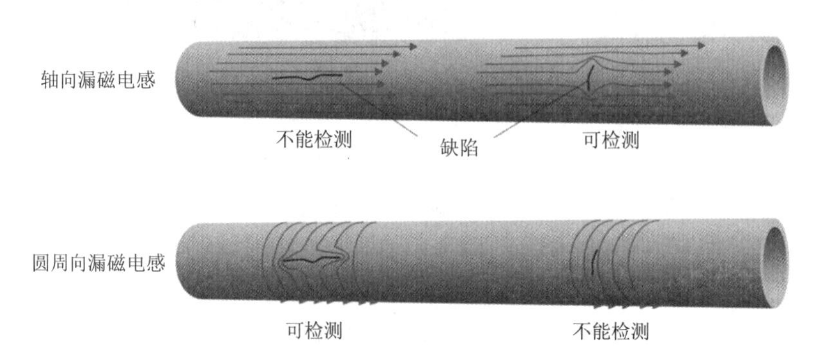

图 8-6　不同缺陷方向下的漏检示意图

2. 涡流检测

涡流检测是另一种常见的管道无损检测方法。将交流电传递到线圈中，可以产生变化的磁场，当变化的磁场穿透管壁时，在材料表面发生感应并产生涡流，材料表面中的涡流又会形成反作用磁场，管壁的缺陷会导致涡流变形，改变反作用磁场，因此可检测出线圈中阻抗的改变，如图 8-7 所示。

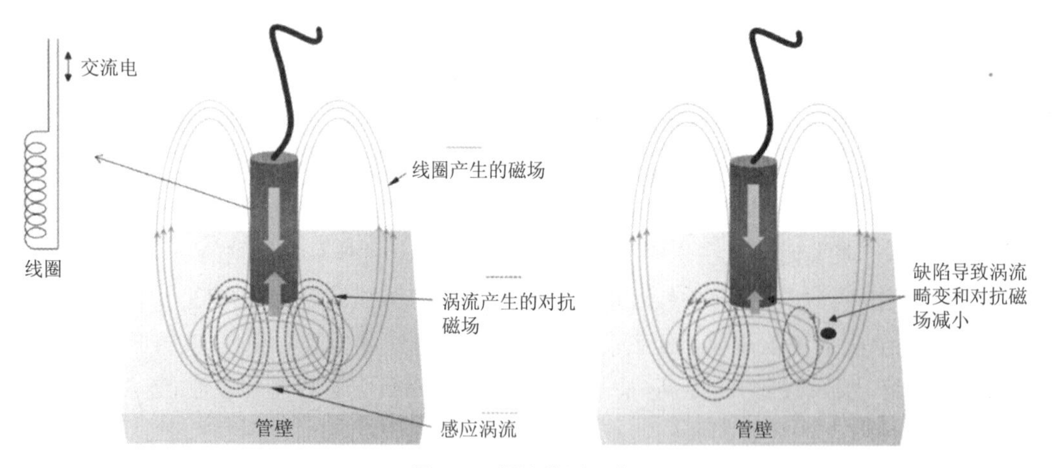

图 8-7　涡流检测示意图

涡流的穿透深度取决于线圈中交流电流的频率，频率越低，穿透越深。因此，高频激励下，涡流检测仅适用于检测管道表面缺陷。降低激励频率可以提高探测深度，但维持低频激励所需的能量显著增加。为了在不消耗太多能量的情况下获得更大的检测深度，可以使用脉冲涡流。与传统涡流检测相比，使用脉冲或阶跃电流给线圈通电所需能量要低得多，因此可以增加对线圈施加的电压。脉冲涡流检测允许同时激励多个频率，可以同时探测多个深度层。

在检测设备上安装强永磁体，就可以通过永磁体和管道表面之间的相对运动产生涡流，这一技术通常被称为运动感应涡流检测，如图 8-8 所示。运动感应涡流检测领域的一个相对较新的研究方向是使用洛伦兹力的涡流检测。洛伦兹力是一种在导体相对于磁场移动时推动导体的力。在管道检测中，磁场会对管壁的导电金属产生作用力，但同时根据牛顿第三定律，磁场会对磁体产生相等且相反的作用力。通过测量磁体上的推回力，可以检测管道中的缺陷。洛伦兹力涡流检测的优点是可以检测到比传统涡流检测更深的缺陷。

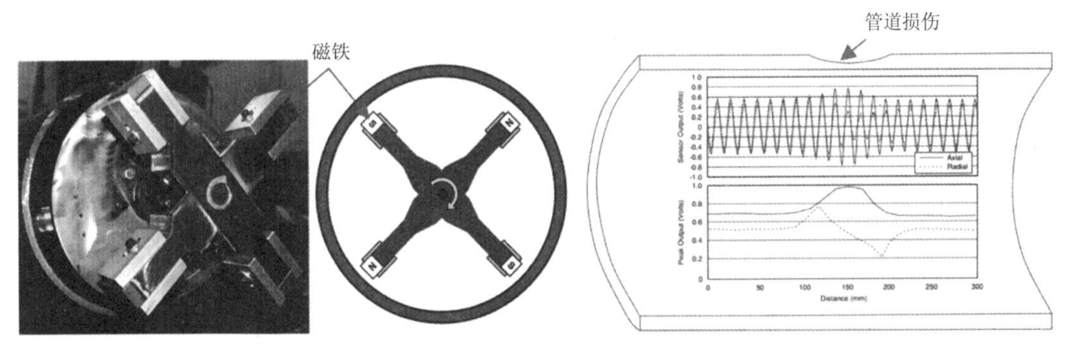

图 8-8　运动感应涡流检测示意图

3. 超声波检测

超声波检测也是一种应用广泛的海底管道损伤检测方法。其原理是声波在介质密度变化区域（如管道壁面或金属内部任何缺陷处）会产生反射声波，根据发射信号与接收信号之间的时间间隔，可以确定金属厚度和缺陷位置，且声波频率越高，波长越短，定位就越清晰，如图 8-9 所示。为了检测小的裂纹（如毫米级别），超声波的频率必须设计得使波长具有类似于裂缝大小的尺寸。但是受到金属颗粒平均大小的限制，使用过短波长的声波会导致噪信比较大。由于波长与频率成反比，固体中无损检测的超声波频率范围一般在 0.5~25 MHz。在固体中，超声波的传播模式由纵波（压缩波、压力波）和剪切波（横波）组成，其中波的能量沿着波传播的方向传播或垂直于波传播的方向传播。对于钢管道，超声纵波的速度可达到约 5 900 m/s，而剪切波的速度约为 3 250 m/s，具体数值取决于具体的合金材料和温度、压力、应力等环境条件。超声波可能在接口（如管道表面和周围水体之间的界面）上发生纵横波转换，但对于管壁等短距离的检测，通常只考虑一种模式。由于横波只能在固体中传播，而纵波不受限制，因此超声波检测常采用纵波探头。

从 20 世纪 70 年代起，国外开始将超声波技术应用于管道内检测中，经过几十年的努力研制出了多种基于超声波的检测器，在检测精度、定位精度、数据处理等方面均达到较高水平，可满足实际需求。目前，主流的超声波管道检测器的结构为一机多节，分别由探头部分、控制部分、数据处理部分、电源部分及驱动部分等组成，检测器总长可达几米。清管器一般位于整个检测器的头部，一方面负责清管，以确保检测精度；另一方面起密封作用，使检测器可以在前后压力差的作用下驱动前进。超声波管道检测器的机体外径为 159~1 504 mm，可满足不同管径管道的检测任务，工作距离可达几十至数百千米。

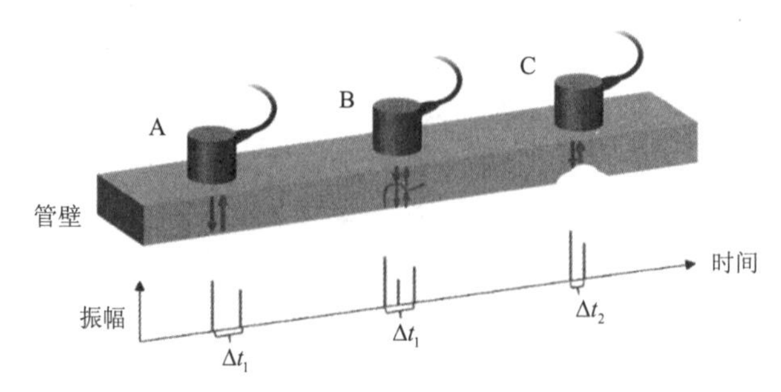

图 8-9　超声波检测示意图

通过将多个探头组成一个阵列，就可以对整个管道进行周向检测。另外，通过调整每个探头发射超声波的时间延迟（相位），就可以调整探测波的方向，检测不同方向的损伤。例如，美国通用电气公司（GE）研制了超声波相控阵管道内检测器，并于 2005 年开始应用于油气管道内检测。该检测器有别于传统检测器的单探头入射管道表面检测的方法，其采用探头组的形式来布置探头环，几个相邻并非常靠近（间距 0.4 mm 左右）的探头组成一个探头组，一个探头组内的探头按照一定的时间顺序被激发并产生超声波脉冲，而该激发顺序决定了产生的超声波脉冲的方向和角度，因此控制一个探头组内不同探头的激发顺序就可以产生聚焦的超声波脉冲。

另一个广泛使用的超声波检测方法是衍射时差技术。该技术使用两个超声波阵列分别作为发射器和接收器。发射器沿着管壁投射出宽角度的超声波束，正常情况下接收器将会接收到沿着表面传播的表面波以及管壁对面的反射波。如果在发射器和接收器之间存在缺陷，由于管道材料中缺陷边缘引起的波衍射效应，会在表面波和背壁反射波到达之间，额外接收到衍射波。根据测量衍射声束的渡越时间，可以精确可靠地确定缺陷（如裂纹）的位置和长度。超声波检测衍射时差技术如图 8-10 所示。

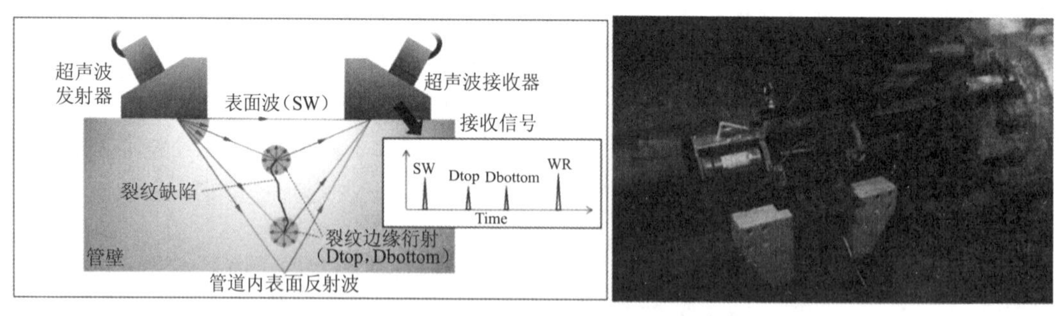

图 8-10　超声波检测衍射时差技术示意图

另外，科研人员还研制出了电磁声换能器，能够通过线圈激发和接收超声波信号，同时还可以产生磁场和涡流，故通过一个传感器就可以同时独立发射三种信号，综合分析后可以更好地得出管道腐蚀的尺寸和缺陷的特点，优于传统的单一方法的检测器。例如，层压在超声波检测中有时可能被误认为是一种外部的金属腐蚀，而漏磁检测和涡流检测不会出现该问题，因此通过数据对比可以更加可靠地对异常情况进行鉴别。

4. 超声导波检测

超声波检测技术可以在检测管道缺陷时提供出色的分辨率，但是完成长距离海底管道的逐点超声波检测会非常耗时。超声导波检测或长距超声波检测则能够解决这一问题，虽然对损伤定位的精度较低，但可以单次进行较大范围的检测（长达 100 m），如图 8-11 所示。超声导波检测使用更低频的声波（10~100 kHz），远低于超声波检测的频率（MHz）范围。低频声波比高频声波传播更远，沿传播路径衰减很小，但无法有效地与小缺陷发生作用。此外，超声波检测中声波方向垂直于管壁，而超声导波检测中声波沿管道长度方向在管壁中传播。当超声导波遭遇管道壁变薄、焊缝瑕疵、裂纹和凹槽等缺陷时，会引起异常反射，其振幅与缺陷处管道横截面面积的变化成比例，可以通过精确的超声波检测设备识别。因此，超声导波检测通常用于对管道进行初步筛查，可以快速大范围检测潜在的结构损伤情况，然后再使用更精确的检测方法复检重点区域。

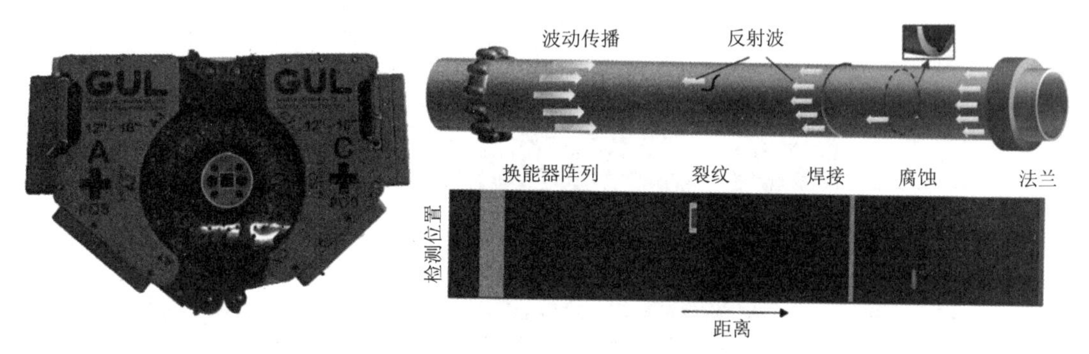

图 8-11　超声导波检测示意图

5. 声呐探测

声呐泛指利用水下声波探测物体，通常用于导航和测绘。声呐通常可分为被动型和主动型。在被动型声呐中，设备监听海底环境中产生的声音，如来自船只或海洋动物的声音。在主动型声呐中，换能器产生声脉冲，并监听海底环境中物体反射引起的脉冲回波，基于脉冲返回所需的时间可以估计换能器和目标之间的距离。反向散射的幅值受目标材料的影响，管道中的黏性坚硬材料通常会产生高的反向散射，而沙子具有颗粒状纹理，因此反射强度较低。关于海底管道检测，通常使用主动型声呐技术，包括多波束测深和侧扫声呐。这两种技术都可以用来扫描海底，并获得有关管道位置和形状的信息。

在多波束测深中，在船体上安装多个声呐，可同时探测较宽范围的海床。通过分析声呐脉冲的返回时间，可以估计海底深度和管道位置等异常情况。然而，这项技术没有考虑反向散射，因此无法提供有关海底成分的信息。尽管增加声呐数量会使后期数据处理成本显著提高，但使用多个声呐可以克服每次使用一个声呐来绘制海底地图效率低下的缺点，也可以节省船舶使用的成本。

在侧扫声呐中，由船只拖曳水下航行器沿着预定路径前进，在其两舷携带声呐传感器探测海底情况。通过调整换能器阵列的角度，可以扫描监测较大的海底范围，但是由于该角度不能延伸到水下航行器的正下方，故侧扫声呐扫描图像中间会有一个盲区，如图 8-12 所示。通过分析管道投射的声学阴影，可以检测到管道的悬跨、移位、屈曲等在位状态。管道周围混凝土层的裂缝也可以在声呐影像上呈现出异常阴影，如图 8-13 所示。此外，通过观察管道附近海底的标记，可以推断出管道侧向或轴向的移动。使用侧扫声呐的难点在数据处理上，即如何整合多个声呐扫描的数据以形成连贯、准确的海底图像，特别是在海底不平坦的海域。

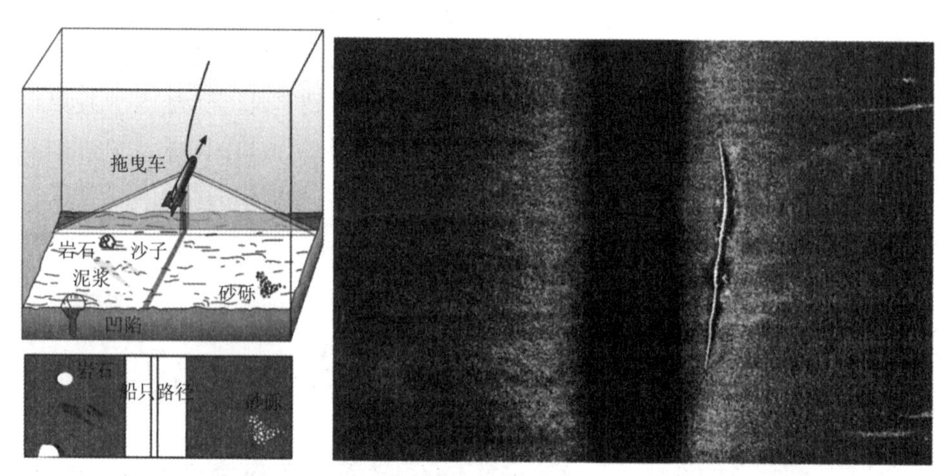

图 8-12　侧扫声呐的工作原理图和暴露的海底管道的侧扫声呐图像

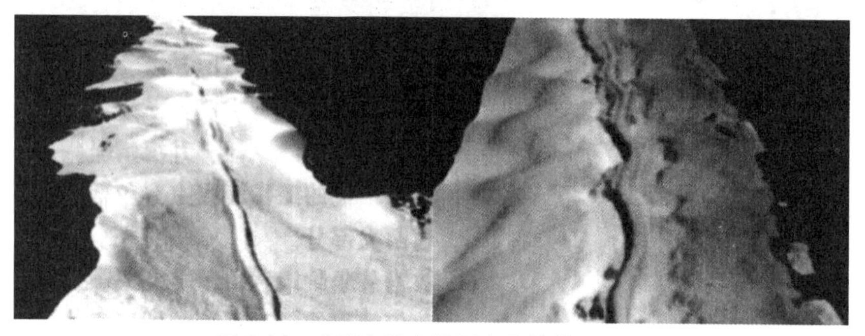

图 8-13　典型多波束检测海底管道记录图

6. 射线成像检测

射线成像检测是利用放射性射线穿透物体后强度衰减的特点，通过分析底片上的感光图像，检测出管壁裂缝、腐蚀或焊接异常等缺陷，如图 8-14 所示。

放射源可以采用 X 射线或γ射线。γ射线可以从放射性同位素如铱 192、钴 60、钇 169、铥 170、硒 75 和铯 137 中产生，其中钴 60 具有最高的穿透能力（25~200 mm）。然而，这些放射性同位素会持续产生辐射，需要额外的安全处理，辐射量也难以控制。而 X 射线是通过加速高速电子撞击金属阳极的方式产生的，射线强度可以由输入能量的功率控制，可以更安全地控制辐射过程，因此一般优先选择 X 射线进行检验。

管道射线成像检测可以大体分为双壁检测和单壁检测两大类。双壁检测的放射源和底片置于管道外，底片放置于放射源对侧，射线透过双层管壁在底片上成像，只适用于小管径薄壁管道。单壁检测则需要将放射源置于管道内，将底片绕在管道外，射线只通过管壁一次就投射到底片上。通常管壁的裂缝、孔隙以及未熔合点等材料缺陷都属于金属损失区域，这些区域吸收的辐射较少，在感光底片上呈白色。

对于陆上管道，可以直接派遣人员进行射线成像检测，但对于海底管道，需要 ROV/AUV 携带检测设备进行射线成像检测，难度要比陆上管道大得多。

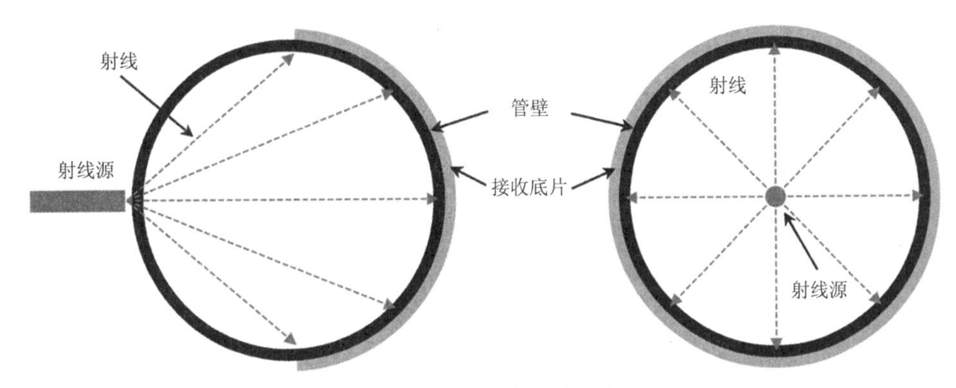

图 8-14　射线成像检测示意图

8.4.2　监测技术

监测可分为在线监测和离线监测。在线监测是指对重要参数进行连续且实时的测量。离线监测是指对取样在试验室进行分析。监测技术也可分为直接监测和间接监测。以腐蚀监测为例，直接监测为用腐蚀探针对管道进行腐蚀损伤和金属损失的测量，间接监测为对影响腐蚀的参数进行测量（如氧含量）。

1. 流量 / 压力监测

流量 / 压力监测是较早使用的一种管道检漏方法，它根据管道两端流入和流出流体的流量 / 压力变化来判断管道是否发生泄漏。该方法的缺点是当管道两端流量和压力变化不大时，很难检测出管道泄漏，因此不适用于管道微漏和微渗检测。另外，流量 / 压力监测无法判断出管道漏点位置，需要结合负压波监测来确定漏点位置。

2. 负压波监测

负压波监测是一种间接检测管道泄漏的方法。其基本原理是当油气管道因为腐蚀或机械破坏而发生泄漏时，管道内的输送介质会在管道内外压差的作用下在短时间内迅速流失，从而引起泄漏处管道内输送介质的压力降低，从而与两边相邻区域产生压力差，引起相邻区域的介质向泄漏处补充，这种由泄漏产生的减压现象称为负压波。由泄漏处产生的负压波同时向管道上下游传播，传播的速度约等于运输介质中的声速。在管道的两端分别安装压力传感器，检测管道两端的管内压力值并捕捉负压波传递的压力下降信号，根据负压波传播到管道两端的时间差以及负压波在管内的传播速度来估算泄漏点的位置。

负压波监测由于原理简单以及布置成本较低，已经获得广泛应用。但对于长距离传输的海底油气管道，利用该方法往往会产生很大的误差，其原因有以下几点。

（1）负压波传播速度的变化：在传统方法中认为负压波在管道中的传播速度是近似于声速的一个固定值，而在实际中负压波的传播速度是变化的，受到管道温度的影响。

（2）管道两端的时间同步问题：传统方法中两端传感器的时钟通常由传感器内部的晶体振荡器来确定，而在高频采样的过程中，随着工作时间的增长，即使十分微小的时钟差异也会累积成较大的误差。

（3）负压波在传播过程中的衰减：在短距离运输的管道中，一般认为负压波在传播过程中的衰减可以忽略不计；而在长距离运输的管道中，尤其是当管道发生泄漏量较小的破坏时，当负压波传播一定距离后，引起的压力变化量会变得非常小从而难以捕捉，导致漏判或者误判。

3. 声信号监测

声信号监测的原理是当管道发生破裂造成原油泄漏时，将产生一个高频的振动噪声，该振动噪声以应力波形式沿管壁传播，在传播过程中该噪声强度随传播距离增加按指数规律衰减，利用安装在管道上的超声波传感器可以检测到产生的噪声，根据传播时间和声波速度就能确定管道泄漏点位置。受应力波衰减影响和环境噪声干扰，该方法对小规模泄漏或者距传感器较长距离的检测效果不理想，不适用于长距离海底管道泄漏检测。

4. 敏感介质监测

敏感介质监测是沿管道铺设外层包有对碳氢化合物敏感介质的光缆，当管道发生泄漏时，光缆外层介质跟油中的碳氢化合物发生作用，使光缆传光性质发生变化，利用光信号监测设备监测光缆光性的变化就可以判断管道是否发生泄漏及漏点位置。该方法检测精度高，但造价相对较高，如果光缆出现断裂，修复比较困难。

5. 光纤温度/应力监测

光纤传感器是用于海上管道监测的最有前途的传感器技术之一，最基本的光纤传感器是由通过全内反射携带光线的硅玻璃组成。使用光纤传感器的光纤电缆最初应用于通信行业，具有长距离低衰减和抗电磁干扰的优点。在海底管道监测领域，当前光纤传感器可大致分为单点传感器和分布式传感器。顾名思义，单点传感器仅在单个点进行测量，通常具有高分辨率和高精度；而分布式传感器利用整个光纤电缆作为一系列连续的传感器。与单点传感器相比，分布式传感器可以更容易地覆盖广泛的区域，但代价是分辨率、精度和使用寿命降低。

1）光纤光栅传感器

在用于海底管道监测的单点光纤传感器中，光纤布拉格光栅（Fiber Bragg Grating，FBG）传感器目前应用最为广泛。FBG传感器是由刻在光纤电缆芯中的部分反射光栅组成的波长调制传感器。光栅由一系列周期性的玻璃部分组成，这些玻璃部分的折射率与核心不同，可以使用相位掩模的激光干涉图案进行内接。光栅反射具有与光栅的周期匹配的波长光的一部分，并且周期受应变、温度和压力的线性影响。FBG传感器由于其线性应变敏感性，已被研究用于检测管道状态的机械变化，如弯曲、冲击、疲劳等。在海底管道和立管的情况下，随着人们越来越认识到 FBG 传感器的优势，研究人员已开始开发在恶劣海底环境中部署的封装方法。

由于管道的环形应变与内压成正比，FBG 传感器已被用于检测和定位基于负压波的泄漏。与传统的基于无损检测的泄漏检测方法一样，FBG 传感器可以测量无损检测的到达时间，从而估计泄漏发生的位置。然而，传统的无损检测技术的缺点之一是对低流速的泄漏不敏感，因为波在到达传感器位置之前会衰减。为了克服这一缺点，FBG 传感器可以沿着管道以周期性的距离安装，并在负压波衰减到低于 0.5% 之前捕捉到负压波造成的箍筋损失曲线。在支持向量机分类器的进一步帮助下，这种基于 FBG 传感器的泄漏检测方法可以进一步完善，以更好地区分随机噪声和真正的泄漏事件。FBG 传感器的另一个优点是它的多功能性，仅通过 FBG 外壳的设计就可以针对不同的测量物进行监测。例如，FBG 化学泄漏探测器，可以将对碳氢化合物敏感的聚合物纳入传感器包装中，一旦聚合物与某些碳氢化合物接触，聚合物就会膨胀并使 FBG 产生应变，从而显示出泄漏的存在。

2）分布式光纤传感器

分布式光纤传感器利用光学时域反射仪来测量整个光纤的后向散射光，相当于使用整根光纤探测周围环境的温度和应力变化，在一条线上有数千个单点传感器。目前，分布式光纤传感器主要依赖于布里渊散射、拉曼散射和瑞利散射三种类型的光反向散射，每种散射都可用于检测应变和温度。

基于布里渊散射的分布式光纤传感技术按照工作原理可分为以下四类：布里渊光时域反射技术（BOTDR）、布里渊光时域分析技术（BOTDA）、布里渊光频域分析技术（BOFDA）及布里渊相关连续波技术（BOCDA）。其中，BOTDR 用于布里渊反向散射的应变测量，而拉曼光学时域反射技术（ROTDR）则用于拉曼反向散射的温度测量。在任何一种情况下，从光纤的一端注入光，通过询问器等待并积累来自光纤的反向散射信号。然而，使用 BOTDA 时，在另一端注入额外的光进行刺激，可以大大提高采样率。只要光纤的两端都能连接到询问器，大多数应用都将受益于布里渊光时域分析。某些询问器同时携带 BOTDR 和 BOTDA，因此如果光纤的一端受损，询问器可以从 BOTDA 切换到 BOTDR 而不会完全损害传感光纤。与 BOTDR 相比，BOTDA 为了增强布里渊散射，用传输方向相反的两束激光使传感信号强度得到了受激增大，提高了温度、应变的测量精度，因而系统测量范围更大。然而，BOTDA 系统采用双端输入且光路较复杂，系统成本略高，尤其双端泵浦 - 探测结构限制了该方案的应用。相较于 BOTDR 和 BOTDA，BOFDA 能够获取的信噪比及动态范围更高，而 BOFDA 的空间分辨率和传感距离分别由频率扫描的范围和步长决定，所以 BOFDA 想要获得更高的性能指标，需要的测量时间也较长。

目前，专用于分布式温度传感（Distributed Temperature Sensing，DTS）的分布式光纤传感器已被用于检测与泄漏期间快速逸出的气体有关的热异常。由于暴露在水中的部件加热速度会慢得多，可以揭示管道的暴露和悬跨。分布式传感尤其是分布式温度传感是海底管道监测的一种常用的解决方案，现在由大多数主要的石油和天然气服务和技术公司提供支持，如 Schlumberger 公司、Baker Hughes 公司和 Halliburton 公司。

与布里渊散射和拉曼散射相比，瑞利散射具有更高的强度，并且可以比其他两种类型的后向散射测量得更快。因此，瑞利后向散射可以在高采样频率下进行测量，并且可以用于测量振动和声学信息。基于瑞利散射的分布传感技术包括 OTDR、Φ-OTDR、POTDR、COTDR 等，见表 8-2。采用强度解调方式的 OTDR 和 POTDR 虽然具有定位精确、信号算法简单等优点，但需多次平均以提高信号的信噪比，导致系统的测量频率响应和灵敏度都难以提高；采用相位解调方式的 Φ-OTDR 仅实现了探测光脉冲宽度范围内不同散射点之间的后向瑞利散射光干涉信号的相位解调，信号的信噪比不高；采用相位解调方式的 COTDR 采用本振光与后向瑞利散射光干涉，光路及解调算法较复杂，且对激光器性能要求较高。

表 8-2　基于瑞利散射的分布式光纤传感技术

实现方案	解调类型	光源要求	探测方法	全信息解调
OTDR	强度	窄带	直接	否
Φ-OTDR	相位	窄线宽	相干	是
POTDR	强度	窄线宽	直接	否
COTDR	相位	窄线宽	相干	是

在分布式声学传感（Distributed Acoustic Sensing，DAS）中，整个光纤可以用作声学传感器的连续阵列，沿管道测量声学信号，使操作人员可以快速检测泄漏、第三方入侵和其他类型的干扰，还可以根据声学特征确定管道内的流动状况和在线检测工具的通过情况。同时，与其他传感方式相结合，可以对管道状况进行协同评估。例如，DAS 和 DTS 数据融合可以检测到可能来自储油层或管道泄漏的自燃油烟。目前，DAS 的市场商业化发展暂时相对落后，但由于 DAS 能够捕捉大面积的声学信号，将来可能专用于海底通信，利用光纤电缆形成无源声学传感器，监听由海底管道上的传感器产生的声学信号。

8.5　海底管道完整性评价

海底管道完整性评价主要由海底管道剩余强度评价、海底管道剩余寿命预测以及海底管道风险评估三部分组成。评价层面主要包括覆盖层及管体腐蚀损失评价、管道的剩余强度评价和剩余寿命预测等。合理的评价方法可以定量地确定管道缺损严重程度与管道操作状况的关系，为管道的运行管理提供科学依据。

8.5.1　海底管道剩余强度评价

含缺陷管道的剩余强度评价是在管道缺陷检测基础上，通过严格的理论分析、试验测试和力学计算，确定管道的最大允许工作压力和当前工作压力下的临界缺陷尺寸，为管道的维修和更换以及升降压操作提供依据。

剩余强度评价的缺陷类型包括五大类：

（1）体积型缺陷，如局部沟槽状腐蚀缺陷、片状腐蚀缺陷、局部打磨缺陷等；

（2）平面型缺陷，即裂纹型缺陷，包括焊缝未熔合缺陷、未焊透缺陷、焊接裂纹、疲劳裂纹、应力腐蚀裂纹等；

（3）弥散损伤缺陷，包括点腐蚀缺陷、表面氢鼓泡以及氢致微裂纹等；

（4）几何缺陷，包括焊缝错边、管体不圆、壁厚不均匀等缺陷；

（5）机械损伤缺陷，主要有管道建造时的意外损伤及建筑施工、农民耕地、人为破坏等原因造成的损伤，包括表面凹坑、沟槽以及凹坑 + 沟槽。

剩余强度评价方法大体可归结为以下四种：

（1）基于大量含缺陷管段水压爆破试验得到的半经验公式；

（2）基于弹塑性力学和断裂力学理论的解析分析方法；

（3）有限元数值计算方法；

（4）基于含缺陷管道的失效判据，结合概率和可靠性理论，建立含缺陷管道的概率完整性评价方法。

从国际上在剩余强度评价领域的研究现状分析可知，目前对于裂纹型缺陷、体积型缺陷和几何缺陷的评定方法已比较成熟，对于弥散损伤缺陷和机械损伤缺陷目前尚未形成工程上普遍接受的评价方法和规范，是今后研究的重点。

8.5.2　海底管道剩余寿命预测

含缺陷管道的剩余寿命预测是在研究缺陷的动力学发展规律和材料性能退化规律的基础上，给出管道的剩余安全服役时间。剩余寿命预测结果可以为管道检测周期的制定提供科学依据。

剩余寿命预测涉及的缺陷类型有平面型、体积型和弥散损伤型，涉及缺陷发展的速率类型有腐蚀速率、亚临界裂纹扩展速率和损伤速率。

剩余寿命预测的方法大体包括两种：一是基于现场检测和监测积累的数据进行预测，腐蚀检测是利用内外腐蚀检测技术定期进行管道的缺陷检测，从而获得缺陷的动力学发展规律，监测技术包括现场挂片试验、腐蚀探针等，通过监测可以实时得到缺陷的动力学发展规律；二是在试验室内模拟管道服役环境，进行缺陷增长规律试验，通过模拟试验获得缺陷的动力学发展规律，然后对管道剩余寿命进行预测。但应当注意，这里主要论述的是管材本身的剩余寿命预测，实际上对于具体管道的剩余寿命，还应当考虑管道防腐层的有效保护寿命和缓蚀剂的有效保护寿命问题。有关这方面的研究虽有报道，但总体来说难度很大，研究极不成熟。

剩余强度评价主要是评价管道的现有状态，而剩余寿命预测则主要是预测管道的未来状态，显然后者的难度远大于前者，而且后者目前的研究也确实没有前者成熟。剩余寿命主要包括腐蚀寿命、亚临界裂纹扩展寿命和损伤寿命三大类。三者之中，除亚临界裂纹扩展寿命，尤其是疲劳裂纹扩展寿命的研究较为成熟、较易预测外，腐蚀寿命和损伤寿命的研究都不太成熟，且预测难度很大。

8.5.3 海底管道风险评估

海底管道风险评估是海底管道完整性管理的重要组成部分，是制定海底管道维修和维护策略的重要依据。风险是对不确定性危害事件的发生概率及其危险后果的综合考量，其中概率和后果是风险的两个重要评估指标。然而，在实际工程风险评估中，针对不同的应用场景，评估者应重点关注不同的评估指标，风险评估中的指标偏重具有一定的差异。

风险管理技术是一种基于数据资料、运行经验、直观认识的科学方法。通过将风险量化，便于进行分析、比较，为风险管理的科学决策提供可靠的依据，从而合理运用有限的人力、财力和物力等资源条件，采取最为合理的措施，达到有效减少风险的目的。典型故障曲线如图 8-15 所示。

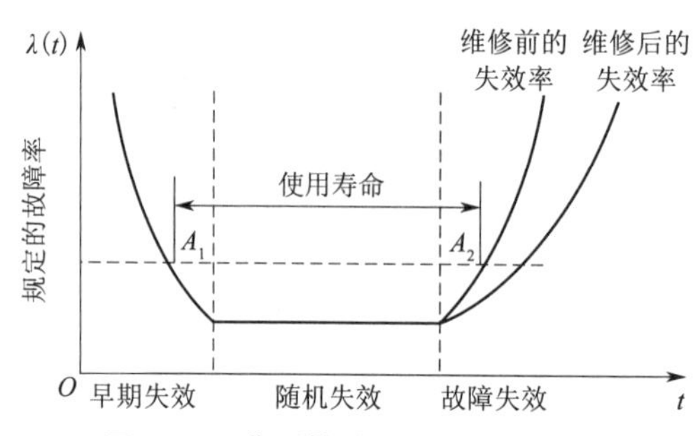

图 8-15 典型故障曲线(浴盆曲线)

海底管道风险管理通常分为风险识别、风险评价、风险控制、风险信息反馈四个阶段。风险识别与评价是管道完整性管理的关键内容，也是管道风险管理的核心。通过定性或定量的风险评价，进行风险识别、排序，确定重大风险的性质并定位，寻求降低风险的措施，在有效分配资源的前提下，将风险降低到可以接受的水平。企业可以根据风险评价的结果，实施风险管理，其目的在于优化资源配置，使管道系统风险达到可以接受的水平。做好风险评价的重点工作在于：选择合适的评价方法及合理的评价模型；确保风险资料数据的完整与准确可靠，并不断更新完善；进行风险排序等。目前，在管道系统设计阶段进行安全预评价、安全评价时需要应用风险管理；而在管道系统投产后，工程验收用一级管道完整性管理程序中的基线评价、风险评价、完整性评价等过程中也要进行风险管理。

风险识别是海底管道风险管理必须采取的第一步，其主要目的是分析海底管道风险的主要影响因素，了解海底管道整体风险状况。风险识别的一般步骤如下。

(1)风险资料的收集。这是风险识别中必须采取的第一步，其重要性不亚于风险识别本身。此时，要做的事情之一就是弄清楚未知数有多少。美国管道研究委员会根据管道事故的统计将天然气管道失效类型归纳为三大类型九种失效类型 21 种小类，再加上未知原因一类，共 22 类。

(2)确定研究的目标变量和关键变量。目标变量就是计算过程中的衡量标准，如人的死亡概率、事故的发生频率、损失度等。关键变量是影响目标变量的主要因素。

(3)根据风险变量建立模型。模型包括风险模型、数学计算模型等，能否建立一个正确合理的模型，对于计算结果的准确性、可靠性有很大的影响。

（4）风险变量的定量化。找到一个合适的数学方法将风险变量定量化是科学地进行风险分析的基础，是决策者决策的理论基础和衡量标准。

（5）风险失效概率的计算。根据建立的模型运用定量化的数学方法计算风险和子风险的失效概率。

（6）风险后果计算。根据不同性质的风险影响后果建立不同的计算模型，找出合适的数学方法，并将其定量化。

（7）风险数的计算。根据公式“风险 = 风险失效概率 × 风险后果”，计算风险评估的风险数。

（8）风险分析。对计算结果进行详细的分析，为风险决策提供科学的依据。目前，风险分析的方法主要有初步危险分析（PHA）、失效模型与影响分析（FMEA）、致命度分析（CA）、故障树分析（FTA）、事件树分析（ETA）、危险性与可能性研究（HOS）等。

风险评价的主要任务是计算海底管道相对风险值，根据管道风险标准确定各管段的风险等级，确定失效灾害范围，参照风险可接受准则判断管段风险的可接受性，结合可靠性理论确定管道失效概率，开展失效后果分析等。管道风险的评价有定性评价、半定量评价和定量评价三种。定性评价方法相对简单，易使用，但主观性较强，评价结果的精确性和可信性有限。半定量评价方法，即以风险指数为基础的风险评价方法，该方法能够克服定量风险评价在实施中缺少数据的困难，已在加拿大和美国管道风险管理中广泛使用。定量评价方法则利用概率结构力学、有限元法、断裂力学、可靠性与维修技术和各种强度理论，并需要大量的管道信息数据的支持，是一种最为精确也最复杂的风险评价方法，为风险评价的高级阶段。在具体应用时，可以根据以下三方面因素确定所要采用的风险评价方法：风险评价的目的；问题的复杂性和现有管道信息数据的水平；风险评价的成本费用。

风险控制是风险管理的决策阶段，是开展风险管理的最终目的。根据风险评价结果，提出风险降低方案，并选出最佳方案对高风险管段实施维修与维护。

风险信息反馈是对风险识别、风险评价、风险控制三个阶段的信息进行整合反馈，使海底管道风险管理形成一个循环系统。完成风险控制后，海底管道系统的风险水平已发生变化，此时的风险水平处在符合管理者要求的范围内。如果海底管道系统的某些参数在一定时期后发生变化，则需要重新评估，确定系统的风险水平是否符合要求，风险管理进入新的循环。

1. 故障树分析法

故障树分析（Failure Tree Analysis，FTA）是系统安全分析中最重要的定量分析方法之一。该方法由美国贝尔电话试验室的 H. A.Watson 提出，其核心是利用特殊的树状逻辑因果关系图来清晰地表明系统是怎样失效的，是一种用于可靠性、安全性分析的简单、有效且有发展前途的逻辑分析方法。该方法从分析失效因果关系中的顶事件开始，直至基本底事件，即由果至因、由上而下地进行分析。一个故障树就是一张逻辑图，该逻辑图描述了事件之间的发生次序。其理论基础是布尔代数，它不但可以提供解决问题的方法，更可以提供一种解决系统安全问题的思路。

海底管道系统失效故障树分析法的本质是要分析找出海底管道系统失效故障树的最小割集,并对导致失效的各因素进行分析,以便采取相应的解决措施。海底管道故障树分析流程图如图 8-16 所示。

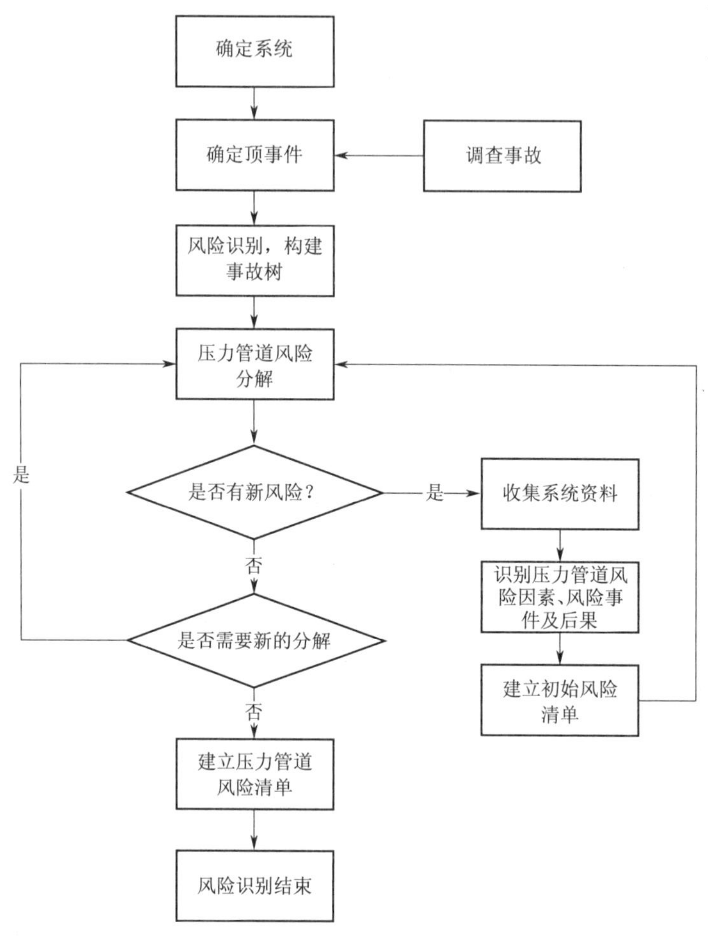

图 8-16 海底管道故障树分析流程图

最终根据故障树分析法中顶事件的确定原则,将海底管道系统失效作为故障树的顶事件,将引起海底管道失效的直接原因归纳为管理不善、探测报警设备故障、环境破坏、第三方破坏和管道腐蚀等因素,并以这五个直接原因作为次顶事件,逐次分析其原因,再依次类推,最终由 84 个基本事件建立起海底管道系统的失效故障树示例,其结构如图 8-17 和图 8-18 所示,图中符号含义见表 8-3。

故障树顶事件发生与否是由构成故障树的各种基本事件的状态决定的。而且在大多数情况下只要某几个基本事件发生就可导致顶事件发生。在故障树中,把引起顶事件发生的基本事件的集合称为割集,也称截集或截止集。一个故障树中的割集一般不止一个,在这些割集中,凡不包含其他割集的,称为最小割集,最小割集是引起顶事件发生的充分必要条件。

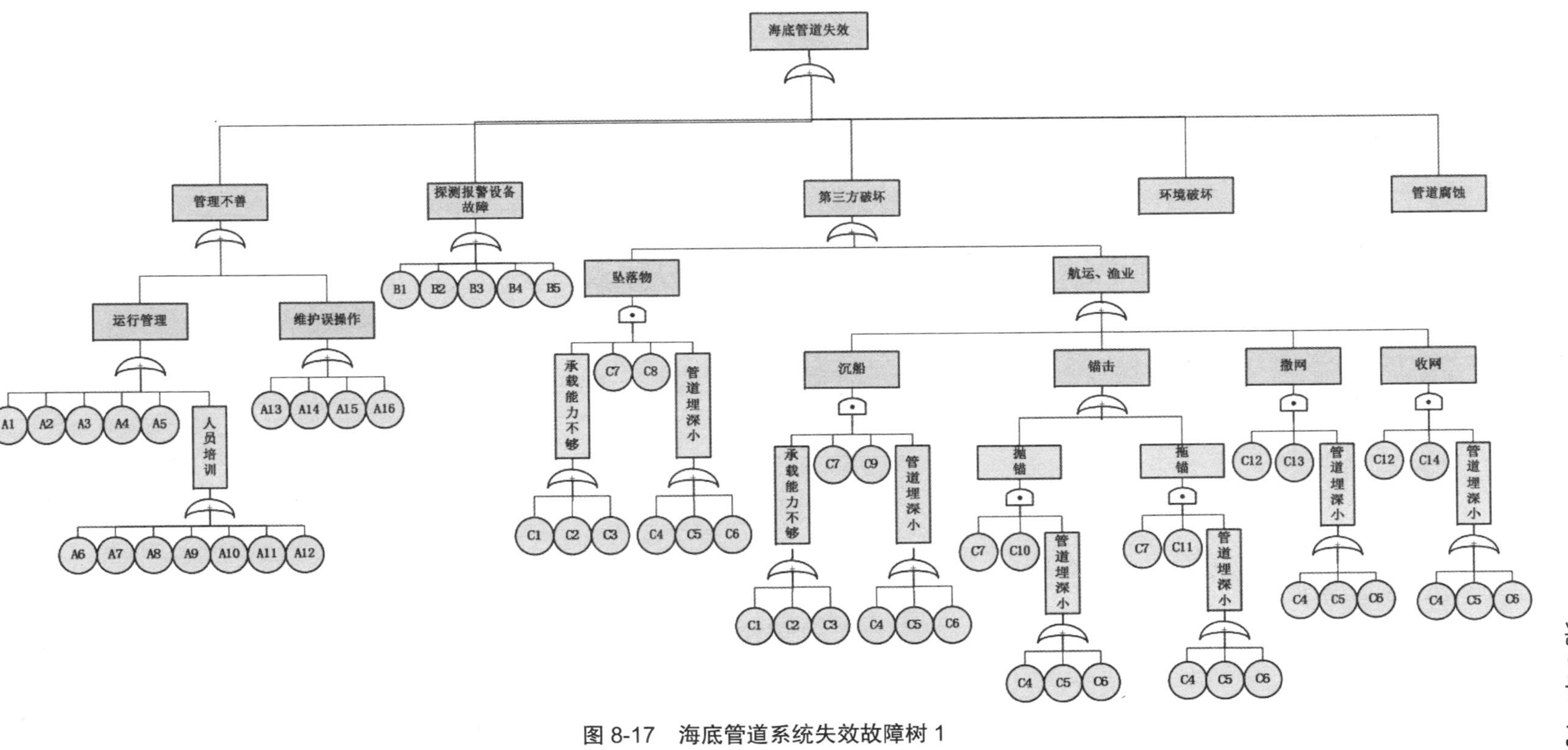

图 8-17　海底管道系统失效故障树 1

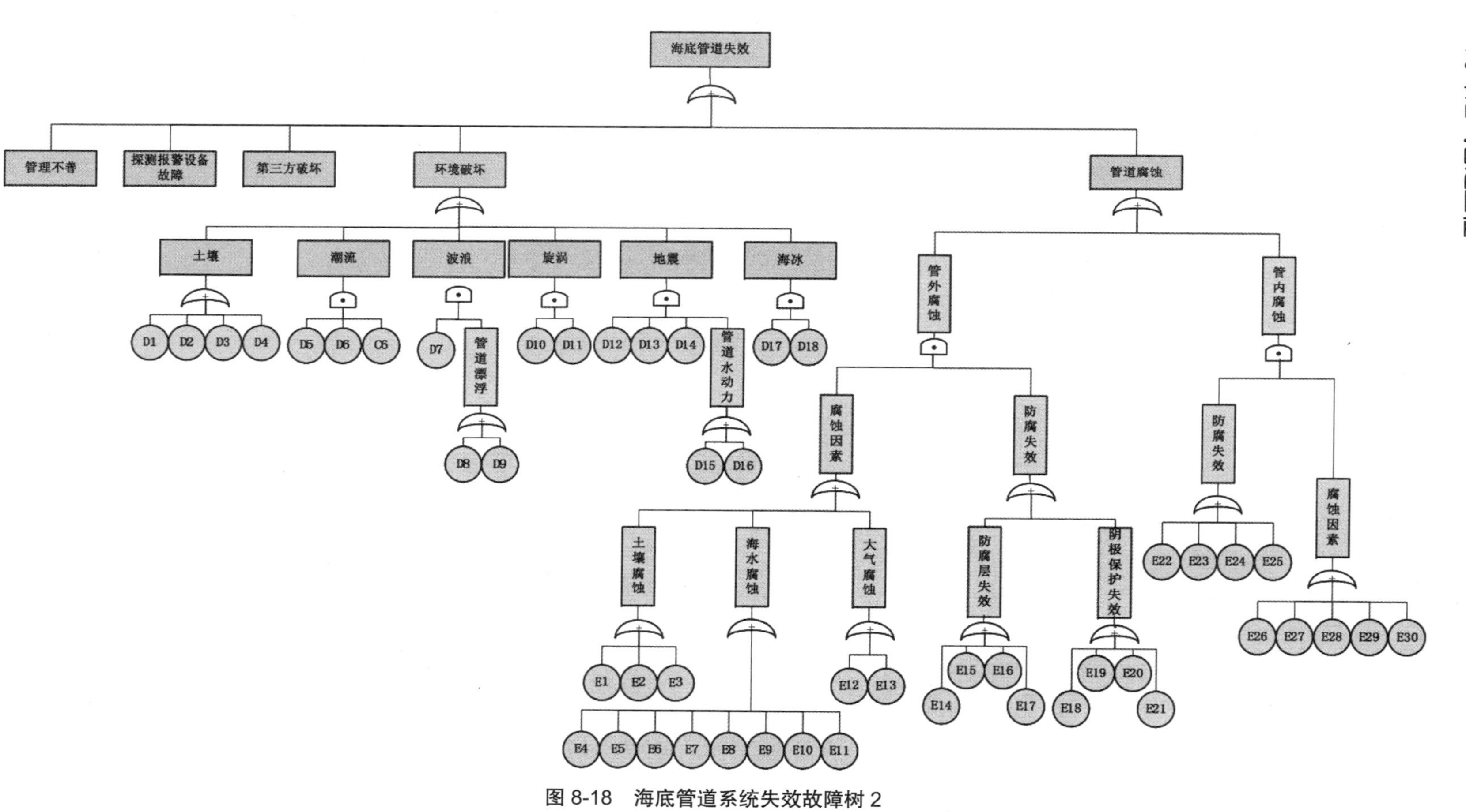

图 8-18　海底管道系统失效故障树 2

表 8-3　海底管道系统失效故障树中各符号名义

事件编号	事件名称	事件编号	事件名称
A1	运行管理人员素质低	D2	土壤抗剪力差
A2	运行管理人员工作态度消极	D3	土壤沉积物较厚
A3	运行管理人员队伍不稳定	D4	土壤渗透系数高
A4	运行管理制度不科学	D5	管跨段振动严重
A5	巡线频率过低	D6	穿越高能海水带
A6	运行管理人员对法律的认识不够	D7	土壤液化严重
A7	最低要求的文件不足	D8	埋深不够或自埋效果差
A8	基本知识掌握不足	D9	管材密度小、雷诺数（*Re*）较大
A9	应急演习不足	D10	斯朝海数（*S*）较大
A10	岗位操作规程不足	D11	地震引起了较大的管道轴向力
A11	知识掌握测试不严	D12	地震引起了较大的管道惯性力
A12	再培训计划不足	D13	地震引起了较大的管道土压力
A13	维护设备不足	D14	输送介质形成了较大拖曳力
A14	维护文件不足	D15	输送介质形成了较大惯性力
A15	维护人员责任心不足	D16	浮冰抗压强度大
A16	维护方法失误	D17	浮冰较厚
B1	仪器、仪表故障	D18	埋深不够或自埋效果差
B2	控制仪表的稳定性、灵敏性、准确性差	E1	土壤电阻率低
B3	探测报警设备失灵、误报或漏报	E2	存在杂散电流
B4	紧急切断装置等安全附件存在制造质量或故障	E3	存在细菌腐蚀
B5	SCADA 通信系统问题	E4	海水含氧量高
C1	管道强度计算不准确	E5	海水生物活性强
C2	施工中管段损伤	E6	海水含盐量高
C3	防腐蚀涂层发生破损	E7	海水流速高
C4	埋深设计不足	E8	海水温度低
C5	埋深不够或自埋效果差	E9	海水 pH 值偏低
C6	海床土壤冲刷严重	E10	立管全浸区遭受腐蚀
C7	水上交通繁忙	E11	立管泥层区遭受腐蚀
C8	物体冲击力	E12	立管飞溅区遭受腐蚀
C9	船冲击力	E13	大气对管材腐蚀严重
C10	锚冲击力	E14	防腐蚀设计不合理
C11	锚拖曳力	E15	防腐蚀涂层发生破损
C12	渔业发达	E16	防腐绝缘层在运行过程中形成缺陷
C13	渔网冲击力	E17	混凝土保护层破坏
C14	渔网拖曳力	E18	阴极保护系统没有有效运行
D1	土壤黏性低	E19	阴极保护系统维护不善

续表

事件编号	事件名称	事件编号	事件名称
E20	阴极保护系统使用不当	E26	管道运行期间未定期清管或清管方法选择不当
E21	阴极保护系统设计不合理	E27	输送介质中含氧、水分较高
E22	腐蚀设计裕量不足	E28	输送介质中硫及有机物含量高
E23	管内没有抑制剂或者抑制剂使用不当	E29	输送介质流速过大
E24	无其他管内保护措施	E30	运行压力过大
E25	管内未涂装防腐涂层或涂装种类不当		

由上面的故障树分析可知，海底管道系统失效故障树共由25个一阶最小割集、124个二阶最小割集、13个三阶最小割集和20个四阶最小割集组成，其中25个一阶最小割集直接影响着系统的可靠性，是系统的薄弱环节。

对故障树进行进一步的分析，可以得到引起海底管道系统失效的主要因素，据此可采取相应的措施来提高海底管道系统的可靠性。

1）管理不善

管理不善主要包括运行管理不善，表现为运行管理人员素质差，工作态度消极，运行管理人员队伍不稳定和缺乏科学的管理制度。

因此，可采取如下措施：加强对管材质量的检查，提高制造及焊接工艺水平，建立严格的施工质量监测检测制度，加强管理制度，建立民主管理机制，充分调动职工的积极性，提高操作人员的业务能力，从根本上减少消极怠工及责任心不强所导致的误操作、误决策，降低海底管道系统的运行风险。

2）第三方破坏

第三方破坏主要包括：①坠落物破坏，表现为在海底管道沿线附近的过往船只、施工船只以及周围平台掉下的落物对管道的破坏，例如海底管道、电缆的铺设以及其他海上施工活动均有可能发生坠落物情况，如果海底管道埋深不足、承载能力不够，均有可能由于坠落物的冲击对管道造成破坏；②航运、渔业活动，表现为在海底管道附近过往的船只、进行渔业活动的船只等由于抛锚、拖锚、撒网以及沉船等因素对管道的破坏，例如在港口区附近的船只停泊时的抛锚及拖锚会造成对管道外部混凝土配重层的损坏、管道局部被撞扁、刺破、开裂以及撞击断裂。另外，由于渔民在撒网和收网时使用的工具非常容易缠绕到管道上，因而会对埋深较浅的管道造成撞击及拖曳等破坏。

因此，在管道建成后，对于航道和渔业区的规划需要尽量避开管道路由，并在增加埋设深度和改善保护层形式的同时，加强海底管道保护的宣传教育和海上巡逻，尽量降低失效风险。

3）环境破坏

环境破坏主要包括土壤、潮流、波浪、旋涡、地震以及海冰对海底管道的破坏，表现为由于海底土壤的黏性和抗剪性差，在潮流、波浪和旋涡作用下容易发生海床土壤液化及冲刷，造成海底管道的悬空或裸露，使管道在自身重力和其他外力作用下遭到破坏。而在地震时由于地表的剪切位移等活动，容易对管道的接口、三通、弯头以及腐蚀裂缝等薄弱区域造成破坏，导致管道泄漏。此外，海冰也会对水深较浅地区的裸露管道产生碰撞，严重时导致管道破裂。

由于环境对海底管道的破坏属于非人为破坏，因此需要加强对海底管道的巡线及海底探查，对裸露及悬跨区段进行及时治理，降低环境因素对管道造成的影响。

4）探测报警设备故障

探测报警设备故障主要包括仪器仪表故障、探测报警设备失灵及设备可靠性降低，表现为以上仪器仪表设备误报或漏报的情况，导致事故及隐患不能及时被发现。

因此，在设计及维护中要使用可靠性及稳定性高的仪器及探测报警设备，并做好相关维护。

5）腐蚀

腐蚀主要包括管内腐蚀和管外腐蚀。由于海底管道浸没在海水或海底土壤等电解质溶液中，金属表面容易发生电化学反应而腐蚀，腐蚀速度和土壤的电阻率、温度、含氧量、海生物浓度等有关，且由于管材材质及保护层的不均匀性，腐蚀的范围是不均匀的。而管道内部腐蚀与其所输送的原油有关，原油中常常含有少量的水、氧、硫等杂质，这些杂质可以和铁在管内形成化学腐蚀，腐蚀速度与输送介质的速度和杂质含量有关。

因此，在使用中需要定期对管道外壁进行探查，对发现的管道防腐层及外壁损伤应及时修复，避免腐蚀范围扩散，尽量使原油在进入管道输送前杂质减少，且应定期清管。

2. 贝叶斯网络法

基于故障树的概率风险分析法对工程系统的风险评估具有重要意义，但在表示事件逻辑关系不确定性、概率更新等方面仍存在局限性。基于概率论和图论的贝叶斯网络（Bayesian Networks，BN）具有很强的不确定性信息处理能力，并且在事件逻辑关系描述、概率推理等方面具有一定优势，被广泛应用于安全风险和可靠性分析中。BN 模型是表示一组变量及其条件依赖关系的有向无环图，节点表示随机变量，有向弧表示节点之间的因果关系。BN 模型可以在不确定性环境下进行稳健的概率推理，并且能够将不同的信息源结合起来提供一种全局评估。BN 模型可实现正向（预测）推理和反向（诊断）推理过程，正向推理是按照网络弧线中根节点到叶节点的方向进行，利用与原因变量相关的已知信息，推理获得关于结果变量的新信息。通过反向推理可以实现从结果变量到原因变量的推理，根据结果变量提供的新证据，推理获得原因变量的更新信息。

BN 模型构建主要通过两种方式实现：一为直接建模分析，即直接构建系统贝叶斯网络并进行分析；二为转换建模方法，即将其他已有的模型（如故障树）转换成 BN 模型再进行分析。与传统的故障树方法类似，经典 BN 模型同样必须使用清晰概率值来表示事件概率，为解决此问题，模糊集理论也被推广到贝叶斯方法的应用中。有人将贝叶斯统计方法与模糊集理论的思想相结合，提出了基于模糊数据样本和非精确参数先验分布的模糊贝叶斯网络方法（Fuzzy Bayesian Networks，FBN）。尽管在概率推理和处理不确定性方面，FBN 与常规方法相比具有诸多优点，但其仍然存在条件概率表（CPT）难以确定的困难。条件概率表的确定主要有两种方式，分别为数据训练和专家评估。当数据稀缺或难以获取时，专家评估则成为获取 CPT 的重要途径。专家知识在 CPT 确定过程中的应用体现在两个方面：一是在给定 BN 模型的情况下，通过专家打分和相关的加权方法来确定 BN 模型中每个中间节点的条件概率；二是在由故障树转换成 BN 模型的方法中，利用专家知识确定故障树中间事件的与 / 或逻辑门关系，进而转换为 BN 模型中相应中间节点的条件概率表。

3. 风险矩阵法

风险矩阵法是一种典型的基于概率和后果指标的评估方法，由于具有理论成熟、概念明晰、操作简便等特点，在多个工程领域得到广泛的应用。其特点是同时关注事故发生可能性（通过概率或频率表示）和事故发生严重性（后果），认为风险是两者的综合结果。当事故发生可能性和严重性都存在较大的变化范围时，两者对事故风险的贡献程度相当，需要综合考虑以确定最终的风险水平。

美国空军电子系统中心于 1995 年首次提出风险矩阵法，并将其用于采购项目风险评估。风险矩阵法主要包括两个应用场景：一为判断事件的风险接受程度；二为判断不同事件的风险等级顺序。在判断风险接受程度时，根据预先制定的风险等级标准确定事件风险程度属于“可接受”“需改进”或“不可接受”。为了对不同事件风险等级进行排序，风险指标需要划分为更多的等级，以获取足够的区分度。然而，风险事件数量的增多，不可避免地导致不同事件落入相同的等级，造成无法区分的困难，这种现象称为“风险结”。

相比而言，基于专家经验和知识的推理规则能够灵活地反映概率、后果与风险指标的映射关系。将三个变量划分为不同的概念等级，根据决策者或专家组的意见构建多个风险等级推理规则，形成专家知识库，构建不同类型的风险矩阵。挪威船级社发布的《海底管道保护风险评估手册》给出了用于管道失效评估的风险矩阵，将概率和后果指标均划分为 5 个等级，并通过对应区域颜色确定不同概率和后果等级组合条件下的风险推断值，反映了管道安全评估中的普遍认同。然而，在概率、后果和风险等级分类时，定性的概念中存在不确定性，且不同的等级之间存在明显的数值边界，在边界两边临近的数值输入将被划入不同的等级，最终可能得到截然不同的结果，这与实际情况存在较大的差异。因此，研究人员提出了模糊风险矩阵法，通过正态模糊数描述每个变量等级概念，利用曼达尼（Mamdani）推断算法融合不同推断规则，获取不同输入条件下的输出风险指数。

模糊风险矩阵法将定性的等级概念通过模糊数进行描述，基于模糊逻辑实现曼达尼推断过程，风险评估结果不再是离散化的等级概念，能够在风险指标论域内获得连续的具体风险指数值，既解决传统矩阵“风险结”的问题，又能实现风险矩阵推断规则定义的灵活性。

4. 失效模式与影响分析

对于复杂系统的风险评估，除重点关注事件发生概率和后果两个指标外，很多研究学者对风险评价指标进行了扩展研究，试图从更多角度来分析系统失效的风险水平。失效模式与影响分析（Failure Mode and Effect Analysis，FMEA）方法是一种典型的基于扩展评价指标的风险评估方法，经典的 FMEA 分析普遍在概率和后果指标的基础上增加了“可探测性”指标,部分研究中将此三个指标进一步扩展为二级评价指标,有效提高了风险评估的全面性。

随着FMEA理论的发展,很多学者对其不足之处进行了讨论,主要包括:忽略了O、S、D三个评估指标的相对重要度;不同的O、S、D组合可能会产生相同的结果,无法体现风险水平的区别;针对评估指标难以给出准确的评估数值;RPN指数在论域内是不连续的,很多数值无法取得;RPN的计算公式对三个指标敏感性较高;RPN仅考虑了系统失效风险三个评估指标,无法系统全面地审视风险水平等。

为了克服基于RPN的FMEA方法中存在的不足,国内外学者提出了多种风险优先度的改进计算方法,具体可分为五个类型:多准则决策方法、数学规划方法、人工智能方法、混合方法及其他类型。近年来,云模型理论被初步引入FMEA评估中,用于描述专家评价中的不确定性,它与不同的多准则决策方法相结合,提高了风险评估的有效性和可靠性。然而,基于云模型理论考虑定性评价概念不确定性的FMEA方法较少,相关理论方法和应用验证仍然匮乏。同时,将FMEA方法应用于海底管道失效风险评估的研究较少,随着FMEA理论和技术的发展,以及海底管道系统的复杂性不断增强,开展基于扩展评估指标的海底管道风险评估方法研究,可以通过更多的评估指标实现对管道失效风险更加全面、系统的分析和评估。

8.6　海底管道修复技术

海底管道修复一般应根据管道损坏原因及程度、修复系统能力及作业支持船舶的综合能力等因素选择合适的修复方法。此外,还需考虑海底管道的基本参数(如管径、设计压力、壁厚、管道形式等)、水深、海底埋设深度、破坏位置临时性或永久性的维修措施、作业时间、设备以及修复成本等。一般来说,海底管道修复技术可分为以下几种。

8.6.1　混凝土修复

对于由于某种原因导致的海底管道外层混凝土破损,首先要对破损处进行修整,然后在其外部用直径略大于混凝土管道外壁的钢套筒包住破损处,钢套筒做成两个半圆体,接缝处用钢拉链衔接,封住环形空间的两端后,注入混凝土即可。

8.6.2　卡箍修复

卡箍修复是海底管道出现穿孔或裂纹、发生小泄漏时采用的修复方法。机械卡箍由与管道直径相当的两个半圆体构成,在被修复处的管道外壁上加一层密封橡胶垫,然后合拢机械卡箍即可封堵住泄漏处,机械卡箍的闭合分为液压式和螺栓紧固式。卡箍修复方法要求管道变形在卡箍精度的允许范围内。卡箍修复方法方便快捷,所用的船舶小、费用低,但仅适用于管道操作压力等级和安全等级较低的管道。

8.6.3　管段替换

当出现以下情况时,必须对管段进行替换维修:

（1）海底管道变形量大，但未发生泄漏，为了保持海底管道畅通，需要考虑管段替换；

（2）海底管道出现裂缝或大泄漏事故时，需要油气田立即停产，在管道处于无传输介质的状态下实施维修作业；

（3）海底管道折断时，也需要油气田停产后对其实施维修作业。

1. 水上焊接维修

海底管道水上焊接维修是先把水下管道切断或切除破损段，然后把管道的两个管端吊出水面，焊接修复短节部分，做好无损检验和涂层后，再把管道放回海底，即完成维修工作，如图 8-19 所示。水上焊接维修的优点是不需要特种机械设备，且维修速度快，维修质量较高；但缺点是需进行吊装计算分析，需要专门的施工作业铺管船，对海底管道维修有较严格的限制，只适用于铺设在较浅海域的管道。

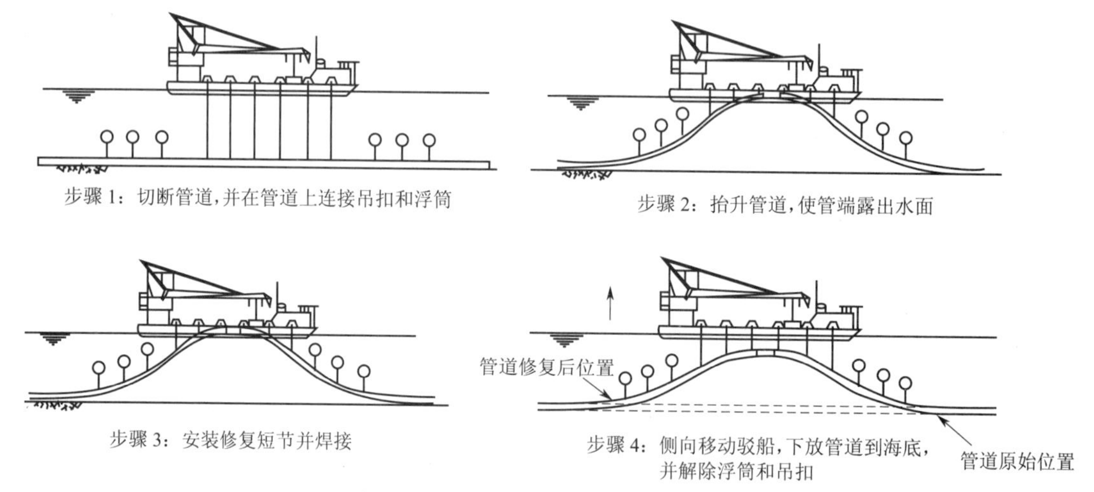

图 8-19　海底管理水上焊接维修步骤

2. 水下不停产开孔维修

水下不停产开孔维修主要针对由介质引起管道大面积腐蚀而出现的泄漏，或由外力造成管壁局部凹陷而影响清管作业但尚未变形的管道。该方法的主要优点是油气田不需要停产即可实现管道的单封堵或双封堵开孔作业，并且施工作业方法成熟。

水下不停产海底管道开孔维修是在管道的一端安装水下机械三通和开孔机，在油气田不停产的情况下对管道两端开孔；水下安装封堵机和旁路三通，用封堵机堵住需更换的管道，使天然气从旁通通过；将需更换的管段泄压，并检查封堵的密封度；用氮气置换需更换管段处的天然气；在安全的情况下，用冷切割锯切除需更换的管段，在管道的两个切割端分别安装法兰；测量两个法兰间的长度，并按此长度准备带球形法兰的管段，换上尺寸合适的新管道；安装球形法兰，调整平衡管道的压力，打开封堵机，关闭三通阀；旁通管道泄压后去除旁通管道；拆掉封堵机，放入内锁塞柄，封好盲板，对海底管道冲泥区域进行海床表面的复原，其中包括必要的砂袋覆盖。不停输开口封堵法更换变形海底管道示意图如图 8-20 所示。

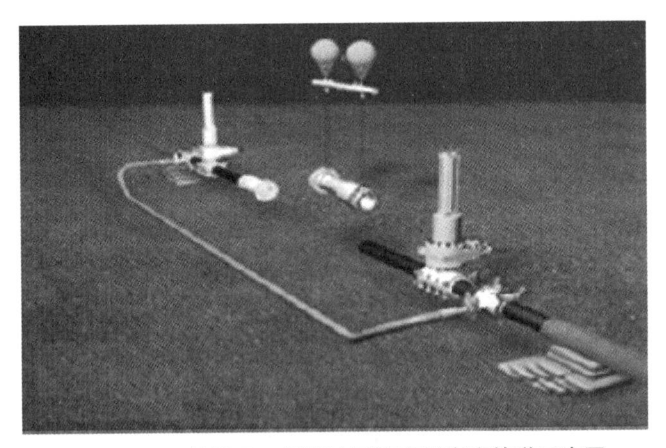

图 8-20　不停输开口封堵法更换变形海底管道示意图

3. 水下机械连接维修和法兰对接维修

机械连接器包括一系列管端固定和机械密封构件，是一种可调节长度的水下管道修复设备，也可与各种法兰配套使用。机械连接维修方法适用于各种海域和水深，具有施工时间短、费用低等特点。该方法中没有焊接，不需要第三方检验合格的焊接程序和焊工，不需要特种船舶和设备，故维修时间短且费用低。机械连接器虽可以提供机械强度，但是使用年限较短，且修复不能保证原有管道的整体性。

法兰对接维修主要用于原有管道法兰连接处破损后的更换，也可用于平管段破损后的连接维修。法兰可分为标准法兰、旋转环法兰和球形法兰等。标准法兰主要用于水面以上的管道更换段；旋转环法兰和球形法兰为水下法兰，是海底管道破损后湿式维修的主要构件，可调节管道在水下安装的角度和方向，便于潜水人员操作。

总体来说，水下机械连接维修和法兰对接维修都具有耗时短、费用低的优点，但与海底管道采用非焊接连接，容易发生机械密封不严而导致的微泄漏。

4. 水下干式焊接维修

水下干式高压焊接维修步骤：首先切除破损管段，在水下安装焊接工作舱，焊接工作舱内配有动力电源、照明、通信、高压水喷射、起重、气源、焊接施工设备及生命支持系统等；其次在工作舱内注入与该海域水深相同压力的高压气体，形成干式环境后即可修复海底管道管端，安装短节，实施水下干式焊接等作业。该方法多用于管道不能在水面焊接，但又要求保证管道原有的整体性能不改变或采用其他方法受到限制的情况，以及对管道的附属结构进行维修时。水下干式高压焊接维修效果较好，可保证管道原有的整体性能不改变。但该高压焊接系统比较复杂，维修费用高，且需要配备特种设备，如焊机、水下切割工具、大型起重工作船等，并要配备具有干式高压焊接资质的特种潜水员（饱和潜水），目前国际上采取这种维修方法的实例较少。

8.6.4　悬跨治理

浅海海底管道发生裸露与悬跨时最常用的修复方法是抛填砂袋，以便及时填充被冲刷的海床，对管道进行掩埋，以保护管道，该方法简便灵活。由于冲刷区的水动力环境可能引起二次冲刷，造成管道裸露或悬跨，所以该方法需要定期检测抛填砂袋区域的管道埋藏情况，进行人工防护。

管道支撑法是另一种悬跨治理方法，其是在海床上设置支撑模壳，用水泥浇筑成型，给管道提供定位和支撑，保证悬跨部分的管道不致变形过大而发生破损；也可以利用水下钢管短柱支撑固定裸露与悬跨的海底管道，减少管道受水流影响引起的水平和垂直方向的涡激振动。其中每根短柱可以支撑一定长度的海底管道，即使海床冲蚀深度进一步加深也可以确保管道的运行安全。但该方法没有对管道进行掩埋处理，需要注意避免管道上方渔船抛锚等人为因素对管道造成损害。该方法运用于冲刷范围较小的海域简便可靠，并且即使悬跨管道长度加大，在一定范围内也能起到保护管道的作用。

在海底管道上加设鱼鳍式导流板，可以利用导流板产生的涡流形成冲刷坑之后，再利用管道自身重量和导流板的控制力将管道埋入海床下，可以有效避免海床侵蚀造成的管道裸露与悬跨，减少管道的维护工作，适用于潮流流速较大会形成海床冲蚀的海域。该方法在应用时，若水流方向变化至与导流板平行，则无法发挥自埋作用；若表面沉积物性质变化较大，导致导流板自埋时涡流产生的冲刷坑不平衡，也可能导致管道局部悬跨。

此外，还可以通过减弱海床冲刷来实现悬跨防控的目的。传统的抛填砂袋法结合仿生水草覆盖法、水下桩与仿生水草结合法等都在原有的单一防护方式上进行了补充发展，更好地起到防止海床冲蚀、保护海底管道的作用。仿生水草和人工网垫是一种柔性保护措施，前者利用仿生水草降低流经海底管道区域的水流流速，降低水流对海床的冲蚀能力，以达到防止管道区域冲刷的目的；后者一般利用四周加设重物压住中间的防冲刷网垫来保护管道区不被冲刷。使用仿生水草法，要确保仿生水草对周边环境无害，并在安装仿生水草区域设置警示标志，提醒过往渔船注意避让。人工网垫法适用于局部小范围冲刷且冲蚀深度较浅的区域，对于冲刷范围广且冲蚀深度较大的海域，人工网垫法同样需要先整平冲蚀区域，然后在管道上加盖防冲刷网垫。

8.6.5 管道增稳

海底管道会受到波浪和流载荷的作用，这些载荷又通过管道传递到海床上。当管道和土体之间的摩擦力不足以抵抗载荷的作用时，管缆将发生侧向位移，这就是管缆失稳。硬质海床对管道的约束较小，如果管道稳定性不满足要求，就需要增加工程措施，提高管道稳定性。常用的增稳措施包括配重、挖沟、结构锚固、混凝土压块等。配重属于增加管重的主动式增稳措施，在线安装，施工便利；挖沟、结构锚固和混凝土压块属于被动式增稳措施，需要采用铺设前预安装或铺设完成后安装的方式，施工相对复杂。

参考文献

[1] 胡知辉，佟光军，郭学龙，等. 国内外深水海底管道技术发展现状概述 [J]. 石油工程建设，2018，44（5）：6-10.

[2] DNV. Environmental conditions and environmental loads：DNV-RP-C205[S]. Oslo: Det Norske Veritas，2014.

[3] DNVGL. Submarine pipeline system：DNVGL-ST-F101[S]. Oslo: 2021.

[4] DNV. Interference between trawl gear and pipelines：DNV-RP-F111[S]. Oslo: Det Norske Veritas，2010.

[5] 杨明华. 海洋油气管道工程 [M]. 天津：天津大学出版社，1994.

[6] 安德鲁 • C. 帕尔默，罗杰 • A. 金. 海底管道工程 [M]. 梁永图，张妮，黎一鸣，等译. 北京：石油工业出版社，2013.

[7] 《海洋石油工程设计指南》编委会. 海洋石油工程海底管道设计 [M]. 北京：石油工业出版社，2007.

[8] DNV. Free spanning pipelines：DNV-RP-F105[S]. Oslo: Det Norske Veritas，2006.

[9] 王玮，KOSOR R，白勇. 多跨海底管道的疲劳分析 [J]. 哈尔滨工程大学学报，2011，32（5）：560-564。

[10] FURNES G K，BERNTSEN J. On the response of a free span pipeline subjected to ocean currents[J]. Ocean engineering，2003，30（12）：1553-1577.

[11] RONOLD K O. A probabilistic approach to the lengths of free pipeline spans[J]. Applied ocean research，1995，17（4）：225-232.

[12] 余建星，罗延生，方华灿. 海底管线管跨段涡激振动响应的试验研究 [J]. 地震工程与工程振动，2001，21（4）：93-97.

[13] API. API 5L：Specification for line pipes[S]. Washington: American Petroleum Institute，2004.

[14] CASTELLO X，ESTEFEN S F. Limit strength and reeling effects of sandwich pipes with bonded layers[J]. International journal of mechanical sciences，2007，49（5）：577-588.

[15] DENNIEL S，TKACZYK T，HOWARD B，et al. On the influence of mechanical and geometrical property distribution of the safe reeling of rigid pipelines[C]//International Conference on Ocean，Offshore and Arctic Engineering，2009：221-231.

[16] DENNIEL S. Optimising reeled pipe design through improved knowledge of reeling mechanics[C]//Offshore Technology Conference，2009.

[17] MARTINEZ M，BROWN G. Evolution of pipe properties during reel-lay process：experimental characterisation and finite element modeling[C]//International Conference on Off-

shore Mechanics and Arctic Engineering，2005：419-429.

[18] MEISSNER A，ERDELEN-PEPPLER M，SCHMIDT T. Impact of reel-laying on mechanical pipeline properties investigated by full-and small-scale reeling simulations[J]. International journal of offshore and polar engineering，2012，22（4）：282-289.

[19] NETTO T A，LOURENCO M I，BOTTO A. Fatigue performance of pre-strained pipes with girth weld defects：full-scale experiments and analyses[J]. International journal of fatigue，2008，30（5）：767-778.

[20] MANOUCHEHRI S. A discussion of practical aspects of reeled pipe flowline installation[C]//International Conference on Ocean，Offshore and Arctic Engineering，2012.

[21] SRISKANDARAJAH T，HOWARD-JONES A L，BEDROSSIAN A N. Extending the strain limits for reeling small diameter flowlines[C]//International Offshore and Polar Engineering Conference，2003：61-69.

[22] SZCZOTKA M. Pipe laying simulation with an active reel drive[J]. Ocean engineering，2010，37（7）：539-548.

[23] 徐志辉. 螺旋列板在海底管道上的国产化应用 [J]. 化工设计通讯，2017，43（4）：167-168.

[24] 周威. 考虑三维全场流固耦合的海洋管道涡激振动及控制 [D]. 杭州：浙江大学，2018.

[25] 谭双妮，段梦兰，张玉，等. 埋设管道竖向抬升时的土体抗力研究 [J]. 石油机械，2014，42（3）：38-42.

[26] 刘润，李成凤. 高温高压下海底管道水平向整体屈曲研究现状分析 [J]. 天津大学学报（自然科学与工程技术版），2020，53（1）：1-16.

[27] 车小玉，段梦兰，曾霞光，等. 海底埋设高温管道隆起屈曲数值模拟研究 [J]. 海洋工程，2013，31（5）：103-111.

[28] API. Design，construction，operation，and maintenance of offshore hydrocarbon pipelines：API-RP-1111[S]. Washington: American Petrdeum Institude，1999.

[29] YONG BAI. 海底管道与立管 [M]. 路民旭，译. 北京：石油工业出版社，2013.

[30] 韩峰，王德国，曹静，等. 深水海底管道 J 型铺设塔设计研究 [J]. 海洋工程，2012，30（1）：126-130.

[31] 黄维平，曹静，张恩勇. 国外深水铺管方法与铺管船研究现状及发展趋势 [J]. 海洋工程，2011，29（1）：135-142.

[32] 李英，刘志龙，丁鹏龙，等. 卷管法安装海洋管中管的有限元分析 [J]. 天津大学学报，2015，48（5）：438-444.

[33] 余建星，马维林，陈飞宇，等. 海底管道止屈器形式与设计方法研究概述 [J]. 海洋工程，2013，31（4）：100-105.

[34] 余建星，安思宇，段晶辉，等. 扣入式与缠绕式止屈器联合作用的止屈效率 [J]. 中国海洋平台，2018，33（4）：51-58.

[35] 中国船级社. 海底管道系统规范 [S]. 2021.